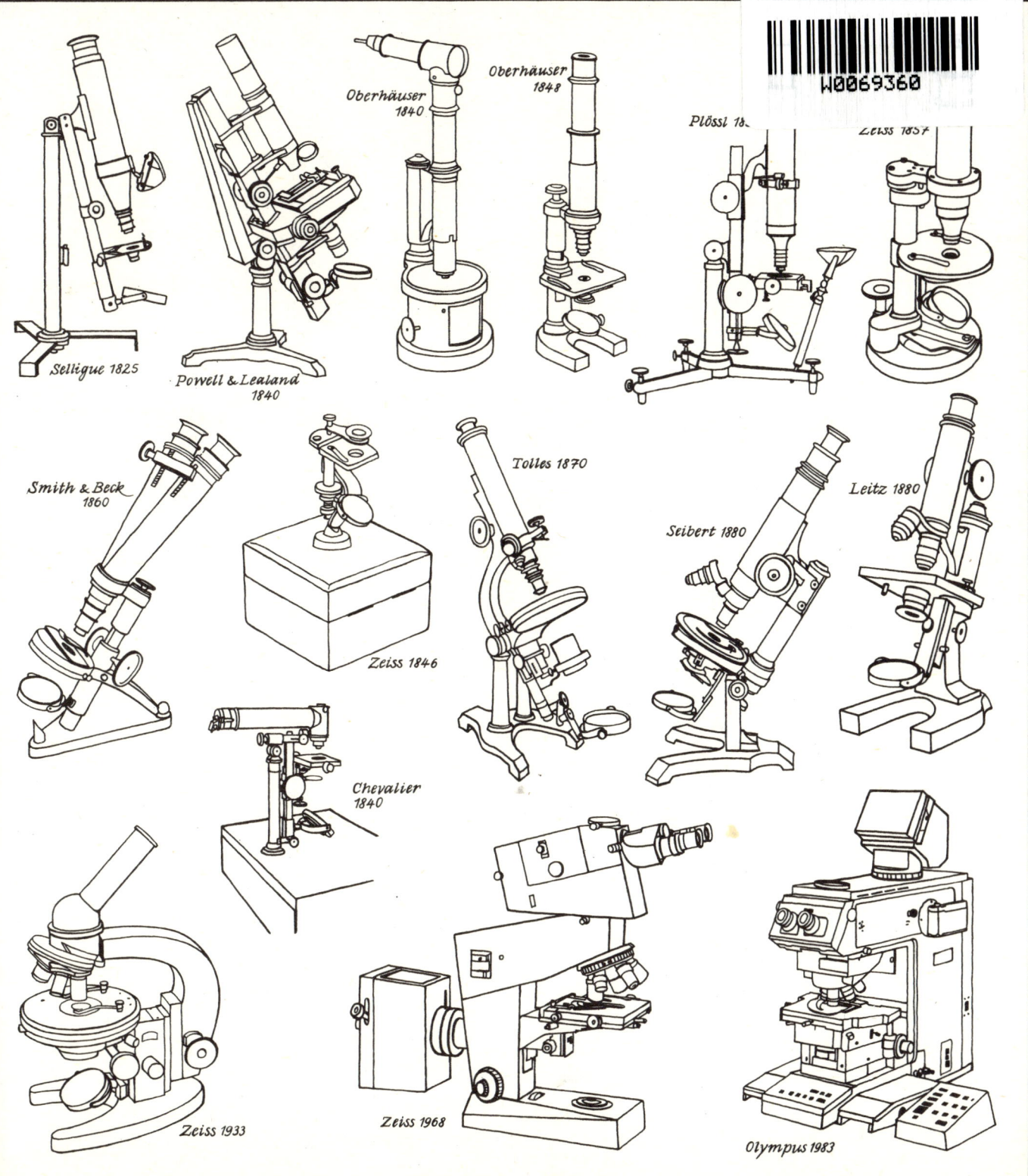

Selligue 1825

Powell & Lealand 1840

Oberhäuser 1840

Oberhäuser 1848

Plössl 18..

Zeiss 1857

Smith & Beck 1860

Zeiss 1846

Tolles 1870

Seibert 1880

Leitz 1880

Chevalier 1840

Zeiss 1933

Zeiss 1968

Olympus 1983

Gloede
Vom Lesestein zum Elektronenmikroskop

Meinem verehrten Lehrer,
Herrn Prof. Dr.-Ing. habil. Werner Hartmann

Vom Lesestein zum Elektronenmikroskop

Wolfgang Gloede

VEB Verlag Technik

Berlin

Gloede, Wolfgang :
Vom Lesestein zum Elektronenmikroskop / Wolfgang
Gloede. – 1. Aufl. – Berlin : Verl. Technik, 1986.
– 248 S. : 222 Bilder & Beil. (88 S.)

ISBN 3-341-00104-2

1. Auflage
© VEB Verlag Technik, Berlin, 1986
Lizenz 201 · 370/103/86
Printed in the German Democratic Republic
Gesamtherstellung: Druckkombinat Berlin
Gestaltung und Strichzeichnungen: Britta Matthies
Lektor: Dipl.-Phys. Rainer Krenz
LSV 3579 · VT 6/5668-1
Bestellnummer: 553 593 0
02950

Vorwort

Unser wissenschaftliches Weltbild beruht zu großen Teilen auf Erkenntnissen, die mit Hilfe des Mikroskops gewonnen wurden. Es ist uns gelungen, Strukturen und Funktionen lebender Organismen durch direkte Anschauung weitgehend aufzuklären. Das gilt auch für die Feinstruktur der unbelebten Materie. Die praktischen Folgerungen aus diesen Ergebnissen betreffen jeden einzelnen von uns. Denken wir nur an die Entdeckung der Erreger der Infektionskrankheiten als wichtigste Voraussetzung für deren erfolgreiche Bekämpfung. – Aber auch in den technischen Wissenschaften und sogar in Produktionsstätten haben sich Mikroskope einen festen Platz erobert. Zu nennen sind die Werkstoffwissenschaften, die Geologie und die Mineralogie sowie Industriezweige wie die Pharmazie oder die Mikroelektronik.

Gemeinsam mit dem Teleskop ist das Mikroskop deshalb wohl den bedeutendsten Erfindungen aller Zeiten zuzurechnen, und es lohnt sich, seine Entwicklungsgeschichte kennenzulernen. Die beiden eng miteinander verwandten Geräte – es waren übrigens die ersten wirklichen optischen Instrumente überhaupt – wurden kurz nach der Wende zum 17. Jahrhundert in Europa erfunden. 1608 beantragte der Brillenschleifer HANS LIPPERHEY aus Holland als erster ein Patent für sein Fernrohr. Der Ursprung des Mikroskops, das bereits wenige Jahre später für wissenschaftliche Untersuchungen benutzt wurde, konnte dagegen bis heute noch nicht zweifelsfrei geklärt werden.

Der Weg des Lichtmikroskops von einer einfachen Vergrößerungshilfe zum ausgereiften Forschungsinstrument war wechselvoll, lang und dornenreich. Er währte mehr als 200 Jahre. Als Ergebnis der Anstrengungen unzähliger Gelehrter, Handwerker und Amateure steht uns dafür aber ein Gerät zur Verfügung, mit dem wir tausendmal kleinere Einzelheiten sehen können, als es uns mit bloßem Auge möglich ist. Außerdem werden damit nicht nur Bilder von Präparaten gewonnen, sondern auch Angaben über deren chemische Zusammensetzung und viele physikalische Eigenschaften. Biologen haben unmittelbar Einblick in die „Werkstatt des Lebens" erhalten.

Wenn in unserer Zeit das Mikroskop geradezu als Symbol der Naturwissenschaften angesehen wird, so ist das keineswegs immer so gewesen – im Gegenteil. In den ersten zwei Jahrhunderten seiner Existenz waren das Mikroskop und seine Nutzer oft bösen Anfeindungen ausgesetzt. Das Mikroskopieren wurde selbst von Gelehrten als niedere Beschäftigung angesehen, verachtet und von der Kirche beargwöhnt. Schließlich diente das Instrument im 18. Jahrhundert für eine längere Periode gar überwiegend als Spielzeug zum Zeitvertreib in den Salons und wurde nur von wenigen unbeirrbaren Wissenschaftlern für ernsthafte Arbeit benutzt.

Das Fernrohr ist dagegen gleich zu Anfang mit Jubel begrüßt worden – vielleicht auch deshalb, weil das Gesehene auf der Erde so einfach nachprüfbar war, während die völlig unerwarteten mikroskopischen Befunde häufig auf ungläubiges Staunen, wenn nicht auf Ablehnung stießen. Weiterhin sollte man auch berücksichtigen, daß die Astronomie als Hauptnutznießer des Teleskops bereits ohne dieses Gerät einen hohen Stand erreicht hatte, während mit dem Mikroskop, besonders in der Biologie, völliges Neuland betreten wurde. Das he-

6 liozentrische System des NIKOLAUS KOPERNIKUS, von dem berühmten Astronomen um 1530 entwickelt, beruht auf Himmelsbeobachtungen ohne Fernrohr. Auch die KEPLERSCHEN Gesetze der Planetenbewegung sind aus Messungen abgeleitet, die der dänische Astronom TYCHO BRAHE ohne Fernrohr angestellt hat. Es bedeutete demnach keinen Bruch mit den damals fortschrittlichsten Erkenntnissen von den Himmelskörpern, als GALILEI 1610 über die von ihm mit dem Teleskop entdeckten Jupitermonde berichtete – auch der Planet Erde hat ja seinen Mond.

Die von KIRCHER, LEEUWENHOEK und anderen erstmals mit dem Mikroskop gesehenen Mikroorganismen dagegen paßten in kein vorhandenes biologisches Schema. Es vergingen Jahrhunderte, bis man das Gesehene verstand und richtig einordnen konnte. Das gilt für andere mikroskopische Entdeckungen in gleicher Weise. Völlig neue Wissenschaftsdisziplinen – wie etwa die Mikrobiologie – entstanden im Gefolge der Mikroskopie.

Mit dem Elektronenmikroskop, das vor wenig mehr als 50 Jahren von ERNST RUSKA in Berlin erfunden wurde, hat sich diese Entwicklung fortgesetzt. Wir sind mit diesem Instrument, dessen Auflösungsvermögen dasjenige des Lichtmikroskops noch einmal um den Faktor Tausend übertrifft, heute bis in den Bereich einzelner Atome vorgedrungen, wobei die Leistungsgrenze ganz offensichtlich noch nicht erreicht ist. Dabei hat das Elektronenmikroskop das Lichtmikroskop keineswegs überflüssig gemacht, wie etwa die Eisenbahn die Postkutsche oder die elektrische Glühlampe das Petroleumlicht. Beide Instrumente ergänzen sich gegenseitig und haben auch zukünftig bei allen zu erwartenden Verbesserungen des einen wie des anderen Gerätes ihre Aufgaben.

Die Entwicklungsgeschichte des Mikroskops ist eng mit dem Wachsen der optischen Kenntnisse verbunden. Für alle diejenigen unter uns, die nicht „vom Fach" sind und trotzdem die Lektüre nicht mehr oder weniger häufig unterbrechen wollen, um Wissenslücken durch Nachschlagen in Lexika oder Lehrbüchern aufzufüllen, habe ich einen Anhang über Aufbau, optische Grundlagen und Leistungsgrenzen des Lichtmikroskops geschrieben. Für das Elektronenmikroskop gelten im übertragenen Sinne viele Gesetzmäßigkeiten in ähnlicher Weise. Da aber die Entwicklung der Elektronenoptik so sehr unmittelbarer Bestandteil der Entwicklung des Elektronenmikroskops selbst ist, habe ich die physikalischen Probleme dieses Instruments bei der Schilderung seiner Geschichte berücksichtigt und auf eine Erläuterung im Anhang verzichtet.

Es ist mir ein großes Bedürfnis, all jenen zu danken, die mir bei der Erarbeitung des Manuskripts mit Informationen und Bildmaterial behilflich waren. An erster Stelle möchte ich Herrn Dr. LUDWIG OTTO (Bergholz-Rehbrücke) nennen, der mir in großzügiger Weise eigene Untersuchungsergebnisse sowie Bildmaterial überlassen und außerdem wertvolle Hinweise zur Manuskriptgestaltung gegeben hat. Des weiteren bin ich zu Dank verpflichtet: Frau Dr. CILLY WEICHAN (Westberlin), Frau HEDWIG VON BORRIES (Düsseldorf) und den Herren Prof. Dr. MANFRED VON ARDENNE (Dresden), Prof. Dr. ARMIN DELONG (Brno), Dr. ERNST GUYENOT (Jena), Prof. Dr. WERNER HARTMANN (Dresden), Prof. Dr. HATSUJIRO HASHIMOTO (Osaka), Prof. Dr. JOHANNES HEYDENREICH (Halle), Dr. HANS MAHL (Oberkochen), BODO MICHELS (Ostseebad Kühlungsborn), Prof. Dr. ALFRED RECKNAGEL (Dresden), FRANK ROSSI (Jena) und Prof. Dr. ERNST RUSKA (Westberlin), der mir historische Fotos und andere Materialien zur Verfügung gestellt hat.

Verschiedene Institutionen und Firmen haben mich ebenfalls mit Informationsmaterial und Bildern unterstützt, so die Sächsische Landesbibliothek Dresden, die aus ihren wertvollen alten Beständen zahlreiche Bildvorlagen angefertigt hat, der Mathematisch-Physikalische Salon zu Dresden, das Optische Museum Jena, die Firmen Philips (Eindhoven), JEOL (Tokyo), Leitz (Wetzlar) und das Kombinat VEB Carl Zeiss JENA. Alle übrigen Bildlieferanten sind im Bildquellenverzeichnis angegeben.

Nicht zuletzt gilt mein Dank dem VEB Verlag Technik für seine Geduld und das fördernde Interesse an dem Buch. Herr RAINER KRENZ hat mich bei der umfangreichen Korrespondenz tatkräftig unterstützt und mir mit zahlreichen Hinweisen und Anregungen die Arbeit erleichtert.

Wolfgang Gloede

Inhaltsverzeichnis

Anhang   227

Teil I
Das Lichtmikroskop

(1.)
Aus der Vorgeschichte des Mikroskops –
Tatsachen und Legenden

Die Kunst, edle Steine und Gläser zu schleifen, ist bereits mehrere Jahrtausende alt. Eine Art plankonvexer Linse aus Bergkristall wurde beispielsweise unter den Ruinen von Ninive, der 612 v. u. Z. zerstörten Hauptstadt Neuassyriens im Zweistromland, gefunden. Das Gebilde war allerdings nicht genau kreisrund. Ähnliche Produkte früher Steinschleifkunst entdeckte HEINRICH SCHLIEMANN (1822–1890) bei seinen Ausgrabungen um Troja. In Pompeji, das im Jahre 79 u. Z. der Vesuv mit Bimsstein und Asche verschüttete, fanden Archäologen linsenförmig geschliffene Gläser. Offenbar wurde die sehr alte Kunst des Steinschleifens frühzeitig auch auf das Glas übertragen. Ebenso wie das Schleifen der Steine und Gläser waren einfache praktische Grundlagen der Glasmacherkunst, wie archäologische Funde belegen, den Menschen bereits vor mehreren Jahrtausenden bekannt.

Um so merkwürdiger ist es, daß sich in der umfangreichen Literatur des klassischen Altertums weder bei den Griechen noch bei den Römern etwas findet, was auf die Anwendung derartiger Linsen für Brillen oder als Vergrößerungsgläser hindeutet. Von älteren Kulturen ist erst recht nichts bekannt. Prof. RICHARD GREEFF, seinerzeit Geheimer Med. Rat in Berlin, schrieb dazu 1921 in seinem Buch über die Erfindung der Brille: „Die alten Ägypter, Juden, Griechen und Römer hatten, wie aus ihrer reichen Literatur hervorgeht, keine Kenntnis von den Brechungsgesetzen, d. h. daß Lichtstrahlen an gekrümmten Flächen durchsichtiger Körper abgelenkt werden: es ist ihnen auch nicht gelungen, das rein Praktische aus solchen Gesetzen zu finden, nämlich durchsichtige, linsenförmige Körper als Vergrößerungs- oder Brillengläser zu benutzen. Zwar hat man bei Ausgrabungen zahlreiche runde Stücke aus Quarz oder Bergkristall gefunden, die auf einer Seite stark konvex geschliffen sind. Es ist aber ein großer Irrtum, anzunehmen, daß das Lupen gewesen seien, es sind nur Schmuck und Zierstücke, die in Leder eingefaßt meist auf Gürteln befestigt waren oder als Knöpfe auf Gewändern dienten."

Es dürfte jedoch zwischen den praktischen Erfahrungen der Handwerker und dem theoretischen Wissen der Gelehrten jener Zeiten eine tiefe Lücke geklafft haben, die sich aus der philosophischen Grundauffassung in der Spätzeit der Antike erklären läßt. Die Philosophen hatten sich weit von der Wirklichkeit, den Naturwissenschaften und der Technik abgewandt. SOKRATES' (469–389 v. u. Z.) Lehre war bestimmend. PLATON

Assyrische „Linse" aus Bergkristall

(427–347 v. u. Z.) läßt ihn sagen: „Komm, laß uns lernen, was die Wahrheit ist, doch laß keinen Profanen uns nahe kommen. Die Profanen aber sind diejenigen, welche nur das für wahr halten, was sie mit den Händen greifen können." Solche Lehren wirkten bis weit in das Mittelalter hinein, wo sie in der Scholastik ihre Fortsetzung fanden. Sie waren natürlich dem Beobachten, Messen und Experimentieren feindlich. Es gab nach den uns überlieferten Berichten unter den griechischen und römischen Gelehrten nur wenige Experimentatoren, insbesondere auf dem Gebiet der Optik. CLAUDIUS PTOLEMÄUS, (um 90 bis um 160), der Begründer des nach ihm benannten geozentrischen Weltbildes, gehörte zu den wenigen, die selbst wissenschaftliche Untersuchungen anstellten. Er befaßte sich unter anderem mit der Brechung des Lichts; das Brechungsgesetz hat er jedoch nicht gefunden.

Glasmacher und Steinschleifer jener Zeit dürften über weiterreichende praktische Erfahrungen verfügt haben. Dem Hersteller eines linsenförmigen Schmuckbildes aus klarem Bergkristall kann die vergrößernde Wirkung seines Produktes nicht entgangen sein. Daß er sich bei Filigranarbeiten dieses wertvollen Hilfsmittels bediente, scheint mir einfach selbstverständlich. Viele Handwerker werden ähnliche Erfahrungen gemacht haben und alle hüteten vielleicht aus Gründen der Konkurrenz das Geheimnis ängstlich. Die gewissermaßen über den Wolken schwebende Philosophie nahm von diesen profanen Dingen nicht Kenntnis. Es kann aber auch anders gewesen sein. So meint der bereits zitierte Prof. GREEFF: „Wer aber den optischen Fachleuten immer noch nicht glauben will und es besser weiß, der versuche doch mal, durch eine solche Linse aus Bergkristall feine Arbeiten auszuführen. Es wird ihm auch nicht für einen einzigen Augenblick möglich sein. Selbst wenn wir die Abnutzung durch die Zeit in Rechnung setzen, so ist die Schleiffläche so unregelmäßig und das Material zu wenig klar und gleichmäßig hell, daß die Annahme, die Alten hätten dadurch die feinen Gemmen schneiden können, heller Unsinn ist." Die gleiche Meinung äußerte der Dichter und Philosoph GOTTHOLD EPHRAIM LESSING (1729–1781) in seinen „Briefen antiquarischen Inhalts".

Aber sowohl die Griechen als auch die Römer kannten die Vergrößerungswirkung wassergefüllter Glasku-

geln, sogenannter Schusterkugeln, schrieben die Wirkung jedoch dem Wasser und nicht der Krümmung der Kugelflächen zu. Gleichermaßen bekannt war ihnen das Brennglas. Der griechische Dichter ARISTOPHANES (um 445 bis nach 388 v. u. Z.) berichtet darüber in seinem Stück „Die Wolken", das erstmals 423 v. u. Z. in Athen aufgeführt wurde.

GAIUS PLINIUS D. Ä. (23–79) berichtet ebenfalls von Brenngläsern, die unter anderem zum Ausbrennen von Wunden eingesetzt wurden.

Doch trotz dieser praktischen optischen Kenntnisse sind Brille und Lupe weder von den Griechen noch von den Römern erfunden worden. Resignierend stellen beispielsweise MARCUS TULLIUS CICERO (106–43 v. u. Z.) und die römischen Geschichtsschreiber CORNELIUS NEPOS (um 99 bis um 24 v. u. Z.) und SUETONIUS (um 70–140), führende Köpfe ihrer Zeit, fest, daß man sich im Alter von Sklaven vorlesen lassen müsse. Optische Hilfsmittel fehlten demnach. Von mikroskopischen Untersuchungen ist in der Antike nicht in leisesten Andeutungen die Rede.

Interessant sind die Vorstellungen der Griechen über den Sehvorgang, die sich übrigens bis ins 10. Jahrhundert hielten und erst durch den Araber ALHAZEN (um 965–1038) korrigiert wurden. Seh- oder Augenstrahlen sollten nach dieser Lehrmeinung vom Auge ausgehen und gleich Fühlfäden die Gegenstände abtasten; das Sehen wurde demnach als eine Art von Fühlen aufgefaßt. Man findet diese Anschauung bei PYTHAGORAS (um 580–496 v. u. Z.), EMPEDOKLES (um 495 bis um 425 v. u. Z.), DEMOKRITOS (um 460 bis um 370 v. u. Z.), PLATON und anderen Griechen ebenso wie bei dem Römer SENECA (um 4 v. u. Z. – 65 u. Z.). Der berühmte griechische Astronom HIPPARCHOS VON NIZÄA (um 190–125 v. u. Z.) meinte etwas fortschrittlicher, daß sowohl vom Auge als auch vom Gegenstand Strahlen ausgingen, die sich vermischten. ARISTOTELES (384–322 v. u. Z.) dagegen, größter Denker der Antike, stellte die Frage, warum denn aber das Auge trotz der Sehstrahlen in der Finsternis nichts erkennen könne. Ein gewiß berechtigter, aber damals von den Anhängern der Augenstrahlen nicht beachteter Einwand.

Mit dem Zerfall des Römischen Reiches im 5. Jahrhundert endete auch die antike Periode der Naturwissenschaften. In Europa zog auf diesem Gebiet Finsternis ein. Erst die Araber erweckten die wissenschaftlichen Erkenntnisse der Antike zu neuem Leben und entwickelten sie weiter, so auch die Optik. Der berühmteste unter den arabischen Gelehrten auf diesem Gebiet war der bereits genannte ALHAZEN, eigentlich IBN AL HAITHAM, dessen „Optik" noch 1572 in Basel in lateinischer Übersetzung gedruckt worden ist. ALHAZEN kannte zwar die Werke des PTOLEMÄUS, hat aber keineswegs nur von ihm abgeschrieben, wie der englische Philosoph und Naturforscher ROGER BACON (um 1214–1294) später meinte. Über PTOLEMÄUS hinausgehend, kam er dem Brechungsgesetz näher, fand es jedoch nicht. ALHAZEN entwickelte auch die Theorie des Sehens weiter und meinte unter anderem, daß vom Gesehenen die Strahlen ausgingen und nicht vom Auge. Weiterhin gab er eine gute anatomische Beschreibung des Auges. Die Sehempfindung lag für ihn jedoch noch in der Kristalllinse und nicht in der Netzhaut. Für die Geschichte des Mikroskops sind ALHAZENS Ausführungen über gläserne Kugelsegmente, d. h. plankonvexe Linsen, von Bedeutung. Er sagt, es sei notwendig, die konvexe Seite dem Auge zuzuwenden und den zu vergrößernden Gegenstand, zum Beispiel Schriftzeichen, dicht auf die plane Seite zu legen. ALHAZEN wird wegen seiner Äußerungen über die Kugelsegmente aus Glas manchmal als Erfinder der Lupe angesehen. Ob er die „Lesesteine" selbst benutzt hat, ist seinen Schriften nicht zu entnehmen.

Etwa ab dem 13. Jahrhundert regte sich auch in Europa wieder verstärkt wissenschaftliches Leben. Anfangs verborgen hinter Klostermauern und dann an den ersten Universitäten, die bereits um 1200 gegründet wurden, erwachte ein neuer Geist. Erfahrung und vor allem das Experiment wurden zur Grundlage wissenschaftlicher Methoden. Der bereits erwähnte Franziskanermönch ROGER BACON war einer der ersten hervorragenden Gelehrten der neuen Epoche. Er studierte in Oxford und in Paris, wo ihm auch die theologische Doktorwürde zuerkannt wurde. BACON war einer der gelehrtesten und aufgeklärtesten Männer seiner Zeit, der sich zudem freimütig über die Sittenlosigkeit und Unwissenheit seiner Ordensbrüder äußerte. Das brachte ihm neben Bewunderung von Zeitgenossen den Haß des Klerus ein. Sein berühmtes Werk „Opus Majus", geschrieben 1267, erstmals erschienen 1273 in London, löste eine Welle von Verfolgungen gegen ihn aus, nachdem er bereits zuvor eingekerkert gewesen war. In Frankreich, wohin er sich nach der englischen Kerkerhaft begeben hatte, wurde er wegen Zauberei, Ketzerei und Teufelsbünderei erneut gefangengesetzt und erst 1288 nach England in die Freiheit entlassen. In Oxford, wo er bis zu seinem Tode im Jahre 1294 lebte, beschäftigte sich BACON dann nur noch mit theologischen Fragen. Es war also gefährlich, lebensgefährlich, fortschrittliches Gedankengut zu entwickeln und zu propagieren. GIORDANO FILIPPO BRUNO (1548–1600), der bedeutendste italienische Philosoph der Renaissance, Verfechter des kopernikanischen Weltbildes, wurde wegen seiner materialistischen Auffassungen nicht nur eingekerkert, sondern am 17. Februar 1600 als Ketzer auf dem Scheiterhaufen verbrannt. GALILEO GALILEI (1564–1642) entging diesem Schicksal wohl mehr wegen seines Ruhmes als größter Gelehrter Italiens denn des Abschwörens wegen.

BACON, um auf die Vorgeschichte des Mikroskops zurückzukommen, hat sich auch intensiv mit optischen Problemen beschäftigt. Er kannte ALHAZENS „Thesaurus opticus" und hat daraus, allerdings ohne Quellenangabe, zitiert. Was Linsen und Lupen betrifft, so gehen seine Aussagen kaum über das von ALHAZEN Geschriebene hinaus. Ob er selbst optische Experimente angestellt hat, ist unklar. BACON bildete Kreisbögen mit Strahlen ab, ließ aber ungewiß, was er sich dabei gedacht hat. Viele Entdeckungen wurden von ihm vorausgeahnt; Greise und Schwachsichtige sollten durch passend geschliffene und gehaltene Gläser kleine Buchstaben genügend groß sehen können. Hyperpatriotische britische Landsleute wollten ihm daraus später gar die Erfindung von Fernrohr und Mikroskop zuschreiben. Sicher ist nur, daß BACONS Werk bereits 1267 nach Rom gelangte. Dort, in Italien, sind seine Gedanken in die Tat umgesetzt worden – die Brille wurde erfunden. Es gibt sichere Beweise, daß die „Augengläser" im Jahre 1300 bereits längere Zeit bekannt waren. In den venezianischen Staatsarchiven fand man Erlasse des Hohen Rates aus dem Jahre 1300 und 1301, in denen das Verbot ausgesprochen wurde, für Brillen statt des guten Kristallglases ordinäres weißes Glas zu verwenden. Ein Priester soll bei seiner Predigt am 23. Februar 1305 in Florenz die Erfindung der Brille in die Zeit um 1285 gelegt haben. Das Brillenmachen sei eine der besten und nützlichsten Künste. Zweifellos wurde also die Brille in

Italien erfunden, vermutlich in Murano bei Venedig, wo damals die beste Glasindustrie der Welt angesiedelt war. An einen einzelnen Namen läßt sich die Erfindung heute aber nicht mehr binden. Die Brille, damals noch ausschließlich aus Sammellinsen hergestellt, wollen wir übrigens nicht zu den optischen Geräten rechnen. Brillen für Kurzsichtige kamen erst um 1520 in Gebrauch, als die geeigneten konkaven Linsenflächen hergestellt werden konnten.

In der Renaissance, mit dem aufstrebenden Bürgertum, schritt auch die Entwicklung der Naturwissenschaften zügig voran. Auf dem Gebiet der Optik ist FRANCISCUS MAUROLYKUS (1494–1575), Sohn eines Griechen und in Messina geboren, zuerst zu nennen. Er entwickelte die Vorstellungen vom Sehen über ALHAZEN hinaus und verglich die Kristallinse des Auges mit einer Glaslinse. Kurz- und Weitsichtigkeit wurden von ihm einigermaßen befriedigend aus zu starker oder schwacher Krümmung der Kristallinse erklärt. Daß jedoch auf der Netzhaut ein reelles Bild der gesehenen Gegenstände entsteht, blieb auch ihm noch verborgen. Seine Versuche, den Brennpunkt von Linsen und Kugeln zu berechnen, scheiterten.

Ein berühmter Wissenschaftler und Schriftsteller seiner Zeit war der Neapolitaner GIAMBATTISTA DELLA PORTA (1538–1615). Er gründete 1560 in seinem Hause die erste „physikalische Gesellschaft" unter dem Namen Academia secretorum naturae. Mitglied wurde nur, wer eine Entdeckung gemacht hatte oder neue Tatsachen mitteilen konnte. Der Heilige Stuhl beendete jedoch schon bald danach aus religiösen Bedenken das erfolgversprechende Wirken dieser Gelehrtenvereinigung. PORTA war ein beweglicher Geist mit Geschick zum Experimentieren. Nachdem er sich zunächst mit schöner Literatur beschäftigt und 24 Stücke geschrieben hatte, wandte er sich den Geheimnissen von Physik und Chemie zu. Er las alles, was ihm an Werken alter Naturforscher zugänglich war, und schrieb selbst mehrere Bücher. Sein Hang zum Geheimnisvollen und Mystischen entsprach dem Zeitgeschmack und ließ insbesondere sein Hauptwerk „Magia naturalis" zum Bestseller werden. Es erschien 1558 (Neapel) bis 1713 (Nürnberg) in etlichen Auflagen und mehreren Sprachen. Neben viel

Gescheitem ist darin auch allerhand Unsinn zu lesen, wie etwa von einem Magneten, mit dem man die Keuschheit von Frauen überprüfen könne. PORTA experimentierte – wie vor ihm schon 1538 FRACASTORE – mit aufeinandergelegten Linsen. Er schrieb: „Durch ein Hohlglas sieht man entfernte Gegenstände deutlich, durch ein erhabenes betrachtet man nahe liegende. Weiß man beide gehörig zu kombinieren, so wird man sowohl nahe als ferne Gegenstände größer und deutlicher sehen. Ich habe dadurch vielen Freunden, die schlechte Augen haben, große Dienste geleistet, und sie in den Stand gesetzt, sehr deutlich zu sehen." Aus dem letzten Satz ist ersichtlich, daß PORTAS Linsenkombinationen nur eine Art Brille waren, bestenfalls die Vorstufe des Opernglases mit etwa zweifacher Vergrößerung. Ohne Zweifel hat er nur gewöhnliche Brillengläser kombiniert, wie man sie damals kaufen konnte. Hätte er ein wirkliches Fernrohr erfunden, so würde sich PORTA, der sein Licht gewiß nicht unter den Scheffel stellte, lautstark zu Wort gemeldet haben. Es ist aber nicht auszuschließen, daß er die Erfindung des Fernrohrs mit anregte, da seine Werke viel gelesen wurden. Im August 1609 beschrieb er in einem Brief eine Linsenkombination, die in einem Rohr von 14 Zoll Länge steckte und eine rund zweifache Vergrößerung zuließ. Um diese Zeit war aber in Holland das Fernrohr bereits erfunden.

Von Bedeutung für die Geschichte des Mikroskops sind noch PORTAS Experimente mit der Camera obscura, einer Erfindung, die bereits LEONARDO DA VINCI (1452–1519) kannte – damals allerdings noch als einfache Lochkamera ohne Linse. PORTA kombinierte eine Sammellinse mit einer Lochblende und bildete damit wohl als erster transparente Gegenstände, z. B. Zeichnungen ab. Für ihn ergibt sich damit ein Anspruch auf die Erfindung der Laterna magica, Voraussetzung für die später so beliebten Sonnenmikroskope. Da er mit bewegten Bildern experimentierte, geriet PORTA in die gefährliche Nähe des Verdachts der Zauberei. Die Erfindung der Laterna magica ist später oft ATHANASIUS KIRCHER (1601–1680) zugeschrieben worden, der sie in der zweiten Ausgabe seiner „Ars magna lucis et umbrae" 1671 beschreibt und abbildet, nicht aber bereits 1646, wie manchmal irrtümlich angenommen wurde.

(2.)
Die frühesten Untersuchungen an Pflanzen und Insekten mit Vergrößerungsglas und Mikroskop

Der Jesuitenpater FILIPPO BONANNI (1638–1725), einer der bedeutendsten Konstrukteure zusammengesetzter Mikroskope zu Ende des 17. Jahrhunderts, nennt in seinem Werk „Observationes circa viventia quae in rebus non viventibus reperiuntur. Cum micrographia curiosa", das 1691 in Rom erschien, den holländischen Miniaturenmaler und Zeichner GEORG HOEFNAGEL (1542–1601) an erster Stelle unter den Mikroskopikern der Anfangsjahre. Er bezieht sich dabei auf das Buch „Archetypa Studiaque Patris Georgii Hoefnagelii" des Künstlers aus dem Jahre 1592. Die Beobachtungen HOEFNAGELS an Pflanzen und Tieren hat dessen siebzehnjähriger Sohn JACOB (1575 bis um 1630) mit viel Geschick und Geschmack auf 50 Tafeln in Kupfer gestochen. Der Leser kann sich anhand der beiden Reproduktionen auf S. 17 jedoch leicht selbst ein Bild von der geringen Leistungsfähigkeit der optischen Vergrößerungshilfen HOEFNAGELS machen. Nahezu alle Einzelheiten der Untersuchungsobjekte dürften mit bloßem Auge erkennbar gewesen sein. Die englischen Historiker REGINALD CLAY und THOMAS COURT glaubten dagegen in ihrem Buch zur Mikroskopgeschichte (1932) HOEFNAGEL gar ein zusammengesetztes Mikroskop für seine Beobachtungen verordnen zu müssen. – Eine bessere Brille dürfte ausreichend gewesen sein.

Ein Gelehrter, der bereits sehr früh Untersuchungen an Insekten mit Vergrößerungsgläsern anstellte, war der ebenfalls von BONANNI angeführte Engländer THOMAS MOUFET (1553–1605). Sein „Insectorum sive minimorum animalium theatrum" kam jedoch erst 1634, also 30 Jahre nach seinem Tode, in London heraus. Dieser Umstand wurde manchmal nicht ausreichend beachtet.

MOUFET ist unter die allerersten Beobachter mit Lupen einzureihen. Im Text verstreut finden sich in seinem Buch Kupferstiche verschiedener Insekten von allerdings nur mäßiger Qualität (das Papier ist recht grob).

Als Anhang sind vier Tafeln hinzugefügt, die Würmer, Käfer, Fliegen, Seepferdchen usw. zeigen, darunter auch bizarre Gebilde mit „Reh"-köpfchen. Das Interesse der Historiker hat eine auf S. 259 bei MOUFET abgebildete Kopflaus erregt.

Der Niederländer PIETER HARTING (1812–1885), dessen umfangreiches Werk „Het Mikroskoop" noch immer als Standardwerk für die Mikroskopgeschichte bis etwa 1860 gilt, versuchte, die Leistungsfähigkeit der optischen Hilfsmittel MOUFETS abzuschätzen. Er hat dazu

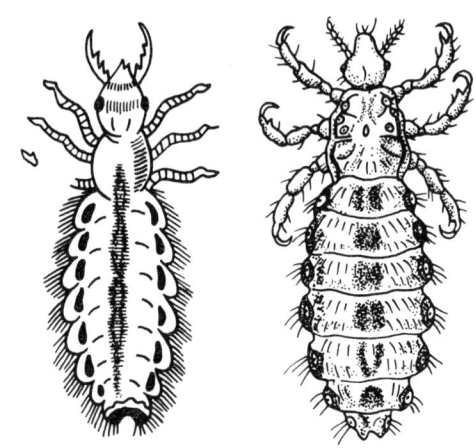

Vergleich von TH. MOUFETS Zeichnung einer Laus (links) mit einer modernen Abbildung dieses Insekts (rechts)

die Länge der gezeichneten Laus gemessen und den erhaltenen Wert von 60 mm – der übrigens falsch ist, denn es sind tatsächlich von den Fühlerspitzen zum Körperende nur 47 mm – durch die Länge einer natürlichen Laus (etwa 3 mm) geteilt. Auf eine Vergrößerung von 25-...30fach schätzte er daraus die Leistungsfähigkeit der MOUFETschen Lupen. Abgesehen davon, daß der Kupferstecher schwerlich das von MOUFET gesehene Bild der Laus in seiner tatsächlichen Größe wiedergegeben haben dürfte und daß bei genauer Vermessung von Bild und lebendem Tier nur eine etwa 15fache Vergrößerung herauszurechnen ist, wäre es fraglos besser gewesen, die Details einer realen Laus unter der Lupe oder dem Mikroskop mit denen der Zeichnung von MOUFET zu vergleichen, um die Leistung seines Vergrößerungsglases abzuschätzen. Führt man dieses Experiment aus, was heutigen Tages wegen des Mangels an Läusen schwieriger, aber doch nicht unmöglich ist, so wird schnell deutlich, daß eine moderne Lupe mit sechsfacher Vergrößerung bereits alle Einzelheiten, die MOUFETS Abbildung zeigt, deutlich hervortreten läßt. Daß er die Fühler zu Mundwerkzeugen umfunktionierte und auch die Gliederung der Lausbeine entstellte sowie die Behaarung stark übertrieb, kann sicher weniger der Unzulänglichkeit seiner optischen Hilfsmittel als vielmehr der damals noch üblichen Großzügigkeit bei wissenschaftlichen Darstellungen angelastet werden. Kurz und gut, MOUFET konnte alle seine um die Wende zum 17. Jahrhundert angestellten Beobachtungen mit einfachen Lupen von 5-...10facher Vergrößerung ausführen. Berücksichtigen wir jedoch die mangelhafte Qualität der damaligen Gläser (Blasen, Schlieren, Verfärbungen)

und die groben Schleif- und Polierverfahren jener Zeit, dann werden wohl um den Faktor 1,5 bis 2 höhere Vergrößerungen zum Erkennen der Details notwendig gewesen sein. Lupen mit diesen Vergrößerungen haben Brennweiten von 2,5...1,5 cm. Stärkere Linsen dürften um 1600 nicht zur Verfügung gestanden haben.

Das erste bekannte Buch, dessen Inhalt erwiesenermaßen auf Untersuchungen mit einem zusammengesetzten Mikroskop beruht, haben die Italiener FRANCESCO STELLUTI (1577–1653) und FREDERICO CESI (1585–1630) geschrieben. Beide waren Mitglieder der 1603 gegründeten Gelehrtenvereinigung Accademia dei Lincei (Akademie der „Luchsäugigen"), der als prominentester Wissenschafter auch GALILEO GALILEI angehörte. STELLUTI und CESI, die Honigbienen untersuchten, brachten ihr Werk 1625 unter dem Titel „Apiarium ex frontispiciis naturalis..." in Rom heraus. Das Mikroskop, mit dem sie ihre Untersuchungen angestellt hatten, war ihnen von GALILEI geschenkt worden. Die Tafeln in ihrem Buch zeigen neben ganzen Bienen auch Kopf- und Mundpartien mit Einzelheiten des Facettenauges und der Mundwerkzeuge. Auf dem Titelkupferstich wird ausdrücklich ein Mikroskop erwähnt.

STELLUTI und CESI wählten übrigens die Biene deshalb als Untersuchungsobjekt, weil der damals herrschende Papst mehrere dieser Insekten in seinem Geschlechterwappen führte. Sie hofften damit, der ohnehin argwöhnischen Beobachtung ihrer Arbeit durch die Kurie die Spitze zu nehmen. – Das einzige vollständig erhalten gebliebene Exemplar dieses wertvollen Buches befindet sich in der Biblioteca Lancisiana in Rom, die auch die Abbildung auf S. 19 zur Verfügung gestellt hat.

(3.)
Zur Erfindungsgeschichte von Fernrohr und Mikroskop – ein jahrhundertealter Streit um Prioritäten und Ruhm

Bis heute ist es den Historikern trotz intensiver Forschungen nicht gelungen, den oder die Erfinder des zusammengesetzten Mikroskops zweifelsfrei herauszufinden. Zu widersprüchlich, lückenhaft und mit Irrtümern und Fälschungen beladen sind die historischen Dokumente. Mehrere Namen werden diskutiert, doch bei allen gibt es für und wider. So wird oft GALILEO GALILEI genannt, der zwar Mikroskope besaß, benutzte und auch verschenkte, diese Instrumente aber ebenso wie das später nach ihm benannte Fernrohr höchstwahrscheinlich nur nachgebaut hat.

Der Jesuit FRANCESCO FONTANA (1580–1656), ein in Neapel lebender Astronom, behauptete 1646 in seinem Buch „Novae coelestium terrestriumque rerum observationes", das Fernrohr 1608 und das Mikroskop 1618 erfunden zu haben. Zeugen oder Dokumente aus der fraglichen Zeit konnte er dafür jedoch nicht nennen.

Ernster zu nehmen sind Ansprüche für CORNELIUS DREBBEL (1572–1633). Nicht nur, weil zuverlässige Zeugen um 1620 bei ihm zusammengesetzte Mikroskope gesehen haben; es ist auch verbrieft, daß er mehrere solcher Instrumente von London aus auf den europäischen Kontinent schickte. Sie gelangten unter anderem nach Italien und dort GALILEI zur Kenntnis, was ebenfalls bezeugt ist.

Bis in die jüngste Zeit hinein werden jedoch HANS MARTENS (gest. 11.12.1592) und ZACHARIAS JANSEN (um 1588 bis etwa 1632), bekannt als Vater und Sohn JANSEN, beide seinerzeit „berühmte" Brillenmacher in Middelburg (Holland), in populärwissenschaftlichen Veröffentlichungen, auf Schautafeln technischer Museen und sogar in wissenschaftlichen Publikationen als Erfinder des zusammengesetzten Mikroskops angegeben. Der Zeitpunkt für die Erfindung wird meist in das Jahr 1590 gelegt. Dabei hat bereits 1906 CORNELIUS DE WAARD in seinem Buch „De Uitvinding der Verrekijkers" ernsthafte Zweifel an den Ansprüchen für die JANSENS angemeldet. Er stützte sich mit dieser Meinung auf historische Dokumente aus Middelburg. MARIA ROOSEBOOM, Kurator am Nationalmuseum für Geschichte der Wissenschaften in Leiden, widerlegte 1967 in einer fundierten Arbeit zur Geschichte des Mikroskops wohl endgültig die Legende von der Erfindung dieses Instruments durch Vater und Sohn JANSEN. Allerdings scheint auch das nur ein kleiner Kreis von Fachleuten zur Kenntnis genommen zu haben – man trennt sich nicht gerne von liebgewordenen Geschichten.

Allgemein durchgesetzt hat sich unter den Historikern aber die Meinung, daß zuerst das Fernrohr und danach das Mikroskop erfunden worden ist. Ebenso gilt die Ansicht, derzufolge einfache Mikroskope erst nach Erfindung des zusammengesetzten Mikroskops allgemein in Gebrauch kamen. Die Erfindungsgeschichten beider Instrumente – Teleskop und Mikroskop – sind demnach eng miteinander verflochten. ALBERT VAN HELDEN, Professor für Geschichte in Groningen (Niederlande), intimer Kenner der Historie des Fernrohrs, bezeichnete 1977 in einem längeren Aufsatz zu diesem Forschungsgebiet das Mikroskop gar als einen „natürlichen Ableger des Fernrohrs" („a natural outgrowth of the telescope").

Wir wollen uns an dieser Stelle darauf einigen, daß es sich bei dem von uns gesuchten Mikroskop um ein optisches Instrument mit zwei Sammellinsen handeln soll.

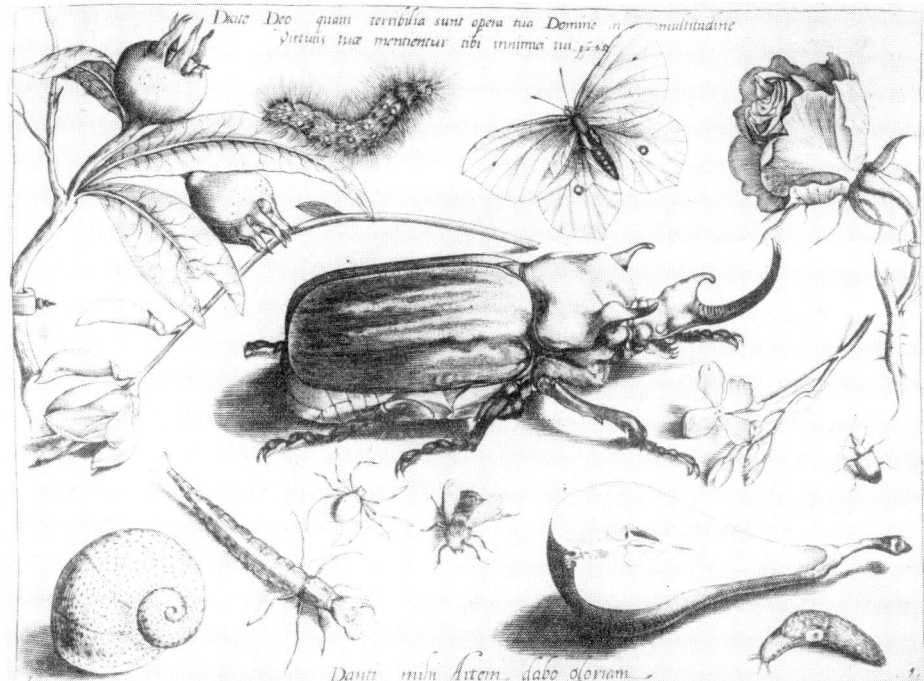

Titelkupferstich von
G. HOEFNAGELS „Arche-
typa…" aus dem Jahre
1592

Kupferstich aus G. HOEF-
NAGELS „Archetypa…"
(vgl. Bild auf S. 21 links)

18

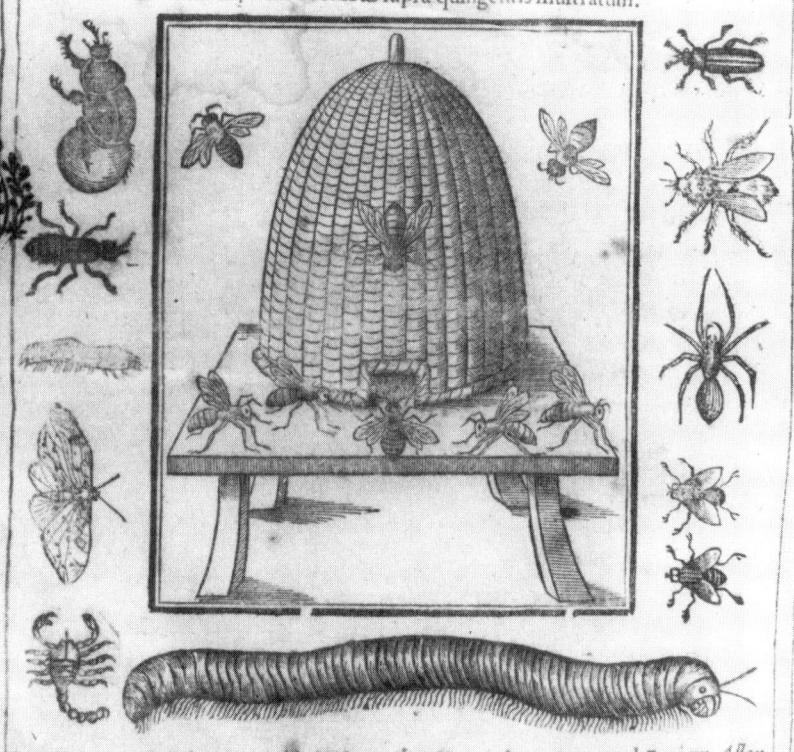

Titelseite von
Th. Moufets „Insecto-
rum…"
aus dem Jahre 1634

Titelkupferstich des berühmten „Apiarium…" von F. Stelluti und F. Cesi aus dem Jahre 1625

Man beachte das Wort MICROSCOPIO in der letzten Zeile. Es steht erstmals gedruckt in diesem Buch.

Johann Swammerdamm,

der Arzneykunst Doctor von Amsterdam,

Bibel der Natur,

worinnen

die Insekten in gewisse Classen vertheilt,

sorgfältig beschrieben, zergliedert, in saubern Kupferstichen vorgestellt,

mit vielen Anmerkungen über die Seltenheiten der Natur erleutert,

und

zum Beweis der Allmacht und Weisheit des Schöpfers

angewendet werden.

Nebst

Hermann Boerhave

Vorrede von dem Leben des Verfassers.

Aus dem Holländischen übersetzt.

Leipzig,

in Johann Friedrich Gleditschens Buchhandlung.

1752.

J. SWAMMERDAMS „Bibel der Natur", eine bibliophile Kostbarkeit aus dem 18. Jahrhundert

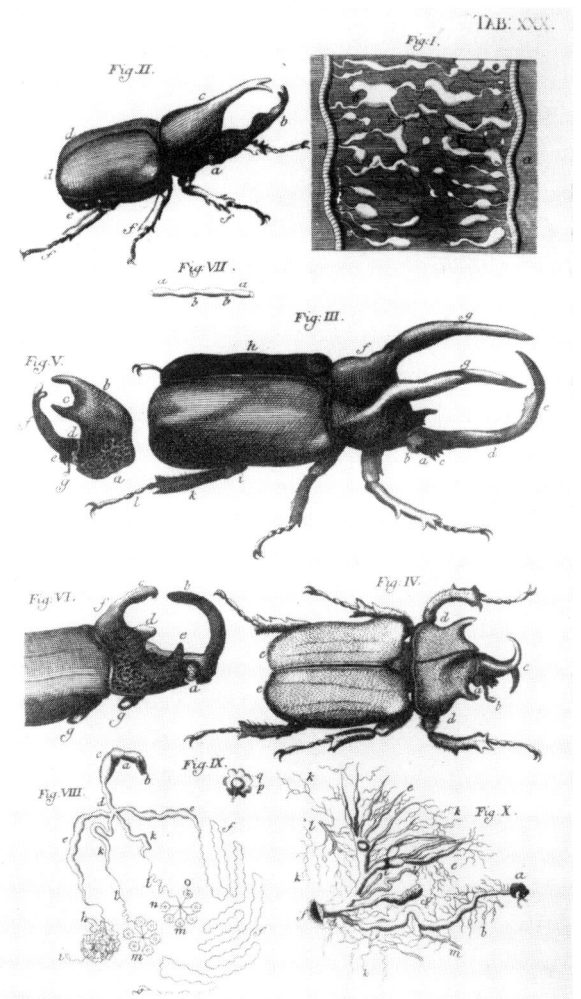

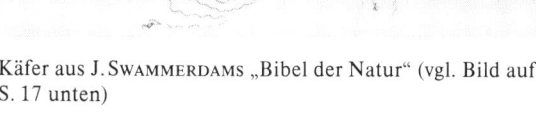

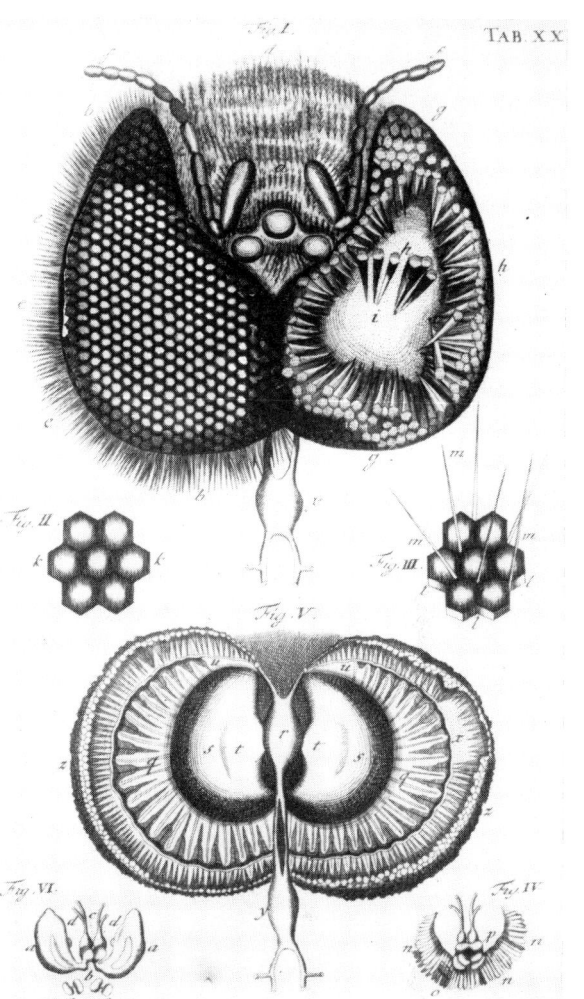

Käfer aus J. Swammerdams „Bibel der Natur" (vgl. Bild auf
S. 17 unten)

Abbildung des zergliederten Facettenauges einer Biene
(J. Swammerdam)

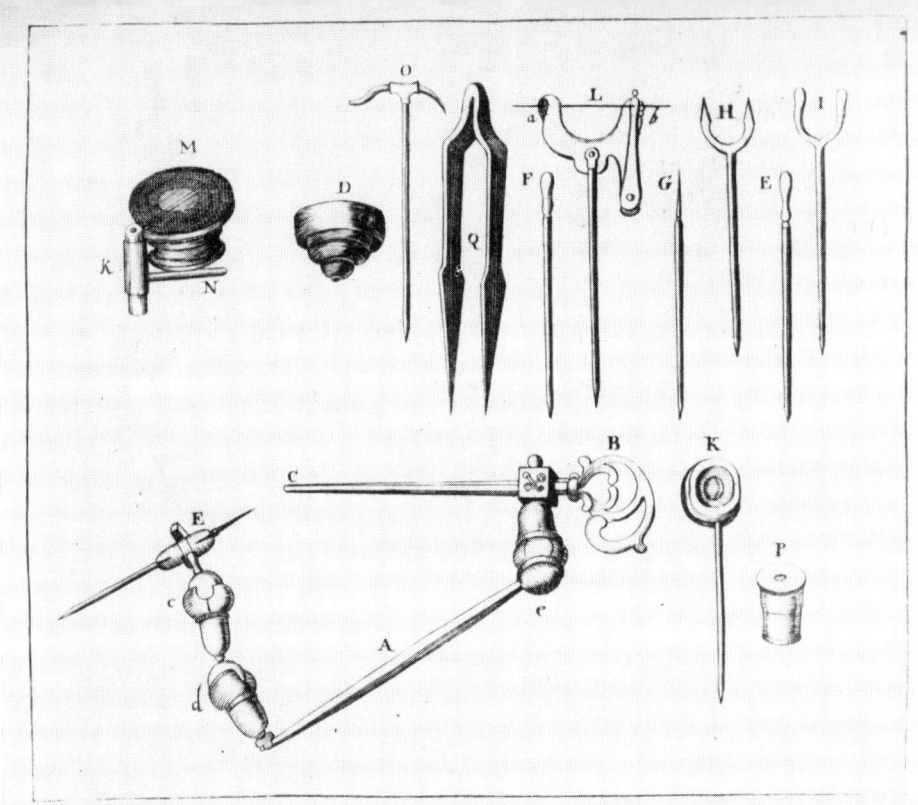

Einfaches Mikroskop
von S. Musschenbroek

Sowohl die Linse als
auch der Objekthalter
können ausgetauscht
werden.

Zweiter Typ eines Mus-
schenbroek-Mikroskops
mit Blendenapparat

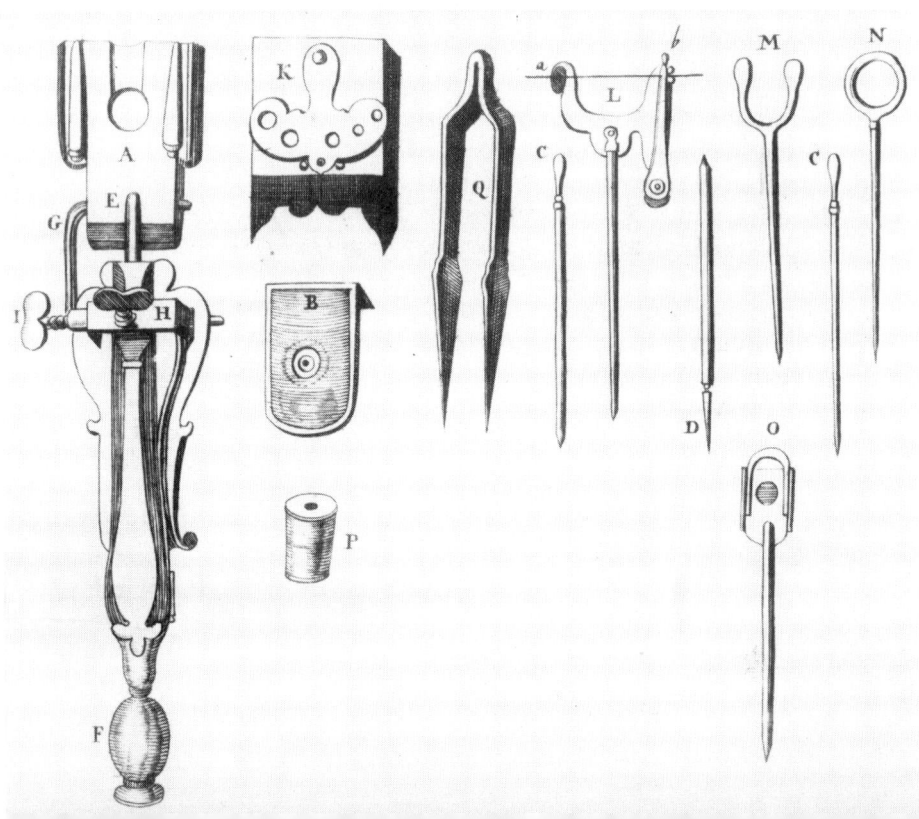

Erhalten gebliebenes Instrument von S. Musschenbroek (Bild-
mitte) und zwei Zirkelmikroskope (vorn)

DE VERO
TELESCOPII
INVENTORE,
Cum brevi omnium
CONSPICILIORUM
HISTORIA.

Ubi de Eorum Confectione, ac Vſu, ſeu
de Effectibus agitur, novaque quædam
circa ea proponuntur.

Acceſſit etiam

CENTVRIA OBSERVATIONVM
MICROCOSPICARUM.

AUTHORE

PETRO BORELLO, *Regis Chriſtia-*
niſſimi Conſiliario, & Medico Ordinario.

HAGÆ-COMITUM,

EX TYPOGRAPHIA ADRIANI VLACQ,
M. DC. LV.

Titelseite des Buches „Über die wahren Erfinder des Fernrohrs…" aus dem Jahre 1655, das so viel Verwirrung gestiftet
hat

Die Kapillaren in der Froschlunge nach M. MALPIGHI

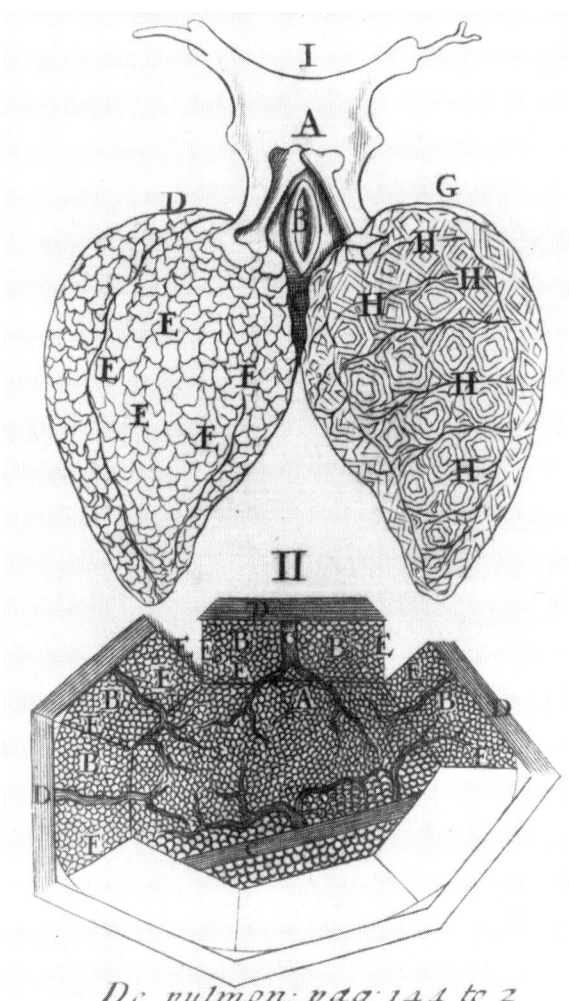

Auch mit dem ersten Fernrohr, das aus einer Sammellinse als Objektiv und einer Zerstreuungslinse als Okular bestand, konnten nämlich unter bestimmten Umständen einfache mikroskopische Beobachtungen angestellt werden (s. S.33). Dazu mußte allerdings der Abstand beider Linsen erheblich vergrößert werden. Das Bild war aufrecht und seitenrichtig. In den Anfangsjahren von Teleskop und Mikroskop, so wird berichtet, sollen verschiedene Gelehrte gelegentlich mit solchen Teleskop-Mikroskopen gearbeitet haben. Derartige Instrumente waren aber keine Mikroskope im eigentlichen Sinne und bleiben deshalb hier unberücksichtigt.

Eines der ältesten Zeugnisse über das Fernrohr ist in GALILEIS „Sidereus nuncius" (Sternenbotschaft) aus dem Jahre 1610 enthalten. Offensichtlich zur Sicherung seiner Ansprüche auf Entdeckungen bei Himmelsbeobachtungen in aller Eile geschrieben – GALILEI hatte am 17. Januar 1610 mit dem Fernrohr die Jupitermonde entdeckt –, liefert uns die Broschüre aber außerdem einen klaren Hinweis auf das Ursprungsland des Fernrohrs. GALILEI, damals noch in Padua lebend, erfuhr im Juni 1609 erstmals von der Erfindung des Teleskops, bestehend aus einer Sammellinse als Objektiv und einer Zerstreuungslinse als Okular. In seinem Büchlein lesen wir dazu: „Jetzt vor zehn Monaten ist ein Gerücht an unsere Ohren gelangt, daß von einem gewissen Holländer ein Instrument hergestellt worden sei, mit dessen Hilfe weit entfernte Gegenstände wie aus der Nähe genau wahrzunehmen wären… Eben das wurde mir einige Tage später durch einen Brief von dem geachteten Franzosen Jacob Badovere aus Paris bestätigt. Ich befaßte mich daher damit, die Theorie und die Mittel zur Erfindung eines derartigen Instruments herauszufinden. Ich habe eingesehen, daß ich mich dem ganz und gar zuwenden müsse und habe mich kurz darauf auf die Lehre von der Lichtbrechung gestützt. Ich beschaffte mir ein Bleirohr, an dessen Enden ich zwei Gläser befestigte, die beide auf der einen Seite flach, auf der anderen konvex beziehungsweise konkav waren. Darauf hielt ich das Auge an die Rohröffnung und es erschienen reichlich große Gegenstände. Ich sah sie aus dreifacher Nähe und wirklich näher, als ob sie einzig und allein in ihrer natürlichen Schärfe betrachtet würden. Ich habe mir auf andere Art ein genaueres Gerät gebaut, welches mir die Gegenstände mehr als 60mal so groß darbot.

Schließlich – keine Mühe und keinen Aufwand unterlassend – bin ich dorthin gelangt, daß ich mir ein Gerät gebaut habe, so hervorragend, daß der Gegenstand selbst nahezu 1000mal vergrößert erscheint und mehr als 30mal näher, als er in dieser Größe auf natürliche Weise gesehen werden kann" (B. MICHELS, 1984).

Zweierlei ist diesen Sätzen GALILEIS zu entnehmen: Erstens hat er das später nach ihm benannte Fernrohr nicht erfunden, sondern nur nachgebaut. Das Ursprungsland war Holland, und der Erfinder hieß, wie spätere Forschungen auswiesen, HANS LIPPERHEY (um 1570–1619), auch LIPPERSHEY oder LAPREY genannt. Der aus Wesel gebürtige LIPPERHEY, Brillenschleifer zu Middelburg, der Hauptstadt der Insel Walcheren in Holland, beantragte am 2. Oktober 1608 bei den Generalstaaten in Haag ein Patent für 30 Jahre auf das von ihm gebaute und von einer Kommission geprüfte Fernrohr. Das astronomische Fernrohr, bestehend aus zwei Sammellinsen, hat 1611 JOHANNES KEPLER (1571–1630) angegeben, aber nie selbst gebaut oder benutzt.

Kommen wir auf die oben zitierten Sätze GALILEIS aus der „Sternenbotschaft" zurück, so ist zweitens festzuhalten, daß GALILEI 1610 das Mikroskop offenbar noch nicht kannte. Mit Sicherheit hätte der damals 46jährige erfahrene Gelehrte, allein schon, um sich die Prioritäten bei einer so wichtigen Erfindung zu sichern, eine entsprechende Bemerkung in den Text eingeflochten – die fehlt jedoch.

Einen Hinweis darauf, daß sogar noch 1618, also 10 Jahre später, in Italien – und nicht nur dort – offensichtlich Mikroskope noch wenig oder gar nicht bekannt waren, gibt uns das Werk „De origine et fabrica telescopiorum" des Optikstudenten und Galileibewunderers HIERONYMUS SIRTURUS aus Mailand, und zwar dadurch, daß in diesem Buch jede Bemerkung über das Mikroskop fehlt. Interessant ist SIRTURUS' Werk vor allem deshalb, weil alte Linsenschleifverfahren geschildert werden. SIRTURUS hatte für seine Erfindungsgeschichte des Fernrohrs mehrere Länder Europas bereist, um Material zu sammeln.

Die größte Verwirrung unter den Optik-Historikern hat wohl PIERRE BOREL (um 1620–1671, nach anderen Angaben 1628–1689) mit seinem Buch „De vero telescopii inventore cum brevi omnium conspiciliorum historia" aus dem Jahre 1655 gestiftet. BOREL, einer der

Leibärzte LUDWIGS XIV. (1638–1715), hat, wie er selbst schreibt, auf Wunsch des holländischen Diplomaten WILLEM BOREEL (1591–1668) zur Feder gegriffen, um die Erfindungsansprüche Middelburger Brillenschleifer, genauer der beiden JANSENS, auf Fernrohr und Mikroskope zu verteidigen. Besonders ein Brief dieses WILLEM BOREEL – Baron von Vroendyke, Herr von Duinbeke und Pensonarius zu Amsterdam, geboren in Middelburg –, geschrieben in lateinischer Sprache und veröffentlicht in P. BORELS Buch, führte dazu, daß für Jahrhunderte fälschlicherweise Vater und Sohn JANSEN als Erfinder des zusammengesetzten Mikroskops galten. W. BOREEL, der mit dem Franzosen PIERRE BOREL übrigens nicht verwandt war, kam 1619 als Advokat der Ostindischen Companie nach England, wo er auch den bereits erwähnten CORNELIUS DREBBEL, damals „Hoferfinder" an König JACOBS I. (1566–1625) Hof, in London traf. 1627 wurde WILLEM BOREEL als Gesandter nach Paris geschickt und lernte dort später PIERRE BOREL kennen. In dem erwähnten Brief vom 9. Juli 1655 teilte der holländische Diplomat dem französischen Arzt über die Erfindung des Mikroskops folgendes mit: „Dieser Hans, d. h. Johannes, ein gewisser Brillenverfertiger, hat zusammen mit seinem Sohn Zacharias, wie ich oft vernommen habe, als erster die Mikroskope erfunden und dieselben dem Prinzen Moritz, dem Statthalter und obersten Heerführer des vereinigten Belgiens, dargeboten und dafür ein Geldgeschenk erhalten. Ein ähnliches Mikroskop wurde später von demselben dem Erzherzog Albert von Österreich, dem obersten Statthalter im Königreich Belgien, übergeben. Während ich mich 1619 als Gesandter in England aufhielt, hat mir Cornelius Drebbel aus Alkmaar in Holland, ein Kenner von allerhand naturwissenschaftlichen Geheimnissen, der dort als Mathematiker im Dienste des Königs Jakob stand und mir befreundet war, eben jenes Mikroskop gezeigt, was der Erzherzog dem Drebbel selbst zum Geschenk gemacht hatte, nämlich das Mikroskop jenes Zacharias; es hatte nicht etwa, wie jetzt solche gezeigt werden, einen kurzen Tubus, sondern einen etwa anderthalb Fuß langen Tubus, der aus vergoldetem Messing bestand, zwei Finger breit im Durchmesser war und auf drei messingnen Delphinen ruhte, die auf einer Fußscheibe von Ebenholz angebracht waren; diese Scheibe enthielt allerlei daraufgelegte kleine Gegenstände, die wir uns von oben her als in ganz wunderbar stark vergrößerter Gestalt ansahen etc."

Weiterhin wird in diesem Brief den JANSENS die Erfindung des Fernrohrs zugeschrieben. Dem Buch P. BORELS ist ein Anhang eigener, relativ unbedeutender mikroskopischer Beobachtungen beigefügt, wobei auffällt, daß im Titel das Wort Mikroskop ebenso wie im Titel des Hauptwerkes falsch geschrieben wurde.

Bei einer gerichtlichen Befragung zur Klärung der Erfinderrechte am Fernrohr, die ebenfalls 1655 in Middelburg stattfand, gab der Sohn des damals bereits vor mehr als 20 Jahren verstorbenen ZACHARIAS JANSEN, JOHANNES (1611–?), an, daß sein Vater bereits 1590 das Teleskop erfunden hätte. Seinen Großvater HANS erwähnt er nicht, vom Mikroskop ist keine Rede.

WILLEM BOREEL, der ebenfalls aus Middelburg stammte, will Spielkamerad des etwa 1588 geborenen „Wunderkindes" ZACHARIAS gewesen sein, der ja bereits mit rund zwei Jahren das Teleskop erfunden haben müßte. Dem Rektor der Lateinschule in Dordrecht, ISAAC BEECKMANN (1580–1637), so steht es jedenfalls in dessen Tagebuch, hatte JOHANNES ZACHARIASEN, also der Sohn des ZACHARIAS, 1634 erzählt, daß sein Vater 1604 das erste Fernrohr in den Niederlanden von einem italienischen Instrument kopiert hätte; dort würden solche Instrumente bereits seit 1590 hergestellt. Übrigens hat BEECKMANN 1631 in sein Tagebuch unter der Bezeichnung „Instrumentum Drebbelianum" (Instrument des DREBBEL(!)) ein zweistufiges Mikroskop mit einem dreibeinigen Fuß gezeichnet, die älteste bekannte schematische Zeichnung eines Mikroskops. ZACHARIAS JANSEN hatte sich im übrigen bei der Befragung von 1655 8 Jahre älter erscheinen lassen, um die Erfindung der sogenannten langrohrigen Fernrohre für sich beanspruchen zu können.

Der Anspruch für Vater und Sohn JANSEN auf die Erfindung des zusammengesetzten Mikroskops um 1590 hätte sich bei den Historikern kaum derart durchsetzen können, wenn nicht 1831 GERARD MOLL, Professor zu Utrecht, eine Arbeit des 1823 verstorbenen JAN HENDRIK VAN SWINDEN zu diesem Thema veröffentlicht hätte. VAN SWINDEN setzte sich darin für die Ansprüche der JANSENS ein. PIETER HARTING, ein Schüler von G. MOLL, wurde später eifrigster Verfechter dieser Ansicht. Seiner Autorität auf dem Gebiet der Mikroskop-

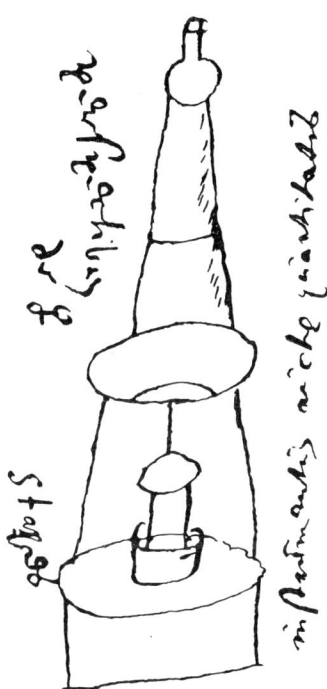

C. DREBBELS Mikroskop nach einer Zeichnung aus I. BEECK-MANNS Tagebuch (1631)

Sohn ZACHARIAS etwa 4 Jahre alt gewesen sein muß. Beide zusammen können demnach weder das Fernrohr noch das Mikroskop erfunden haben. Für seinen Sohn allein gibt es kein Dokument, das irgendwelche Ansprüche auf die Erfindung dieser optischen Instrumente bestätigen könnte, dagegen fanden sich Gerichtsakten, die ihm Trunksucht, Geldfälschungen, Schlägereien, Schuldenmacherei usw. anlasten. JOHANNES, der Sohn des ZACHARIAS, wurde laut Taufschein am 25.9.1611 geboren; er kann also weder an der Erfindung des Fernrohrs (1608), noch an der des Mikroskops (nach W. BOREEL bei DREBBEL bereits 1619 vorhanden) beteiligt gewesen sein. Ob sein Vater ZACHARIAS JANSEN überhaupt irgend etwas für das Mikroskop erfunden hat, ist zweifelhaft. Außer BOREELS Brief gibt es für derartige Ansprüche keine Dokumente. Und dieser Brief wurde von einem Laien, der sich – noch dazu erst 1655 – auf Kindheits- und Jugenderinnerungen berufen muß, aus patriotischer Gesinnung verfaßt.

Bedauerlicherweise wird in die Middelburger Geschichte der optischen Instrumente auch zukünftig nicht mehr Licht zu bringen sein. Das Stadtarchiv, in dem zwischen 1810 und 1906 so viele wichtige Dokumente zu unserem Thema aufgefunden wurden, ist bei einem Angriff der faschistischen deutschen Luftwaffe zerstört worden. Das älteste Dokument im neuen Archiv dieser Stadt datiert aus dem Jahre 1940.

Wenden wir uns nun CORNELIUS DREBBEL zu, der übrigens nie selbst Ansprüche auf die Erfindung des Mikroskops erhoben hat. Wie bereits erwähnt, will WILLEM BOREEL bei ihm 1619 in London ein Mikroskop JANSENS gesehen haben. 1621 besuchte CONSTANTIJN HUYGENS (1596–1687), Vater des berühmten niederländischen Physikers CHRISTIAAN HUYGENS (1629–1695), DREBBEL in London und sah bei ihm ebenfalls ein zusammengesetztes Mikroskop. CORNELIUS DREBBEL, 1572 in Alkmaar geboren, arbeitete seit 1613 am englischen Hof als Astrologe und Erfinder. Zuvor war er bereits von 1605 bis 1610 dort tätig gewesen und hatte sich in der Zwischenzeit auf Einladung des deutschen Kaisers in Prag aufgehalten. Während seines zweiten Aufenthalts in London, der bis zu seinem Tode 1633 währte, hat DREBBEL mehrere zusammengesetzte Mikroskope gebaut und an Gelehrte und Freunde auf dem europäischen Kontinent geschickt. Sein Schwiegersohn JACOB KUFLER be-

geschichte ist es wesentlich zu verdanken, daß bis in die jüngste Zeit hinein Vater und Sohn JANSEN als Erfinder des Mikroskops galten oder noch gelten. HARTING erkannte zwar verschiedene Widersprüche in den Dokumenten zu den Ansprüchen, die W. BOREEL in seinem Brief für die JANSENS geltend gemacht hatte, und er mußte auch die Priorität LIPPERHEYS bei der Erfindung des Fernrohrs anerkennen; trotzdem hielt er HANS und ZACHARIAS JANSEN für die Erfinder des Mikroskops um 1590, und in seinem Gefolge taten das mehrere Generationen von Mikroskopikern und Historikern. Der Diplomat WILLEM BOREEL konnte für HARTING einfach nicht unglaubwürdig sein, so schrieb er selbst. Sein Werk „Het Mikroskoop", insbesondere die 1866 in Braunschweig herausgekommene zweite deutsche Auflage, kann aber trotz dieses „Mißgriffs" dem interessierten Leser nur wärmstens empfohlen werden.

Fassen wir zusammen: HANS MARTENS, der später HANS JANSEN genannt wurde, starb Ende 1592, als sein

suchte 1622 mit einem dieser Instrumente MARIA DE MEDICI (1573–1642) in Paris. Dort sah es ein Mäzen der Wissenschaft, der Astronom und Numismatiker NICHOLAS CLAUDE FABRI DE PEIRESC (1580–1637), der über DREBBELSche Mikroskope mehrere Briefe aus Paris und Aix an HIERONYMUS ALEANDRO nach Rom schickte. Zehn solcher Briefe aus den Jahren 1622 bis 1624 sind im 19. Jahrhundert aufgefunden und 1852 veröffentlicht worden. Aus diesen Briefen sind äußerst wichtige Informationen zu entnehmen: KUFLER reiste weiter nach Rom, um dort DREBBELS Mikroskop vorzuführen. Mit einem Begleitschreiben von DE PEIRESC versehen, hoffte er auch bei Hofe eingeführt zu werden. Er verstarb aber in Rom, ohne das Mikroskop demonstriert zu haben. In einem Brief vom 8. Dezember 1622 bedauerte DE PEIRESC den Tod KUFLERS. In Rom konnte indessen mit dem hinterlassenen DREBBELSchen Instrument niemand etwas anfangen. Erst GALILEI zeigte 18 Monate später, wie damit zu arbeiten war. Er äußerte bei dieser Gelegenheit, selbst ähnliche und bessere solcher „Augengläser" gefertigt zu haben.

DE PEIRESC, der 1623 drei weitere DREBBELSche Mikroskope nach Rom geschickt hatte, gab übrigens auch Anweisungen zu deren Gebrauch. Daraus geht hervor, daß zwei Konvexlinsen benutzt wurden. Ausdrücklich wies er auf die Bildumkehr hin. Durch Verändern des Abstandes beider Linsen mit einem Auszugstubus ließ sich die Vergrößerung verändern. – Hier ist erstmals das von uns gesuchte Instrument eindeutig beschrieben. GALILEI baute noch 1624 mit selbstgeschliffenen Linsen mehrere Mikroskope und schickte im Herbst jenes Jahres einige davon an Freunde, darunter an STELLUTI und CESI.

Wie sind nun abschließend die verschiedenen Erfindungsansprüche zu bewerten? Über FONTANA und die JANSENS muß nicht mehr diskutiert werden; sie scheiden „mangels an Beweisen" bzw. wegen unglaubwürdiger Angaben als ernsthafte Anwärter aus. Was DREBBEL und GALILEI betrifft, so wollen sich die Fachleute auf keinen von beiden festlegen. Es wird allgemein sogar offengelassen, ob nicht ein oder mehrere bisher Unbekannte die wahren Erfinder gewesen sind. Vermutlich, so meint man, waren der oder die Erfinder jedoch eher praktische Optiker als Gelehrte. Man könnte sich beispielsweise vorstellen, daß ein Linsenschleifer bei der „Gütekon-

trolle" seiner Linsen mit Hilfe einer zweiten, die er als Lupe benutzte, plötzlich die starke Vergrößerungswirkung der Kombination aus beiden Gläsern bemerkte.

Es gab nämlich noch keine Theorie der Abbildung mit Linsen. Die Grundlage für optische Berechnungen, das Brechungsgesetz, wurde erst 1618 gefunden, und zwar von dem Niederländer WILLIBRORD SNELL VAN ROYEN (1581–1626), latinisiert SNELLIUS, jedoch erst nach seinen Manuskripten 1662 von ISAAK VOSSIUS (1618–1689) veröffentlicht. RENÉ DESCARTES (1596–1650) machte das Gesetz – er hatte es wohl unabhängig von SNELLIUS entdeckt – 1637 in seiner „Dioptrique" der Fachwelt allgemein bekannt. Nun erst wurde es möglich, Strahlengänge in optischen Instrumenten zu berechnen. Vorher sind alle Geräte durch Probieren zusammengestellt worden.

Im übrigen ist es nichts Besonderes, wenn mehrere Personen an verschiedenen Orten nahezu gleichzeitig und unabhängig voneinander dieselbe Erfindung oder Entdeckung machen. 1922 haben die Amerikaner WILLIAM OGBURN und DOROTHY THOMAS eine Liste von 148 Erfindungen und Entdeckungen veröffentlicht, die zwischen 1420 und 1910 zwei- und mehrfach unabhängig voneinander gemacht wurden. Darunter befinden sich auch Fernrohr und Mikroskop. Die Voraussetzungen zur Erfindung beider Instrumente waren in mehreren Ländern gegeben. Glasschmelzen und Linsenschleifen beherrschte man für die Brillenfertigung seit mehr als dreihundert Jahren, besonders in Italien und später auch in Holland. Seit 1517 gab es auch Konkavlinsen. Mit GALILEI war das Experiment in die Physik eingezogen – die Zeit für die Erfindung der ersten optischen Instrumente war reif.

Dem Mikroskop wurde nicht die rasche Anerkennung wie dem Fernrohr zuteil. Es galt anfangs, wie Zeitgenossen schrieben, als unwürdige Tätigkeit, in gebückter Haltung durch das Mikroskop auf niederes Getier zu sehen. Welch erhabene Beschäftigung war dagegen das Durchforschen der Weiten des Kosmos mit dem Fernrohr! Es ist nicht von der Hand zu weisen, daß sich auch aus diesem Grunde der oder die Erfinder nicht lautstark zu Wort meldeten und Patentansprüche geltend machten.

Bleibt abschließend noch die Herkunft des Wortes Mikroskop zu klären. Geprägt wurde der Begriff von

Mitgliedern der Accademia dei Lincei. Manche Historiker schreiben dabei dem Griechen J. DEMISCIANUS die „Namensgebung" zu und nennen das Jahr 1624. So äußerte sich 1953 auch der englische Forscher CHARLES SINGER: „Das Wort Mikroskop wurde von einem von ihnen (d. h. von einem der „Luchsäugigen"; d. Verf.) 1624 geprägt und wurde in ihrer Korrespondenz allgemein gebraucht." Nach einer anderen Quelle hat der in Rom lebende Deutsche JOHANN FABER (1574–1629) in einem Brief vom 13. 4. 1625 an den Herzog CESI den Begriff Mikroskop eingeführt. Das Jahr 1624 erscheint mir wahrscheinlicher, weil, wie bereits erwähnt, auf einer Tafel des „Apiarium ..." von STELLUTI und CESI 1625 das Wort „microscopio" geschrieben steht.

Bis etwa 1650 waren für Fernrohr und Mikroskop auch die gemeinsame Bezeichnung perspicillium oder conspicillium üblich. GALILEI nannte seine Fernrohre ochiale, später occhialino. ATHANASIUS KIRCHER (1601–1680), Jesuitenpater und Professor für Philosophie, Mathematik und orientalische Sprachen in Würzburg, Avignon und Rom, spricht vom Smikroskop, angeblich in Anlehnung an einen dorischen Dialekt des Griechischen. In seinem 1646 erschienenen Werk „Ars magna lucis et umbrae" (Die Große Kunst von Licht und Schatten) hat KIRCHER einfache Mikroskope („smicroscopia") abgebildet. In Holland sprach man von Kykers oder Kijkers und Oogglazen. Später wurde auch der Name Engyskop (Nahseher) vorgeschlagen, und J. W. GOETHE (1749–1832), der sich bei seinen umfangreichen naturwissenschaftlichen Studien gerne des Mikroskops bediente und mehrere dieser Instrumente besaß, sprach gelegentlich vom Kleinsehglas.

Die einzelne Sammellinse oder Lupe, später wesentlich verbessert und aus mehreren Linsen zur Korrektur der Abbildungsfehler zusammengesetzt, ist lange Zeit ebenfalls als Mikroskop bezeichnet worden. Bis in die dreißiger Jahre des 19. Jahrhunderts waren solche Linsen dem zusammengesetzten Mikroskop sogar deutlich überlegen und wurden von vielen Mikroskopikern bevorzugt. Heute wird der Begriff Mikroskop im allgemeinen Sprachgebrauch nur noch auf das zusammengesetzte Instrument angewendet. In unserer historischen Darstellung können wir aber auf die Bezeichnung „einfaches Mikroskop" nicht verzichten.

(4.)
Die erste Blütezeit unseres Instruments im 17.Jahrhundert

Zwei Wege in der Entwicklung des Mikroskops bilden sich heraus

Ganz zu Anfang bestand das zusammengesetzte Instrument vermutlich nur aus einem (ausziehbaren) Tubus, in dem die beiden Sammellinsen – Objektiv und Okular – befestigt waren. Es gab weder ein Stativ noch eine Vorrichtung zum Fokussieren oder zur Beleuchtung der Objekte. Allenfalls setzte man Blenden vor die Linsen, um die gröbsten Auswirkungen der sphärischen Aberration zu beseitigen. Das Instrument wurde zum Gebrauch wie ein Fernrohr in der Hand gehalten und auf nahe vor der Objektivlinse gelegene Objekte gerichtet. Scharfstellen konnte man nur durch ein Bewegen des gesamten Mikroskops auf das Objekt zu oder von ihm weg bzw. durch ein Auseinanderziehen oder Zusammenschieben des Tubus, womit in engen Grenzen auch die Vergrößerung variiert wurde.

Es ist selbstverständlich, daß solche Instumente nur sehr geringe Vergrößerungen zuließen und die Lupen jener Zeit, wie etwa die des THOMAS MOUFET, kaum übertreffen konnten – im Gegenteil: Die aus einer einzigen Sammellinse bestehenden Lupen hatten einen geringeren chromatischen Abbildungsfehler als das unkorrigierte zusammengesetzte Mikroskop, ihr Bildfeld war größer und heller ausgeleuchtet, weil die Randstrahlen nicht so stark ausgeblendet werden mußten. Ebenso war die Auflösung der Lupe wegen des größeren Öffnungswinkels besser.

Ein großes Problem stellte die ausreichende Beleuchtung beim zusammengesetzten Mikroskop dar. Jahr-zehntelang nutzte man nur auffallendes Licht und untersuchte undurchsichtige Objekte. Auch hier eilte die Entwicklung des einfachen Mikroskops der des zusammengesetzten voraus. Bereits in den ersten Jahrzehnten des 17. Jahrhunderts kamen die damals sehr beliebten Floh- oder Fliegengläser (lat. vitrum pulicarium oder vitrum muscarium) in Gebrauch, mit denen im durchfallenden Licht beobachtet werden konnte. Hielt man solche Gläser gegen den Tageshimmel, so gab es keine Beleuchtungsprobleme mehr. Vermutlich hatte bereits MOUFET seine Insekten mit Durchlicht untersucht, denn des Königs erster Medicus THEODOR DE MAYERNE (1572–1655) schrieb im Vorwort zu MOUFETS Buch von der Duchsichtigkeit der Läuse, die das Pulsieren des Herzens und das Umlaufen des Blutes erkennen lasse. Für das zusammengesetzte Mikroskop setzte sich die Durchlichtbeleuchtung erst in der zweiten Hälfte des 17. Jahrhunderts durch.

Bereits DREBBEL hatte seine Mikroskope mit einem dreibeinigen Stativ versehen, was wir aber nur dank BEECKMANNS Tagebuch wissen, denn keines seiner Instrumente hat sich bis in unsere Zeit erhalten. Der gesamte Tubus konnte zur Fokussierung in einer Gleithülse auf und ab bewegt werden. Das von CESI und STELLUTI um 1624 für ihre Untersuchungen der Honigbiene benutzte Mikroskop ist uns zwar nicht überliefert, hatte, nach den genauen Beobachtungsergebnissen zu urteilen, aber mit Sicherheit ein Stativ und auch eine Fokussierungseinrichtung. Die Qualität des optischen Teils dieses Geräts war jedoch kaum fortgeschritten.

Nach heutiger Auffassung ließen die Instrumente jener Zeit ebenso wie die der folgenden Jahrzehnte viel zu wünschen übrig. Nur wenn die Vergrößerung nicht zu hoch gewählt wurde – und nicht zu hoch heißt maximal etwa 100fach –, dann leisteten sie auch Wissenschaftlern gute Dienste. Ansonsten litt die Bildqualität, abgesehen von den sphärischen und chromatischen Fehlern, die damals noch nicht korrigiert werden konnten, unter den allgemein üblichen technischen Mängeln bei der Herstellung optischer Instrumente vor rund 370 Jahren. Die Qualität der Gläser war schlecht. Neben Blasen und Schlieren gab es störende Verfärbungen. Von Charge zu Charge schwankten die optischen Eigenschaften beträchtlich. Ebenso ungünstig stand es mit den Schleif- und Poliertechniken. Die gegossenen oder ausgeschnittenen Glasstücke wurden in Metallschalen, die den Krümmungsradius der gewünschten Linsen hatten, zunächst mit einem Schleifmittel – meistens Sand – auf die geforderte äußere Form gebracht. Anschlie-

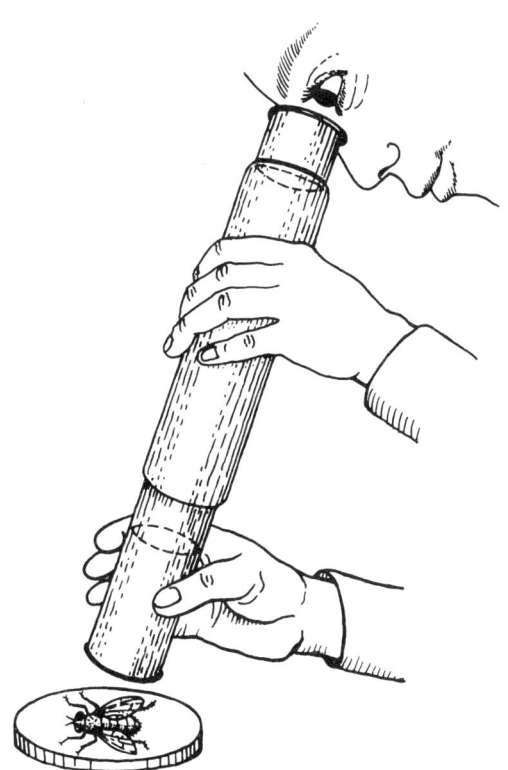

So wurden vermutlich die ersten zusammengesetzten Mikroskope ohne Stativ benutzt

ßend erhielt die Mehrzahl von ihnen zur Beseitigung von Kratzern und Ausbrüchen noch eine Politur. Nicht selten wurden sie dabei so stark in der Form verändert, daß die Krümmungen nicht mehr stimmten.

Große Probleme hatten die Instrumentenbauer schließlich mit dem Fassen und exakten Zentrieren ihrer Linsen im Tubus. Hier haperte es vor allem noch mit der mechanischen Bearbeitung, die überhaupt zunächst nur relativ labile Systeme zuließ. Sicherlich spielten für die Stabilität zusätzlich die Werkstoffe eine Rolle. Holz, Pappe und Leder waren die Materialien, aus denen man die Tuben fertigte. Aus Holz bestanden lange Zeit auch die Stative. Erst 1740 baute der berühmte englische Instrumentenmacher JOHN CUFF (um 1708–1772) Stative, die – abgesehen von einem hölzernen Fuß – vollständig aus Messing bestanden. Holz, Horn, Elfenbein und Knochen für die Fassungen der Linsen sind nur zögernd durch Kupfer, Messing und Stahl ersetzt worden.

Mangelhafte Bildqualität und die fehlende Einrichtung für Durchlicht ließen viele Forscher vom zusammengesetzten Mikroskop wieder zum einfachen überwechseln. Dieser Zustand blieb bis etwa 1830 (!) erhalten, als die Achromatisierung des Mikroskopobjektivs endlich allgemein beherrscht wurde und das einfache Mikroskop in den Hintergrund trat. Der Vorteil des größeren Arbeitsabstandes hatte in den Anfangsjahren die optischen Nachteile des zusammengesetzten Mikroskops nicht ausgleichen können. Die wissenschaftliche Mikroskopie entwickelte sich im 17. und 18. Jahrhundert überwiegend auf der Grundlage des einfachen Mikroskops. Glücklicherweise gab es aber zu allen Zeiten genügend weitblickende Gelehrte und praktische Optiker, die beharrlich das zusammengesetzte Mikroskop zu verbessern suchten.

Viele große Physiker wie RENÉ DESCARTES, CHRISTIAAN HUYGENS, ROBERT HOOKE (1635–1703), ISAAC NEWTON (1643–1727) oder LEONHARD EULER (1707–1783) gehörten ebenso dazu wie weniger bekannte Gelehrte, Amateurforscher und Instrumentenbauer, deren Namen und Werk wir noch kennenlernen wollen. Sie alle haben Baustein für Baustein zusammengetragen und aus einem „klapprigen" Ableger des Fernrohrs eines der wichtigsten wissenschaftlichen Instrumente aller Zeiten entstehen lassen.

Die Entwicklung des Mikroskops verlief also nahezu von Anfang an und dann für rund zweihundert Jahre in zwei Bahnen nebeneinander. Da sich das einfache und das zusammengesetzte Instrument in Aufbau, Entwicklung und Anwendung stark unterschieden, sollen auch hier ihre Wege getrennt verfolgt werden. Berührungspunkte gab es natürlich trotzdem. So sind beispielsweise technische Neuerungen des einen Mikroskoptyps auf den anderen übertragen worden – manchmal allerdings erst mit erstaunlichen Verzögerungen. Weiterhin benutzten viele Mikroskopiker sowohl das einfache als auch das zusammengesetzte Instrument. Im 18. Jahrhundert setzte dann sogar eine Verschmelzung beider Mikroskoptypen zu den besonders in Amateurkreisen beliebten „Universalmikroskopen" ein.

„Flohgläser" für wissenschaftliche Untersuchungen?

Die Erfindung von Mikroskop und Fernrohr wirkte außerordentlich stimulierend auf die Linsenfertigung. Anders als für Brillen wurden für die optischen Instrumente Linsen mit Brennweiten im Bereich von einem Zentimeter und weniger bis zu einem Meter und mehr verlangt. Die Glasschleifer mußten vorgegebene Krümmungsradien exakt einhalten und einwandfrei polierte Oberflächen erzeugen. Kurzbrennweitige Sammellinsen sind aber der wichtigste Baustein einfacher Mikroskope, und so ist es nicht verwunderlich, daß aus dem bereits bekannten Flohglas schnell ein leistungsfähiges optisches Instrument hervorging, mit dem bereits im 17. Jahrhundert epochemachende Entdeckungen gelangen.

Gewissermaßen für den allgemeinen Gebrauch gab es parallel dazu einen Boom der Flohgläser. Ich möchte zur Illustration dieser Entwicklung aus dem schon erwähnten Vorwort zu MOUFETS Buch über die Insekten ein paar Sätze wörtlich zitieren, die das erwachende Interesse der Allgemeinheit an dem neuen optischen Instrument plastisch erklären: „... wenn du die Schaugläser aus linsenförmigem Kristall zur Hand nimmst, so wirst du staunen vor dem dunkelroten Aussehen der gepanzerten Flöhe mit ihrem borstenstarrenden Rücken und den haarigen Beinen, und der zwischen zwei Fühl-

hörnern hervorragenden peinbringenden Röhre, der bitteren Qual der Mädchen, die der menschlichen Ruhe während des Schlafes besonders feindlich ist. Du wirst die hervorstehenden Augen der Läuse erkennen sowie ihre Hörner, den gekerbten Umfang ihres Körpers, die Durchsichtigkeit ihrer ganzen Masse, und durch diese hindurch die Bewegung des Herzens und des unablässig, wie in einem Euripus strömenden Blutes. Es werden dir offenbar die platten Leiber der frechen, krebsförmigen Filzläuse mit ihren Raubhaken, vermittelst deren sie, während sie die menschliche Haut zwischen den Haaren unaufhörlich durch ihr Gebiß peinigen, zäher sich festhalten wie die an den Klippen sitzenden Muscheln."

In jener Zeit, da die Körperhygiene einen Tiefstand erreicht hatte und zu allem Überfluß in den Salons auch noch die Perückenmode eingeführt worden war, gab es wohl keinen, der frei von diesen kleinen Plagegeistern war. Nur zu verständlich, daß jeder sie sehen und ihre Gewohnheiten studieren wollte, wohl auch, um vielleicht Mittel für ihre Vertilgung zu ersinnen.

Die Bewohner der ländlichen Gebiete quälte das Ungeziefer sicher nicht minder, das Flohglas bekamen sie aber im allgemeinen nicht zu Gesicht, wie die folgende Geschichte zeigt. Über den aus Wald bei Mindelheim in Schwaben gebürtigen, berühmten Jesuitenpater und Physiker CHRISTOPH SCHEINER (1575–1650), der übrigens als erster das von KEPLER 1611 erfundene astronomische Fernrohr baute und unabhängig von GALILEI die Sonnenflecken entdeckte, geht die Legende, daß er auf einer Reise nach Tirol in einem Dorf plötzlich erkrankte und verstarb. Als der Dorfschulze mit den Dorfältesten das Gepäck SCHEINERS sichtete und dabei auch ein Flohglas entdeckte, erschraken er und seine Getreuen beim Hindurchsehen fast zu Tode. Sie meinten den „Leibhaftigen" erblickt zu haben und hielten SCHEINER für einen Zauberer und Giftmischer, unwürdig eines christlichen Begräbnisses. Glücklicherweise zerbrach während des anschließenden heißen Disputs das Glas und ein harmloser Floh kam zum Vorschein – einem ordentlichen Begräbnis des frommen Mannes stand nun nichts mehr im Wege.

Die Geschichte ist in der 1702 erschienenen Ausgabe eines Optikbuches von JOHANNES ZAHN (1641–1707), ebenfalls ein gelehrter Jesuitenpater, enthalten. Dieses

Werk ist auch für die Geschichte des zusammengesetzten Mikroskops von Interesse. SCHEINER selbst äußerte sich 1630 in seinem Werk „Rosa Ursina sive sol ex admirandum facularum" zur Leistungsfähigkeit seiner „wunderbaren" Mikroskope, wohl etwas übertreibend, denn er will Fliegen so groß wie Elefanten und Flöhe wie Kamele gesehen haben. Aus diesen Angaben folgen Vergrößerungen zwischen 500- und 1000fach oder Brennweiten der Lupen von 0,5...0,25 mm! Das waren in der damaligen Zeit gänzlich unerreichbare Werte. Siebzehn Jahre später hat der berühmte Danziger Astronom JOHANNES HEVELIUS (auch HEVEL) (1611–1687) in seiner „Selenographia" mit auffallender Ähnlichkeit zu SCHEINERS Vergleich folgendes zum Flohglas geschrieben: „Das Mikroskop, welches man gemeinhin auch Mückenglas nennt, zeigt die kleinsten Körperchen und Tierchen, die man an sich kaum sehen kann, in der Größe fast von Kamelen und Elefanten, so daß man sie mit großer Verwunderung und großem Ergötzen beschaut. Dasselbe besteht aber aus zwei Gläsern und einem etwa zollangen Röhrchen, in das die Objekte hineingebracht werden. Das eine Glas, welches dem Auge zunächst steht, ist konvex, geschliffen aus dem Segment einer kleinen, höchstens zwei Zoll im Durchmesser haltenden Kugel; das andere Glas, welches unten, dem Boden zunächst liegt, auf den die zu beschauenden Dinge gelegt werden, ist ein einfaches Planglas, dessen Funktion nur darin besteht, das Licht durchzulassen." Aus dieser schönen Beschreibung des Mückenglases geht deutlich hervor, daß es etwa 10fach vergrößerte. Das Beispiel macht deutlich, mit welcher Vorsicht alte Angaben über die Leistungsfähigkeit von Mikroskopen zu bewerten sind.

RENÉ DESCARTES, dessen 1637 erschienene „Dioptrique" bereits im Zusammenhang mit dem Brechungsgesetz erwähnt worden ist, bildete in seinem Buch zwei originelle Mikroskope ab, die aber vermutlich nie gebaut worden sind. Eines davon, das einfache, enthält einen Beleuchtungsspiegel, mit dem undurchsichtige Objekte, die sich in seinem Brennpunkt befinden, von der Linsenseite her ihr reflektiertes Licht erhalten. Dieser Einrichtung hat sich später auch ANTONI VAN LEEUWENHOEK (1632–1723), einer der fähigsten Mikroskopiker aller Zeiten, bedient. Der deutsche Professor für Mathematik und Optik JOHANN GEORG LEUTMANN (1667–1736) beschrieb 1719 neben vielen anderen Gerätedetails auch einen konkaven Beleuchtungsspiegel für undurchsichtige Objekte, der die Linse des einfachen Mikroskops konzentrisch umgab. Allgemeine Bedeutung erlangte diese Einrichtung allerdings erst im 18. Jahrhundert, als der deutsche Arzt und Naturforscher JOHANN NATHANAEL LIEBERKÜHN (1711–1756) den Spiegel wiederentdeckte (1738). Kurz „Lieberkühn" genannt, wurde der Beleuchtungsspiegel dann schnell über die Grenzen Deutschlands hinaus bekannt.

Das zweite Mikroskop DESCARTES' gleicht mehr einem Fernrohr, wie die seinem Buch entlehnte Zeichnung auf S. 34 ausweist. Die Optik ist aus einer relativ großen Sammellinse als Objektiv und einer Zerstreuungslinse als Okular zusammengesetzt. Sie entspricht damit der des holländischen oder Galileischen Fernrohrs, allerdings für nahe Objekte. Hohe Vergrößerungen sind mit einem derartigen Instrument nicht zu erreichen, außerdem ist das Sehfeld klein. Allerdings erhält man aufrechte Bilder. Ein wirkliches zusammengesetztes Mikroskop im Sinne unserer Darstellung ist dieses „Megaloskop" des DESCARTES jedoch nicht. Auch bei diesem Instrument war die Beleuchtung undurchsichtiger Objekte mit einem Hohlspiegel vorgesehen. Eine Sammellinse vor dem Objekt diente der Illumination durchsichtiger Präparate. Der ganze Beleuchtungsapparat ist allerdings derart überdimensioniert, daß die Objekte bei seiner Benutzung wohl eher verbrannt als beleuchtet würden.

Über einfache Mikroskope berichtete 1646 auch ATHANASIUS KIRCHER. Die von ihm abgebildeten Mikroskope sind primitiv und für wissenschaftliche Arbeiten ungeeignet. In seiner Darstellung (s. S. 35 u.) soll VR

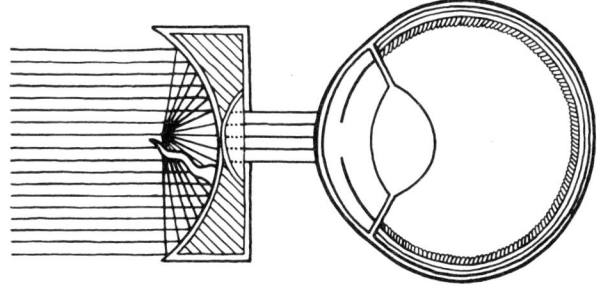

Einfaches Mikroskop des R. DESCARTES (1637)

34 offensichtlich das von ihm nicht verstandene einfache Instrument des DESCARTES sein, an dessen Beschreibung er sich anlehnt. Im übrigen ist sein Buch keineswegs ein Werk, das sich vordergründig mit dem Mikroskop beschäftigt; es hat vielmehr überwiegend optische Illusionen und andere Varianten „natürlicher Magie" zum Inhalt. Trotzdem ist es aus zweierlei Gründen für die Geschichte unseres Instruments interessant: Zum einen ist KIRCHER der erste, bei dem die Beobachtung von Lebewesen beschrieben ist, die mit dem bloßen Auge nicht wahrgenommen werden können. „Wer hätte glauben können, daß der Essig und die Milch von einer zahllosen Menge Würmer wimmeln, wenn nicht die Kunst des Mikroskopierens dies gerade in letzter Zeit zur größten Verwunderung aller gelehrt hätte", ist bei ihm zu lesen. Zum anderen gibt KIRCHER an, daß neben

Konvexlinsen auch „kleinste Glaskügelchen, deren Durchmesser den kleinster Perlen nicht übertrifft …", benutzt wurden. Im Text ist an jener Stelle ein Kreis von 3 mm Durchmesser abgedruckt, der diese Glaskugel symbolisieren soll. Ein einfaches Mikroskop mit solch einer Glasperle hätte immerhin eine 110fache Lupenvergrößerung zugelassen. Winzige Glaskügelchen haben später im einfachen Mikroskop Bedeutung erlangt.

Der Ordens- und Amtsbruder KIRCHERS, GASPAR SCHOTT (1608–1666), veröffentlichte 1657 ein schönes enzyklopädisches naturkundliches Werk. Auch darin sind einfache Mikroskope abgebildet, die allerdings gewaltige Ausmaße haben. Man könnte fast annehmen, daß entweder SCHOTT oder sein Zeichner und Kupferstecher noch kein Mikroskop zu Gesicht bekommen hatte. Das ist aber nicht richtig. Die kleinen menschlichen Fi-

Megaloskop von R. DESCARTES (1637)

guren sollten nur auf die Art der Benutzung hinweisen. Sie waren von untergeordneter Bedeutung gegenüber dem Hauptgegenstand Mikroskop, und Schott stellte sie deshalb entsprechend klein dar.

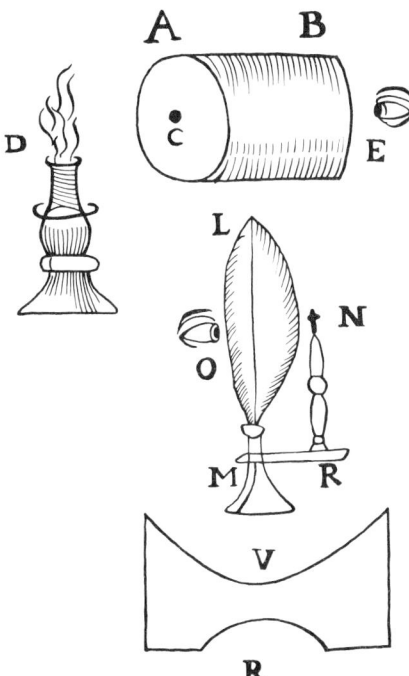

Einfache Mikroskope, wie sie 1646 A. Kircher abgebildet hat

Erst etwa ein halbes Jahrhundert nach der Erfindung des zusammengesetzten Mikroskops begann für die wissenschaftliche Mikroskopie die erste große Blütezeit. Möglicherweise hat sich der Dreißigjährige Krieg (1618–1648) mit seinen verheerenden wirtschaftlichen Folgen, besonders in Deutschland, hemmend ausgewirkt. Aus den oben geschilderten Gründen wurden die meisten Untersuchungen mit einfachen Mikroskopen ausgeführt. Fünf Forscher aus den drei Ländern Italien, England und Holland überragten mit ihren Leistungen die übrigen Gelehrten der damals noch relativ kleinen Schar engagierter Mikroskopiker und erwarben sich bleibende Verdienste.

In Italien war der Arzt und Anatom Marcello Malpighi (1628–1694) der erste große Mikroskopiker nach seinen berühmten Landsleuten Stelluti und Cesi. Er gilt als Begründer der mikroskopischen Anatomie. Um 1660 sah Malpighi die Kapillaren in der Lunge des Frosches und schloß damit die Lücke in der Lehre vom Blutkreislauf, die der Engländer William Harvey (1578–1657) im Jahre 1628 aufgestellt hatte. Er erforschte die Exkretionsorgane der Insekten, die ihm zu Ehren später Malpighische Gefäße genannt wurden. Bekannt sind seine Untersuchungen zur inneren und äußeren Organisation der Seidenraupe und ihrer Entwicklungsstadien. Vor Hooke und unabhängig von diesem entdeckte er die Pflanzenzelle. Malpighische Körperchen der Milz und Malpighische Schleimnetze der

Haut (Rete Malpighi) zeugen noch heute von seinen vielseitigen und erfolgreichen mikroskopischen Forschungen. Leider hat der große Gelehrte in seinen gesammelten Werken (London 1686) zwar detailliert über Untersuchungsergebnisse geschrieben, jedoch keinerlei Einzelheiten seiner Forschungsinstrumente veröffentlicht. Der Wissenschaftshistoriker SILVIO A. BEDINI hat 1960 die Vermutung geäußert, daß ein italienisches Vasenmikroskop aus Bologna zu MALPIGHIS Instrumentarium gehört haben könnte. Er hätte somit ein zusammengesetztes Mikroskop zur Verfügung gehabt. MALPIGHIS Wirkungsstätten lagen in Bologna, Pisa und Messina. Zur physikalisch-technischen Weiterentwicklung des Mikroskops hat er keine Beiträge geleistet.

Der Engländer NEHEMIAH GREW (1628–1711) wurde durch seine klassischen botanischen Untersuchungen gemeinsam mit MALPIGHI zum Begründer der Pflanzenanatomie. In seinem Hauptwerk „The anatomy of plants ..." berichtete er darüber, daß er anfangs seine Objekte mit bloßem Auge untersuchte und sich erst später dem Mikroskop zuwandte. GREW gehörte seit 1670 der Royal Society an, deren Sekretär er 1677 wurde.

Sein berühmter Landsmann ROBERT HOOKE fühlte sich als Physiker stark dem zusammengesetzten Mikroskop verbunden. 1665 erschien in London seine „Micrographia ..." mit der ältesten veröffentlichten Abbildung eines zusammengesetzten Mikroskops. Hier sollen uns zunächst nur seine Versuche mit einfachen Mikroskopen interessieren, für die er Glaskügelchen als Linsen verwendete. HOOKE selbst schreibt über den Vergleich beider Instrumente: „Tatsächlich lassen sie (die Kügelchen; d. Verf.) das Objekt viel klarer und deutlicher erscheinen und vergrößern genauso stark wie zusammengesetzte Mikroskope. Und es ist sogar so, daß diejenigen, deren Augen es vertragen, mit dem einfachen Mikroskop viel besser Entdeckungen machen können, als mit dem zusammengesetzten, weil bei dem einfachen die Farben fehlen, die beim zusammengesetzten die klare Sicht stören." Glaskugeln wurden damals von vielen Mikroskopikern hergestellt und verwendet, weil es im 17. und frühen 18. Jahrhundert schwierig war, Linsen mit sehr kleinen Krümmungsradien für die geforderten hohen Vergrößerungen herzustellen. HOOKE hat, wie viele andere nach ihm, in einer Spiritusflamme – gelegentlich verwendete er auch reinstes Salatöl als brennbare Flüssigkeit – Glasstreifen zu Fäden ausgezogen und deren Enden in der Flamme zu Kugeln abgeschmolzen. Solche Kügelchen fixierte er am verbliebenen Fadenende mit Wachs vor dem kleinen Loch einer Metallplatte – fertig war das einfache Mikroskop.

NEHEMIAH GREW lobte einen gewissen JOHN MELLEN aus London, der nach seinen Worten die kleinsten Linsen schleifen und die besten Kügelchen, die er je sah, mit Durchmessern bis unter 1 mm blasen konnte. Daß

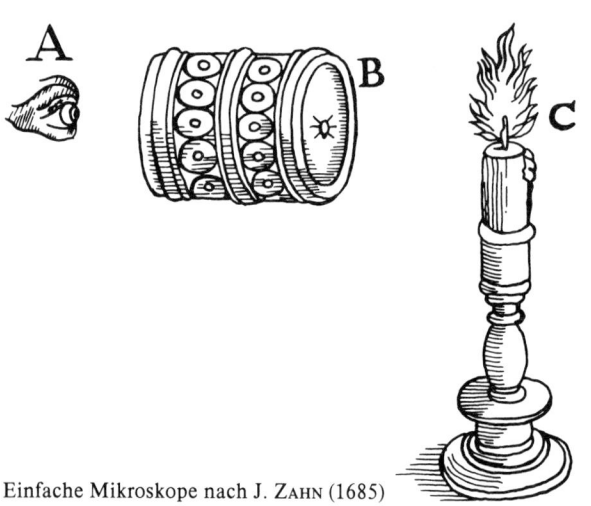

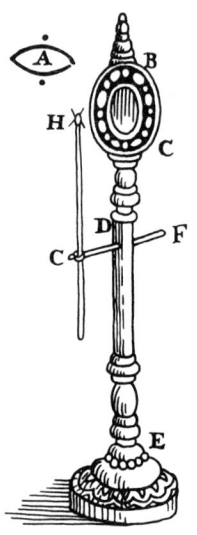

Einfache Mikroskope nach J. ZAHN (1685)

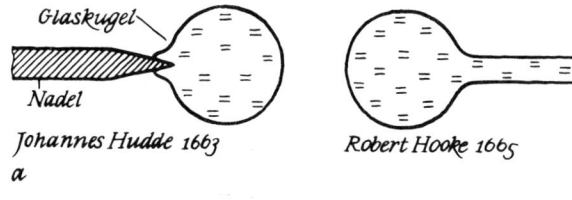

Glaskugel
Nadel

Johannes Hudde 1663
a

Robert Hooke 1665

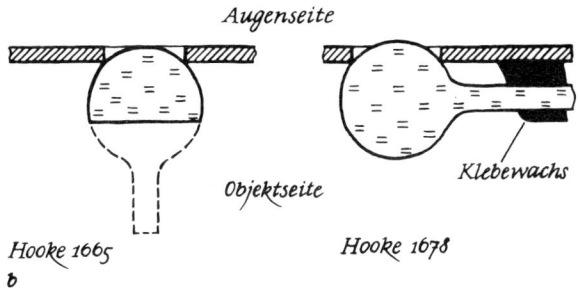

Augenseite

Objektseite

Klebewachs

Hooke 1665
b

Hooke 1678

Zur Herstellung (a) und Benutzung (b) von Kugellinsen in einfachen Mikroskopen

GREW auch zusammengesetzte Mikroskope benutzte, geht aus einem von ihm beschriebenen Vergleich der Leistungen beider Instrumente hervor. Ausgezeichnete Kugellinsen sollen schon früher von EVANGELISTA TORRICELLI (1608–1647), dem Nachfolger GALILEIS als Professor für Mathematik und Philosophie in Florenz, gefertigt worden sein. Im 19. Jahrhundert hat PIETER HARTING und Anfang der fünfziger Jahre unseres Jahrhunderts PIETER VAN DER STAR Glaskügelchen hergestellt und sie mit den Linsen historischer einfacher Mikroskope verglichen. Die Vergrößerungen von HARTINGS Kugeln – sie waren übrigens nicht nach der Methode von HOOKE hergestellt, sondern nach Abbrechen des Schwanzes nochmals aufgeschmolzen und damit völlig abgerundet worden – lagen zwischen 80fach und 2000fach, wobei die Auflösung besser als ein Mikrometer gewesen sein soll. VAN DER STAR hat 65 selbst hergestellte Glaskugeln mit Vergrößerungen zwischen 100× und 360× vermessen und mit historischen Linsen verglichen. Er fand seine eigenen besser als beispielsweise die von JOHAN JOOSTEN VAN MUSSCHENBROEK (1660–1707) und vermutete die Ursache dafür in der grundsätzlich schlechteren und dazu noch schwankenden Qualität des Glases im 17. Jahrhundert. VAN DER STAR sah hierin den Grund für das Bemühen vieler Mikroskopiker und Instrumentenbauer jener Zeit, die Kü-

gelchen durch geschliffene Linsen zu ersetzen. Es sollten sich in einem größeren Glasbrocken leichter einwandfreie, für das Schleifen geeignete Stückchen finden lassen als eine brauchbare Portion für den Schmelzprozeß. Übrigens hatte bereits HOOKE gefordert, das Glas zur Herstellung der Kugellinsen sorgfältig auszuwählen.

Es schreibt sich besser über eine Sache, wenn man sie aus eigener Anschauung kennt. Ich habe mir deshalb nach der HOOKEschen Methode einige Kugellinsen hergestellt und sie anschließend für einfache mikroskopische Experimente verwendet. Die kleinste brauchbare Kugel hatte einen Durchmesser von 1 mm und damit eine Lupenvergrößerung von 330×. War die Herstellung der Kügelchen wenig problematisch, so zeigten sich große Schwierigkeiten bei deren Benutzung. Ohne eine geeignete Fokussierungseinrichtung zur feinfühligen Änderung des winzigen Abstandes zwischen Objekt und Glaskugel konnte gar nichts beobachtet werden. Ein Schiebemechanismus mit einer Mikrometerschraube brachte hier Abhilfe. Schließlich mußte ich mich noch daran gewöhnen, durch ein winziges Loch von nur 0,5 mm Durchmesser auf der dem Auge zugewandten Seite der Kugel zu blicken. Waren aber diese beiden Schwierigkeiten erst einmal überwunden, so ließen sich mit erstaunlicher Klarheit optische Gitter und Glasmikrometer im Durchlicht betrachten. Wer allerdings an moderne Lichtmikroskope gewöhnt ist, muß dieses außerordentlich anstrengende Beobachtungsverfahren als sehr beschwerlich empfinden.

Um so mehr steigt die Hochachtung vor solchen hervorragenden Mikroskopikern wie JAN SWAMMERDAM (1637–1680) und ANTONI VAN LEEUWENHOEK, die über viele Jahre oder gar Jahrzehnte hinweg mehrere Stunden täglich mit derartigen Instrumenten arbeiteten und ungezählte bedeutende Entdeckungen machten.

SWAMMERDAM und LEEUWENHOEK, beide Niederländer, sind die letzten noch zu besprechenden großen Mikroskopiker des 17. Jahrhunderts. Der eine wie der andere arbeitete ausschließlich mit einfachen Mikroskopen. Während sich jedoch LEEUWENHOEK alle Instrumente unter dem Mantel strengster Geheimhaltung selbst herstellte, arbeitete der Mediziner und Anatom SWAMMERDAM mit Mikroskopen aus der Leidener Werkstatt des damals weithin anerkannten Instrumentenmachers SAMUEL MUSSCHENBROEK (1639–1681), älterer

Bruder des schon erwähnten JOHAN JOOSTEN VAN MUS-
SCHENBROEK, der großes Ansehen wegen seiner ausge-
zeichneten Luftpumpen und einfachen Mikroskope ge-
noß. Leider ist keines der Instrumente von S. MUS-
SCHENBROEK erhalten geblieben, wohl aber einige von
JOHAN, der die Werkstatt nach dem Tode seines um 21
Jahre älteren Bruders übernommen hatte.

Ein paar Anhaltspunkte zu SAMUELS Mikroskopen
gibt es im Vorwort HERRMANN BOERHAVES (1668–1738)
zu SWAMMERDAMS „Bybel der natuure", die allerdings
erst viele Jahre nach dessen Tod in Leiden erschienen
ist und übrigens 1752 auch in deutscher Sprache in
Leipzig herauskam. BOERHAVE schrieb: „Er (gemeint
ist SWAMMERDAM; d. Verf.) hatte, um die allerfeinsten
Körper zu zergliedern, eine kupferne Tafel, die der
große und kunstreiche Werkmeister, Samuel Musschenbroek, verfertigt hatte, auf welcher zwei messingne
Arme standen, die sich, wohin man wollte drehen, erhöhen und erniedrigen ließen, so wenig und unvermerk-
lich und wiederum so hoch als man wollte: auf den einen wurde der Vorwurf der anzustellenden Untersuchung gelegt, und auf dem anderen stand das Vergröße-
rungsglas. Er bediente sich Gläser von verschiedener
Größe und Krümme, von dem größten bis zu dem
kleinsten, die alle auserlesen und sehr helle und durch-
sichtig waren. Was er untersuchen wollte, besah er erst-
lich mit den größten und zuletzt mit den allerkleinsten.
Lange Übung und sein Naturell, das dazu schien gemacht zu sein, setzten ihn in den Stand, daß er damit
unvergleichlich wohl umspringen konnte, und er hatte
sie so in seiner Gewalt, daß die ersten Entdeckungen
ihm den Weg zu den letzteren bahnten, und endlich
alle miteinander eine vollständige Kenntnis zusammen-
brachten. Wie selten aber findet man dergleichen Gaben bei Naturforschern."

S. MUSSCHENBROEK gehörte damit zu den ersten, die
das einfache Mikroskop mit einer Art Stativ und einer
Fokussierungseinrichtung versahen. Die Linsen mit verschiedener Vergrößerung konnten auf einfache Weise
gegeneinander ausgetauscht werden. Das Instrument
war also sowohl für die Präparation unter dem Mikroskop bei realtiv geringen Vergrößerungen als auch für
die anschließende Untersuchung mit hoher Auflösung
geeignet. Ich glaube, man kann den Sätzen BOERHAVES
entnehmen, daß bereits S. MUSSCHENBROEK die soge-

nannten MUSSCHENBROEKSCHEN Nüsse oder Gelenke (s.
unten) erfunden und angewendet hat.

Die MUSSCHENBROEKS gehörten zu den bedeutendsten Herstellern einfacher Mikroskope der damaligen
Zeit. Sie kennzeichneten ihre Instrumente mit einer
orientalischen Lampe und zwei gekreuzten Schlüsseln,
weshalb sie leicht zu erkennen sind. Gewissermaßen in
Serie stellten sie zwei Typen einfacher Handmikroskope
her. Der eine, für relativ niedrige Vergrößerungen zwischen 3× und 20× ausgelegt, lehnt sich an das vermutlich von COSMUS CONRAD CUNO (1652–1745) erfundene
und später Zirkelmikroskop genannte Instrument an,
das in unzähligen Varianten bis weit in das 18. Jahrhundert hinein hergestellt und benutzt wurde. Die Strichzeichnung auf S. 22, entnommen aus dem Werk „Oculus artificialis" (2. Auflage, 1702) von JOHANNES ZAHN,
zeigt dieses Instrument. Das Mikroskop wurde zwischen
Daumen und Zeigefinger am Griff B vor das Auge gehalten. Die Linsen verschiedener Brennweiten hatten
eine hölzerne Fassung D und wurden auf den Arm C
gesteckt. In die Hülse E konnten die unterschiedlichen
Präparathalter geklemmt werden. Bemerkenswert sind
die MUSSCHENBROEKSCHEN Nüsse c, d, e, mit deren Hilfe
das Präparat vor der Linse in jede gewünschte Richtung
bewegt und festgestellt werden konnte. Diese Gelenke
sind in der Folgezeit auch von anderen Instrumentenbauern benutzt worden. Ein Mikroskop dieses Typs befindet sich im Optischen Museum zu Jena und ist auf
S. 23 wiedergegeben.

ZAHN hat auch den zweiten Mikroskoptyp (S. 22 u.)
beschrieben. Er war für höhere Vergrößerungen (max.
200fach) gedacht. Die sechs zugehörigen Linsen (Kügelchen) waren zwischen zwei Plättchen B gefaßt und wurden bei A in die Halterung geschoben, so daß die Linse
vor das Sehloch zu stehen kam. Auf den Hohlstift
steckte man den Präparathalter, der sich in drei Richtungen bewegen ließ. Mittels der Schraube H wurde die
Fokussierung bewerkstelligt; dieser Mechanismus hat
Ähnlichkeit mit dem von LEEUWENHOEK für seine Mikroskope durchweg benutzten. Bemerkenswert ist der
Blendenapparat K zur Regulierung der Objektbeleuch-
tung. Das kleine Kästchen ließ sich über das Objekt
schieben, und mit den fünf verschieden großen Löchern
des Blendensegments konnten die Beleuchtungsstärke
für durchsichtige Objekte und vermutlich auch die Be-

leuchtungsrichtung variiert werden. Vielleicht war den MUSSCHENBROEKS bereits der Vorteil schiefer Beleuchtung bekannt.

Bei einer dritten Art MUSSCHENBROEKScher Mikroskope waren Linsen- wie Präparathalter auf einer gemeinsamen Grundplatte montiert. Ein solches Instrument dürfte das von SWAMMERDAM und übrigens auch BOERHAVE benutzte gewesen sein.

SWAMMERDAM, um auf den berühmten Mikroskopiker zurückzukommen, litt unter unheilbarer Malaria und hatte deshalb nur eine kurze, aber dafür ungemein fruchtbare Schaffensperiode, die zwischen 1663 und 1675 lag. Er entwickelte die Mikrosektion von Insekten, besonders der Bienen, und zeichnete mit größter wissenschaftlicher Akkuratesse seine Beobachtungen auf. Die Kupferstiche in seiner „Bibel der Natur" sind ebenso schön wie wissenschaftlich wertvoll. SWAMMERDAM entwickelte als erster die Wachs- und Quecksilberinjektion zur Präparation feinster Gefäße. Bereits 1658 hatte er die roten Blutkörperchen beobachtet.

Ein exzellenter Mikroskopfertiger und unübertroffener Mikroskopiker des 17. und 18. Jahrhunderts war der holländische Autodidakt ANTONI VAN LEEUWENHOEK. 1692 schrieb HOOKE, der mit Lob gegenüber zeitgenössischen Fachkollegen ansonsten außerordentlich zurückhaltend war, daß die Mikroskopie „... jetzt auf nahezu eine einzige Stimme reduziert ist, und das ist die von Mr. Leeuwenhoek, neben dem, wie ich höre, keiner einen anderen Gebrauch von diesem Instrument macht, als zur Belustigung und zum Zeitvertreib". LEEUWENHOEKS zahllose mikroskopische Entdeckungen erregten damals die Fachwelt und ließen ihn schon zu Lebzeiten berühmt und anerkannt werden. Manche nannten ihn liebevoll, vielleicht auch mit gutmütigem Spott „Delphisches Orakel", nach seiner Heimatstadt Delft. Die großen Erfolge als Mikroskopiker verdankte LEEUWENHOEK seinen ausgezeichneten Mikroskopen, die er bis zur letzten Einzelheit selbst anfertigte. Nimmt man heute eines dieser merkwürdig anmutenden Gebilde in die Hand, bei denen auch nicht die geringste Ähnlichkeit mit Mikroskopen unserer Tage festzustellen ist, so erscheint es fast unglaublich, daß damit Blutkörperchen, Infusorien, Spermien oder gar Bakterien zu erkennen und auch zu identifizieren gewesen sein sollen. Die rohe Bearbeitung der metallenen Grundplatte, das

grobe Gewinde der Schrauben für die Präparatbewegung und die Fokussierung erwecken nicht eben viel Vertrauen. Und dennoch ist es so, wie VAN CITTERT 1934 in einer Arbeit über die optischen Eigenschaften der LEEUWENHOEKschen Mikroskope schrieb: Er machte seine Entdeckungen nicht trotz seiner simplen Instrumente, sondern gerade weil er solche primitiven einfachen Mikroskope benutzte.

Als fünftes Kind eines Korbmachers kam ANTONI am 24. 10. 1632 in Delft zur Welt. Nach dem Besuch der Schule in Warmond wurde er zu einem Onkel nach Benthuizen in die Lehre gegeben und für eine Beamtenlaufbahn bestimmt. Neben der juristischen Praxis erwarb er sich dort auch Kenntnisse in Mathematik. Mit 16 Jahren arbeitete er als Kassierer und Buchhalter in einem Amsterdamer Tuchgeschäft, wo er offenbar schon mit Lupen in Berührung kam, die zum Fadenzählen benutzt wurden. Bereits in jener Zeit suchte er Verbindungen zu Gelehrten und wahrscheinlich auch zu praktischen Optikern, wie seine ausgezeichneten Kenntnisse der Linsenschleifkunst beweisen. 1654 ließ er sich in seiner Heimatstadt Delft zunächst als Kaufmann nieder und erhielt wenig später das Amt als „Kamerbewaarder der Kamer van heeren scheepenen", das er 39 Jahre innehatte. LEEUWENHOEK verheiratete sich in Delft und hatte eine Tochter MARIE, die ihm in späteren Jahren die Wirtschaft führte. Finanziell unabhängig, begann um 1670 mit mikroskopischen Arbeiten und forschte auf diesem Gebiet bis ins 91. Lebensjahr. Eine wissenschaftliche Ausbildung hat LEEUWENHOEK nicht erhalten. Latein, die damals dominierende Sprache in der Wissenschaft, beherrschte er nicht, wie aus einem der vielen von ihm verfaßten Briefe an die Royal Society in London hervorgeht. Am 26. August 1723 starb der große Mikroskopiker in Delft und wurde in der Kirche des heiligen Hippolyt beigesetzt. Seine Tochter ließ ihm dort ein Denkmal setzen.

Über LEEUWENHOEK und seine wissenschaftlichen Leistungen ist bis in die neuere Zeit hinein viel geschrieben worden. Neben höchstem Lob findet sich auch Kritik oder gar bitterer Spott. Selbstüberschätzung, Geheimniskrämerei und vor allem die fehlende wissenschaftliche Bildung wurden ihm vorgehalten. Sicher erscheint bei oberflächlicher Betrachtung manches an derartiger Kritik berechtigt: LEEUWENHOEK hat seine

Verfahren zur Herstellung der Linsen bis zu seinem Tode geheimgehalten. Seine mikroskopischen Untersuchungen lassen über weite Strecken wenig System erkennen; er brachte alles vor seine Linsen, was sich nur irgend präparieren ließ – und das war bei dem außerordentlich geschickten Mann nicht gerade wenig. Berichte darüber verfaßte er in einfachem Holländisch. Aber die Integrität seiner Forscherpersönlichkeit überstrahlte alle tatsächlichen oder erfundenen Schwächen. Niemals ist man beim Lesen seiner klaren Untersuchungsberichte im Zweifel darüber, ob LEEUWENHOEK tatsächlich Gesehenes beschreibt oder aber über Zusammenhänge spekuliert. Auch heute noch können wir die Objektivität seiner Beobachtungen nur bewundern. Seine Leistungen wurden bis ins 19. Jahrhundert hinein nicht übertroffen. ILSE JAHN schrieb 1982 über die mikroskopischen Entdeckungen LEEUWENHOEKS: „Sie förderten die Auseinandersetzungen mit Grundfragen der Biologie entscheidend und rückten das Interesse an der Entwicklung des Organismus in den Mittelpunkt der biologischen Forschung eines ganzen Jahrhunderts."

Seine wichtigsten Entdeckungen hat er in mehr als 190 Briefen zwischen 1673 und 1723 der Royal Society in London und einzelnen Gelehrten in verschiedenen Ländern Europas mitgeteilt. Der Briefwechsel mit der berühmten wissenschaftlichen Gesellschaft in London war übrigens auf Vermittlung des Delfter Arztes REIG-NIER DE GRAAFF (1641–1673) zustande gekommen, der um 1670 die Eifollikel in den Eierstöcken von Säugetieren entdeckt hatte. Bereits im ersten Brief vom 28. April 1673 konnte LEEUWENHOEK sich rühmen, daß seine Mikroskope besser seien, als die damals für ausgezeichnet geltenden zusammengesetzten des Italieners EUSTACHIO DIVINI (1610–1685). Im übrigen berichtete er darin über Untersuchungen an Schimmel auf Fleisch, Fell und anderen Substanzen sowie am Bienenstachel, Bienenauge und an der Laus, dem offenbar immer noch obligaten Untersuchungsobjekt. Die Schimmeluntersuchungen zeigten ihm auch die Überlegenheit seiner eigenen Linsen über die ROBERT HOOKES. Er beschrieb genau die Bildung eines Sporangiums und die Freisetzung der Sporen, die HOOKE mit seinem Mikroskop nicht erkennen konnte. Dabei beherrschte LEEUWENHOEK die Technik feinster Schnitte für die Präparation. Breiten Raum gab er den Untersuchungen des „Blutumlaufs" in den Kapillargefäßen verschiedener Tiere – insbesondere der Fische –, wobei er auch die roten Blutkörperchen und sogar deren Zellkerne sah und richtig deutete. Im Zusammenhang mit der Untersuchung des Blutkreislaufs in Fischflossen hat LEEUWENHOEK übrigens 1689 die einzige Abbildung eines von ihm gefertigten Mikroskops, des sogenannten Aalkijkers veröffentlicht (s. S. 44). Im Teichwasser entdeckte er winzige „Dierkens", die später Infusorien genannt wurden. Besondere Anzie-

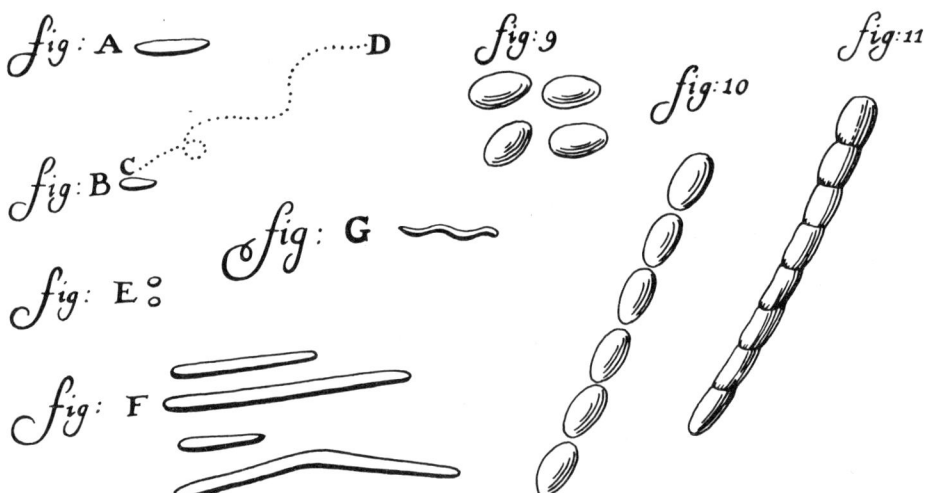

Verschiedene Bakterien nach A. v. LEEUWENHOEKS eigenhändiger Darstellung

Bildnis
A. v. Leeuwen-
hoeks
(1632−1723)
von
J. Verkolje I.
(1650−1693)

ANTONI VAN LEEUWENHOEK,
LID VAN DE KONINGHLYKE SOCIETEIT IN LONDON.

Mikroaufnahmen von Kieselalgen, die J. v. ZUYLEN in jüngerer Zeit mit dem Utrechter Mikroskop aufgenommen hat

Die Aufnahmen belegen die ausgezeichnete Qualität der Linsen A. v. LEEUWENHOEKS.

Das berühmte Utrechter Mikroskop von A. v. LEEUWENHOEK in Originalgröße

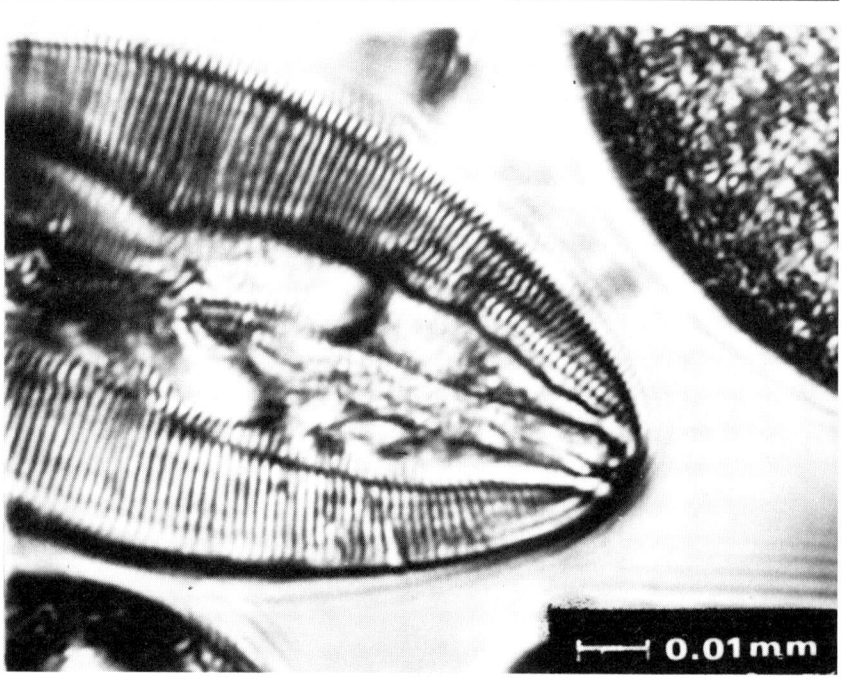

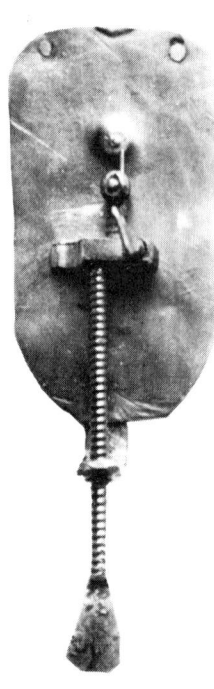

Titelblatt
eines der Werke
A. v. Leeuwenhoeks
in holländischer
Sprache

ONTLEDINGEN en ONTDEKKINGEN

Van levende DIERKENS in de TEEL-DEELEN

Van verfcheyde

DIEREN, VOGELEN en VISSCHEN;

Van het

H O U T

Met der felver menigvuldige VAATEN;

Van HAIR, VLEES en VIS;

Als mede van de groote menigte der DIERKENS in de EXCREMENTEN.

Vervat in verfcheyde Brieven, Gefchreven aaan de Wyt-vermaarde Koninglijke Wetenfchap-zoekende Societeit, tot Londen in E N G E L A N D.

Door ANTONI van LEEUWENHOEK.

Mede-Broeder van de felve Societeit.

Tot L E Y D E N,

By *Cornelis Boutesteyn*, Boekverkooper, op 't Rapenburg. Ao. 1686.

44

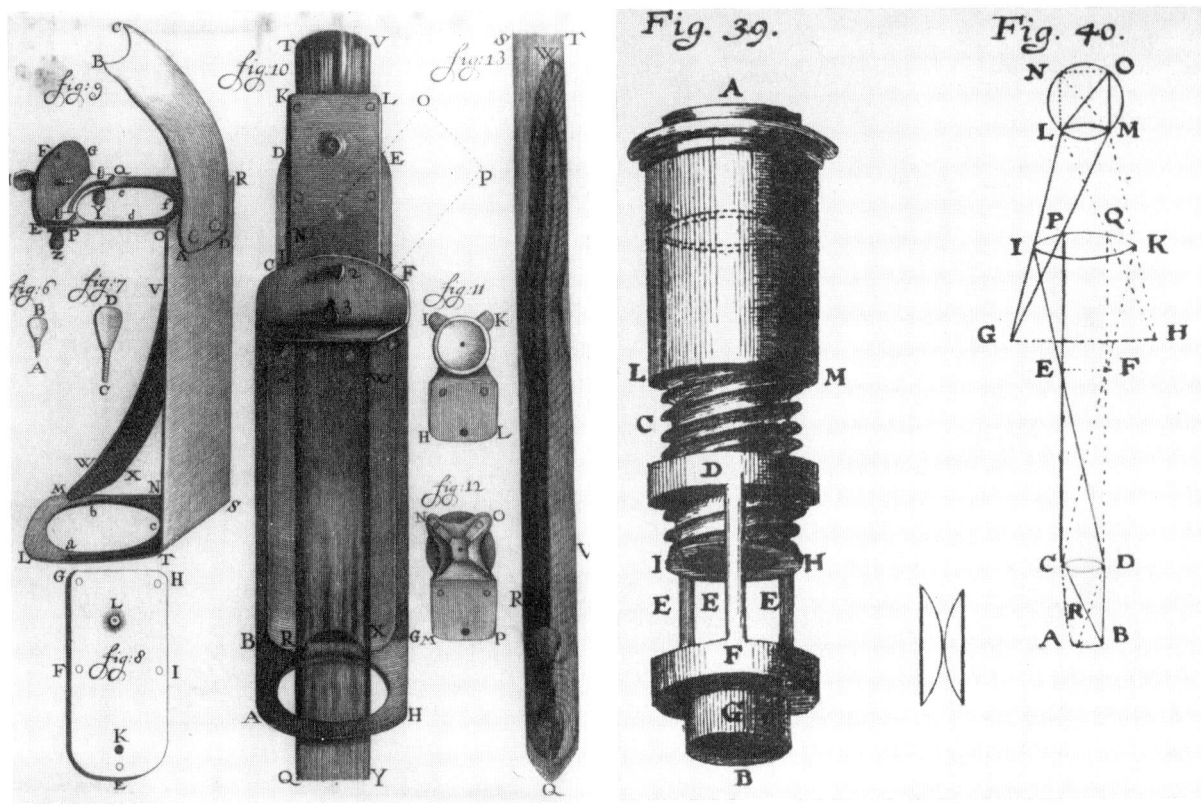

A. v. Leeuwenhoeks Aalkijker, das einzige von ihm selbst in einer Veröffentlichung abgebildete Mikroskop (1689)

C. A. Tortonas Gewindetubus-Mikroskop
für Durchlichtbeleuchtung aus dem Jahre 1685 (Fig. 39)

Fig. 40 erklärt den Strahlengang, wobei das Gebilde *LMNO*
das Auge des Beobachters darstellt.

Drei historische italienische Mikroskope

N. HARTSOEKERS einfaches Mikroskop aus
dem Jahre 1694

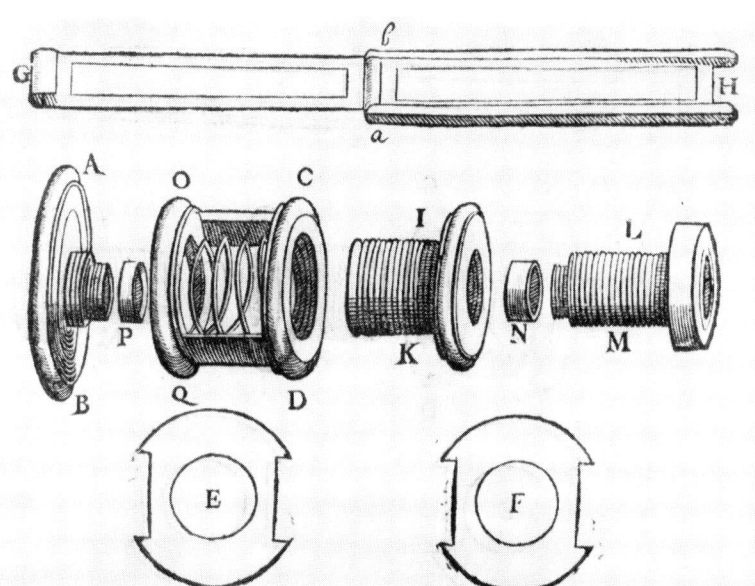

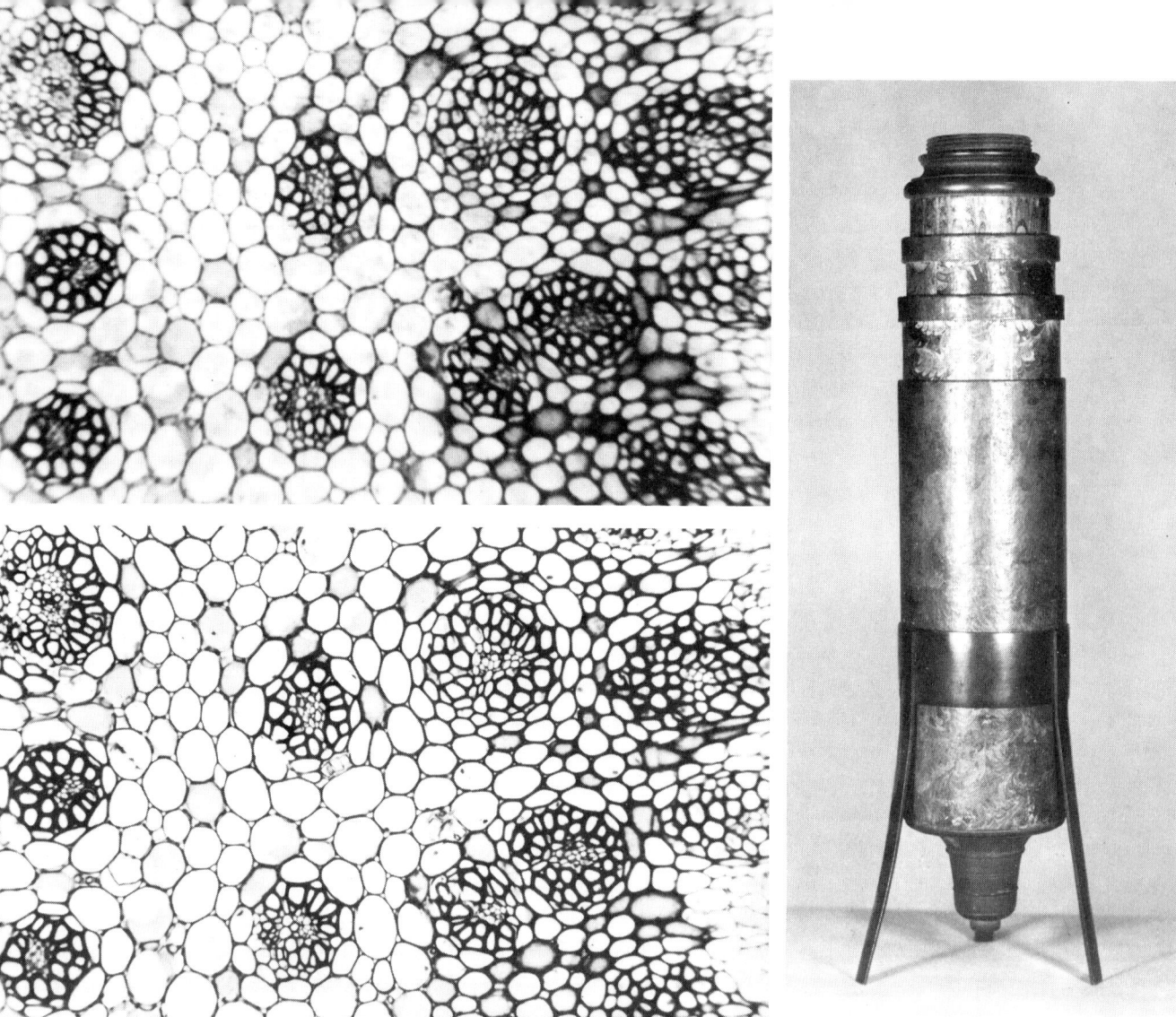

Mikroaufnahmen eines Drachenbaum-Präparates
(Stamm, quer)

oben: CAMPANI-Mikroskop (s. Bild S. 59);
unten: Jenaer Achromat 6,3/0,10 160/–

Schiebetubus-Mikroskop von G. CAMPANI (1673)

TAB.X. ad annum 1686. pag. 372. M.Jul.

Novum Microscopium Dn. Iosephi Campani ejusque usus.

Zur Benutzung des CAMPANIschen Gewindetubus-Mikroskops
in der Heilkunde

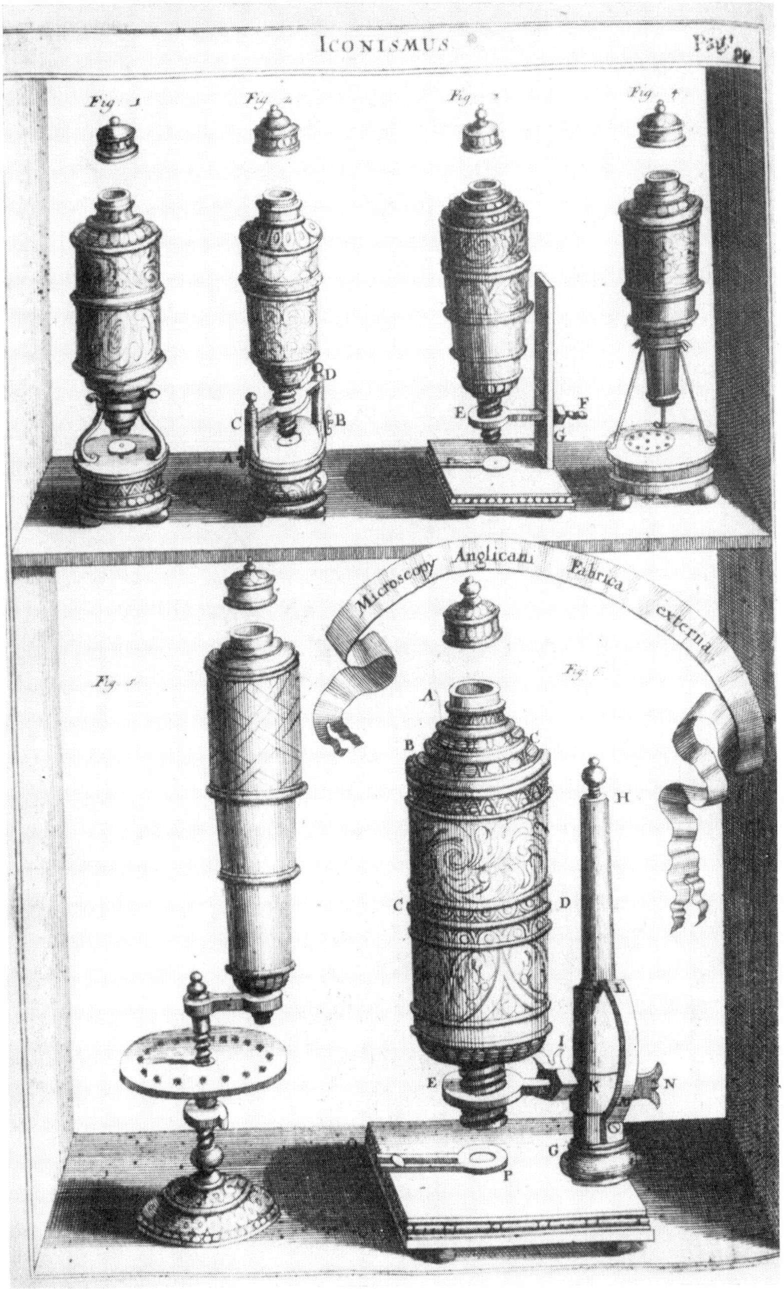

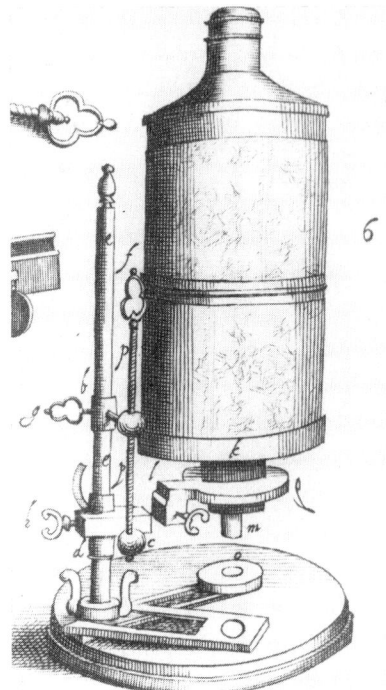

Verschiedene Typen englischer Mikro-skope nach J. Zahn (1685)

Mikroskop des Astronomen J. Hevelius mit einem verbesserten Fokussierungs-mechanismus (1673)

Die Zeichnung ist technisch nicht kor-rekt.

hungskraft übten jedoch die „kleinen Tierchen" (lateinisch „animalculi" genannt) in der Samenflüssigkeit von Mensch und Tieren, einschließlich der Insekten auf ihn aus. Im August 1677 hatte er von dem Medizinstudenten JAN VAN HAM ein entsprechendes menschliches Präparat erhalten, die „Samentierchen" entdeckt und ihre wundersame Beweglichkeit wenig später in einem Brief an die Royal Society geschildert. ROBERT HOOKE wirkte öfter als Gutachter für LEEUWENHOEKS Berichte und konnte dessen erstaunliche Ergebnisse nur bestätigen. 1680 nahm ihn die Royal Society als Mitglied in ihre Reihen auf – eine Ehrung, die den ansonsten nicht auf Äußerlichkeiten bedachten Forscher aus Delft sein Leben lang mit Stolz erfüllte.

Umfangreiche Untersuchungen stellte LEEUWENHOEK zur Metamorphose der Insekten und Frösche an, wobei er am Beispiel der Ameise entdeckte, daß die bis zu jener Zeit geltende Gleichsetzung von Ei und Puppe falsch war.

Außerordentliche Verdienste erwarb sich LEEUWENHOEK bei der Untersuchung von Mikroorganismen. Er war der erste Mensch, der Bakterien sah, und zwar im Zahnbelag und in Stuhlproben, die er bei Darmerkrankungen mit seinen Mikroskopen analysierte. Noch heute ist es möglich, aus seinen genauen Zeichnungen Bakterienarten zu bestimmen. LEEUWENHOEK hat damit zweifellos entscheidende Vorarbeiten für die Bakteriologie geleistet.

Wenden wir uns nun LEEUWENHOEKS Mikroskopen zu, diesen primitiv anmutenden Instrumenten, für deren besondere Zweckmäßigkeit der Beweis noch aussteht. Sind die mechanischen Teile seiner Mikroskope, die Grundplatte und der Verschiebe- und Fokussierungsmechanismus für die Präparate auch nicht gerade perfekt ausgeführt, so zeichnen sie sich doch durch ihre Zweckmäßigkeit aus. Das wird dann besonders deutlich, wenn man LEEUWENHOEKS Arbeitsweise berücksichtigt: Er fertigte sich für nahezu jedes Untersuchungsproblem spezielle Mikroskope an.

Insgesamt hat er rund 550 Mikroskope und montierte Linsen hergestellt. Übertriebener mechanischer Aufwand war also gar nicht erforderlich, da die Einstellvorrichtungen weder durch häufigen Gebrauch noch durch unterschiedliche Präparatformen beansprucht wurden. Größten Wert legte LEEUWENHOEK dagegen auf die Her-

stellung der Linsen, die er mit wahrer Meisterschaft betrieb. Schon zu seinen Lebzeiten wurden die Lichtstärke und die Deutlichkeit seiner Mikroskope hoch gelobt. Der Delfter Mikroskopiker hatte es beim Linsenschleifen zu einer Perfektion gebracht, die bis weit ins 19. Jahrhundert hinein unübertroffen blieb. Das beste erhalten gebliebene Mikroskop – es befindet sich im Besitz des Museums der Universität Utrecht – hat eine Vergrößerung von 266× und kann nach neuesten Untersuchungen 1,35 µm auflösen. Im Originalzustand war es vermutlich noch leistungsfähiger, da seine Linse damals noch nicht durch Kratzer beeinträchtigt gewesen sein dürfte. Es übertrifft damit sogar noch die achromatischen zusammengesetzten Mikroskope des berühmten französischen Instrumentenbauers CHARLES CHEVALIER (1804–1859) aus dem Jahre 1837 (!). Was die Herstellungsverfahren für seine Linsen betrifft, so hat sich LEEUWENHOEK darüber in Schweigen gehüllt. Zu Lebzeiten ist keines seiner Mikroskope in fremde Hände geraten. JOHANNES ZAHN, der 1702 eine umfangreiche Be-

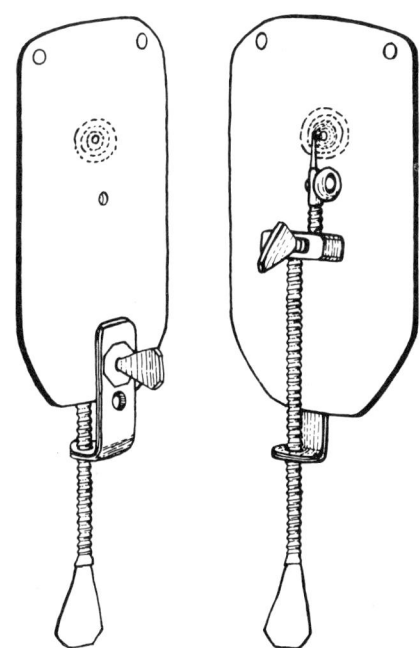

Typisches LEEUWENHOEK-Mikroskop in zwei Ansichten
Im Mittelpunkt der gestrichelten konzentrischen Kreise befindet sich die winzige Linse.

schreibung der damals neuesten Mikroskope veröffentlichte, konnte zu seinem Bedauern kein LEEUWENHOEKsches Mikroskop abbilden, weil er noch keines zu Gesicht bekommen hatte. Selbst der von ihm hochverehrten Royal Society wollte LEEUWENHOEK keines seiner Instrumente überlassen. Es gibt nur eine zeitgenössische historische Quelle, die ein paar Andeutungen über seine Linsenfertigung enthält, und das ist der Bericht über einen Besuch bei dem Meister, den der Frankfurter Patrizier ZACHARIAS CONRAD VON UFFENBACH (1682–1734) so amüsant und anschaulich im 3. Teil von „Herrn Zacharias Conrad von Uffenbachs merkwürdige Reisen durch Niedersachsen, Holland und Engelland" (Ulm 1754) gegeben hat. Die Visite fand am 4. Dezember 1710 statt, als LEEUWENHOEK im 78. Lebensjahr stand. Seine Tochter war damals „bey vierzig Jahren". UFFENBACH, selbst ein Laie auf dem Gebiet der Mikroskopie, wurde von seinem Bruder begleitet, der über einige praktische optische Erfahrungen verfügte. Nachdem der wißbegierige Reisende sich über LEEUWENHOEKS Person und Lebensumstände sowie dessen Tochter in lockerer Form geäußert hat, beschreibt er ausführlich die von LEEUWENHOEK vorgeführten mikroskopischen „Merkwürdigkeiten", von denen er sich, ebenso wie von der Persönlichkeit des greisen Gelehrten, stark beeindruckt zeigt. Mit viel Geschick haben er und sein Bruder dann das Gespräch auf die Herstellung der Linsen gebracht. LEEUWENHOEK sprach davon, metallene Schalen zum Schleifen benutzt zu haben, wobei die letzten in einer Schale geschliffenen Linsen einer Serie wegen der Abnutzung des Metalls größer wurden als die ersten. Nachdem er zunächst das Blasen von Linsen nicht einmal versucht haben wollte und behauptete, seine sämtlichen Linsen seien geschliffen, lockten die UFFENBACHS folgendes aus ihm heraus: „… versicherte Herr Leeuwenhoek, daß er durch zehnjähriges Spekulieren es dahingebracht, daß er eine taugliche Art blasen gelernt, welche aber nicht rund wären. Mein Bruder wollt solches nicht glauben, sondern hielte es vor Holländisch gejockt, indem es unmöglich, im Blasen etwas anderes als eine Kugel oder Endung zu formieren."

J. VAN ZUYLEN, der 1980 mit modernen optischen Mitteln sämtliche 9 erhalten gebliebenen LEEUWENHOEKschen Mikroskope untersuchte, schloß aus Form und Politur der Linse des oben erwähnten Mikroskops mit 266facher Vergrößerung, daß sie geblasen sein müsse. Gemeinsam mit einem erfahrenen Glasbläser ist es ihm sogar gelungen, die komplizierte Blastechnik, bei der eine winzige bikonvexe Linse und keine Kugel entsteht, zu rekonstruieren.

Gelegentlich hat LEEUWENHOEK auch Dubletts anstelle von Einzellinsen benutzt, was jedoch nur selten erwähnt wird, vermutlich deshalb, weil keines dieser Instrumente „überlebt" hat. Wir lesen bei UFFENBACH: „Er hatte auch einige Microscopia mit doppelten Gläsern, die, ob sie gleich doppelt, und inwendig nach ihrer behörigen Distanz, vermutlich durch eine Laminam (Blechplättchen mit Loch, d. Verf.) separiert, vermutlich dennoch nicht viel dicker als die einfachen waren. Ob nun diese wohl gar mühsam zu machen sind, so sind sie doch nicht viel besser als die einfachen, außer daß sie nur ein weniges, wie Herr Leeuwenhoek selbst gestunde, mehr vergrößern."

Interessant ist auch der Hinweis UFFENBACHS auf LEEUWENHOEKS Präparatträger für durchsichtige Objekte. Er benutzte nicht das damals in der Mikroskopie allgemein übliche Fraueneis (auch Jungfernglas oder Marienglas genannt), ein gut spaltbarer Gipskristall, sondern „würkliches Glas …, welches er, wie er versicherte, an der Lampe selbst geblasen, wie er es aber machte, nicht sagen wollte".

Von den weit über 500 LEEUWENHOEKschen Mikroskopen existieren heute leider nur noch die genannten neun. 26 Stück, aus Silber gefertigt, hatte der Gelehrte

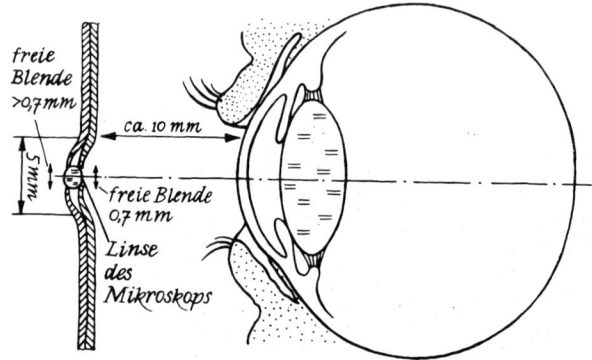

Zu den Größenverhältnissen des menschlichen Auges im Vergleich zur Linse eines LEEUWENHOEK-Mikroskops

der Royal Society vermacht. Seit mehr als 100 Jahren sind sie dort jedoch verschollen. Die Vergrößerungen dieser Instrumente lagen zwischen 50- und 200fach. Jedes Mikroskop war mit einem Präparat versehen. 1747, zwei Jahre nach MARIE LEEUWENHOEKS Tod, wurden 247 vollständige Mikroskope und 172 zwischen Platten gefaßte Linsen ihres Vaters versteigert. 160 davon waren aus Silber, 3 aus purem Gold. Manches wurde deshalb nach Gewicht verkauft. So sind die wertvollen Instrumente des Delfter Wissenschaftlers in alle Welt verstreut und wohl inzwischen längst zerstört (eingeschmolzen) worden.

Mit Sicherheit läßt sich heute sagen, daß LEEUWENHOEKS Mikroskope bis zu rund 270× vergrößerten, vermutlich – und das ist aus seinen Beobachtungen zu schließen – hatte er aber noch stärkere Linsen (400fache Vergrößerung und mehr hält man für möglich). Hat er – vor allen Dingen wegen der strikten Geheimhaltung seiner Herstellungsmethoden – auch keinen unmittelbaren Einfluß auf die Weiterentwicklung des Mikroskops ausgeübt, so sind aber durch seine Entdeckungen die Instrumentenbauer und Mikroskopiker jener Zeit enorm angespornt und zu Verbesserungen der Instrumente und Beobachtungsmethoden veranlaßt worden. Auch der große deutsche Philosoph und Mathematiker GOTTFRIED WILHELM LEIBNIZ (1646–1716) gehörte zu den Bewunderern LEEUWENHOEKS. Am 5. August 1715 schrieb er an den Delfter Gelehrten, man solle „junge Leute zu mikroskopischen Beobachtungen anleiten, wodurch gleichsam eine mikroskopische Schule aufgerichtet würde, welche bestehen und den Schatz der wissenschaftlichen Wissenschaften vermehren könnte". Nach EBSTEIN (1928) mahnte LEIBNIZ später, sich „der Vergrößerungsgläser zur Untersuchung zu bedienen, durch welche der scharfsinnige Leeuwenhoek so viel entdeckt habe". Resignierend fuhr er fort: „Oft ärgere ich mich über die menschliche Trägheit, welche die Augen nicht auftun, noch offenstehende Wissenschaft in Besitz nehmen mag. Wären wir klug, so würde er (gemeint ist LEEUWENHOEK, d. Verf.) überall mehrere Nachfolger gefunden haben."

In den letzten Jahren des 17. Jahrhunderts gelang es einem weiteren Holländer, das einfache Mikroskop wesentlich zu verbessern. NICOLAAS HARTSOEKER (1656–1725), Sohn eines protestantischen Geistlichen,

Auf diese Weise hat A. v. LEEUWENHOEK seine Mikroskope benutzt

erfand 1694 eine Vorrichtung zum Scharfstellen, die sich bald allgemeiner Beliebtheit erfreute. Sein Mikroskop, das sich offenkundig an CARLO ANTONIO TORTONAS (1640–1700) zusammengesetztes Instrument aus dem Jahre 1685 anlehnt (s. S. 44), verfügte außerdem über eine Linse zur Beleuchtung. Der Zeichnung HARTSOEKERS ist der Aufbau seines Instruments zu entnehmen. In die Augenmuschel AB wurden die Linsen mit ihrer Fassung P eingeschraubt. HARTSOEKER benutzte einen Satz austauschbarer kurzbrennweitiger Linsen (Wechseloptik). Der eigentliche Mikroskopkörper $OQCD$ enthielt eine Schraubenfeder und war auf beiden Seiten mit Innengewinde versehen. Von links wurde die Augenmuschel eingeschraubt, von rechts die Fokussierungsschraube IK, die noch eine Beleuchtungslinse N mit Verstellvorrichtung LM enthielt. Die beiden dünnen Kupferblechteile E und F wurden in den Grundkörper gebracht und gemeinsam von der Schraubenfeder gegen die Seite CD gedrückt. Über dem Mikroskop ist der aufgeklappte Präparathalter GH mit einem Scharnier bei AB zu sehen. Zwischen zwei Glimmer- oder Marienglasplättchen klemmte man winzige transparente Objekte. Der zugeklappte Präparathalter wurde zwischen die von der Feder zusammengepreßten Kupferblechteilchen geschoben. Mit der Fokussierungsschraube ließ sich dann gegen die Federkraft ohne Spiel das Präparat relativ zur Beobachtungslinse feinfühlig bewegen. HARTSOEKER hat mit diesem Mikroskoptyp unter anderem Spermien gesehen. Für die Untersuchung größerer undurchsichtiger Objekte im Auflicht benutzte er ein zusammengesetztes Mikroskop mit seitlich angeordneter Beleuchtungslinse.

HARTSOEKER war ein vielseitiger Physiker, praktischer Optiker, Mikroskopiker und Lehrer. Er verfaßte etliche Bücher, so auch den „Essay de Dioptrique", der die Beschreibung seines neuen Mikroskops enthielt. Während des ersten Besuchs PETERS DES GROSSEN (1672–1725) in Amsterdam war HARTSOEKER bei dem Zaren Hauslehrer. Als Universitätslehrer wirkte er in Heidelberg und Utrecht, wo er 1725 starb.

In die englische Literatur ist sein einfaches Mikroskop unter der Bezeichnung „screw barrel microscope" (Gewindetubus-Mikroskop) eingegangen und dem Engländer JAMES WILSON (etwa 1665 bis etwa 1730) zugeschrieben worden, der es in seinem Vaterland bekannt gemacht hat. WILSON selbst hat diese Erfindung allerdings nie für sich beansprucht.

Abschließend möchte ich erwähnen, daß im 17. Jahrhundert große Entdeckungen durchaus noch ohne Mi-

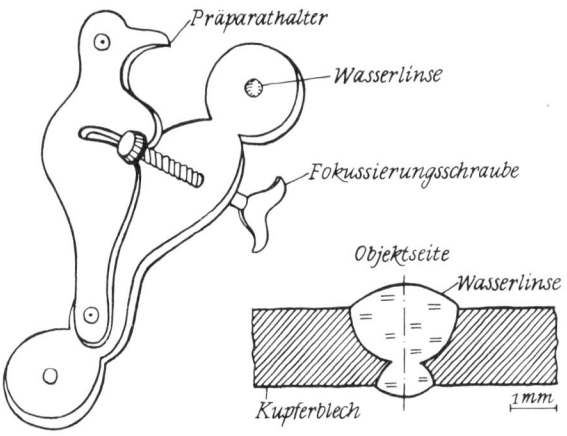

Der Engländer GRAY fertigte 1697 dieses Mikroskop mit einem Wassertropfen als Linse

kroskop gemacht werden konnten. Der Florentiner Arzt und Naturforscher FRANCESCO REDI (1626–1697) beobachtete 1668, daß Fliegen nicht, wie man damals allgemein annahm, durch Urzeugung aus Unrat entstanden, sondern sich aus Eiern entwickelten, die von den erwachsenen Tieren gelegt worden waren. Er prägte daraufhin den bekannten Ausspruch: „Omne vivum ex ovo" („Alles Lebende entstammt einem Ei"). REDI lehnte die Urzeugungshypothese auch für andere Insekten ab. „Da er generell ohne Mikroskop arbeitete", so schrieb ILSE JAHN 1982, „konnte er seine Ansichten jedoch nicht gegen die zeitgenössischen Mikroskopiker durchsetzen, die – wie LEEUWENHOEK – in verschiedensten Medien eine Welt von Mikroorganismen beobachtet hatten, die scheinbar aus Substanzen wie Wasser, Schlamm, Pflanzenteilen entstanden waren."

Weitblickende Gelehrte und praktische Optiker setzen auf das zusammengesetzte Mikroskop

Trotz der spektakulären Erfolge, die berühmte Mikroskopiker wie MALPIGHI, GREW, SWAMMERDAM und LEEUWENHOEK mit einfachen Mikroskopen im 17. Jahrhundert erzielten, ließen sich weitblickende Gelehrte und Instrumentenbauer jener Zeit in ihren Bestrebungen zur Verbesserung des zusammengesetzten Instruments nicht beirren. Sie hatten seine prinzipielle Überlegenheit über das einfache Mikroskop erkannt und erdachten eine Vielzahl optischer und mechanischer Verbesserungen, die allerdings meistens weniger theoretischen Überlegungen entsprangen, sondern vielmehr durch geduldiges Experimentieren und Beobachten gefunden wurden. So versuchte man – und das durchaus erfolgreich –, das Sehfeld zu vergrößern und die Bildhelligkeit zu erhöhen. Beides gelang durch Einfügen einer dritten Sammellinse, der sogenannten Feldlinse, in den Strahlengang. Bald danach gab es Bemühungen zum Ebnen des Sehfeldes mit einer zusätzlichen Okularlinse. Zweilinsige Objektive erschienen wenig später. In der Folge enthielten die Mikroskope oft vier, sechs oder noch mehr Linsen. Da das Verständnis für die Ursachen der Abbildungsfehler aber noch weitgehend fehlte, wa-

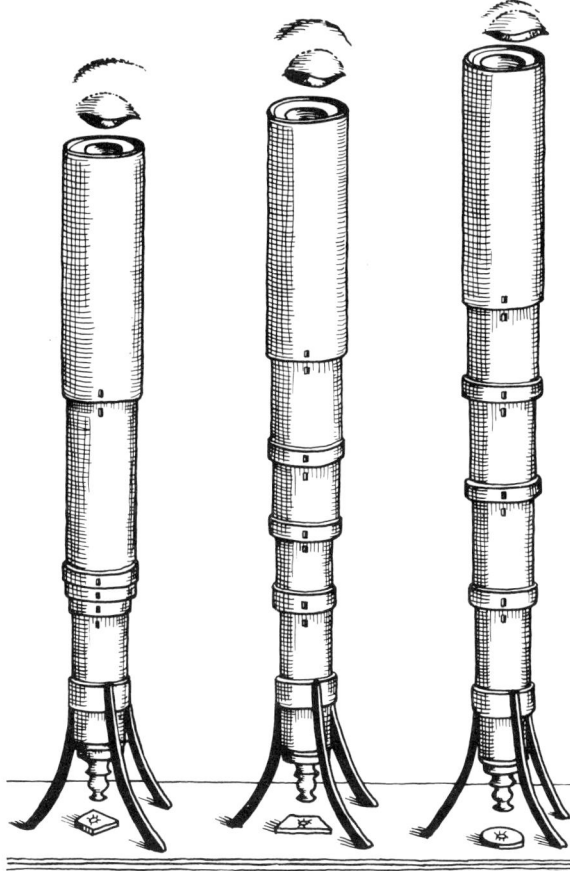

skop (engl. sliding tube microscope) folgte das im vorangegangenen Abschnitt bereits erwähnte Gewindetubus-Instrument, das zu hoher Vollkommenheit gebracht wurde. Dieses Prinzip setzte sich, wie wir gesehen haben, auch beim einfachen Mikroskop durch.

Unbegreiflicherweise war die Durchlichtbeleuchtung bis in das letzte Viertel des 17. Jahrhunderts hinein beim zusammengesetzten Mikroskop nicht üblich. Ihre „Entdeckung" gab diesem Instrument einen mächtigen Auftrieb. Als dann Anfang des 18. Jahrhunderts der unter dem durchsichtigen Untersuchungsobjekt angeordnete Beleuchtungsspiegel eingeführt wurde, war das zusammengesetzte Mikroskop den Kinderschuhen endgültig entwachsen.

Auch auf dem Gebiet der theoretischen Optik geriet einiges in Bewegung: Die Teilchen- und die Wellenhypothese für das Licht wurden entwickelt. Die Dispersion konnte als Ursache für die Farbenfehler optischer Instrumente ermittelt werden (s. Anhang).

Wenden wir uns nun den einzelnen Erfindungen und Entdeckungen und deren „Vätern" zu.

Im Jahre 1646, vier Jahre nach GALILEIS Tod, ließ sich der Italiener EUSTACHIO DIVINI als Instrumentenbauer in Rom nieder. Er gilt als Erfinder des Schiebetubus-Mikroskops. Seine Modelle wurden zwischen 1645 und 1670 hergestellt und erst danach durch das fortschrittlichere Gewindetubus-Instrument verdrängt. DIVINIS Mikroskope bestanden aus bis zu fünf ineinandergeschobenen Papprohren, die mit Leder oder Papier überzogen waren. Sie konnten teleskopartig auseinandergezogen oder zusammengeschoben werden. Damit änderte sich der Abstand zwischen der Objektivlinse und dem Okular, was eine Variation der Vergrößerung möglich machte. Zum Fokussieren auf das Objekt ließ sich der gesamte Tubuskörper in dem Ring eines Dreibeins, das als Vorläufer eines modernen Mikroskopstativs angesehen werden kann, gleitend auf und ab bewegen. Diese grobe Einstellmöglichkeit wurde für billigere Mikroskope bis ins 19. Jahrhundert hinein beibehalten. Erste Versuche zur Fokussierung mit einem Schraubenmechanismus demonstrierte DIVINI an einem Instrument im Jahre 1672. Seine Mikroskope mit Schiebetubus ähnelten äußerlich sehr den Fernrohren der damaligen Zeit. Er stellte verschiedene Typen her, darunter sowohl solche, bei denen das Rohr mit der Objektivlinse

E. DIVINIS Schiebetubus-Mikroskop
Die verschiedenen Auszugslängen repräsentieren unterschiedliche Vergrößerungen

ren solche Instrumente wegen der mangelhaften Qualität der Linsen häufig schlechter als zwei oder dreilinsige.

Bereits in der zweiten Hälfte des 17. Jahrhunderts wurden auch die ersten Stereomikroskope entwickelt. Die mit diesen Instrumenten damals erreichbaren geringen Vergrößerungen und die mechanischen Unzulänglichkeiten verhinderten jedoch eine breite Anwendung. Erst im 19. Jahrhundert gelang es, die Schwierigkeiten beim Bau stereoskopischer Mikroskope zu überwinden.

Große Fortschritte wurden beim mechanischen Aufbau des Mikroskops erzielt. Dem Schiebetubus-Mikro-

dicker war als das, welches die Okularlinse enthielt, als auch solche, bei denen die Auszugstuben im Durchmesser umgekehrt gestaffelt waren. GASPAR SCHOTT lobte bereits 1657 in seiner „Magia Universalis Naturae et Artis" die ausgezeichneten Mikroskope des DIVINI. Es sei aber daran erinnert, daß zeitgenössisches Lob über ausgezeichnete Schärfe, Bildhelligkeit, großes Sehfeld usw. nicht mit heutigen Maßstäben gemessen werden darf.

EUSTACHIO DIVINI war auch der erste Instrumentenbauer, der die Optik des Mikroskops verbessern konnte. 1668 erfand er ein Okular, mit dem ihm ein Ebnen des Sehfeldes gelang. DIVINI ordnete dazu zwei plankonvexe Linsen so an, daß sie sich mit der konvexen Seite berührten. Das entstehende Dublett wirkte wie ein Okular mit ungefähr der halben Brennweite einer der beiden Einzellinsen und ließ deshalb auch höhere Vergrößerungen zu. – Bereits im Jahre 1669 verkaufte der Londoner Instrumentenbauer CHRISTOPHER COOK der Royal Society ein Mikroskop mit einem Dublett-Okular nach DIVINI.

Aber wichtiger als diese Erfindung DIVINIS war die Einführung der Feldlinse in das Mikroskop. Diese Linse ist später von HUYGENS und im 18. Jahrhundert in etwas veränderter Anordnung von JESSE RAMSDEN (1735–1800) fest in das Okularsystem integriert worden. Das erfolgte zunächst beim astronomischen Fernrohr und später auch beim Mikroskop (s. Anhang). Generell eilte die Entwicklung des Fernrohrs der des Mikroskops lange Zeit voraus. Wer als erster die Feldlinse in das Mikroskop einführte, ist noch nicht völlig geklärt. Die meisten Historiker nennen den Franzosen BALTHASAR DE MONCONY (1611–1665) als Erfinder und geben das Jahr 1660 an. DE MONCONY (auch MONCONYS) schrieb 1665 in seinem „Journal des Voyages", daß der Schwiegersohn eines gewissen WIESELIUS 1660 in Augsburg nach seinen Angaben – MONCONY nennt die Brennweiten der drei Linsen und deren Abstände – ein Mikro-

skop mit Feldlinse gefertigt habe. Den Aufzeichnungen von CHRISTIAAN HUYGENS ist dagegen zu entnehmen, daß er selbst bereits 1654 ein Mikroskop mit Feldlinse von JOHANN WIESEL aus Augsburg untersuchte. Da WIESELIUS offensichtlich nur die latinisierte Form von WIESEL ist, sind beide Personen sicher identisch. Dieser WIESEL hat offenbar 1654 die Feldlinse in das Mikroskop eingeführt, und sein Schwiegersohn fertigte 1660 für MONCONY ein derartiges Instrument. Über seine Lebensdaten ist mir weiter nichts bekannt, als daß er ein Schüler des Kapuziners ANTON MARIA SCHYRL DE RHEITA (1597–1660) gewesen ist, der 1645 die Feldlinse in das KEPLERSCHE Fernrohr einführte. SCHYRL DE RHEITA ist übrigens auch der Erfinder des sogenannten Erdfernrohrs mit vier Konvexlinsen, das aufrechte Bilder ergab, dafür aber sehr lang war.

Ausgezeichnete Mikroskope stellte der Italiener GIUSEPPE CAMPANI (1635–1715) her. Er war eine der herausragenden wissenschaftlichen Persönlichkeiten des 17. Jahrhunderts in Europa, schrieb sein Landsmann SILVIO A. BEDINI 1960. CAMPANI verbesserte unter anderem das Teleskop, das Mikroskop und die Pendeluhr. Seine Linsen und Instrumente sollen die aller anderen Hersteller seiner Zeit übertroffen haben. LUDWIG XIV. richtete 1669 in Paris ein astronomisches Observatorium mit Instrumenten des italienischen Meisters ein. Bereits 1655 hatten G. CAMPANI und sein Bruder MATTEO den Papst ALEXANDER VII. mit einer von ihnen gemeinsam erfundenen leisen „Nachtuhr" auf sich aufmerksam gemacht. Danach begann ihr kometenhafter Aufstieg in der wissenschaftlichen Welt.

GIUSEPPE CAMPANI wurde 1635 in Castel San Felice nahe Spoleto geboren. Zwischen 1651 und 1655 siedelte er nach Rom über, wo er sich als Uhrmacher, Erfinder, Linsenschleifer und Teleskophersteller niederließ. Wahrscheinlich ist er dort vor 1657 bei DIVINI in die Lehre gegangen; später wurden beide jedoch zu erbitterten Konkurrenten und persönlichen Feinden. Wenige Jahre danach wandte sich CAMPANI dem Mikroskopbau zu. Seine Werkstatt blieb jedoch jedem Besucher verschlossen. Alle Fertigungsmethoden hielt er streng geheim. Einzig seine Tochter hatte dort Zutritt und half ihm bei der Arbeit. Sie soll sehr geschickt im Linsenschleifen und beim Fertigen der optischen Instrumente gewesen sein. CAMPANI hatte das Mädchen selbst sorg-

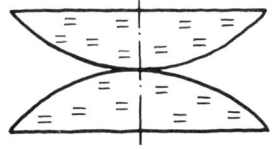

E. DIVINIS Okular mit zwei Plankonvexlinsen

fältig theoretisch unterrichtet und praktisch ausgebildet. Bei allen seinen Instrumenten duldete er keinerlei Fehler. Nur die allerbesten Linsen wurden verkauft.

Zunächst baute CAMPANI Schiebetubus-Mikroskope nach dem Vorbild von DIVINI. Ein solches Instrument mit der Inschrift „Giuseppe Campani Roma 1673" steht im „Conservatoire national des arts et metiers" in Paris (s. Foto auf S. 46). Von besonderer Bedeutung für die Geschichte des Mikroskops ist jedoch CAMPANIS Erfindung des mehrfach erwähnten Gewindetubus-Mikroskops, die bis in die jüngste Zeit CARLO ANTONIO TORTONA (auch TORTONI) zugeschrieben worden ist. BEDINI hat in einer sorgfältigen Untersuchung CAMPANIS Urheberschaft herausgefunden.

Für TORTONA bleibt allerdings ein anderer und nicht minder wichtiger Beitrag zur Entwicklung des Mikroskops: Er führte 1685 die Durchlichtbeleuchtung für das zusammengesetzte Mikroskop ein. Merkwürdigerweise

war bis zu jener Zeit kein ernsthafter Versuch unternommen worden, die beim einfachen Mikroskop bereits seit geraumer Zeit übliche Durchlichtbeleuchtung für transparente Objekte durch das Richten des Mikroskops gegen den Himmel oder eine andere Lichtquelle zu verwirklichen. In dem Bericht über eine Sitzung der „Accademia Fisioomatematica Romana" vom August 1685 lesen wir: „Signor Don Carlo Antonio Tortona demonstrierte ein Mikroskop ... das für verschiedene Vergrößerungen geeignet war ... Man betrachtete die Objekte nicht durch das Schauen nach unten, sondern hielt das Mikroskop gegen den Himmel. Dafür wurde diese Erfindung sehr gelobt, aber auch noch dafür, weil sie die Objekte so groß und mit solch einem weiten Sehfeld gut begrenzt und klar zeigte ..."

CAMPANI griff die Neuerung der Durchlichtbeleuchtung sofort auf und fertigte bereits kurz darauf seine unverwechselbaren und handlichen Mikroskope, von denen etwa zehn in Sammlungen „überlebt" haben. In der DDR gibt es im Optischen Museum der Carl-Zeiss-Stiftung Jena heute noch zwei Exemplare davon, eines ist allerdings nicht mehr vollständig. Das andere ist gemeinsam mit dem ebenfalls historisch sehr wertvollen Instrument des JOHANN FRANZ GRIENDEL VON ACH (1631–1687) aus Nürnberg auf S. 59 abgebildet. Ein drittes Mikroskop desselben Typs befand sich bis 1945 im Mathematisch-Physikalischen Salon zu Dresden. Es wurde während des barbarischen Luftangriffs auf die Stadt am 13. Februar 1945 vernichtet. Dieses Mikroskop hat übrigens eine interessante Geschichte: Im „Catalogus Instrumentorum Opticorum, Catoptricorum et Dioptricorum Musai Regii Mathematici", 1730 von THEOPH. MICHAELIS verfaßt und heute kurz „Michaelis-Katalog" genannt, findet man auf Folio 27 unter Position 15 ein Mikroskop von GIUSEPPE CAMPANI aus dem Jahre 1696 angegeben und kurz beschrieben. Das Okular bestand aus zwei Linsen, „... so gleich auseinanderliegen", das Objektiv war „eine sehr convexe kleine Linse". Ein Hinweis führt dann zu Blatt 28, wo man liest, daß dieses Mikroskop aus „Baron Böttchers Verlassenschaft" auf königlichen Befehl weggenommen und am 23. 7. 1728 „mit den übrigen Dioptrica zu den ... königlichen Instrumenten ..." abgegeben wurde. In späterer Zeit kam die Meinung auf, BÖTTGER könnte dieses Mikroskop bei seinen Versuchen zur Porzellan-

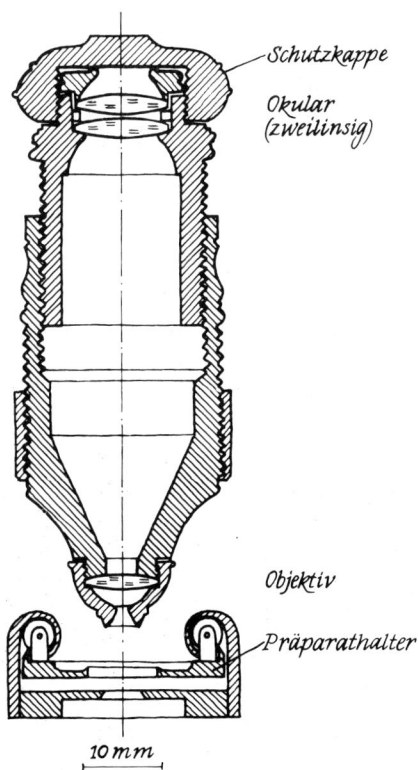

Schutzkappe

Okular (zweilinsig)

Objektiv

Präparathalter

10 mm

Schnitt durch das auf S. 59 gezeigte CAMPANI-Mikroskop

herstellung benutzt haben. Einen Beweis für diese naheliegende Vermutung gibt es allerdings nicht.

War die Beschreibung von TORTONAS Durchlichtmikroskop im Oktober 1685 in der 1682 von dem deutschen Professor OTTO MENKE in Leipzig begründeten ersten „gelehrten" Zeitschrift Deutschlands, der berühmten „Acta Eruditorum", erschienen, so konnte man in der gleichen Zeitschrift 1686 das ausgefeilte Instrument CAMPANIS bewundern. Den Kupferstich des Mikroskops auf S. 47, der gleichzeitig dessen Benutzung bei Auf- und Durchlicht demonstriert, habe ich der Originalausgabe jener Zeitschrift entnommen.

Dr. LUDWIG OTTO, seinerzeit Leiter eines Mikroskopie-Labors im VEB Carl Zeiss JENA, dessen Untersuchungen und Beschreibungen historischer Mikroskope von bleibendem Wert für die Mikroskopgeschichte sind, hat Mitte der sechziger Jahre unseres Jahrhunderts auch die CAMPANI-Mikroskope des Optischen Museums Jena wissenschaftlich untersucht. Ihm verdanke ich auch die Schnittzeichnung auf S. 55 und die Mikroaufnahmen auf S. 46, die er selbst mit dem CAMPANI-Mikroskop und einem Jenaer Achromaten angefertigt hat.

Das in Jena vollständig erhalten gebliebene Mikroskop besteht aus einem ziselierten und vergoldeten Messingstativ, auf dessen Gewindering „Giuseppe Campani in Roma" eingraviert ist. Okular- und Objektivtubus sowie die Fassung der Linsen sind mit großer Sorgfalt aus Ebenholz gedrechselt. Sie werden ineinander geschraubt, wodurch sich auch die Vergrößerung zwischen 45fach und 100fach einstellen läßt. Außengewinde des Objektivtubus und Innengewinde des Stativringes bilden gemeinsam den recht feinfühligen Fokussierungsmechanismus des Mikroskops. Das Objekt wird unten am Fuß mit einem Klemmechanismus gehalten, den BEDINI wegen seiner Variationsmöglichkeiten ebenfalls zu den bemerkenswerten Erfindungen CAMPANIS zählt. Bei höchster Vergrößerung – also bei weit herausgeschraubtem Okulartubus – beträgt die Höhe des Mikroskops 13 cm. Im „Transportzustand" mißt es ganze 7,5 cm – ein handliches Instrument, das in jeder Jackentasche Platz findet. Dr. OTTO charakterisiert die Linsen so: „Das Glas ist leicht gelblich, ohne auffällige Blasen, die Oberflächen sind erstaunlich gut erhalten. Die Güte der Flächen bestätigt den Ruf Campanis als vorzüglicher Linsenschleifer."

Die Anordnung der drei Linsen stimmt nicht mit den von MONCONY angegebenen Abstands- und Brennweitenverhältnissen für ein Mikroskop mit Feldlinse überein. CAMPANI scheint das optische System also nach eigenen Ideen entwickelt zu haben. Über die optische Qualität schreibt Dr. OTTO, daß eine leichte kissenförmige Verzeichnung vorliegt, die Bildfeldwölbung ist schüsselförmig, der Astigmatismus gering. Der chromatische Fehler erwies sich dagegen bei der Beobachtung biologischer Objekte als störend.

Wir wollen uns jetzt in England nach Fortschritten im Mikroskopbau umsehen. 1664 veröffentlichte Dr. HENRY POWER (1623–1668), eines der ersten Mitglieder der „Royal Society of London" seine „Experimental Philosophy in Three Books: Containing New Experiments Microscopical…". Er glaube, so schrieb POWER in diesem Buch, daß man mit dem Mikroskop einmal Erscheinungen wie das „Verdampfen von Kampfer", die Teilchen der Luft und die „Atome" in einer Flüssigkeit würde sehen können. Zunächst suchte er sich jedoch einfachere Objekte aus. Läuse, Bienen, Flöhe, Schmetterlinge, Käsemaden und ähnliches Getier versprachen schnellere Erfolge bei mikroskopischen Untersuchungen. Und POWER war ein begeisterter Mikroskopiker. „Würde Aristoteles jetzt leben, so müßte er eine neue ‚Zeugung und Entwicklung der Tiere' schreiben", ist im Vorwort seines Buches zu lesen. Bisher, so schrieb er weiter, wußte man nur über große Tiere wie Bullen, Bären und Tiger Bescheid. Jetzt zeige sich unter dem Mikroskop, daß auch Insekten ebenso differenziert und vielfältig in Formen, Farben und Bewegungen wären. – Ein Mikroskop hat POWER in seinem Werk leider nicht abgebildet. Er soll aber bereits Beobachtungen mit Durchlicht probiert haben, indem er sein Mikroskop auf die Glasscheibe über einem Loch in der Tischplatte stellte und darunter eine Kerze oder Öllampe befestigte.

Ein Jahr später, im Jahre 1665, erschien in London ein Werk, das damals unter allen Mikroskopikern und überhaupt unter den naturwissenschaftlich Gebildeten großes Aufsehen erregte und das auch heute noch durch seinen klaren Inhalt und die ausgezeichneten Abbildungen besticht: Es war ROBERT HOOKES berühmte „Mi-

R. HOOKES zusammengesetztes Mikroskop mit Säulenstativ

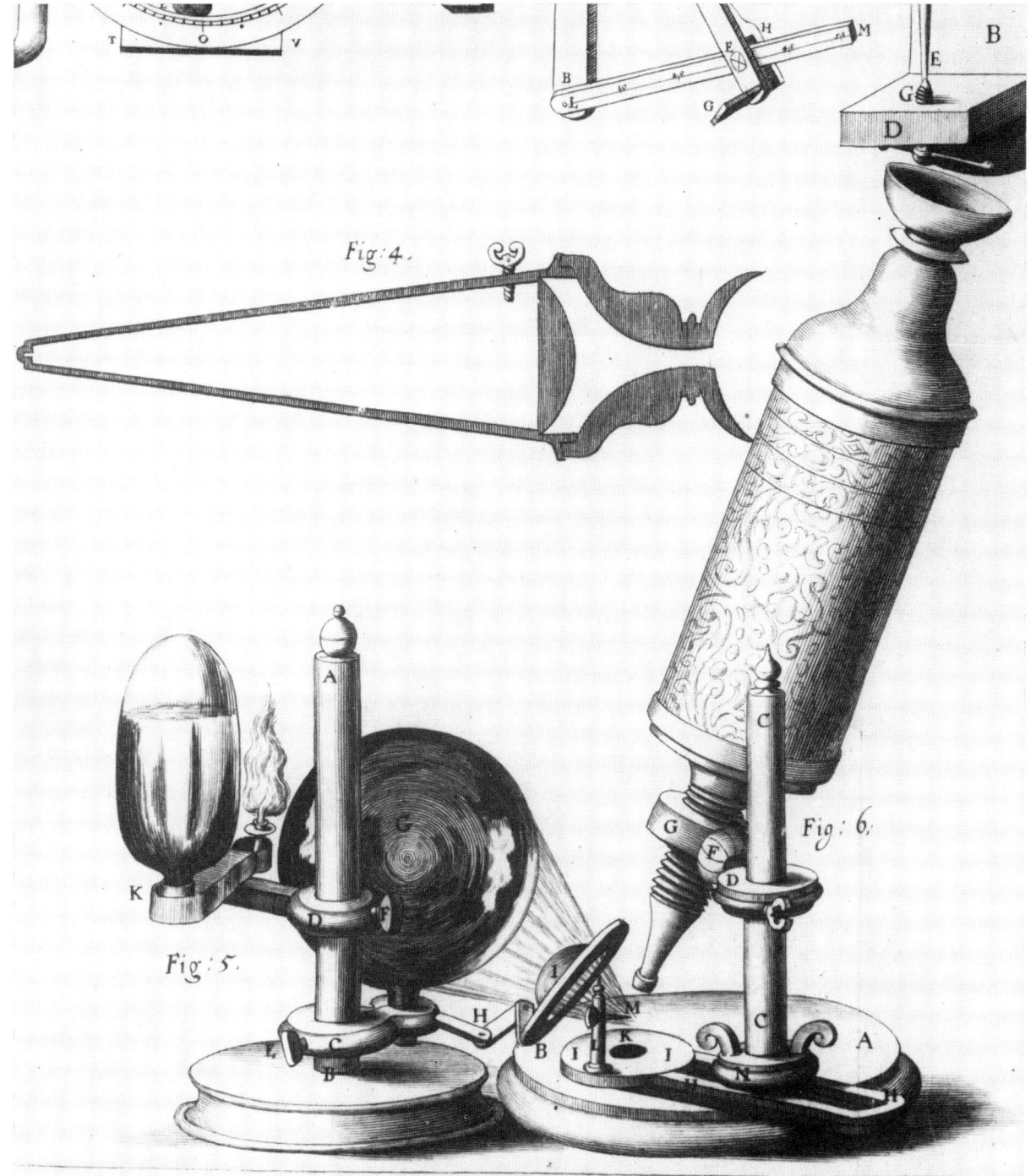

Fig: 4.

Fig: 5.

Fig: 6.

MICROGRAPHIA:

OR SOME
Physiological Descriptions
OF
MINUTE BODIES
MADE BY
MAGNIFYING GLASSES.
WITH
Observations and Inquiries thereupon.

By *R. HOOKE*, Fellow of the Royal Society.

Non possis oculo quantum contendere Linceus,
Non tamen idcirco contemnas Lippus inungi. Horat. Ep. lib. 1.

LONDON, Printed by *Jo. Martyn,* and *Ja. Allestry,* Printers to the Royal Society, and are to be sold at their Shop at the *Bell* in S. *Paul's* Church-yard. M DC LX V.

Titelkupferstich der berühmten „Micrographia" von R. Hooke (1665)

Gewindetubus-Mikroskop von G. Campani (rechts), das sich heute im Optischen Museum in Jena befindet

Links ist ein Instrument des Nürnberger Mikroskopikers Griendel v. Ach (1687) zu sehen.

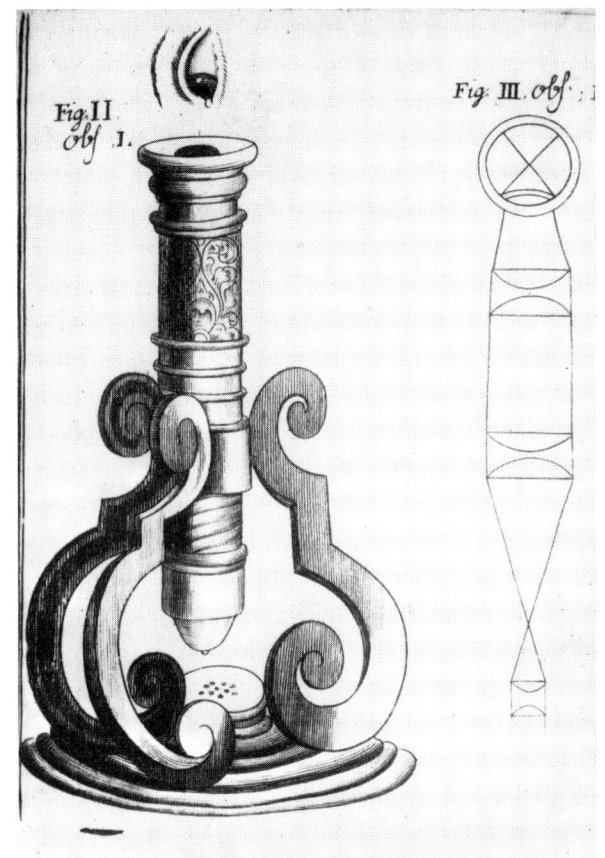

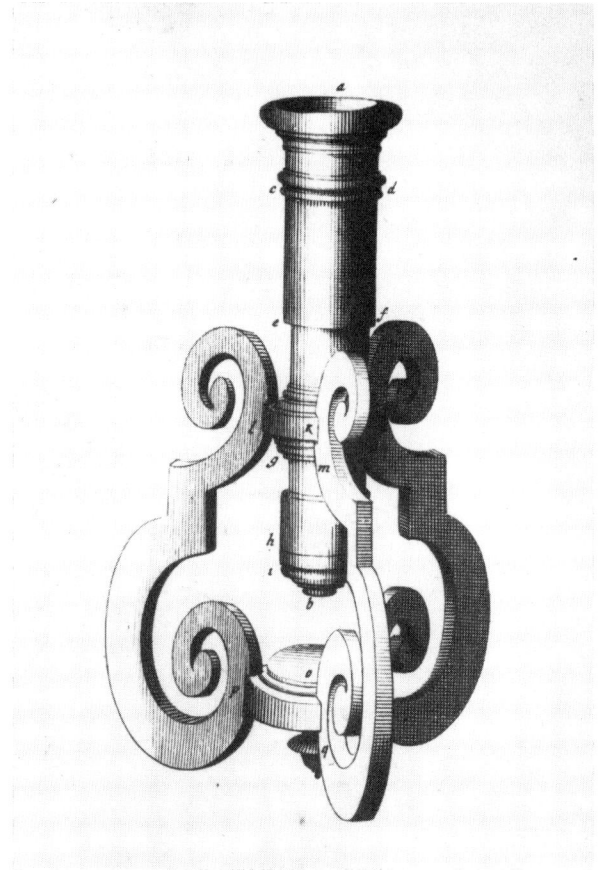

Mikroskop GRIENDEL v. ACHS mit jeweils einem Paar plankonvexer Linsen für Objektiv, Feldlinse und Okular (1687)

Mikroskop von CH. D'ORLEANS (1671), das offensichtlich GRIENDEL v. ACH für sein Mikroskop als Vorbild diente

Binokulares Mikroskop von CH. D'ORLEANS

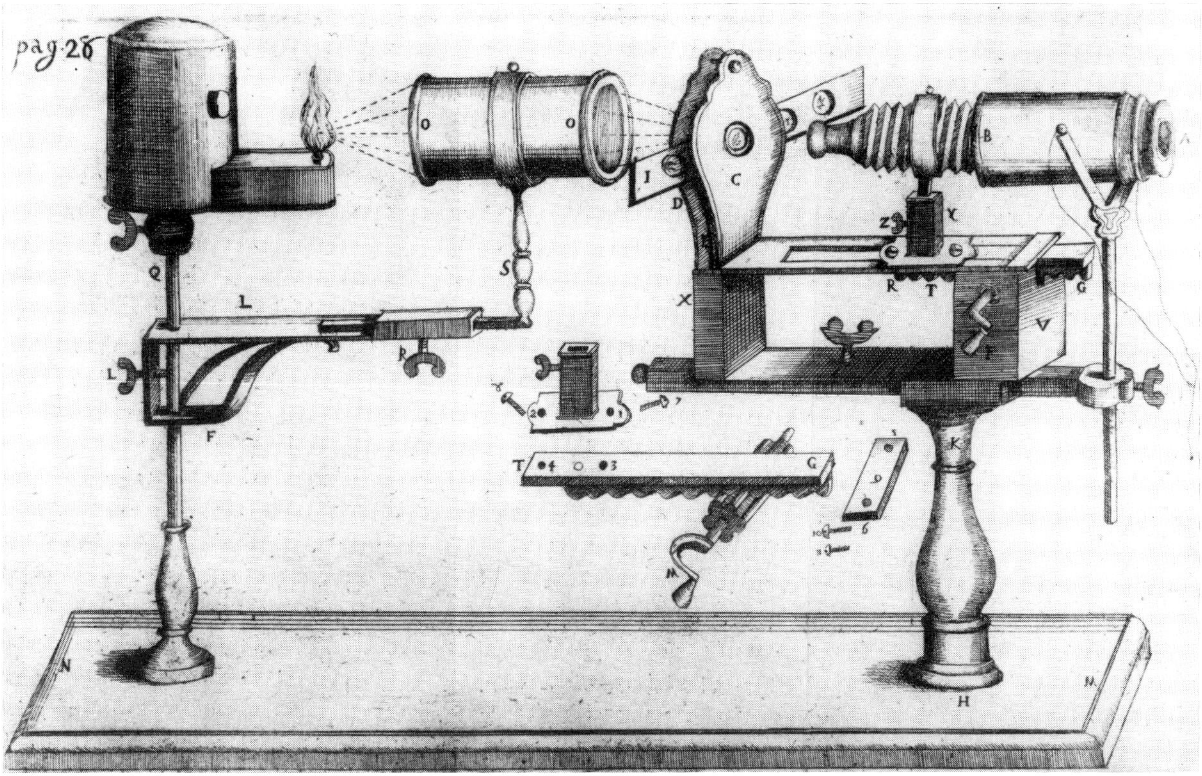

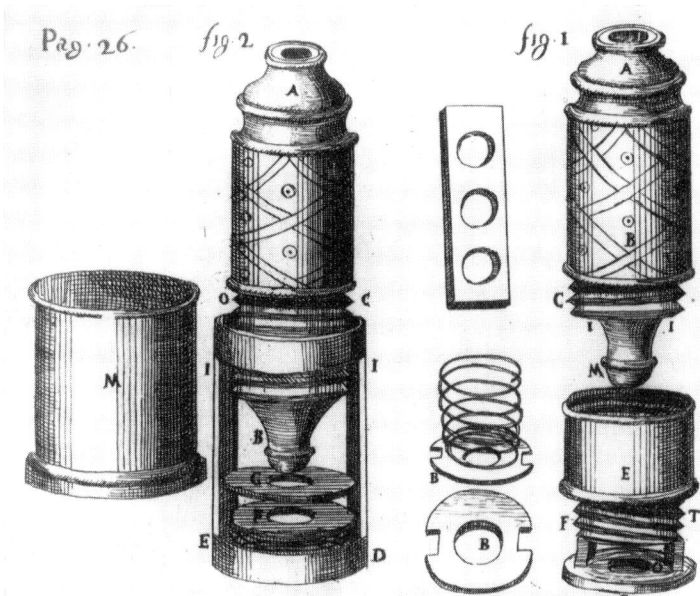

pag.26

Pag.26. fig.2 fig.1

Das waagerechte zusammengesetzte Mikroskop von P. BONANNI (1691) – eine der schönsten historischen Abbildungen eines Mikroskops

P. BONANNIS „Handmikroskope" für Durchlichtbeleuchtung (1691)

TAB: XII.

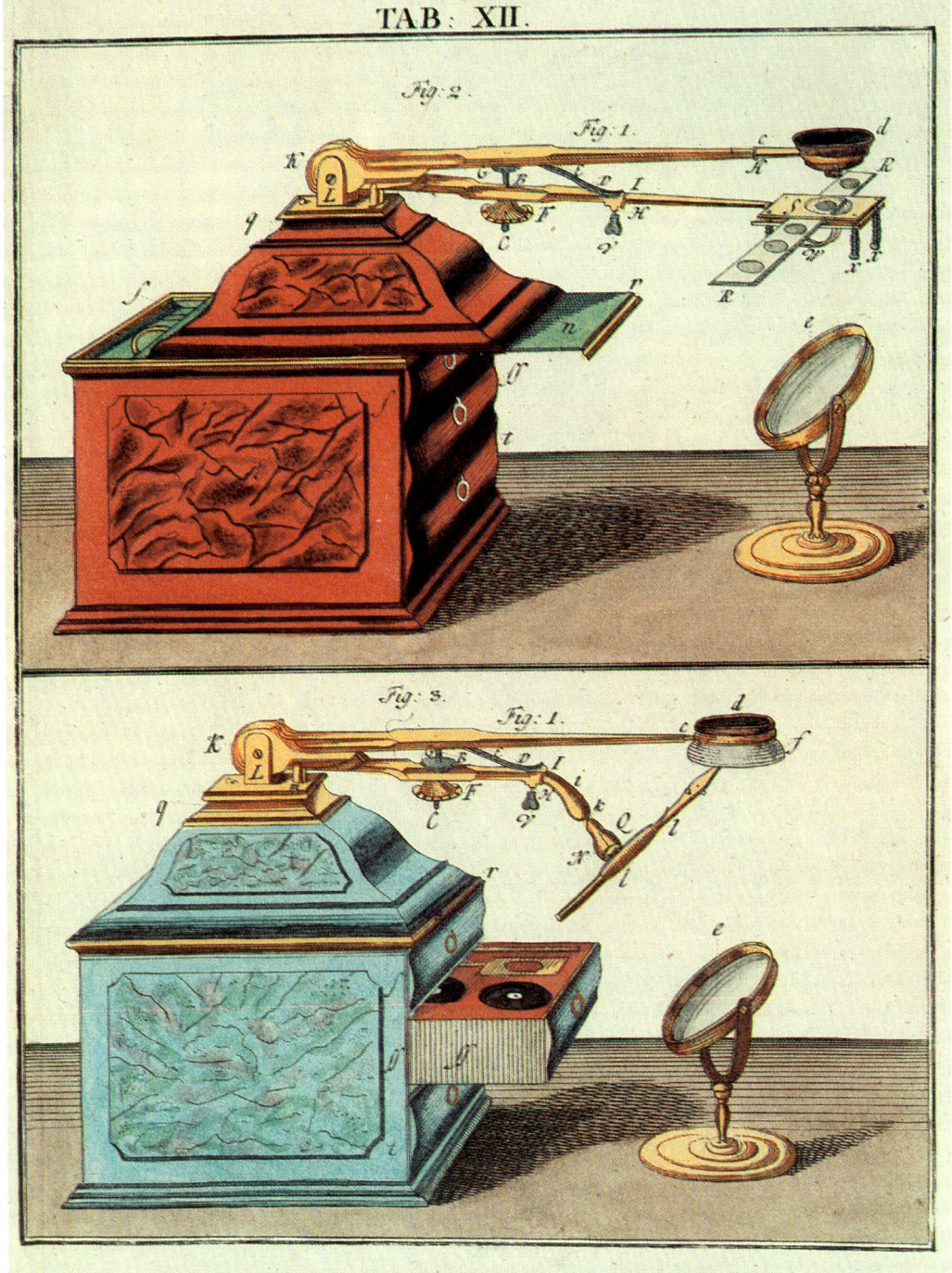

Fig: 2.

Fig: 1.

Fig: 3.

Fig: 1.

Einfache Mikroskope
vom Zirkeltyp mit Ka-
stenstativ des Freiherrn
W. F. v. GLEICHEN (um
1755)

Anstelle der einfachen
Linse konnte
W. F. v. GLEICHEN auch
ein zusammengesetztes
Mikroskop an seinem
Kastenstativ befestigen.

63

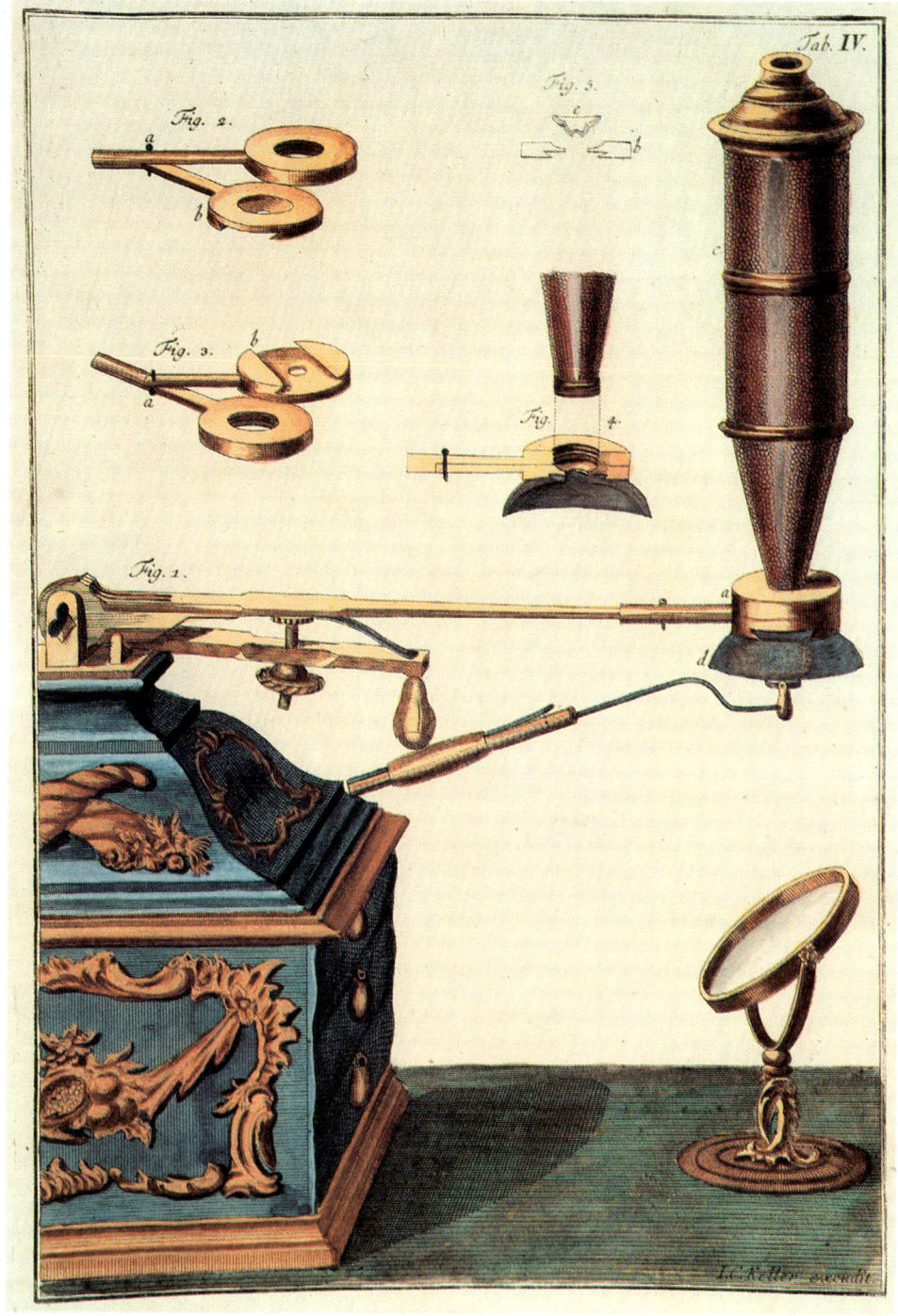

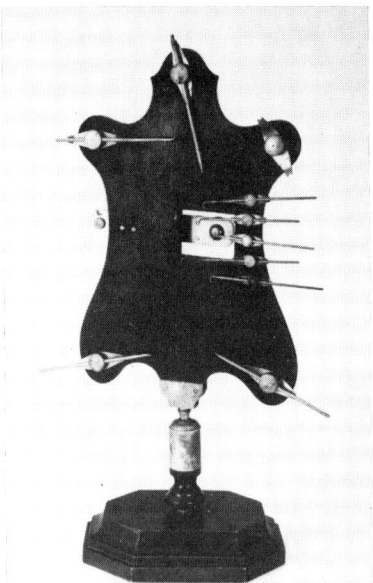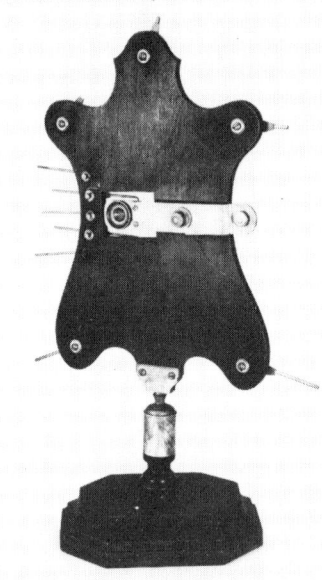

J.N. LIEBERKÜHNS anatomisches Mikroskop – ein Folterinstrument für kleine Säugetiere

Das Lieberkühn-Kabinett

Dieser Teil der Mikroskop- und Präparatesammlung J.N. LIEBERKÜHNS ist von der Zarin KATHARINA II. angekauft worden.

crographia: Or some Physiological Descriptions of Minute Bodies with Observations and Inquiries thereupon". Dieses Buch löste eine große Nachfrage nach Mikroskopen aus und gab der mikroskopischen Forschung starke Impulse. Auch heute noch bereitet es großes Vergnügen, in dieser bibliophilen Kostbarkeit zu lesen.

HOOKE beschäftigte sich von Anfang der sechziger Jahre des 17. Jahrhunderts bis etwa 1680 mit der Mikroskopie. POWER erwähnte 1664 in seinem Buch, daß „Master Hooke" mit dem Zeichnen mikroskopischer Objekte beschäftigt sei. Offenbar hat er diese Arbeit im wesentlichen selbst ausgeführt und sich nur bei einigen wenigen Abbildungen von seinem Freund CHRISTOPHER WREN (1632–1723) unterstützen lassen, der für solche Arbeiten übrigens hervorragend qualifiziert war. WREN, Architekt und Astronom, gilt als einer der bedeutendsten Baumeister seiner Epoche und wird auch der „Schinkel Englands" genannt. 1675 baute er die berühmte Greenwicher Sternwarte.

HOOKE wirkte auf vielen Gebieten der Physik und Technik erfolgreich. Er erkannte in der Mechanik die Proportionalität zwischen relativer Dehnung und Spannung (nach ihm HOOKEsches Gesetz genannt), entdeckte die Farben dünner Plättchen, verbesserte die Luftpumpe, erfand 1658 die Ankerhemmung und Federunruh der Uhren, konstruierte 1666 eine Libelle zum Horizontalstellen optischer Achsen und anderes mehr.

In POGGENDORFFS „Geschichte der Physik" (1879) lesen wir zur Person des großen Gelehrten: „Hooke war, wie es oft mit kränklichen Personen der Fall ist, von sehr reizbarem Temperament, eigensinnig und in hohem Grade eifersüchtig auf jedes fremde Verdienst, daher er sich denn auch überall beeinträchtigt glaubte und in fortdauernde Zänkereien und Streitigkeiten verwickelte, so z. B. mit unserem Landsmann Hevelius, mit Huygens, mit dem Sekretär Oldenburg, selbst mit Newton. Auch mit der Gesellschaft in corpore überwarf er sich mehrmals ... doch stellte sich das gute Vernehmen wieder her, und wie sehr man ihn trotz seiner Fehler achtete, geht daraus hervor, daß man ihn im Jahre 1678 nach Oldenburgs Tod zum Sekretär wählte..."

Einer der Streitpunkte mit NEWTON war die Theorie des Lichts. HOOKE kam der Wahrheit sehr nahe, als er 1672 von Wellen sprach, die senkrecht zu ihrer Fortpflanzungsrichtung schwingen müßten. Er konnte sich mit diesen Vorstellungen, die er allerdings auch nur vage formulierte und nicht zu einer Theorie ausbaute, nicht gegen die Autorität des ISAAC NEWTON (1643–1727) durchsetzen, der 1669 mit seiner Emanationstheorie das Licht als Teilchenstrahlung beschrieben hatte. Nicht anders erging es übrigens HUYGENS' Wellentheorie des Lichts (Undulationstheorie), die der große niederländische Physiker 1672 aufstellte. Auch sie vermochte sich nicht gegen die Vorstellungen des großen NEWTON durchzusetzen.

HOOKE erreichte als Mikroskopiker nicht das Niveau eines MALPIGHI, SWAMMERDAM, LEEUWENHOEK oder GREW, machte aber einige Entdeckungen. Wir lernen bereits in der Schule, daß HOOKE den Begriff der Zelle in die Biologie einführte, abgeleitet aus Hohlräumen, die er im Flaschenkork sah. Ohne es allerdings zu wissen, zeichnete er bei seinem Untersuchungsobjekt Brennesselblatt erstmals wirkliche Zellen, nämlich die der Epidermis. Insgesamt hat er in seiner „Micrographia" 57 mikroskopische Untersuchungsobjekte beschrieben. Für uns von besonderem Interesse ist jedoch HOOKES Mikroskop. Der schöne Kupferstich von seinem Instrument in der „Micrographia" (s. S. 57) ist, wie bereits erwähnt, die älteste bekannte Abbildung eines zusammengesetzten Mikroskops. Er hat das Stativ mit exzentrischer Säule wenn vielleicht auch nicht erfunden, so doch zumindestens vervollkommnet und allgemein bekannt gemacht.

Sehen wir uns zunächst den Beleuchtungsapparat an. Das Licht einer Öllampe K wird durch die wassergefüllte Glaskugel G („Schusterkugel") auf die im Ring B gefaßte plankonvexe Sammellinse J konzentriert und von dieser auf das Objekt fokussiert. Bei Tage, so schrieb HOOKE, wurde das Mikroskop nahe einem nach Süden gehenden Fenster aufgestellt, um Sonnenlicht zur Beleuchtung nutzen zu können. In jedem Fall ließ der abgebildete Beleuchtungsapparat nur Untersuchungen mit auffallendem Licht zu. CLAY und COURT schrieben 1932, daß HOOKE sein Mikroskop zwar primär für undurchsichtige Objekte benutzte, aber in horizontaler Position des Instruments auch transparente Proben beobachtet haben soll. Der Mikroskoptubus, aus Holz und Pappe gefertigt und mit gepunztem Leder überzogen, bestand aus vier ineinandergeschobenen Rohren und konnte durch Ausziehen verlängert werden. In seinem

Innern befanden sich drei Bikonvexlinsen: Im unteren „dünnen" Ende war die kleine Objektivlinse befestigt, versehen mit einer sehr engen Blende zur Reduzierung des Öffnungsfehlers. Im mittleren Teil saß ein schwaches bikonvexes Glas – die Feldlinse, und unterhalb der schalenförmigen Vertiefung des oberen Tubusteils steckte die Okularlinse. HOOKE erzielte mit dieser Anordnung ein großes Sehfeld, entfernte die Feldlinse aber nach eigenen Angaben, wenn die Präparate eine hohe Auflösung verlangten.

In der Einleitung zu seinem Buch beklagte sich HOOKE darüber, daß auch die besten englischen Linsen noch sehr unvollkommen seien, wodurch sich natürlich enge Grenzen für die Auflösung und damit auch für die Vergrößerung ergaben. Die maximale Vergrößerung seines Mikroskops lag bei rund 150fach.

„Die Zeitgenossen nahmen Hookes Mikroskop im Ganzen sehr wohlwollend auf. In den ‚Philosophical Transactions' vom 3. April 1665 wird Hookes ‚Micrographia' ausführlich und zustimmend referiert; allerdings macht der Referent von dem neuen Instrument weiter kein Aufhebens. Ihm waren derartige Mikroskope augenscheinlich längst bekannt." Das schrieb RICHARD JULIUS PETRI (1852–1921), ehemals Mitarbeiter von ROBERT KOCH und Erfinder der bekannten „Petrischale", 1896 in seiner Geschichte des Mikroskops. In England gab es im 17. Jahrhundert bereits eine ganze Reihe von Mikroskoptypen, wie eine Abbildung aus ZAHNS „Oculus artificialis teledioptricus" aus dem Jahre 1685 belegt (s. S. 48). Ob HOOKE sein Instrument eigenhändig angefertigt hat, ist fraglich. CHRISTOPHER COOK, der schon erwähnte Londoner Instrumentenmacher jener Zeit, wurde von ihm bei der serienmäßigen Fertigung optischer Geräte fachlich beraten. Möglicherweise hat COOK das 1665 in der „Micrographia" abgebildete Mikroskop nach Angaben von HOOKE gebaut.

Auch der bereits zu seinen Lebzeiten hochberühmte und mit Ehren überhäufte ISAAC NEWTON machte sich Gedanken über die Verbesserung der optischen Instrumente. Er ging dabei jedoch, wie es seinem Arbeitsstil entsprach, von grundsätzlichen Überlegungen und Experimenten aus.

Seine optischen Versuche begannen mit einem Glasprisma, das er sich 1666 in Cambridge gekauft hatte. Mit der ihm eigenen Sorgfalt untersuchte der junge Gelehrte das Farbenspektrum und zog aus seinen Experimenten den Schluß, daß das weiße Sonnenlicht nicht homogen sei, sondern aus verschiedenfarbigen Strahlen bestehen müsse, die im Prisma unterschiedlich gebrochen und deshalb auch voneinander getrennt würden. Er hatte damit die Dispersion beschrieben. Wichtig ist, daß NEWTON vermutlich bereits zu dieser Zeit aus seinen Versuchen den Schluß zog, daß Brechung und Dispersion zueinander proportional sein müßten, unabhängig vom brechenden Material. Für einen scharfsinnigen Denker wie NEWTON folgte daraus logischerweise die Unmöglichkeit der Achromatisierung von Fernrohr und Mikroskop. Bei seinem etwa 30 Jahre später angestellten „Glas-Wasser-Versuch" zeigte sich für NEWTON das gleiche Ergebnis: Schickte er einen weißen Lichtstrahl durch geeignet hintereinandergeschaltete Prismen aus unterschiedlichen Gläsern oder Wasser, dann wurde das Licht, je nach Kombination der Prismen, entweder abgelenkt und gleichzeitig auch in die einzelnen Spektralfarben zerlegt, oder aber es ging unabgelenkt hindurch und blieb weiß. Wieder konnte er nur den Schluß ziehen, daß aus physikalischen Gründen achromatische Linsenkombinationen nicht hergestellt werden können. Die Ursache für NEWTONS Fehlschluß ist darin zu suchen, daß ihm für seine Experimente nicht die geeigneten Gläser zur Verfügung standen – es gab damals noch kein Flintglas mit geringer Brechung und hoher Dispersion. Da sich zu jener Zeit die Gelehrten und auch die praktischen Optiker an NEWTON orientierten, wurde die Achromatisierung bis weit über den Tod des großen Physikers hinaus allgemein für unmöglich gehalten.

NEWTON hat 1669 folgerichtig ein Spiegelfernrohr konstruiert – er konnte sich dabei auf eine ältere Arbeit von JAMES GREGORY (1638–1675) aus dem Jahre 1663 stützen –, das, „... obwohl nur 6 Zoll lang, so viel leistete wie ein 6füßiges Fernrohr damaliger Zeit" (POGGENDORFF). Bei der Reflexion wird im Gegensatz zur Brechung das Licht nicht in die Farbenanteile zerlegt, so daß Spiegelsysteme grundsätzlich achromatisch sind. 1672 entwarf er dann als erster auch ein Mikroskop mit Spiegelobjektiv, das jedoch vermutlich nie gebaut worden ist. Offenbar reichten die technischen Möglichkeiten damals für die Herstellung des hochgenauen und dabei kleinen Spiegelsystems eines Mikroskopobjektivs noch nicht aus.

Die „korrekte" Linsenstellung für G. v. Achs Mikroskop
(J. Zahn, 1702)

Auf dem europäischen Kontinent war die Entwicklung des Mikroskops inzwischen keineswegs hinter dem englischen Niveau zurückgeblieben – im Gegenteil. Wichtige optische Neuerungen sind noch nachzutragen.

Eustachio Divinis Erfindung des zweilinsigen Okulars aus dem Jahre 1668 fand nicht nur schnell Nachahmer, sie löste offensichtlich auch Versuche zur optischen Verbesserung des Objektivs und der Feldlinse – auch Kollektivglas genannt – aus. Zu den ersten, die zweilinsige Mikroskopobjektive herstellten, gehörten die beiden Deutschen Johann Christoph Sturm (1635–1703) und Johannes Hevelius. Sturm benutzte sowohl Dubletts aus einer plankonvexen und einer bikonvexen Linse als auch aus zwei verschieden starken bikonvexen Linsen. Er soll damit stark vergrößerte und trotzdem scharfe Bilder gesehen haben. Seine Erfindung machte er 1672. Vier Jahre später erschien in Nürnberg sein „Collegium experimentale sive curiosum", in dem er dieses Mikroskop beschrieb. Hevelius veröffentlichte 1673 in dem umfangreichen und heute sehr seltenen Werk „Machina coelestis" ein Mikroskop mit zwei Plankonvexlinsen als Objektiv. Zusätzlich ersetzte er die Feldlinse durch ein Linsenpaar genau am Unterteil des dicken Tubus, unmittelbar über dem Objektiv. Auf dem Bild auf S. 48 ist weiterhin die Verbesserung des Fokussierungsmechanismus zu erkennen. Eine bewegliche und eine feste Schraube erlaubten ihm eine empfindlichere Feinverstellung als bis dahin üblich.

1687 erschien in Nürnberg ein Buch von Johann Franz Griendel von Ach, „Sr. Kaiserl. Majestät Ingenieur", mit dem Titel „Micrographia nova" (in deutsch). Von besonderem Interesse an diesem Werk ist Griendels Mikroskop mit 6 Plankonvexlinsen – je zwei im Objektiv, im Okular und als Feldlinse (s. S. 60). Er hat die Linsen in den Dubletts mit der konvexen Fläche zueinander angeordnet. Aus der Schnittzeichnung, die Griendel neben seine Mikroskopabbildung setzen ließ, müßten wir eigentlich entnehmen, daß sich die Linsen

im Gegensatz zu denen in Divinis Okular nicht mit der konvexen Seite berühren sollten. Vermutlich hat jedoch der Kupferstecher hier einen Fehler gemacht, denn Zahn, ein recht zuverlässiger Chronist, schrieb zum Aufbau des Griendelschen Mikroskops: „Bei der Konstruktion derartiger Werkzeuge muß besonders darauf geachtet werden, daß sich die zusammengehörigen Plankonvexlinsen gegenseitig genau am Scheitel berühren, so daß die (optische) Achse gerade durch die Zentren der einzelnen Linsen hindurchgeht. Wenn dies nicht der Fall ist, dann können auf solche Weise besonders vorzügliche Instrumente nicht verfertigt werden. Es ist daher einleuchtend, daß die zusammengehörigen und miteinander verbundenen Linsen völlig gleichen Umfang haben müssen, derart, daß sie, mit den Planflächen aufeinandergelegt, der Größe nach sich glatt decken und so gewissermaßen für eine einzige Bikonvexlinse gelten können." Zahns obige Zeichnung paßt in ihrer mangelhaften Form allerdings ebenfalls nicht so recht zu seinen schönen Worten über die Deckungsgleichheit der Linsen. Die Verbreitung von Griendels Mikroskop, das im übrigen nur für Auflicht geeignet war, wurde sicher durch die hohen Anforderungen an die Qualität der Linsen und den beträchtlichen Zentrieraufwand behindert.

Äußerlich glichen die neuen Mikroskope noch sehr denen des Divini. Der Tubus konnte zu vier verschiedenen Längen ausgezogen werden, und fokussiert wurde mit einem Schraubenmechanismus. Zum Verwechseln ähnlich sieht Griendels Mikroskop einem Instrument des Cherubin d'Orleans (1613–1697) aus dem Jahre 1671. Auf S. 60 sind zum Vergleich für den Leser die Abbildungen beider Mikroskope aus den Originalveröffentlichungen wiedergegeben. Bei genauerem Hinsehen fällt auf, daß Cherubin keinen Gewindemechanismus für die Fokussierung vorgesehen hat, sondern zu diesem Zweck den Tubus im Ring R auf und nieder gleiten ließ. Der optische Aufbau des Instruments ist nicht ersichtlich, und in seiner Beschreibung weist der Erfinder nur ausführlich auf die Vorzüge eines stabilen Stativs für das Mikroskop hin – was offensichtlich um 1670 immer noch keine Selbstverständlichkeit war.

Griendel von Ach arbeitete lange Zeit als Instrumentenbauer in Nürnberg. Zuvor hatte er in Ingolstadt studiert und etwa 15 Jahre dem Kapuzinerorden unter dem Namen LADISLAUS angehört. Zu seinem Lieferprogramm gehörten Fernrohre, eine Camera obscura und vor allem Mikroskope. Im Optischen Museum Jena ist noch eines dieser wertvollen Instrumente zu finden. Das Foto auf S. 59 zeigt es neben einem CAMPANI-Mikroskop. Das Dreibein weist allerdings nicht die barokken Formen auf wie jenes Mikroskop aus GRIENDELS Buch. Der tüchtige Instrumentenbauer versuchte sich auch an mikroskopischen Beobachtungen, wie seiner „Micrographia" zu entnehmen ist. Flöhe, Fliegen und andere Insekten sowie Pflanzenteile, Sandkörner und ähnliches – also das damals allgemein Übliche – waren auch für ihn die beliebtesten Untersuchungsobjekte. Bedeutende Entdeckungen mit dem Mikroskop hat GRIENDEL nicht gemacht. 1687 verstarb er in Wien an der Cholera.

Pater CHERUBIN D'ORLEANS, Kapuziner wie seinerzeit GRIENDEL VON ACH und JOHANNES ZAHN, hat Bücher über Optik geschrieben und sich auch praktisch als Instrumentenbauer betätigt. Allgemein bekannt sind seine binokularen Instrumente – er konstruierte ein binokulares Fernrohr („oculaire royal") für LUDWIG XIV. und dessen Sohn –, insbesondere sein Stereomikroskop aus dem Jahre 1677. Obwohl die Zeit ganz offensichtlich für derartige Mikroskope noch nicht reif war, zeigte sich CHERUBIN außerordentlich überzeugt von seinem Instrument und glaubte, die Mikroskope des damals weitberühmten DIVINI übertroffen zu haben. Daß er auch die hohen Vergrößerungen der Instrumente des Italieners anzweifelte, unterstreicht nur die mäßigen Leistungen seines eigenen Geräts. CHERUBIN hat sein binokulares Mikroskop durch zwei Abbildungen erläutert. Das Foto eines erhalten gebliebenen Originalinstruments aus dem Optischen Museum Jena befindet sich auf S. 60. Der Schnittzeichnung ist zu entnehmen, daß CHERUBINS Stereomikroskop aus zwei gleichen Einzelinstrumenten bestand, die gemeinsam in einem nahezu waagerecht angeordneten Tubus mit rechteckigem Querschnitt untergebracht waren. Jedes dieser Mikroskope enthielt drei Linsen (Objektivlinse, Feldlinse, Okularlinse). Beide wurden zu einem optischen System zusammengefügt, indem von den bikonvexen Objektivlinsen die zusammentreffenden Ränder so weit abgeschliffen wurden, daß nur noch annähernd halbkreisförmige Gebilde übrigblieben. Die optischen Achsen beider Teillin-

strumente trafen sich am Objektort. Ein Verstellmechanismus für die Okulare sicherte die Anpassung an die individuell unterschiedlichen Augenabstände. Ob für das Instrument ein Fokussierungsmechanismus vorgesehen war, ist nicht ersichtlich. Wahrscheinlich wurde die Probe durch Verschieben von Hand in den Fokus gebracht. – Übrigens hat auch ZAHN mehrere binokulare Mikroskope abgebildet, darunter ein senkrecht angeordnetes Holzstativ mit einem Schraubenmechanismus zur Fokussierung.

Ende des 17. Jahrhunderts war es der 1638 in Rom geborene FILIPPO BONANNI, der mit seinem horizontalen Mikroskop nach Art einer optischen Bank Aufsehen erregte. Dem Naturwissenschaftler und Jesuitenpater verdanken wir außerdem viele Informationen über die Anfänge der Mikroskopie (s. Abschn. 2.) sowie kritische Anmerkungen zu zeitgenössischen Instrumenten.

Der bescheidene Gelehrte beschreibt die eigenen Geräte übrigens erst im Anschluß an eine ausführliche und objektive Würdigung der Instrumente seiner Zeitgenossen. Drei Instrumente eigener Konstruktion hat BONANNI verwendet, wobei er prinzipiell dafür eintrat, das Mikroskop dem Untersuchungsobjekt anzupassen. Er forderte wohl auch als erster die Mikroskopiker auf, jede Beobachtung mit schwacher Vergrößerung zu beginnen und schrittweise zu stärkeren Objektiven überzugehen. In seinem 1691 erschienenen Werk lesen wir dazu:

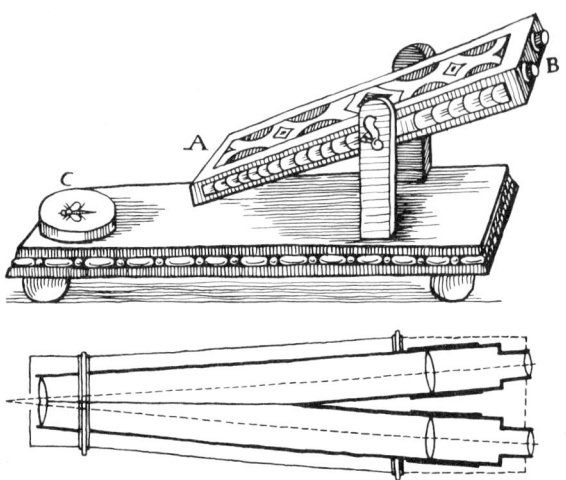

Binokulares Mikroskop von CH. D'ORLEANS

„Deswegen sind meines Erachtens alle Sorten von Mikroskopen zu prüfen, und der Naturforscher soll dieselben mit Verständnis benutzen. Mir wenigstens haben sie verschiedene gute Dienste geleistet. Zuerst habe ich diejenigen benutzt, welche den ganzen Bau des Objekts deutlich zur Anschauung brachten, so daß ich ihn mit dem Zeichenstift umreißen konnte. Dann brachte ich die einzelnen Teile stufenweise unter andere Mikroskope, welche dieselben erstaunlich vergrößerten und ermöglichten genau zu erkennen und getreu, wie sie die Natur gebildet, abzuzeichnen." Während sich BONANNI über HOOKES Mikroskop und auch dessen mikroskopische Arbeiten mit großer Anerkennung äußert, beurteilt er sowohl das binokulare Mikroskop des CHERUBIN als auch GRIENDELS sechslinsiges Instrument, mit dem er selbst Versuche ausgeführt hat, sehr zurückhaltend.

Sehen wir uns nun BONANNIS eigene Instrumente an (s. S. 61). Alle drei sind für Durchlichtbeobachtungen ausgelegt. Die beiden unteren unterscheiden sich wenig voneinander und sind offensichtlich denen TORTONAS bzw. CAMPANIS nachgebildet. Im Gegensatz zu CAMPANI hat BONANNI jedoch den Abstand zwischen dem grundsätzlich einlinsigen Objektiv und dem zwei- bis dreilinsigen Okular fest eingestellt und keinen Auszugstubus verwendet – damit war auch keine Variation der Vergrößerung möglich. Beide Mikroskope wurden mit der Hand gegen das Licht gehalten. Sie unterschieden sich einmal in der Vergrößerung – das rechts abgebildete Instrument verfügte nur über ein sehr schwaches Objektiv – und zum anderen in der Art der Fokussierung. Der Tubus *AB* des Mikroskops wurde fest in die Hülse *E* eingeschraubt, in die von unten her, ebenfalls mit einem grobgängigen Gewinde, der Präparathalter zur Scharfeinstellung dem Objektiv genähert oder von ihm entfernt werden konnte. Bei dem linken Mikroskop dagegen war der Objekthalter fest mit dem Stativ verbunden, und das Fokussieren erfolgte durch Hinein- oder Herausschrauben des gesamten Mikroskoptubus. Interessant ist noch der Metallzylinder *M,* der zum Abhalten von seitlichem Auflicht über den unteren Teil des Mikroskops geschoben werden konnte. Ohne diese Abschirmung ließen sich auch Auflichtuntersuchungen durchführen.

Beide Instrumente erschienen BONANNI für seine Untersuchungen aber noch nicht ausreichend. Insbesondere störte es ihn, sein Mikroskop mit der linken Hand gegen das Licht halten zu müssen, während er mit der rechten zeichnete. Weiter war für BONANNI die Beleuchtung noch unbefriedigend und die Objektmanipulation zu beschwerlich. So entwickelte er seinen dritten Mikroskoptyp (s. S. 61 o.), den wir kurz beschreiben wollen.

AB ist das eigentliche Mikroskop, versehen mit einem Gewindemechanismus für die Feinfokussierung sowie einer Stützgabel, die ein „Schlagen" beim Einstellen verhindern sollte. Es konnten verschiedene Tuben eingeschraubt werden, was BONANNI auch tat, anstatt wie STURM lediglich das Objektiv zu wechseln. *RTG* ist eine Zahnstange, die in ein Zahnrad eingreift, das mit der Kurbel *F* gedreht werden konnte. Mit diesem Mechanismus war die Grobeinstellung möglich. Der Präparathalter dürfte ohne zusätzliche Erklärung verständlich sein. Interessant ist BONANNIS Beleuchtungsapparat. Das Licht einer Öllampe wurde durch einen zweilinsigen Kollektor auf das Objekt konzentriert, denn auf ausreichende Beleuchtung legte der erfahrene Mikroskopiker großen Wert. Mit den stärksten Instrumenten soll er eine 200- bis 300fache Vergrößerung erreicht haben – ausreichend für Untersuchungen des Blutes, verschiedener Einzeller in Aufgüssen sowie der feinen Streifungen von Schmetterlingsschuppen.

In stärkerem Maße als viele seiner Vorgänger und Zeitgenossen verwendete BONANNI Metalle beim Bau der Mikroskope.

Eine weitere Neuerung auf dem Gebiet der Mikroskopie kam an der Wende zum 18. Jahrhundert aus England. JOHN MARSHALL (1663–1725) stellte in London ein Mikroskop vom HOOKESCHEN Typ vor, das einige Verbesserungen gegenüber dem Original aufwies. Im „Lexicon Technicum" von JOHN HARRIS, erschienen 1704, wurde jenes Instrument erstmals abgebildet (s. S. 73). Das Foto eines erhalten gebliebenen Gerätes befindet sich auf S. 74. Bemerkenswert an dem Mikroskop ist sein Fokussierungsmechanismus, den ursprünglich HEVELIUS eingeführt hat. Interessant ist, daß MARSHALL seinem Instrument einen Satz von 6 austauschbaren Objektiven systematisch gestufter Brennweiten beigegeben hat, deren Abbildungsmaßstäbe zwischen 7:1 und 100:1 lagen. Eine Feldlinse ergänzte den optischen Aufbau. Es fällt auf, daß der Mikroskoptubus gemeinsam mit der Säule um das Kugelgelenk vom Stativsockel weggeschwenkt werden konnte. Damit ließ sich die Durchlichtbeleuchtung verwirklichen. MARSHALL hatte zu diesem Zweck eine Lampe unter der Sammellinse *K* angeordnet. Ob jene Art der Beleuchtung besonders zweckmäßig war, dürfte zweifelhaft sein, denn sowohl die Wärmeentwicklung als auch der Ruß aus der Flamme müssen sich bei den Untersuchungen störend ausgewirkt haben. Von MARSHALLS Originalinstrumenten sind vier Exemplare in Sammlungen erhalten geblieben.

JOHN MARSHALL war damals gemeinsam mit JOHN YARWELL (um 1648–1712) der führende Instrumentenbauer in London. Das „gemeinsam" ist allerdings nicht wörtlich zu nehmen, denn die beiden Handwerker, deren Geschäfte noch dazu unmittelbar nebeneinander lagen, führten einen harten Konkurrenzkampf, ja einen regelrechten Reklamekrieg gegeneinander. YARWELL fertigte in den achtziger Jahren des 17. Jahrhunderts Dreibein-Mikroskope und auch solche vom HOOKESCHEN Typ. MARSHALL hatte die Ehre, sein erstes Mikroskop für Sir ROBERT BOYLE anfertigen zu dürfen, nachdem er bei einem Drechsler und Fernrohrhersteller in die Lehre gegangen war.

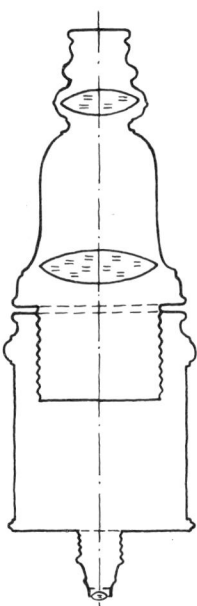

Anordnung der Linsen in J. MARSHALLS Mikroskop (s. S. 73)

Ich will es mit MARSHALLS Mikroskop für das 17. Jahrhundert nicht bewenden lassen, sondern abschließend auf CHRISTIAN GOTTLIEB HERTELS Erfindung zu sprechen kommen, die zwar erst etwa 1712, also bereits im 18. Jahrhundert, gemacht worden ist, aber meiner Meinung nach einen gewissen Schlußpunkt hinter die erste Epoche der grundlegenden Verbesserungen unseres Instruments setzte. HERTEL hatte die entscheidende Idee zur Verbesserung der Durchlichtbeleuchtung: Er brachte als erster unter dem Präparathalter einen Planspiegel an und konnte auf diese Weise Sonnenstrahlen oder das Licht einer Lampe durch Reflexion auf die transparente Probe lenken. Das schöne und elegante Instrument fand leider nicht die Verbreitung, die ihm seiner Vorzüge wegen zugekommen wäre – vermutlich war es zu kompliziert und zu teuer. Die erste Veröffentlichung über sein Mikroskop erschien 1712. Vier Jahre später gab HERTEL ein sehr interessantes Buch in „Halle im Magdeburgischen" heraus, nämlich „Christian Gottlieb Hertels vollständige Anweisung zum Glass-Schleifen …". Er hat darin als einer der ersten Autoren überhaupt – worauf auch im Vorwort des seinerzeit hochberühmten Philosophen und Naturwissenschaftlers Prof. CHRISTIAN WOLFF (1679–1754) ausdrücklich hingewiesen wird – seine Erfahrungen im Linsenschleifen und beim Instrumentenbau detailliert in verständlichem Deutsch „zum gemeinen Nutzen geoffenbaret". TAB. XVIII in diesem Buch (s. S. 75) stellt sein Mikroskop dar, das, wie unten links zu lesen ist, von ihm erfunden und auch gezeichnet worden ist. HERTEL vereinigte die Vorzüge des HOOKESCHEN Auflichtmikroskops mit denen der besten Durchlichtinstrumente, wie etwa dem von BONANNI. Der Kupferstich zeigt neben dem äußeren Aufbau des Mikroskops am linken Rand im Schnitt die Anordnung der drei Linsen. Rechts ist der mechanische Aufbau im Innern des Mikroskopfußes zu erkennen, der vielseitige Bewegungsmöglichkeit für den Objekttisch bot. So konnte dieser Tisch um seine Achse gedreht, horizontal von vorn nach hinten verschoben sowie gehoben und gesenkt werden. Mit der letzten Bewegungsart wurde auch fokussiert. HERTEL hatte drei Objektträger vorgesehen, einen weißen und einen schwarzen für auffallendes Licht, das er mit Hilfe eines silbernen Hohlspiegels und einer Sammellinse auf die Probe konzentrierte, und ein hohlgeschliffenes oder planes

Glas für transparente Objekte. Der Tubus ließ sich ausziehen und konnte bei *E* um eine horizontale Achse gekippt werden.

Hertel brachte auch als erster am Ort des Zwischenbildes, also in der Brennebene der Okularlinse, ein Mikrometer für Meßzwecke an. Darüber wird in einem gesonderten Abschnitt über das Messen mit dem Mikroskop noch berichtet.

Mikroskopische Forschungen werden zum Ausgangspunkt biologischer Theorien

Die Entdeckung der Geschlechtlichkeit als allgemeines Vermehrungsprinzip in der Natur war im 17. Jahrhundert ein gewaltiger Fortschritt für die Biologie. Ohne Mikroskop wäre sie nicht möglich gewesen. Viele der anderen mit diesem Instrument gefundenen Fakten – etwa die Existenz von Mikroorganismen oder auch Tatsachen über den Feinbau größerer Lebewesen – ließen sich aber nur in geringem Maße oder gar nicht systematisieren und paßten nicht in das damalige „biologische Weltbild". Einige Ergebnisse der mikroskopischen Forschungen des 17. Jahrhunderts wurden jedoch zum Ausgangspunkt von Theorien, die noch das ganze 18. Jahrhundert hindurch die Biologie beherrschen sollten. Auf eine davon – die Präformationstheorie – wollen wir näher eingehen. Sie besagte, daß sämtliche Lebewesen bis in die letzte Einzelheit vorgebildet (präformiert) seien und im Laufe ihres Lebens nur noch wachsen würden. Wie alle damaligen biologischen Theorien wurzelte sie in der Schöpfungslehre. Danach sind Pflanzen, Tiere und Menschen von Gott unmittelbar und in endgültiger und zweckmäßiger Gestalt geschaffen worden – Veränderungen sollte es nicht geben. Die Anhänger der Präformationstheorie nahmen nun an, daß der Schöpfer nicht nur die erste Generation geschaffen habe, sondern in Form winziger Keime in seinen „Geschöpfen" auch schon alle folgenden „bis an das Ende der Welt". Streit gab es nur darüber, ob diese Keime in den männlichen oder den weiblichen Wesen zu suchen seien. Richtige mikroskopische Beobachtungen wurden in diesem

Zusammenhang falsch gedeutet; und mancher Forscher sah im Eifer des Gefechts mit seinem Instrument mehr, als tatsächlich vorhanden war.

Leeuwenhoek hatte – wie wir wissen – mit Hilfe van Hams 1677 die menschlichen Spermien entdeckt, was ihn zu der Überzeugung kommen ließ, daß diese „kleinen Tierchen", wie er sie nannte, bereits fertige kleine Menschlein seien, „die aus der gleichen Menge von Teilen bestehen, aus welchen unser Körper zusammengesetzt ist". Es ist nur zu natürlich, daß er bei dieser Interpretation des Gesehenen bald auch in unbeweglichen („toten") Spermien, die eben wegen ihrer Unbeweglichkeit genauer betrachtet werden konnten, kleine Menschlein erblickt haben wollte.

Nicolaas Hartsoeker stellte die Samentierchen noch detaillierter als winzige Menschen mit großem Kopf – man beachte die im Bild erkennbare Fontanelle –, Armen und Beinen dar. Er nahm an, daß sich bei den Insekten die Spermien direkt zu fertigen Tieren entwickeln, während sie etwa bei Vögeln in die Eier ein-

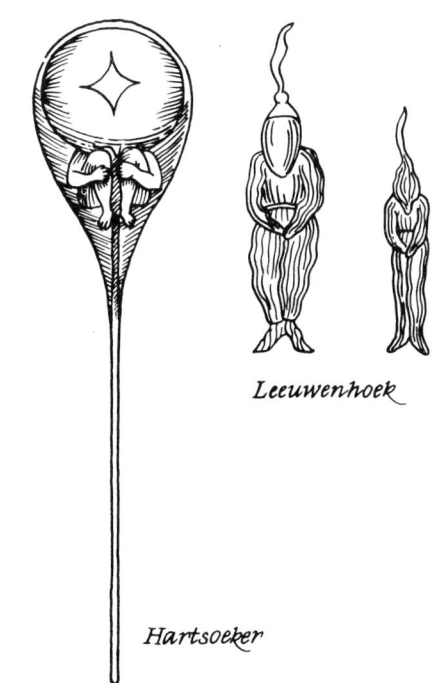

Leeuwenhoek

Hartsoeker

Kleine präformierte Menschlein, wie sie N. Hartsoeker und A. v. Leeuwenhoek in „toten" Spermien „sahen"

72 dringen und sich dort entwickeln sollten. Da beide Forscher den „Samentierchen" die entscheidende Rolle in der Präformationslehre zuerkannten, vertraten sie die „animalkulistische" Richtung dieser Theorie. Das taten sie allerdings keineswegs gemeinsam, denn LEEUWENHOEK hielt nicht viel von HARTSOEKER und dessen mikroskopischen Beobachtungen.

Eine andere Deutung der Präformation gaben VALISNIERI (1661–1730), SWAMMERDAM und weitere Forscher. Sie sahen alle Lebewesen im Ei vorgebildet. Nach VALISNIERI „hat der Allmächtige, als er unsere große Mutter Eva aus Adams Rippe schuf, eine unendliche Anzahl von Eiern in sie hineingelegt ... und in das weibliche Ei legte er noch andere Eier hinein, die dies oder jenes Geschlecht enthielten und so weiter in alle folgenden. So kann von Eva gesagt werden, daß in ihren Eierstöcken die gesamte Nachkommenschaft – äußerst winzig und völlig fertig – enthalten war." Ähnliches sollte auch für Pflanzen und Tiere gelten. SWAMMERDAM hatte bei seinen Zergliederungen von Schmetterlingspuppen die bereits fertigen Tiere gesehen und, wie damals vielfach fälschlich angenommen wurde, die Puppe für das Ei gehalten. Das schien gegen die Animalkulisten zu sprechen – die „ovulistische" (von lat. ovulum = kleines Ei) Richtung der Präformationstheorie bildete sich heraus. Zu ihren Anhängern zählte auch der Italiener MALPIGHI.

Animalkulisten und Ovulisten bekämpften sich heftig. Verschiedene Philosophen wie der Franzose NICOLE MELEBRANCHE (1638–1715) oder auch LEIBNIZ griffen zu Gunsten dieser oder jener Partei in den Streit ein und entwickelten die Theorie weiter. Letzterer behauptete, daß jede Entstehung von Organismen nur die Evolution präformierter Keime sei. Evolution ist hier im Sinne von Auswickeln gemeint und hat mit dem DARWINschen Evolutionsbegriff nichts gemein. Präformations- und Evolutionstheorie waren deshalb so stark verbreitet, weil sie im Einklang mit der kirchlichen Lehre standen.

Erst Mitte des 18. Jahrhunderts, genauer im Jahre 1759, stellte der Arzt und Naturforscher CASPAR FRIEDRICH WOLFF (1734–1794) den Präformations- und Evolutionslehren seine Epigenesistheorie gegenüber. Danach entwickeln sich die Organe erst während der embryonalen Entwicklung. Für seine Generationstheorie hatte er mit Mikroskop und Skalpell bebrütete Hühnereier in den verschiedenen Entwicklungsstadien untersucht. WOLFF sah außerdem bereits „Bläschen" als gemeinsame Grundstruktur von Pflanzen und Tieren an und griff damit der Zellentheorie vor. Weil der fähige Mann in Deutschland – oder besser in „deutschen Landen" – keine Anstellung finden konnte, ging er 1767 von Lübeck aus nach Petersburg, wo er noch 27 Jahre wirkte. Wenige Jahre vor seinem Tode schrieb WOLFF: „Man muß die Wahrheit suchen und, wie es sich mit derselben verhält, muß man sie annehmen." Seine Theorie konnte sich erst nach seinem Tode durchsetzen.

IOHN MARSHALL'S
New Invented
DOUBLE MICROSCOPE,
For Viewing the
CIRCULATION of the BLOOD
Made & Sold by him at the Archimedes &
Golden Spectacles in Ludgate Street.

Marshall-Mikroskop, das um 1700 hergestellt wurde

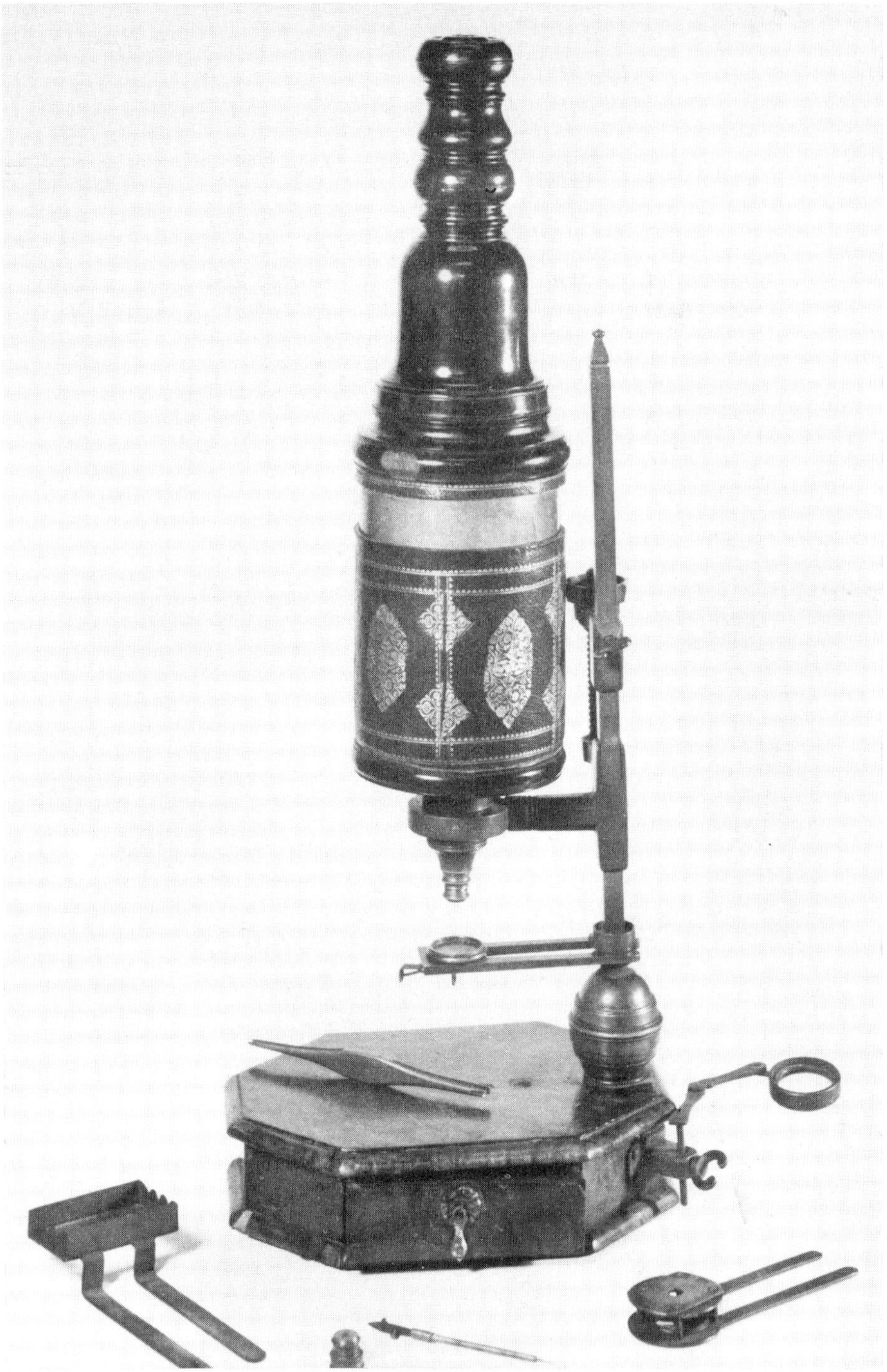

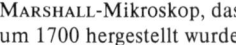

C.G. HERTELS vielbewundertes Mikroskop für Auf- und Durchlichtbeleuchtung

Erstmals wird für die Durchlichtbeleuchtung ein Spiegel *(QR)* benutzt. Am linken Rand ist ein Schnitt durch das Mikroskop dargestellt.

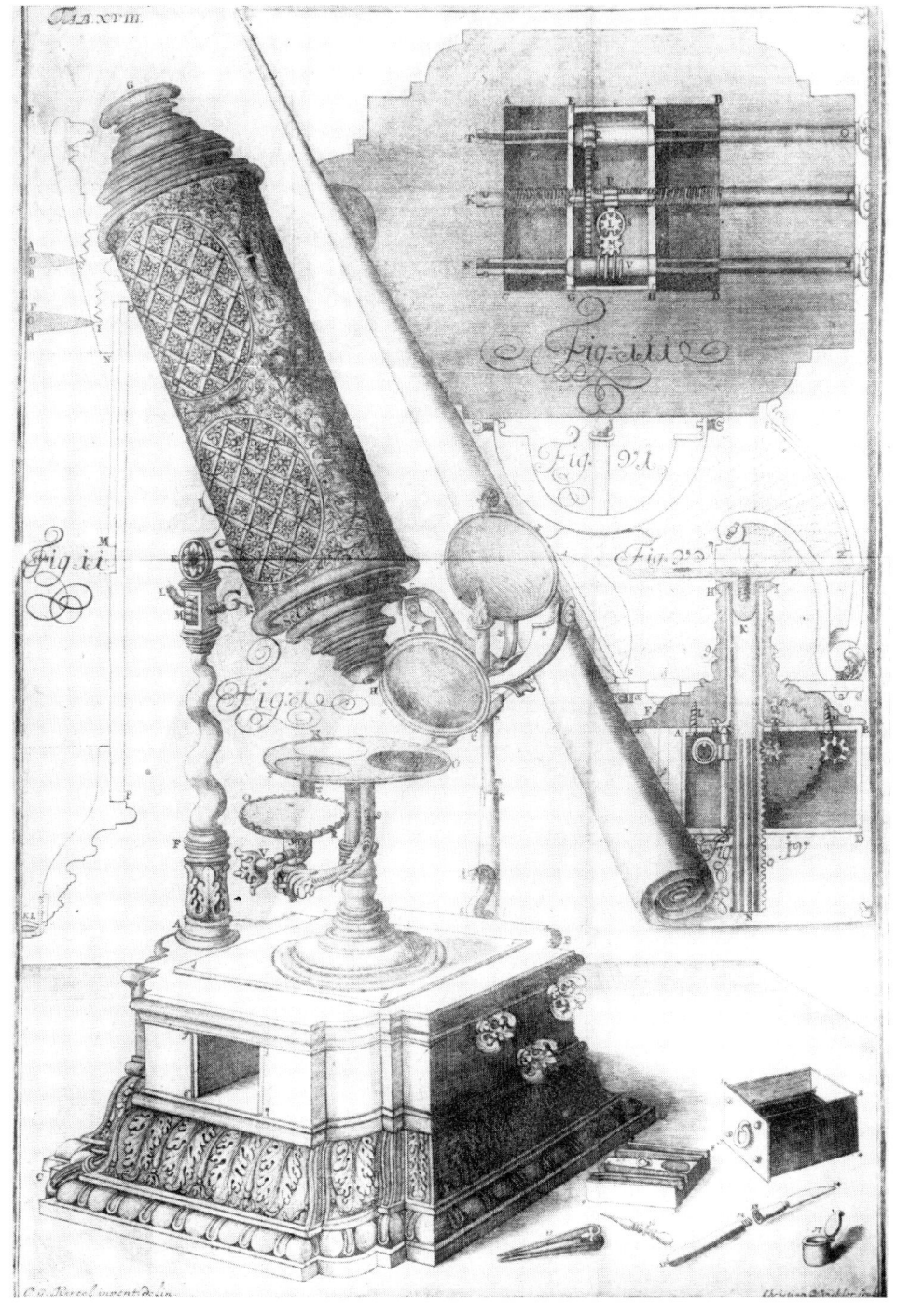

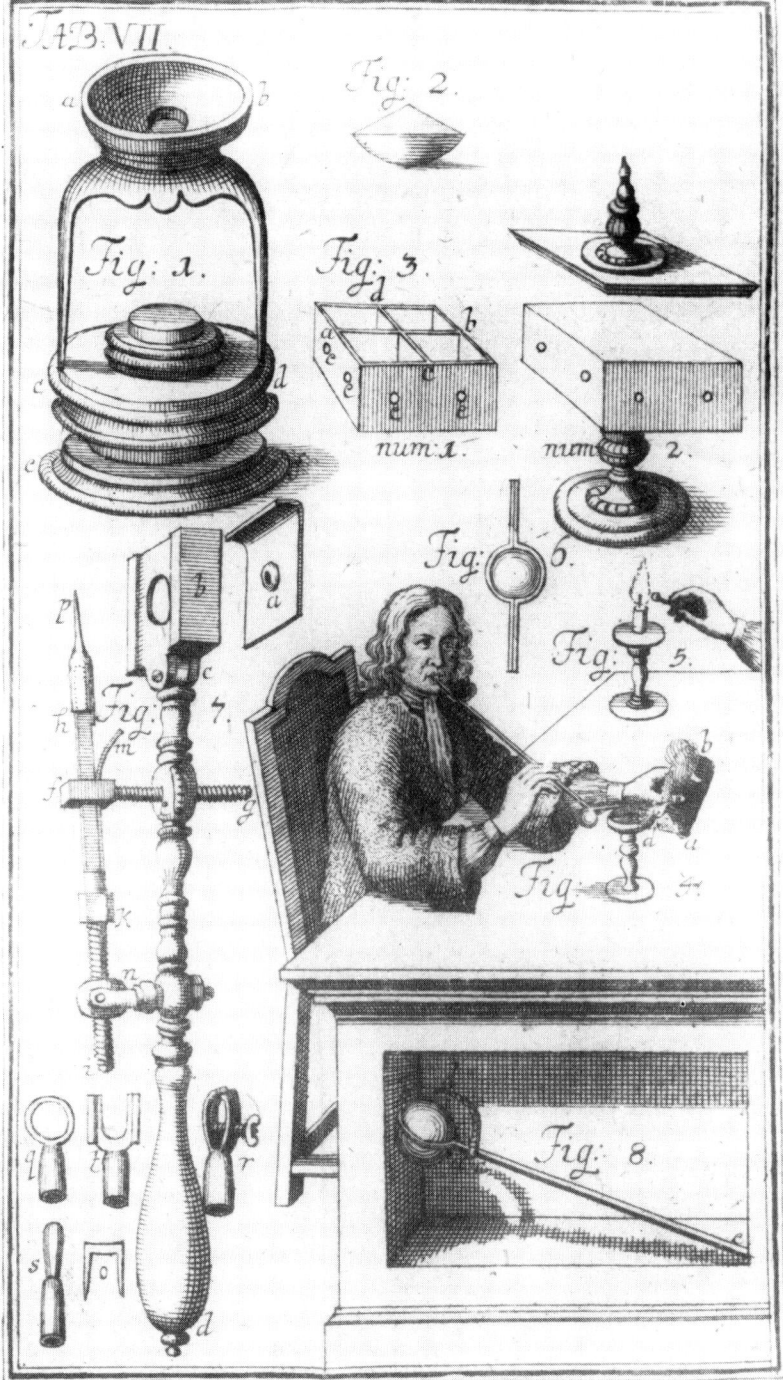

Martin Frobenius Ledermüllers,

Hochfürstlich-Brandenburg-Culmbachischen Justiz-Raths, wie auch der Kayserlichen Akademie der Naturforscher und der Deutschen Gesellschaft zu Altdorf Mitglieds,

Mikroskopische Gemüths=

und

Augen=Ergötzung:

Bestehend,

in

Ein Hundert nach der Natur

gezeichneten

und mit Farben erleuchteten Kupfertafeln,

Sammt

deren Erklärung.

Verlegt von Adam Wolffgang Winterschmidt,

Kupferstecher in Nürnberg,

gedruckt von Christian de Launoy.

1 7 6 3.

Dessein d'un Porte Loupe.

L.Joblots „Porte Loupe" aus dem Jahre 1718

Arbeitsraum eines Mikroskopikers, dargestellt von L.Joblot (1718)

Einfaches Handmikroskop von L.Joblot

Schnitt durch L.Joblots Handmikroskop

Die Linse des einfachen Instruments befindet sich in dem rechten kleinen Zylinder. *B* dient zur Regulierung der Beleuchtung.

79

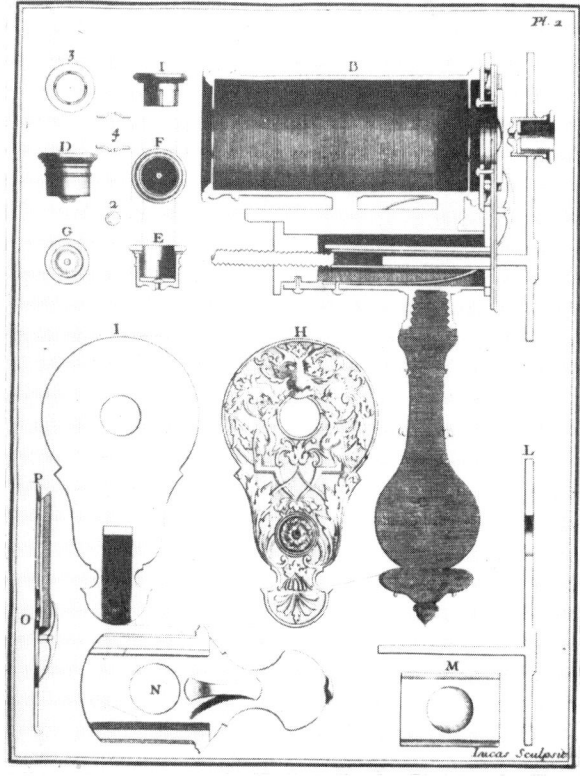

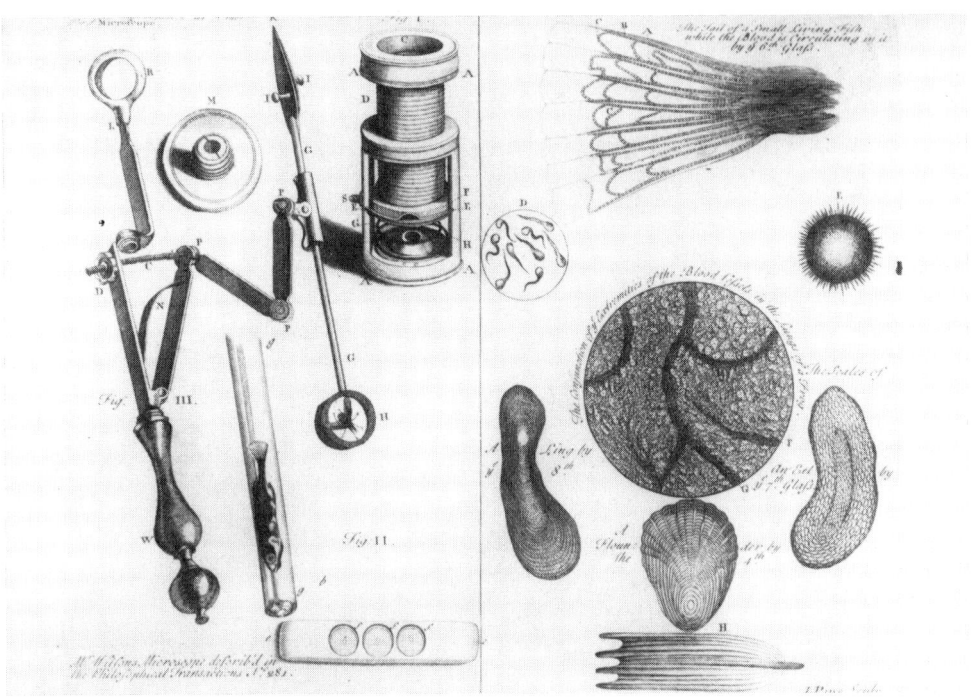

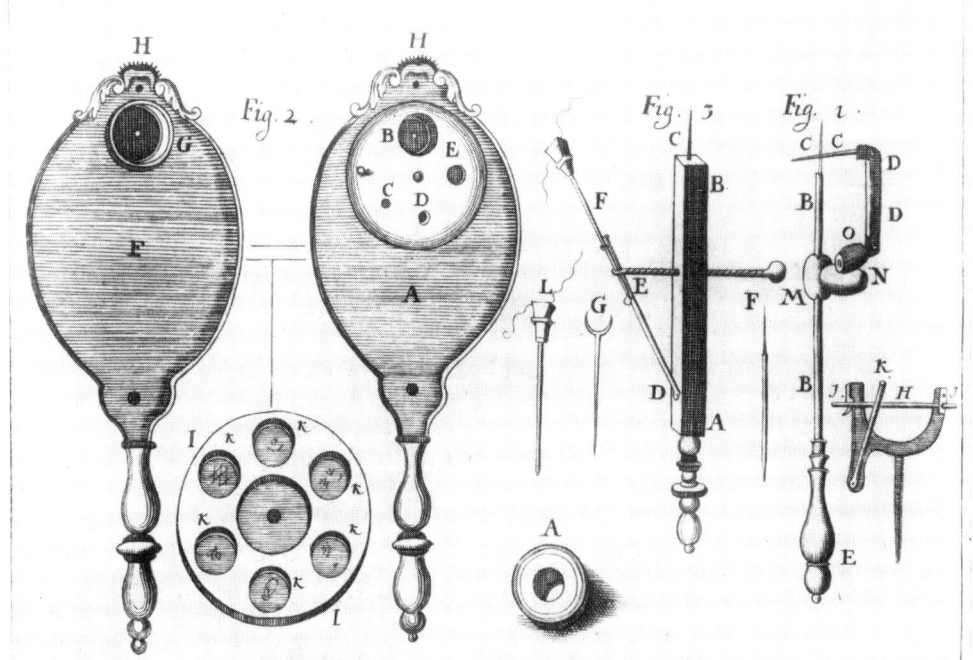

J. WILSONS einfaches Gewindetubus-Mikroskop (Fig. I) aus dem Jahre 1702 und ein Zirkelmikroskop (Fig. III)

Im Bild rechts sind einige mikroskopische Objekte abgebildet.

Zirkelmikroskop des C. C. CUNO (Fig. 3), beschrieben von J. ZAHN 1702

(5.)
Das Mikroskop im 18. Jahrhundert – Fortschritte im mechanischen Aufbau, Stagnation der optischen Leistung

Alte Hindernisse und neue Horizonte

Im 18. Jahrhundert stagnierte die Entwicklung des Mikroskops und seine Nutzung als wissenschaftliches Forschungsinstrument. Das zeichnete sich bereits gegen Ende des 17. Jahrhunderts ab, wie wir aus den resignierenden Worten ROBERT HOOKES entnehmen konnten.

Die Ursache dafür lag größtenteils in der Skepsis vieler Wissenschaftler gegenüber dem Mikroskop begründet. Und Skepsis schien durchaus angebracht. So hatte beispielsweise LEEUWENHOEK zu Anfang seiner Karriere in vielen Präparaten Kügelchen von etwa $0,3\ \mu$m gesehen und als Grundbausteine der Materie interpretiert. Auch die erwähnten „Homunculi" in der Samenflüssigkeit existierten ja nur in der Einbildung ihrer „Entdecker". Verschiedene Forscher wie der Begründer des naturgeschichtlichen Kabinetts in Florenz, FELICE FONTANA (1720–1805) – nicht zu verwechseln mit FRANCESCO FONTANA, der Anspruch auf die Erfindung des Mikroskops erhoben hatte –, und der Anatomieprofessor ALEXANDER MONRO (1733–1817) fanden in allen Geweben schlangenförmige Fasern und deuteten sie als feine Lymphgefäße. Später forderte FONTANA dann zur Vorsicht bei der Interpretation mikroskopischer Bilder auf, und MONRO gestand 1783 ein, daß die schlangenförmigen Fasern „mikroskopische Täuschungen" waren. Dieser Terminus wurde von den Gegnern der Mikroskopie begierig aufgegriffen und noch lange Zeit zu deren Diffamierung eifrig benutzt.

Mikroskopische Täuschungen waren auf die unkorrigierten und stark abgeblendeten Objektive zurückzuführen. Farbsäume und Beugungsfiguren als Folge dieser Schwächen des Mikroskops gaukelten bei zu hohen Vergrößerungen den Mikroskopikern Strukturen vor, die in den Präparaten gar nicht vorhanden waren. Eine negative Rolle spielten zusätzlich die Mängel der Präparation und fehlerhafte Vorstellungen von den physiologischen Prozessen.

Hemmend auf die Entwicklung der wissenschaftlichen Mikroskopie wirkte sich wahrscheinlich auch die ablehnende Haltung so berühmter Ärzte und Philosophen des 17. Jahrhunderts wie THOMAS SYDENHAM (1624–1689) und JOHN LOCKE (1632–1704) aus. Für sie war die Mikroskopie reaktionär, unrealistisch und gefährlich; sie stellte gewissermaßen einen intellektuellen Sündenfall dar, indem versucht wurde, von Gott gesetzte Grenzen unserer Erkenntnis mit dem Mikroskop zu durchbrechen.

Schließlich standen die Optiker und Instrumentenbauer auch außerhalb Englands ganz unter dem Eindruck von NEWTONS negativer Meinung zur Beseitigung des Farbenfehlers. Dieses Urteil der größten Autorität in der Physik jener Zeit lähmte fraglos die Bestrebungen der Fachleute zur Verbesserung des Mikroskops.

Die professionelle Mikroskopie blieb aus all diesen Gründen im 18. Jahrhundert auf einen relativ kleinen Kreis engagierter Wissenschaftler beschränkt.

Dafür bemächtigten sich in der folgenden Zeit ungezählte Laien und Amateure des Mikroskops. In den Salons versuchte man naturwissenschaftliche Bildung durch mikroskopische Experimente nachzuweisen – das Mikroskop wurde durch reiche Nichtstuer zum Statussymbol und zum Spielzeug degradiert. Die Instrumentenbauer stellten sich rasch auf diese Situation ein.

Unterschiedlichste Modelle – vom handlichen und billigen Gewindetubus-Mikroskop eines JAMES WILSON bis zu prunkvollen Instrumenten aus Silber von GEORGE ADAMS fanden reißenden Absatz. Fast durchweg konnte man Präparate beim Kauf eines Mikroskops gleich mit erwerben. EDMUND CULPEPER (1666–1738), dessen relativ preiswertes und praktisches „Dreibein"-Mikroskop zwischen 1725 und 1730 auf dem Markt erschien, lieferte Maushaar, „Daunen" einer Motte, menschliche Haut, Kopfhaar, Kork, eine Laus und anderes mehr als „Zubehör". Eine Fischpfanne und die sogenannte Froschplatte gehörten damals zur Standardausrüstung aller zusammengesetzten Mikroskope. An den Flossen und herausgezogenen Eingeweiden lebender Fische oder Frösche wurde der „Umlauf des Geblüths" untersucht. Insekten, Blüten und Kriställchen waren weitere beliebte Untersuchungsobjekte.

Die Titel verschiedener Bücher über die Mikroskopie – herausgegeben für die ständig wachsende Schar von „Liebhabern" dieses Instruments, lassen Zweifel an der Ernsthaftigkeit der betriebenen Forschungen aufkommen. AUGUST JOHANN RÖSEL VON ROSENHOF (1705–1759), ein Maler und Amateur-Entomologe, veröffentlichte 1746 seine reich illustrierten „Insectenbelustigungen". Von MARTIN FROBENIUS LEDERMÜLLER (1719–1769) erschienen 1767 „Mikroskopische Gemüths- und Augenergötzungen". Ähnliche Werke wurden auch von weniger bekannten Autoren herausgegeben. Heute sind sie für uns eine wichtige Informationsquelle zur Geschichte der Mikroskopie.

Doch bereits damals hatte die Popularität des Mikroskops auch ihre guten Seiten. Das öffentliche Interesse war geweckt, und es fanden sich begüterte Förderer. So stimulierte sie die weitere Entwicklung des Mikroskops beträchtlich. Eifrige Amateure waren oft viel geschickter als die gelehrten Mikroskopiker und erzielten technische Fortschritte. Sie machten teilweise auch bemerkenswerte Entdeckungen. So sah RÖSEL VON ROSENHOF 1755 als erster frei lebende Amoeben.

Hatte sich bislang die Entwicklung des Mikroskops und seiner Anwendungen fast vollständig in Mittel- und Westeuropa vollzogen, so kamen im 18. Jahrhundert erstmals Nachrichten aus Rußland und Japan über den Bau bzw. den Gebrauch von Mikroskopen. In Japan erschien 1787 ein Werk von MORISHIMA CHURYO (1754–1808) mit dem merkwürdigen Titel „Vermischte Informationen über die rothaarigen Menschen". Mit den rothaarigen Menschen waren die Europäer, speziell die Holländer gemeint, denen es damals als einzigen Ausländern erlaubt gewesen ist, einen Handelsstützpunkt in Japan zu unterhalten. In CHURYOS Buch ist ein Mikroskop vom Culpeper-Typ abgebildet, mit dem Untersuchungen an Pflanzen und Insekten ausgeführt worden sind. Einige der insgesamt zwölf Abbildungen hat der Autor jedoch bis ins Detail genau von SWAMMERDAM übernommen.

Rußland öffnete sich unter PETER DEM GROSSEN nach Westen. Ausländische Gelehrte wirkten an der von diesem Zaren 1725 in St. Petersburg (heute Leningrad) gegründeten Akademie; russische Wissenschaftler und Handwerker vertieften ihre Ausbildung in Westeuropa. So kam es – stimuliert durch den überragenden Mathematiker LEONHARD EULER (1707–1783) – zu ersten Erfolgen beim Bau von Mikroskopen in diesem Land.

Große Bedeutung für das Mikroskop hat das 18. Jahrhundert durch die Bemühungen zu dessen Achromatisierung. Waren die zahlreichen Berechnungen und praktischen Versuche auch noch nicht von durchschlagendem Erfolg, so wurde zumindest das theoretische Rüstzeug zur Lösung dieses Problems in jener Zeit geschaffen. NEWTONS falsche Hypothese konnte außerdem auch experimentell widerlegt werden. Der Weg für das moderne achromatische Mikroskop war gebahnt.

Das einfache Mikroskop bleibt überlegen

Es wurde schon erwähnt, daß der Londoner Instrumentenbauer JAMES WILSON das einfache Gewindetubus-Mikroskop des Holländers NICOLAAS HARTSOEKER in England bekannt machte. Von dort aus hat dieses Instrument dann, verbunden mit WILSONS Namen, seinen Siegeszug angetreten. 1702 erschien in den „Philosophical Transactions" ein Artikel von WILSON mit der Beschreibung dieses „screw barrel microscope", wie es in England genannt wurde, für transparante Objekte. Gleichzeitig stellte er dem Publikum auch sein Zirkelmikroskop (engl. compass microscope) vor. WILSON hat beide Instrumente in der nachfolgenden Zeit wesentlich verbessert. So brachte er am Gewindetubus-Mikroskop einen Handgriff an und erleichterte damit dessen Gebrauch. JOHN HARRIS schrieb 1704 im Vorwort zu seinem „Lexicon Technicum" überschwenglich: „… von allen Mikroskopen, die ich je gesehen habe, bietet keines so viel Bequemlichkeiten, ist so vielseitig anwendbar, leicht zu transportieren und billig wie Mr. Wilsons Gläser." Zweifellos erfreuten sich WILSONS Mikroskope großer Beliebtheit unter den Amateuren des 18. Jahrhunderts. Bis in das 19. Jahrhundert hinein wurden WILSON-Mikroskope in unzähligen Varianten von den verschiedensten Instrumentenbauern hergestellt. CULPEPER führte später für dieses Mikroskop ein Stativ ein und machte so aus dem Handgerät ein Tischinstrument.

Gewöhnlich gab man den Gewindetubus-Mikroskopen 6 verschiedene Linsen für den Vergrößerungsbereich zwischen 15-…150fach bei. Im Museum Boerhave in Leiden gibt es ein Instrument von CULPEPER mit Vergrößerungen von $19\times$, $25\times$, $35\times$, $44\times$, $137\times$ und $160\times$. Die Auflösung liegt zwischen $10\,\mu m$ im unteren Vergrößerungsbereich und $1,6\,\mu m$ für die stärkste Linse. Es gibt Mikroskope dieses Typs aus jener Zeit mit bis zu 290facher Vergrößerung. Derartige Gläser waren durchaus für die Untersuchung von Mikroorganismen geeignet.

WILSONS Zirkelmikroskop ist wahrscheinlich ebenfalls nicht seine eigene Erfindung. Vermutlich kommt die Priorität dem Augsburger Drahtzieher, Filigranarbeiter und späteren Optiker COSMUS CONRAD CUNO zu (s. S. 80). ZAHN hatte in seinem bereits mehrfach zitierten Werk 1702 auch einen Kupferstich mit drei Mikroskopen CUNOS veröffentlicht, von denen das in Fig. 3 auf diesem Bild wiedergegebene Instrument wohl als Urform des Zirkelmikroskops angesehen werden kann. Die maximale Vergrößerung seiner Linsen lag bei $80\times$. Interessant ist auch CUNOS einfaches Mikroskop mit Präparatwechsler (Fig. 2). Die transparenten Objekte wurden zwischen zwei Plättchen aus Marienglas befestigt.

Zirkelmikroskope sind ebenfalls in großer Zahl und vielfältiger Ausführung gebaut worden. Für undurchsichtige Präparate hat später der Lieberkühn-Spiegel noch eine erhebliche Verbesserung gebracht. Auch GEORGE ADAMS hat diesen Mikroskoptyp mit auswechselbaren Linsen und „Lieberkühn" gefertigt. Das Foto auf S. 23 zeigt zwei Zirkelmikroskope mit Elfenbeinhandgriff.

Als erster Franzose, der sich intensiv „mikroskopisch" betätigte, wird LOUIS JOBLOT (1645–1723) genannt. Er zeichnete sich auch als Hersteller von Mikroskopen aus, wobei seine Talente jedoch offensichtlich mehr auf mechanischem als auf optischem Gebiet lagen. Seine Instrumente übertrafen die vieler Zeitgenossen an Eleganz und Handlichkeit, brachten aber optisch keinen Fortschritt. JOBLOT legte größten Wert auf die äußere Gestalt seiner Mikroskope. Er hat verschiedene Typen einfacher und zusammengesetzter Instrumente angefertigt und damit viele mikroskopische Beobachtungen angestellt, ohne jedoch berühmte Forscher seiner Zeit wie etwa LEEUWENHOEK zu erreichen. Im Jahre 1718 gab er in Paris ein reich illustriertes Werk mit dem Titel „Descriptions et usages de plusieurs nouveaux microscopes tant simples que composees" heraus, das die Ergebnisse seiner Arbeit von rund 35 Jahren enthielt. JOBLOT zeigte in diesem Buch mehrere Typen einfacher und zusammengesetzter Mikroskope, von denen ich seine „Porte Loupe" und das einfache Handmikroskop wiedergeben möchte (s. S. 78). Die Lupe ist mit drei MUSSCHENBROEKSCHEN Nüssen an einem säulenartigen Stativ befestigt und kann so auch über flächenhaft ausgedehnte Präparate bequem hinweggeführt werden. In den Ring G lassen sich Linsen unterschiedlicher Brennweite einschrauben. Ein Außengewinde auf der Linsenfassung erlaubt die Feinfokussierung bei hohen Vergrößerungen.

Ein ähnliches Instrument wie das abgebildete Handmikroskop von JOBLOT hat HENRI VAN HEURCK (1838–1909), der gefeierte „Mikroskopist" aus dem Botanischen Garten Antwerpen, 1891 auf einer Ausstellung historischer Mikroskope in Antwerpen gezeigt. Die Benutzungsweise dieses Mikroskops können wir aus einem Kupferstich entnehmen, der einen Mikroskopiker in seinem Labor bei der Arbeit zeigt (s. S. 79). Das interessante Bild entstammt ebenfalls dem Buch JOBLOTS.

HUBERT LECHEVALIER bezeichnete 1976 JOBLOT als bedeutendsten Beobachter von Mikroorganismen jener Zeit neben LEEUWENHOEK. Einige Protozoen hat er erstmals abgebildet. Einen wichtigen Beitrag leistete JOBLOT auch zur Widerlegung der Theorie von der Urzeugung – und das für Mikroorganismen. Am 13. Oktober 1711 bewies er durch Hitzesterilisation, daß sich in abgekochten Flüssigkeiten keine Lebewesen von selbst bildeten. Er wurde mit diesem Versuch zum Vorläufer des berühmten LOUIS PASTEUR (1822–1895).

Die „Porte Loupe" entwickelte der Holländer PIETER LYONET (1707–1789) 1757 zu einem brauchbaren Präpariermikroskop weiter. Mit Hilfe dieses Instruments konnte man bei relativ hohen Vergrößerungen recht bequem Pflanzen wie Tiere zergliedern und Präparate herstellen.

Wenige Jahre früher hatte einer der fähigsten Instrumentenbauer des 18. Jahrhunderts, JOHN CUFF (etwa 1708–1772), für den „Weltreisenden" und Naturforscher JOHN ELLIS (1710–1776) ebenfalls ein Präpariermikroskop hergestellt, das als ELLISsches Wassermikroskop (engl. aquatic microscope) bekannt wurde. CUFF hat dieses zum Beobachten von Kleinlebewesen im Wasser vorzüglich geeignete Instrument um 1750 konstruiert. Der „Präparathalter" bestand aus einem konkaven Uhrglas. Darunter, kardanisch aufgehängt an derselben Stativsäule, befand sich der Beleuchtungsspiegel.

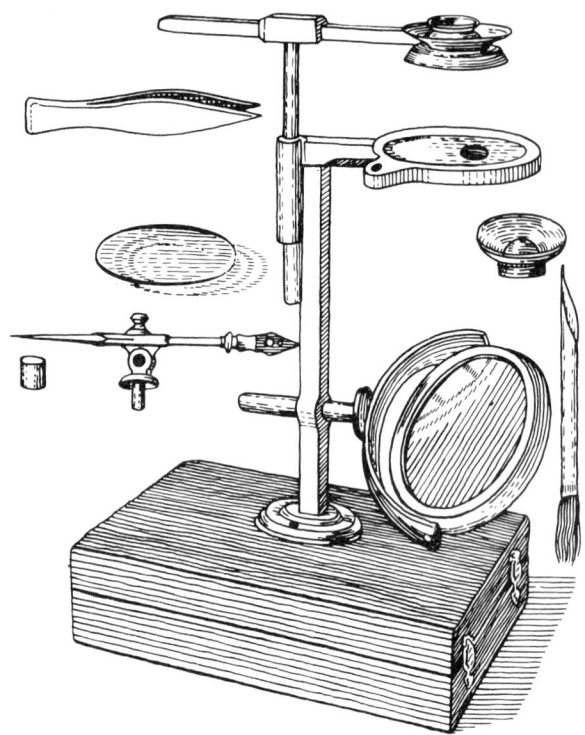

Wassermikroskop des Naturforschers J. ELLIS, gefertigt von J. CUFF um 1750

Präpariermikroskop des Holländers P. LYONET (1757)

Für die Auflichtbeleuchtung hatte CUFF einen „Lieberkühn" vorgesehen. ELLIS benutzte diese frühe Form eines Präpariermikroskops hauptsächlich für die Untersuchung von Polypen.

Zu den nicht sehr zahlreichen prominenten wissenschaftlichen Mikroskopikern des 18. Jahrhunderts gehörte der Berliner Arzt und Techniker JOHANN NATHANAEL LIEBERKÜHN. Er war ein begeisterter Mikroskopiker und konstruierte selbst verschiedene, aber durchweg einfache Mikroskope. Manchem Leser ist wohl sein „anatomisches Mikroskop" bekannt, von dem auch zwei Exemplare im Optischen Museum Jena zu finden sind; ein drittes gehört dem Museum für Deutsche Geschichte in Berlin. Diese Instrumente hat MITSDÖRFER in Berlin für LIEBERKÜHN gefertigt. Jedem Tierfreund stehen heute die Haare zu Berge, wenn er liest, welche Torturen die Untersuchungsobjekte – es waren unter anderem junge Hunde – auf jenem Instrument auszuhalten hatten, bevor sie von ihren Qualen durch den Tod erlöst wurden. Bei WERNER GROTH liest sich das in den Sitzungsberichten der Preußischen Akademie der Wissenschaften zu Berlin aus dem Jahre 1935 recht harmlos so: „Ein kleiner Hund oder dergleichen wurde mit den Beinen an die vier Haken an den Ecken der Platte gebunden und wenn nötig, der Kopf an den fünften. Dann wurde der Bauch des Tieres eröffnet und der Darm herausgeholt, mit den kleinen Haken vor der Öffnung in der Platte befestigt und dann mit der Lupe betrachtet. Es versteht sich, daß alles dieses sehr schnell gehen mußte, damit das Tier nicht zugrunde ging, ehe man überhaupt etwas beobachtet hatte."

Der berühmte Arzt und Anatom hat bei solchen Untersuchungen die Drüsenschläuche des Darmkanals (glandulae intestinales Lieberkühni) entdeckt.

Neben dem anatomischen Mikroskop hat LIEBERKÜHN noch ein Handinstrument für „opake" (undurchsichtige) Gegenstände erfunden, das mit einer Beleuchtungslinse und dem bekannten „Lieberkühn" ausgestattet war. 1740 stellte er seine Erfindungen der Royal Society in London vor.

Hier noch ein paar Worte zu seinen Präparaten. LIEBERKÜHN hatte ein Verfahren entwickelt, mit dem er auch die feinsten Gefäße von Geweben anfärben konnte. Er spritzte durch die dünne Nadel einer Injektionsspritze Farbstoffe in die Präparate. GROTH hat hauchdünne Äderchen bis herunter zu 8 μm in erhalten gebliebenen Präparaten gemessen; das ist etwa der sechste Teil des Durchmessers eines Haares.

Schon zu Lebzeiten LIEBERKÜHNS waren seine Präparate sehr gefragt und wurden teuer bezahlt. Nach seinem Tode erreichten die Preise dafür astronomische Höhen. So erwarb ein reicher gelehrter Sonderling etwa ein Drittel der Sammlung für 14 000 Taler. Die russische Zarin KATHARINA II. gab 7000 Rubel für ein Präparate-„Cabinet" aus, von dem sich heute ein Teil im Polytechnischen Museum zu Moskau befindet (s. Bild auf S. 64). Der Rest von 200 Präparaten kam über einen Freund LIEBERKÜHNS schließlich an die Anatomische Anstalt zu Berlin. Dort waren sie rund zweihundert Jahre nach ihrer Herstellung noch bestens zum Mikroskopieren geeignet.

Als FRIEDRICH II. (1712–1786) 1740 den Thron bestieg, beorderte er LIEBERKÜHN aus England zurück. Der

berühmte Mediziner genoß ganz offensichtlich einiges Ansehen bei dem Preußenkönig, der ansonsten nicht viel von Ärzten hielt.

Nach HEINRICH DE CATT (1725–1795), dem Vorleser und Privatsekretär des Königs, soll FRIEDRICH DER GROSSE über LIEBERKÜHN folgendes gesagt haben: „Um meine therapeutischen, pathologischen, diätetischen Kenntnisse zu vervollkommen ... habe ich mich häufig mit Lieberkühn unterhalten, der einer unserer großen Ärzte und ein sehr berühmter Anatom ist. Als ich jedoch bemerkte, daß er immer mit Därmen, Magen und Lungen in den Taschen zu mir kam, da wurde ich dieses Arztes und seiner Vorträge überdrüssig. Bei einer seiner Sitzungen bei mir wurde ich von einem Stück Hirn, das er aus der Tasche zog, so angeekelt, daß ich eine Zeit lang nicht einmal den Anblick von Fleisch ertragen konnte."

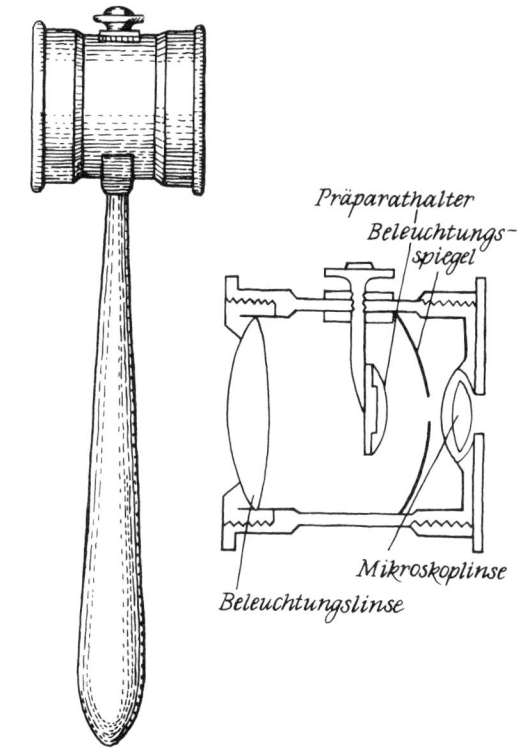

Präparathalter

Beleuchtungsspiegel

Mikroskoplinse

Beleuchtungslinse

J. N. LIEBERKÜHNS Handmikroskop mit Beleuchtungsspiegel für undurchsichtige Objekte nach R. DESCARTES

Auf seinem Schloß Greifenstein in Franken betrieb
der Freiherr WILHELM FRIEDRICH VON GLEICHEN, genannt RUSSWORM, (1717–1783) ab 1756 mikroskopische
Studien. Obwohl er keine großen Entdeckungen
machte, erwarb sich der exakte Beobachter und findige
Konstrukteur doch einige Verdienste um die Mikroskopie. Er stellte an einen ernsthaften Mikroskopiker sehr
hohe Anforderungen, und manche Gedanken in seinen
Büchern, die unter anderem wegen ihrer Polemiken gegen Aberglauben, Ignoranz und Unwissenschaftlichkeit
mit Gewinn zu lesen sind, muten fast modern an.

VON GLEICHEN hat mehrere Bücher veröffentlicht,
von denen „Auserlesene Mikroskopische Entdeckungen
bey den Pflanzen, Blumen und Blüthen, Insekten und
anderen Merkwürdigkeiten" wohl das bekannteste ist.
Alle sind mit schönen Kupferstichen versehen, die nach
eigenhändig angefertigten Zeichnungen des Forschers
entstanden. VON GLEICHEN war auch mit LEDERMÜLLER
bekannt, dem er Mikroskope für seine Studien zur Verfügung stellte. Nachdem sich anfangs zwischen beiden
freundschaftliche Beziehungen herausgebildet hatten,
wurden sie später zu erbitterten Gegnern, die ihre Streitigkeiten öffentlich in ihren Büchern austrugen.

Interessant sind VON GLEICHENS Mikroskope. Wiesen
sie auch keine optischen Verbesserungen gegenüber anderen zeitgenössischen Instrumenten auf, so zeichneten
sie sich doch durch eine Besonderheit aus, die später
auch von anderen Instrumentenbauern eingeführt
wurde: Das einfache und das zusammengesetzte Mikroskop wurden austauschbar auf einem Stativ miteinander
vereinigt. Die Abbildungen auf S. 62, die LEDERMÜL-
LERS „Nachlese einer mikroskopischen Gemüths- und
Augenergötzung ..." entnommen sind, zeigen zunächst
VON GLEICHENS einfaches Instrument – ein Zirkelmikroskop, befestigt auf einem Kasten mit einem darunter
stehenden Beleuchtungsspiegel für durchsichtige Präparate. Problemlos konnte die einfache Linse gegen ein
zusammengesetztes Mikroskop ausgetauscht werden.
Für dieses Instrument hatte sein Erfinder eine elegante
Vorrichtung zum Wechseln der Objektive erdacht –
nämlich einen Schlitten mit Schwalbenschwanzfüh-
rung. Zur Beleuchtung diente in den Abendstunden
und an trüben Tagen eine Öllampe, deren Licht durch
eine Schusterkugel auf die Untersuchungsobjekte konzentriert wurde.

Zeichenapparate und Mikroprojektoren werden erfunden

Zu den einfachen Mikroskopen zählen auch die meisten sogenannten Sonnen- oder Solarmikroskope, die
sich im 18. Jahrhundert großer Beliebtheit erfreuten.
Mit ihrer Hilfe konnten mikroskopische Bilder auf
Leinwände projiziert und so mehreren Beobachtern
gleichzeitig zugänglich gemacht werden. Eine nicht zu
unterschätzende Bedeutung hatten diese Projektionsmikroskope, wie man sie korrekt nennen muß, für das Anfertigen von Zeichnungen mikroskopischer Objekte.
Das vergrößerte Bild wurde dabei in einem speziellen
Apparat auf eine Mattglasscheibe geworfen, und der Mikroskopiker zog auf dem darauf gelegten Blatt Transpa-
rentpapier mit dem Bleistift die Konturen nach. Zwei
historische Abbildungen solcher Zeichenapparate sollen
hier vorgestellt werden.

Das eine Gerät stammt von GEORG FRIEDRICH BRAN-
DER (1713–1783) und soll die erste praktisch brauchbare Hilfseinrichtung zum Zeichnen mikroskopischer
Objekte überhaupt gewesen sein (s. S. 92). Versuche in
dieser Richtung hatte bereits 1710 der Arzt und Professor für Physik und Mathematik in der Ritterakademie
Erlangen, THEODOR BALTHASAR, angestellt. 1767 stellte
der Augsburger Optiker und Mechaniker BRANDER sie
in seinem Büchlein „Kurze Beschreibung einer ganz
neuen Art Camerae obscurae ingleichen eines Sonnen-
mikroskops ..." der Öffentlichkeit vor. Die Sonne diente
als Lichtquelle, wovon sich auch der Name dieser Instrumente ableitete.

Einen anderen Apparat hat der bereits erwähnte Freiherr VON GLEICHEN erfunden (s. S. 89). Hierbei war das
eigentliche Mikroskop – ein Zirkelinstrument – oben
an einem Kasten montiert, auf dessen Boden das Bild
projiziert wurde und durch eine Klappe betrachtet oder
auch nachgezeichnet werden konnte. Mußte BRANDER
noch seinen gesamten Apparat ständig nach der Sonne
ausrichten, so konnte VON GLEICHEN das Licht dem
Stand des Tagesgestirns folgend mit einem Planspiegel
über die Kollektorlinse auf sein Präparat lenken. LEDER-
MÜLLER hat dieses Instrument 1762 erstmals abgebildet
und beschrieben. Die Abbildung auf S. 89 entstammt
dem Werk VON GLEICHENS aus dem Jahre 1777.

Später nutzte man auch Lampenlicht für diese Art der Zeichenapparate und war damit „wetterunabhängig". GEORGE ADAMS D.J. gilt als Erfinder des „Lampenmikroskops" und hat ein derartiges Projektionsinstrument 1787 in seinen „Essays on the microscope" beschrieben und abgebildet (s. S. 92).

Projektionsmikroskope vom Typ der drei vorgestellten Instrumente waren die Vorläufer der „mikrophotographischen Apparate" des 19. Jahrhunderts.

Eine ganz andere Art von Sonnenmikroskop zeigt der kolorierte Kupferstich aus dem Buch von LEDERMÜLLER (s. S. 91). Solche Geräte dienten zu mikroskopischen Vorführungen für ein größeres Publikum, wie Fig. 2 auf diesem Bild zeigt. Fig. 1 verdeutlicht die Funktionsweise des Mikroprojektors: Das Licht der Sonne gelangte durch Reflexion an einem Planspiegel in den Apparat und beleuchtete die Probe. Da bei der vergrößerten Projektion das vom Untersuchungsobjekt ausgehende Licht auf eine große Fläche ausgebreitet wurde, war eine intensive Lichtquelle erforderlich – und das konnte zu jener Zeit nur die Sonne sein. Als eigentli-

ches Mikroskop diente ein einfaches Gewindetubus-Instrument (WILSON-Mikroskop). Den Strahlengang verdeutlicht die untenstehende Zeichnung. Der komplette Projektor wurde an einer Holzklappe im Mauerwerk oder am Fensterladen des verdunkelten Raumes befestigt. Auf der Projektionswand erschienen die Untersuchungsobjekte dann in hoher Vergrößerung, wobei sich allerdings auch die Abbildungsfehler – insbesondere die chromatische Aberration – störend bemerkbar machten. Trotzdem blieben diese Apparate bis zur Mitte des 19. Jahrhunderts in Gebrauch und wurden von vielen bekannten Instrumentenbauern wie ADAMS, CUFF, BENJAMIN MARTIN (1704–1782) in London und auch auf dem Kontinent gefertigt. BENJAMIN MARTIN gelang es 1774 noch, den Anwendungsbereich für das Sonnenmikroskop zu erweitern: Er entwickelte das „opake solar microscope", ein Instrument für undurchsichtige Proben. BRADBURY hat 1967 den auf S. 88 wiedergegebenen Strahlengang dieses Mikroskops veröffentlicht. Es fällt auf, daß MARTIN ein zusammengesetztes Mikroskop als „Projektor" benutzte, bestehend aus

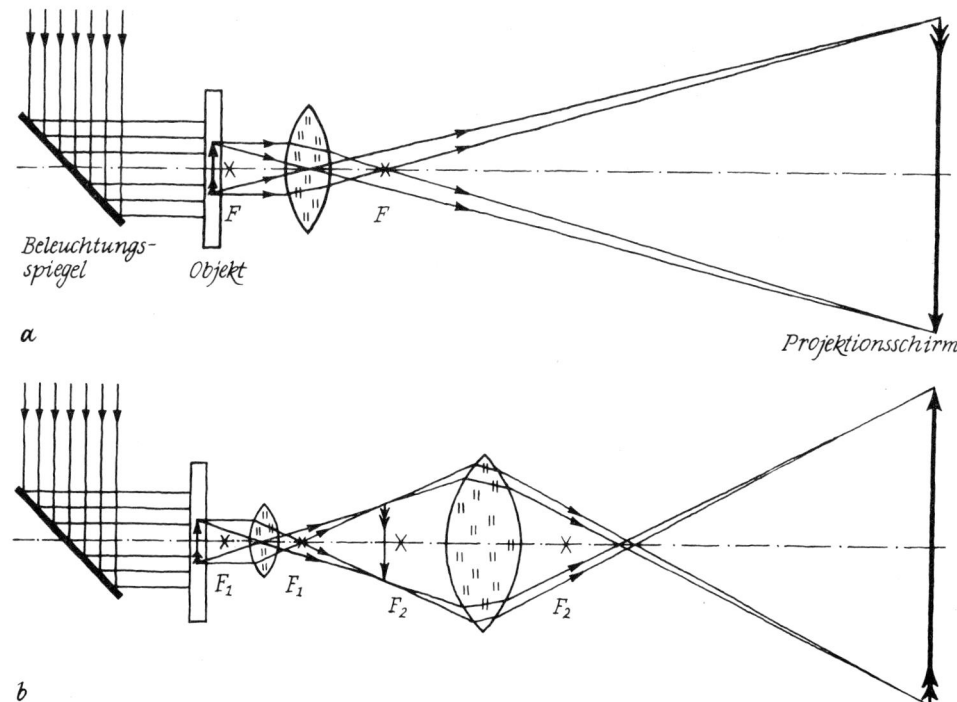

Prinzip eines Projektionsmikroskops
a einfaches Mikroskop;
b zusammengesetztes Mikroskop

Objektiv und Projektiv. Dieses Projektiv ist deshalb besonders interessant, weil es in Anlehnung an DOLLONDS Fernrohrobjektiv als dreilinsiges achromatisches System aufgebaut ist.

Das Sonnen- oder Projektionsmikroskop war 1740 durch LIEBERKÜHN nach England gebracht worden. HENRY BAKER (1698–1774), der es im selben Jahr in London vorgestellt hatte, erwähnte es 1747 in seinem Buch „The microscope made easy" als „ausländische" Erfindung und schrieb es dem Berliner Arzt zu. LIEBERKÜHN hatte das Instrument in London auch dem Optiker JOHN CUFF gezeigt, der schließlich den Planspiegel zur Beleuchtung anbrachte (vorher mußte das Instrument ständig auf die Sonne hin ausgerichtet werden, was sehr unbequem war). Ganz offensichtlich gab es aber bereits früher Sonnenmikroskope. So hat der in Danzig geborene Physiker und Glasbläser DANIEL GABRIEL FAHRENHEIT (1686–1736) – bekannt vor allem durch seine Thermometer und die nach ihm benannte Temperaturskala – bereits zu Anfang des 18. Jahrhunderts Sonnenmikroskope gebaut, was aber wieder in Vergessenheit geriet.

Die Wurzeln für dieses Instrument reichen jedoch noch weiter zurück und liegen in der bereits sehr lange bekannten Camera obscura, die schließlich zur Erfindung der „Zauberlaterne" (Laterna magica) geführt hatte (s. a. Abschn. 1.). Bereits ZAHN hatte dann die Laterna magica zur vergrößerten Abbildung kleiner Insekten und Wassertierchen benutzt.

Der Beleuchtungsspiegel mußte anfänglich von Hand dem sich laufend ändernden Sonnenstand angepaßt werden. Später führte man den Heliostat ein, bei dem der Spiegel durch einen Aufziehmechanismus automatisch der Sonne folgte.

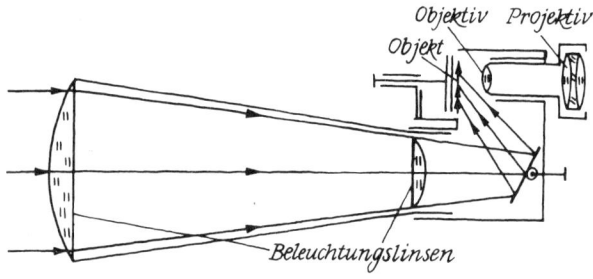

Sonnenmikroskop von B. MARTIN (1774)

Englische Instrumentenbauer verbessern Design und Mechanik des zusammengesetzten Mikroskops

England galt im 18. Jahrhundert als Zentrum des Fortschritts in der Mikroskopie. Der hohe Stand von Wissenschaft, Technik und industrieller Produktion in diesem Land kam auch dem Mikroskopbau zugute. Doch betraf der Fortschritt hauptsächlich den mechanischen Teil der Geräte und nicht die Optik. Dabei erforschten zwei Engländer bereits um die Mitte des 18. Jahrhunderts die Gesetzmäßigkeiten für achromatische Objektive und fanden auch praktische Lösungen. Der Optiker JOHN DOLLOND (1706–1761) wiederholte 1757 NEWTONS „Glas-Wasser-Versuch" und kam mit den entsprechenden Glassorten nun auch zum richtigen Ergebnis: Durch Kombination einer Kronglas-Sammellinse mit einer Flintglas-Zerstreuungslinse konnte er die Farbenzerstreuung aufheben, ohne die Brechkraft des Dubletts Null werden zu lassen. DOLLOND entwickelte noch im selben Jahr auf der Grundlage seiner Versuche und Rechnungen ein achromatisches Fernrohrobjektiv. Der Ruhm für die Konstruktion und Fertigung des ersten achromatischen (Fernrohr-)Objektivs gebührt jedoch einem anderen Engländer. CHESTER MOOR HALL (1704–1771), ein naturwissenschaftlich geschulter Jurist, machte diese Erfindung bereits 1733, trat damit aber nicht an die Öffentlichkeit. So blieb also auch in England der optische Teil des Mikroskops vorerst im wesentlichen unverändert. Trotzdem behauptete dieses Land seine Spitzenposition im Mikroskopbau bis in die zweite Hälfte des 19. Jahrhunderts. Danach übernahm Deutschland im Ergebnis der Arbeiten ERNST ABBES die Führung auf diesem Gebiet.

Verschiedene englische Instrumentenbauer versuchten Anfang des 18. Jahrhunderts von den relativ aufwendigen Stativen des HOOKEschen Mikroskoptyps abzukommen und einfachere Mikroskope zu fertigen. Zwischen 1725 und 1730 gelang es dem gelernten Graveur und Optiker EDMUND CULPEPER (um 1666–1738) mit seinem Dreibein-Mikroskop der „große Wurf". Das Farbbild auf S. 94 zeigt links und rechts je ein Mikroskop vom Original-Culpeper-Typ, die beiden mittleren Geräte stellen Varianten dar, die vor allem auf EDWARD

Tab. 1.

Sonnenmikroskop
des Freiherrn
W. F. v. GLEICHEN
(1777)

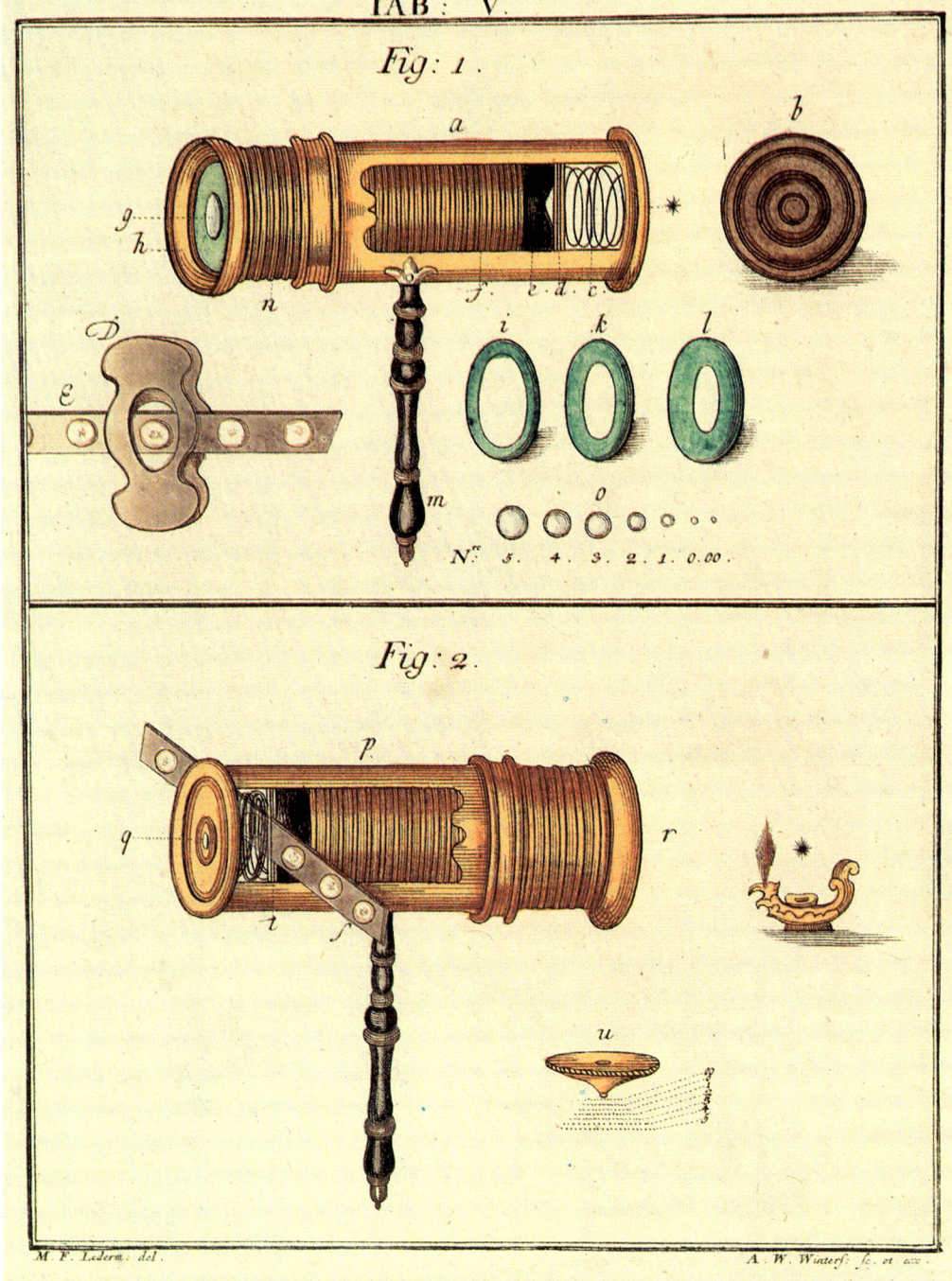

TAB: V.

Fig: 1.

Fig: 2.

M. F. Lederm. del.

A. W. Winterf. sc. et exc.

Mit einem derartigen Sonnenmikroskop konnten mehrere Personen gleichzeitig mikroskopische Objekte betrachten (1762).

TAB: I.

Fig: 2.

Fig: 1.

M.F. Ledermüller del.

A.W. Winterschmidt sculp. et exc. Nr.

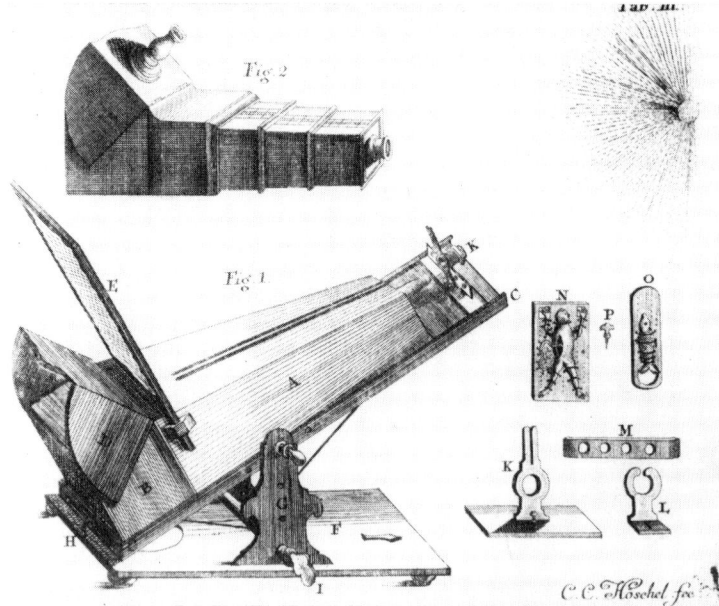

92

G. F. Branders Zeichenapparat (1769)

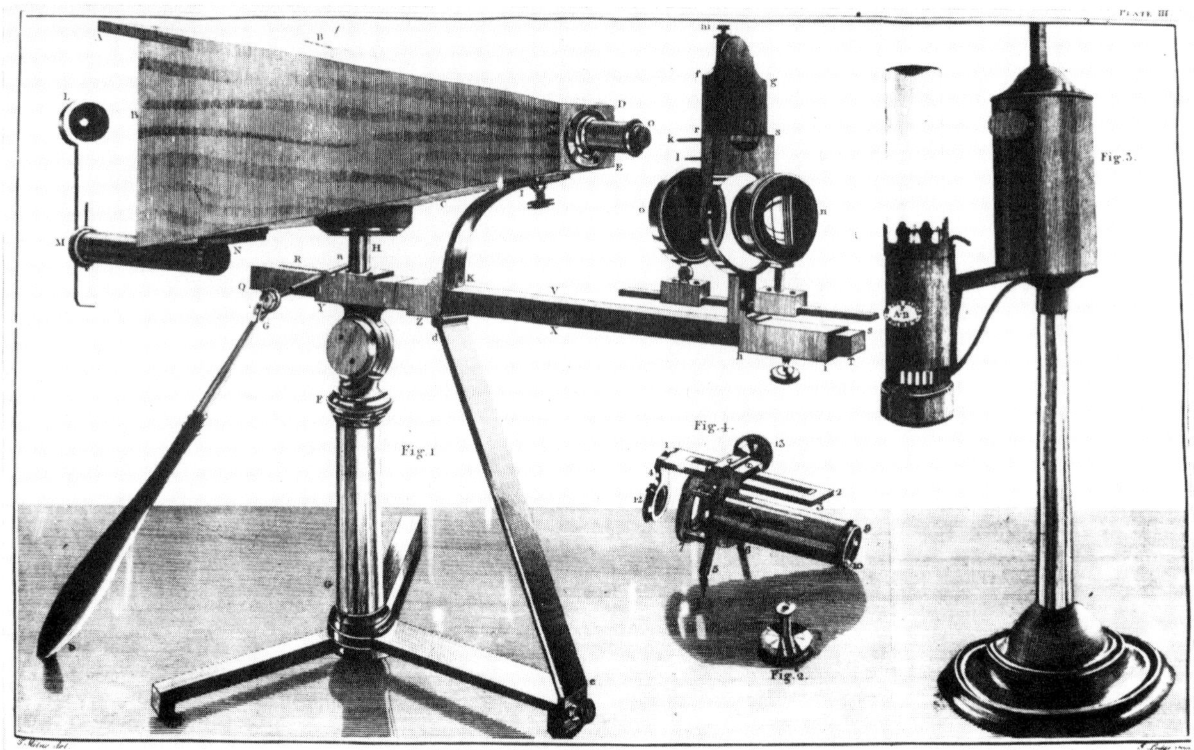

Projektionsmikroskop für Lampenlicht von
G. Adams d. J. (1787)

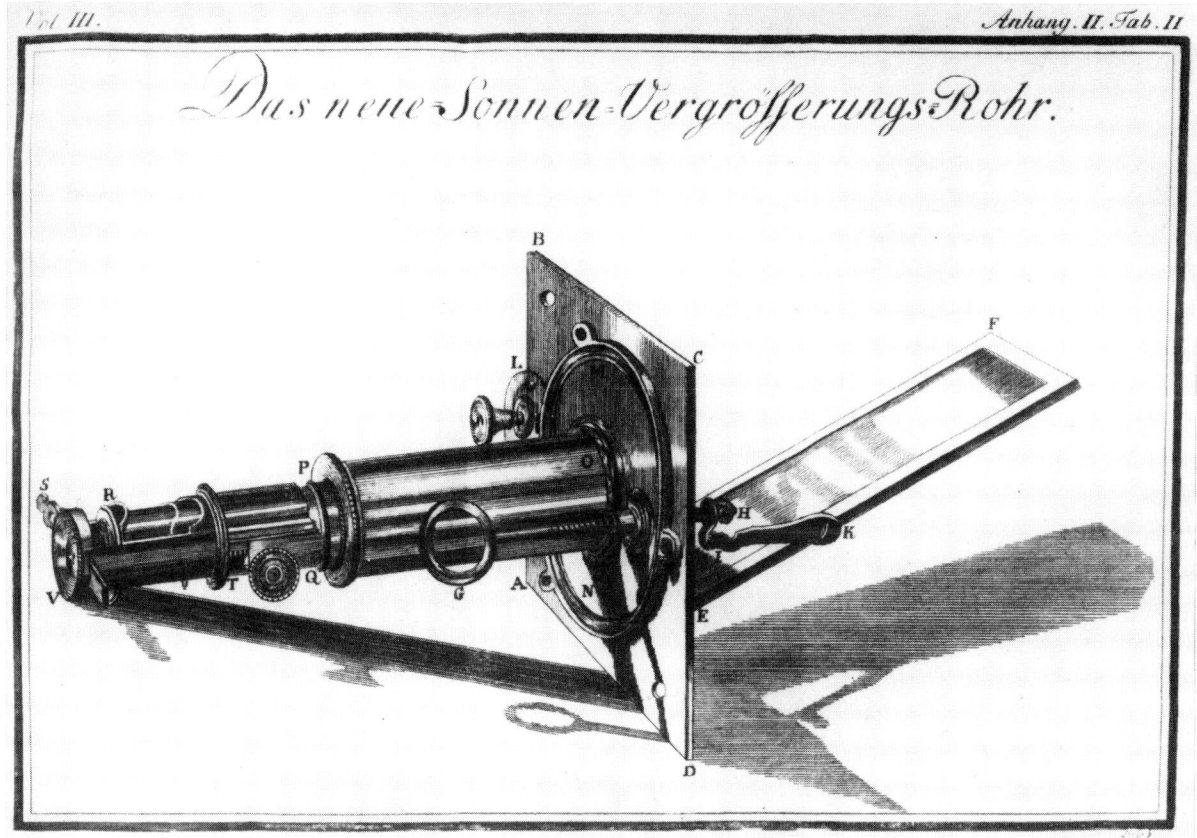

Das neue Sonnen-Vergrößerungs-Rohr.

Sonnenmikroskop von B. MARTIN

Das Instrument ist ähnlich wie das auf S. 91 gezeigte aufgebaut.

Diesen Mikroskoptyp mit Dreibeinstativ hat der Engländer
E. CULPEPER entwickelt.

Nürnberger Holzmikroskope aus dem 18. Jahrhundert mit drei
unterschiedlichen Stativen

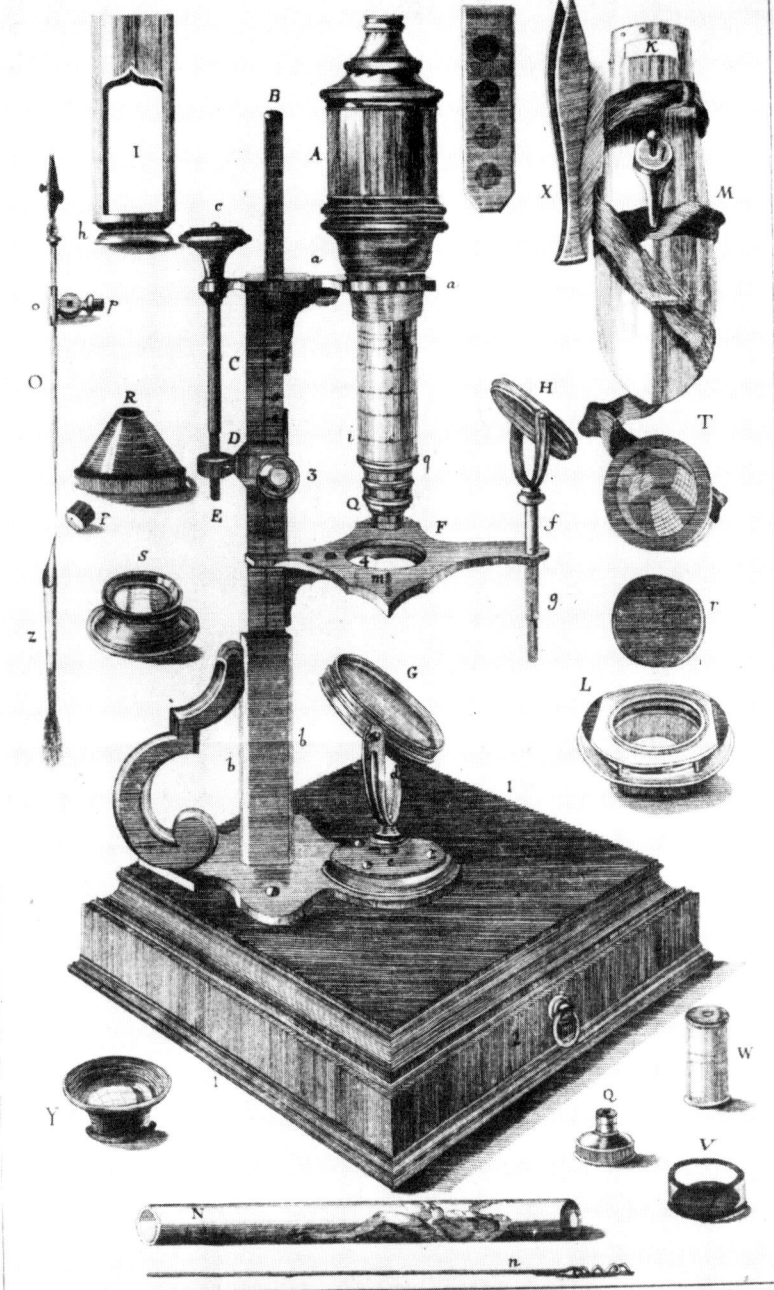

Neu angerichtetes Microscopium compositum, *wie solches von dem Erfinder Herrn* Iohan Cuff, *Optico in der Fleet-Straße zu* London, *und mit einigen vortheilhaften Zusätzen von Herrn* Georg Frid: Brander, Mechanico In Augspurg, *verfertiget und verkauft wird, bey welchem letztern auch sonst verschiedene Arten von verbesserten Microscopien gleich wie andere mathematische und physicalische Instrum: nach Verlangen zu haben sind.*

Mikroskop nach J. Cuff (erfunden 1743), gefertigt von G. F. Brander

Zwei von J. Cuff gefertigte Mikroskope

Das Dreibeininstrument hat er 1744 hergestellt. Beide Geräte sind mit der „unentbehrlichen" Fischpfanne ausgerüstet.

folgende Seiten:

Barockes Prunkmikroskop von A. Magny (um 1751)

Dieses zierliche Instrument wurde Anfang des 18. Jahrhunderts von Voigt in Hamburg gefertigt.

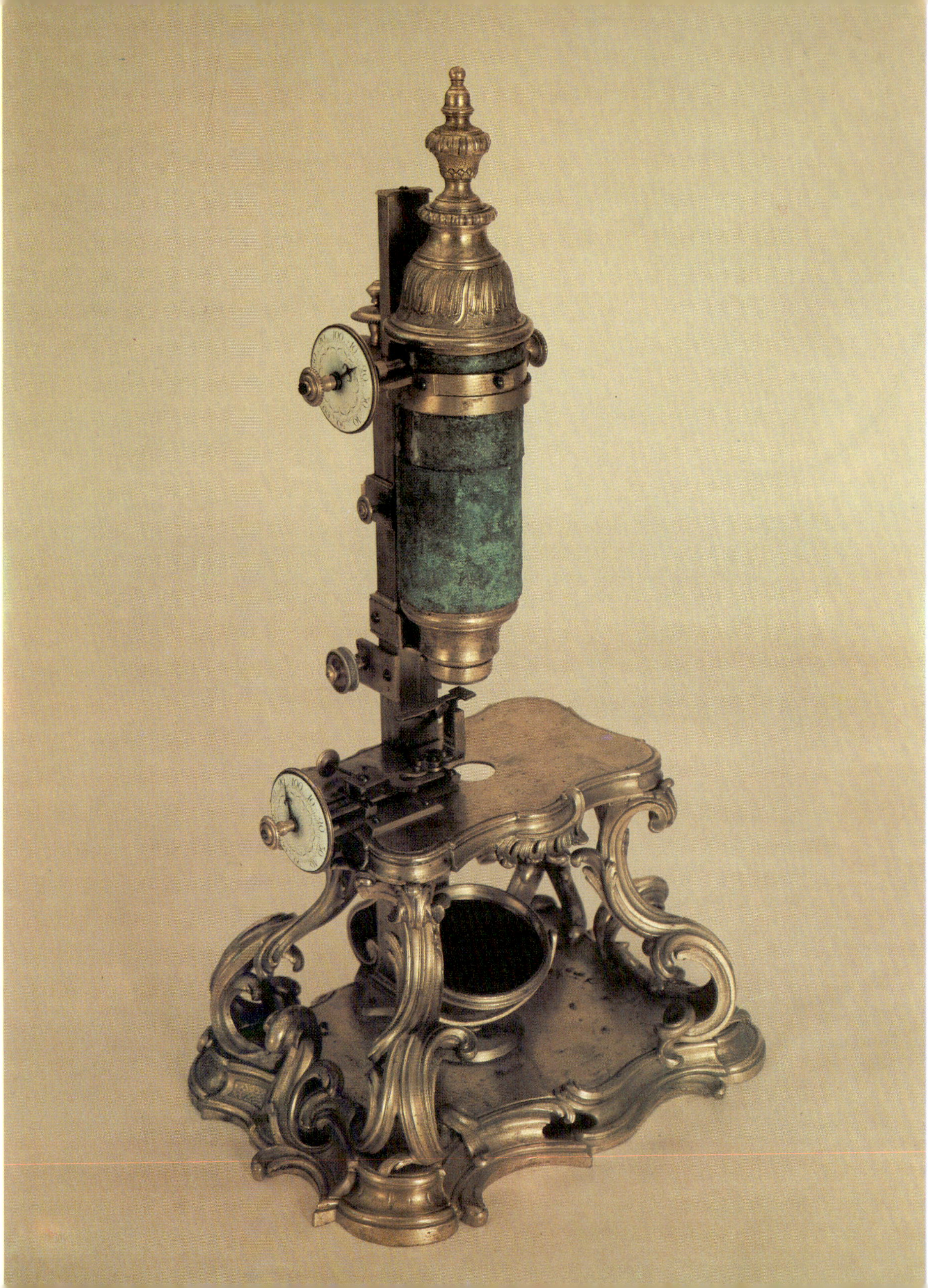

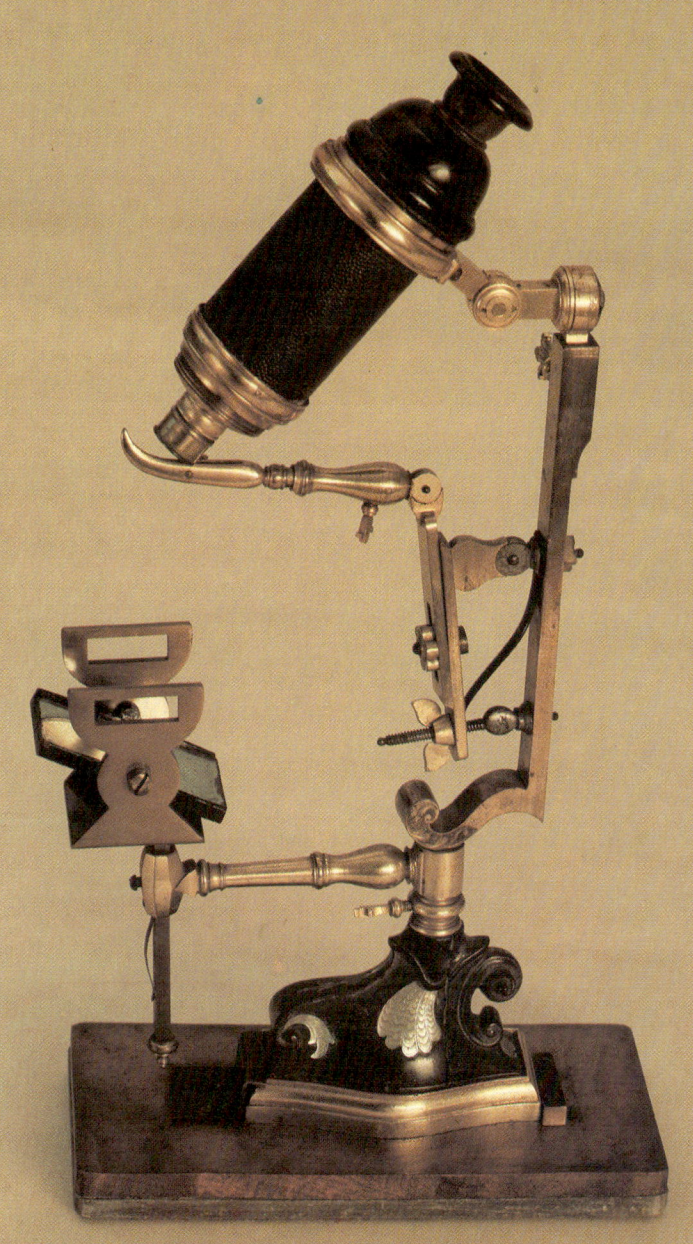

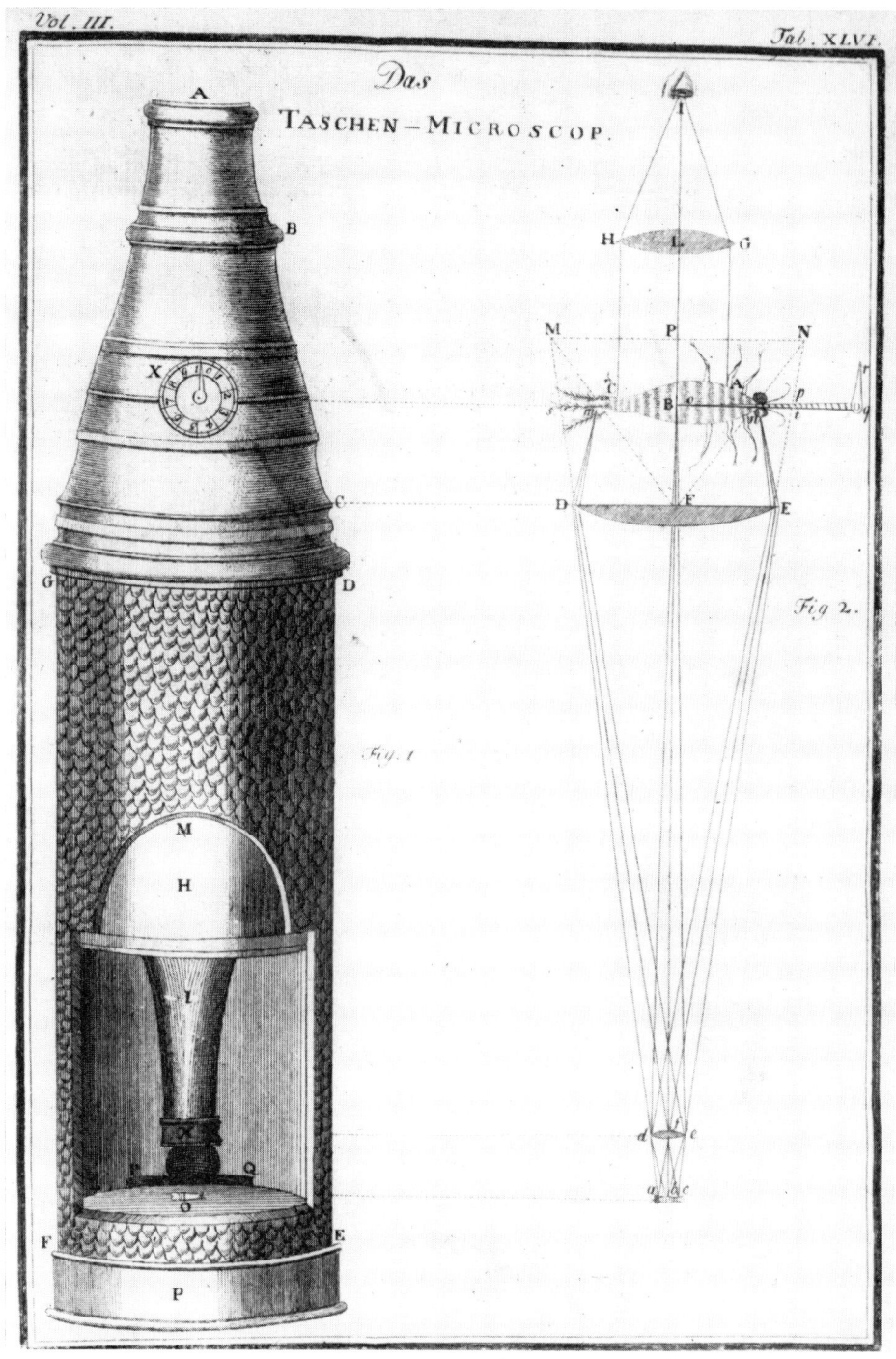

Vol. III.

Das
TASCHEN–MICROSCOP.

Tab. XLVI.

Fig. 1.

Fig. 2.

Zusammengesetztes Ta-
schenmikroskop von
B. MARTIN

Am Ort des Zwischenbil-
des ist für Meßzwecke ein
Schraubenmikrometer an-
gebracht.

B. Martins zusammenge-
setztes Mikroskop aus dem
Jahre 1759

Zum Scharfstellen wird
mittels der Rändel-
schraube der Objekttisch
auf und ab bewegt.

folgende Seiten:

Zwei Mikroskopmodelle
der Firma Powell &
Lealand (um 1840)

Das kleinere Instrument
stammt von der Fa. Dol-
lond, die dieses Modell
später nachbaute.

Waagerechtes Mikroskop
mit achromatischem Satz-
objektiv von G. B. Amici
(1845)

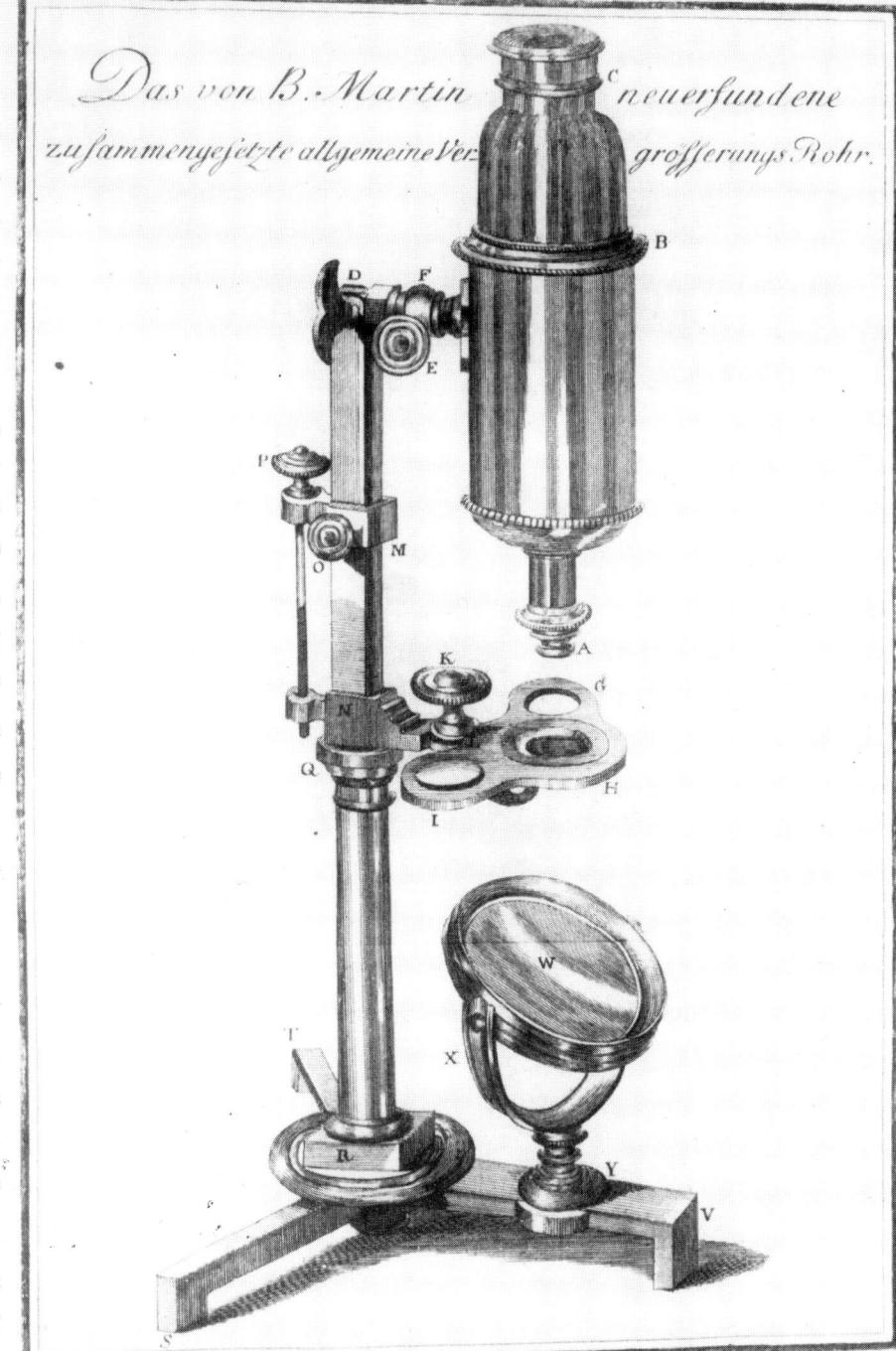

Das von B. Martin neuerfundene
zusammengesetzte allgemeine Ver-größerungs-Rohr.

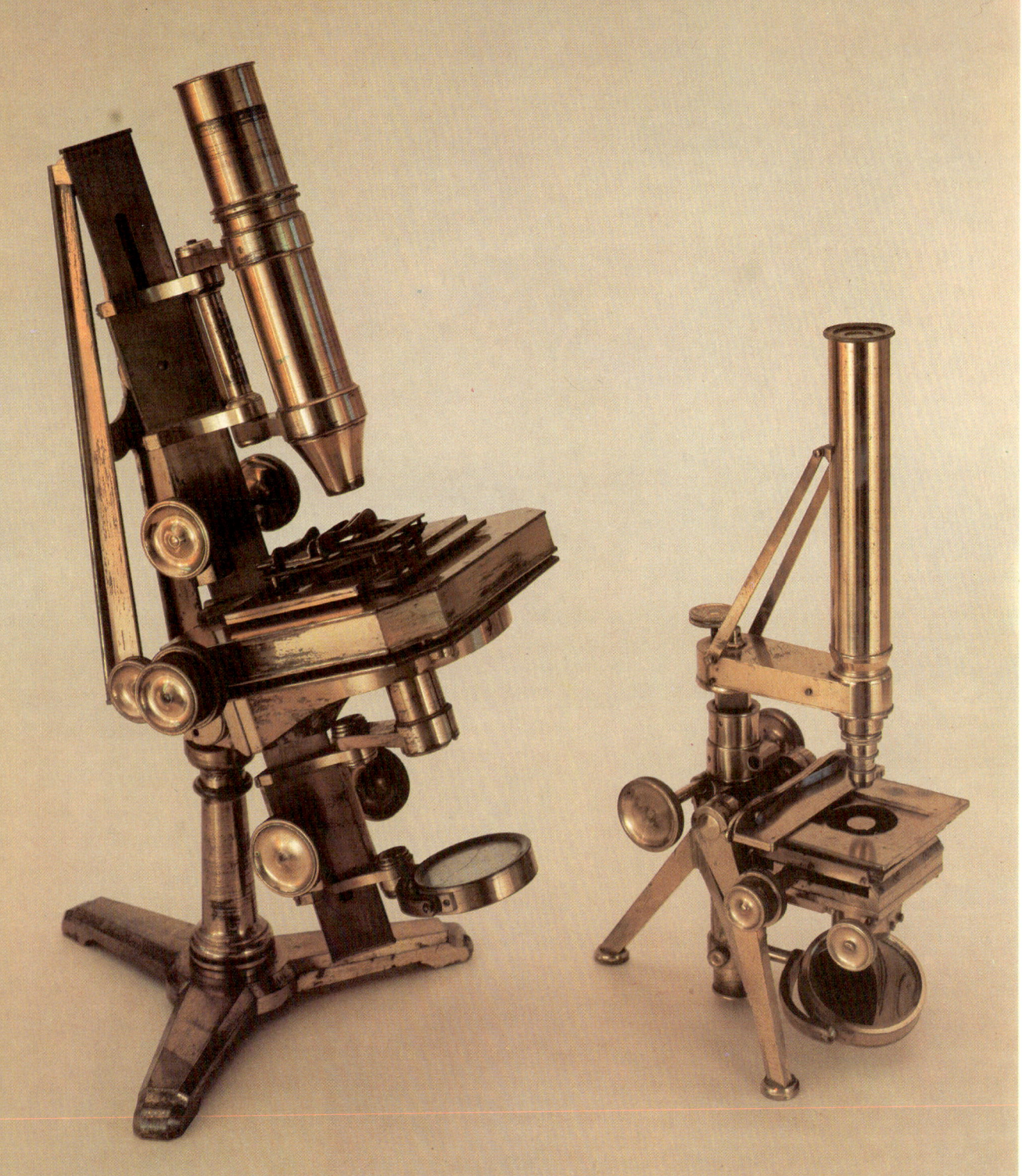

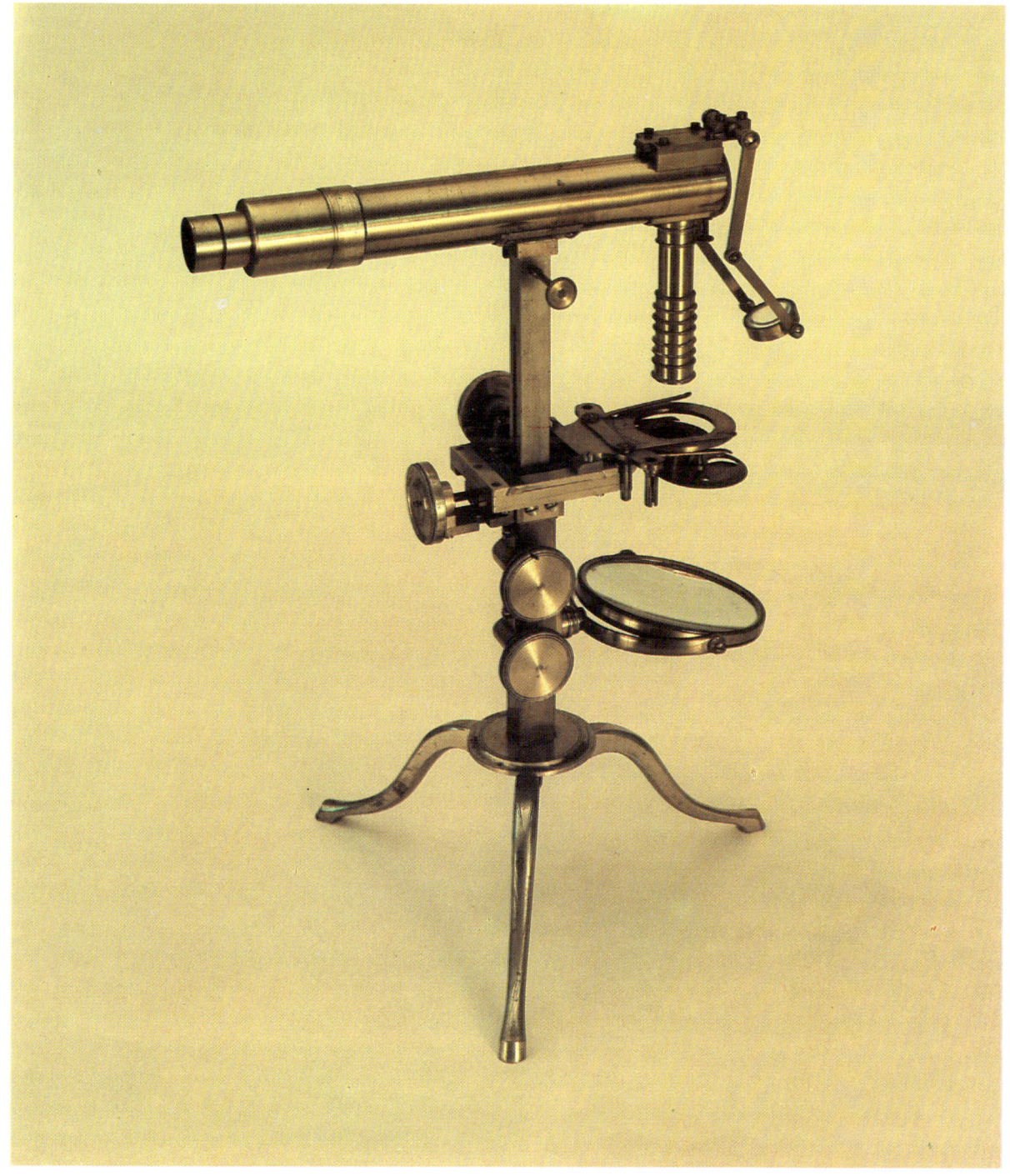

SCARLETT (etwa 1677–1743) zurückgehen, der um 1740 das Dreibein-Instrument vollständig in Messing ausführte und auch die drei Beine in den verschiedenen Etagen nicht mehr versetzt gegeneinander anbrachte.

Als Vorbild für das CULPEPERSCHE Mikroskop ist das auf S. 27 abgebildete „Instrumentum Drebbelianum" aus der ersten Hälfte des 17. Jahrhunderts anzusehen.

CULPEPERS Mikroskop ist in mehrere „Etagen" gegliedert. Auf einer kreisförmigen hölzernen Grundplatte sind drei gedrechselte Beine angeordnet, die ihrerseits eine zweite runde Holzplatte mit dem daran befestigten Präparathalter tragen. Drei weitere Beine führen dann zur nächsten Etage, einer Muffe, die bei den frühen Instrumenten ein Papprohr hielt, das mit Leder oder Rochenhaut überzogen war. In diesem Papprohr steckte der eigentliche Mikroskoptubus – der übrigens zur Erhöhung der Vergrößerung ausziehbar war – mit einer dreilinsigen Optik (Objektiv, Feldlinse, Okular). Zum Scharfstellen wurde er in dem Rohr verschoben.

Für die Beleuchtung transparenter Objekte benutzte CULPEPER als erster einen Konkavspiegel. Mit seiner Hilfe wurde das Licht nicht nur einfach auf das Präparat gelenkt, sondern gleichzeitig fokussiert. Damit konnte die von anderen Instrumentenbauern benutzte Kollektorlinse wegfallen. Auf dem Probentisch hatte CULPEPER noch eine dreh- und neigbare Sammellinse zur Beleuchtung undurchsichtiger Objekte angebracht.

Die optische Leistungsfähigkeit dieser Mikroskope war nicht überragend. Nach modernen Untersuchungen an einem Originalinstrument ließen sich mit den fünf beigegebenen Objektiven die Vergrößerungen $30\times$, $60\times$, $80\times$, $100\times$ und $275\times$ erreichen. Da die Linsen nicht korrigiert waren, mußte CULPEPER zur Verminderung der Abbildungsfehler eine sehr enge Blende hinter der Objektivlinse anbringen, wodurch der Öffnungswinkel und damit Auflösung und Bildhelligkeit stark beschränkt wurden.

Als beste Auflösung für dieses Instrument sind $5\,\mu$m ermittelt worden. Mit einfachen Mikroskopen hat CULPEPER dagegen $1,6\,\mu$m erreicht.

CULPEPER war ein vielseitiger Instrumentenbauer. Er hatte bei dem Graveur WALTER HAYES im Londoner Stadtteil Moorfield gelernt und vermutlich bereits um 1686, nach dem Tode seines Lehrherrn, dessen Geschäft übernommen. Auch das Firmenzeichen von HAYES,

zwei gekreuzte Dolche, behielt CULPEPER für seine Geschäftskarten und zur Kennzeichnung der Geräte bei.

Die Dreibein-Mikroskope haben sich bis weit in das 19. Jahrhundert hinein gehalten und wurden von zahlreichen Instrumentenbauern nachgebaut. Hatte CULPEPER die Mikroskope ursprünglich vorwiegend aus Holz, Pappe und Leder gefertigt, so verwendeten er und seine Nachahmer später in zunehmendem Maße Metalle, vor allem Messing.

Ein herausragender englischer Mikroskopiker des 18. Jahrhunderts war HENRY BAKER. Dieser außerordentlich aktive und vielseitige Wissenschaftler, Schwiegersohn des DANIEL DEFOE (etwa 1660–1731), regte 1743 den angesehenen Londoner Optiker JOHN CUFF zu einer wesentlichen Verbesserung des Mikroskopstativs an. BAKER, der im selben Jahr für seine bedeutenden mikroskopischen Untersuchungen an Kristallen von der Royal Society mit einer Goldmedaille ausgezeichnet worden war, empfand die verfügbaren Mikroskope – er hatte vorwiegend mit einem CULPEPER-Instrument gearbeitet – als unbequem oder ungeeignet. In der deutschen Ausgabe seines Buches „Employment for the Microscope" mit dem schönen Titel „Beyträge zu nützlichem und vergnügendem Gebrauch und Verbesserung des Microscopii in zwey Theilen" aus dem Jahre 1754 lesen wir dazu: „Die beschwerliche und unbequeme doppelte Vergrößerungsgläser oder Microscopia composita des Dr. Hook, und Herrn Marshal sind seit vielen Jahren zu einer Größe gebracht worden, da man sie besser behandeln kann; so sind sie auch in ihrer Einrichtung verbessert, und ist hiernächst ein leichterer Weg erfunden worden, die Objecten durch einen Spiegel von unten hinauf zu erleuchten, sie sind auch in anderen Stücken von Herrn Culpeper und Scarlet curiosen Personen angenehm gemacht worden. Doch fehlten noch einige Veränderungen, dieß Instrument zu einem allgemeinen Nutzen bequem zu machen, wie ich im Jahr 1743 gar sehr erfahren habe, als ich täglich die Configurationen derer salzigten Substanzen untersuchte; indem die Füsse, daran mir eine beständige Hinderung waren, wenn ich die gläserne Schieber herumdrehen wollte; und so habe ich es auch oft bey anderen Gelegenheiten gefunden. Im auf- und niederschieben des Körpers des Instruments gab es gleichfalls gerne Erschütterungen, welche machten, daß man es nicht recht genau in dem

Foco stellen konnte: es war auch nicht wohl eingerichtet, um durchsichtige Objecten zu beschauen. Da ich mich wegen dieser Unbequemlichkeiten beklagte, so richtete der Opticus, Herr Cuff, seine Gedanken darauf, dem Microscopio eine andere Gestalt zu geben: er ließ also den Platz für die Objecta ganz frey und offen; indem er die Füsse wegnahm, hingegen eine Schraube mit einem feinen Gewinde anbrachte, die Bewegungen desselben regelmäßig und accurat zu machen, auch einen holen Spiegel dazu tat, vor die durchsichtigen Objecta."

Optische Neuerungen enthielt das Mikroskop außer dem Hohlspiegel zur Durchlichtbeleuchtung nicht. Mechanisch stellte das ganz aus Messing gefertigte Gerät jedoch einen beachtlichen Fortschritt dar. – Mit den sechs beigegebenen Objektiven ließen sich Vergrößerungen zwischen 23× und 270× einstellen, wobei im besten Fall eine Auflösung von 2 μm erreicht worden sein soll (s. S. 96).

Obwohl sich CUFF 1744 sein Mikroskop patentieren ließ, wurde es von vielen Instrumentenbauern in England und auf dem europäischen Festland kopiert. Bis um 1800 ist es in nahezu unveränderter Gestalt hergestellt worden. Wir finden es deshalb in allen größeren Mikroskopsammlungen der Welt. Das Bild auf S. 97 zeigt das Instrument gemeinsam mit einem Mikroskop vom CULPEPER-Typ, das ebenfalls von CUFF gefertigt worden ist. Reichtümer hat CUFF mit seinen Instrumenten nicht erwerben können. War er als Fachmann auch einer der Großen seiner Zeit, so konnte er als Geschäftsmann gegen die erdrückende Konkurrenz anderer Optiker nicht bestehen. Insbesondere fühlte sich CUFF von BENJAMIN MARTIN bedrängt, der um 1755 seine Werkstatt neben der CUFFs in der Londoner Fleet Street eröffnete. CUFF verlegte daraufhin sein Geschäft, mußte aber trotzdem später Konkurs anmelden. Dem agileren MARTIN erging es übrigens nicht viel besser. Kurz vor seinem Tode brach seine Firma ebenfalls zusammen.

Zuvor machte der geschickte Instrumentenbauer und Schriftsteller jedoch von sich reden. Er entwickelte neben dem bereits erwähnten Sonnenmikroskop für undurchsichtige Objekte mehrere Typen zusammengesetzter Mikroskope und führte sogar eine optische Neuerung ein – die Zwischenlinse. Das war eine Sammellinse, die MARTIN in den Strahlengang zwischen Objek-

tiv- und Feldlinse einbaute. GEORGE ADAMS, sein harter Konkurrent, hat dieses zusätzliche optische Element für seine Mikroskope übernommen, ohne jedoch den Erfinder zu nennen.

Ein Buch von JOHN R. MILLBURN, erschienen 1976, trägt den Titel „Benjamin Martin. Author, Instrument-Maker and ‚Country Showman‘" und deutet damit schon die Vielseitigkeit des Engländers an. 1737/38 begann MARTIN Mikroskope zu fertigen und stellte als erstes ein Taschenmikroskop vom „Trommel-Typ" (engl. drum microscope) vor. Dieses Instrument hatte allerdings die respektable Höhe von 27 cm und erforderte damit eine recht tiefe Tasche zu seiner Unterbringung. Auffällig ist das Okularmikrometer (s. S. 100). Bereits 1738 brachte MARTIN sein erstes Universalmikroskop heraus, dem 1742 das zweite folgte. Beide hatten keine feinfühlige Vorrichtung zum Scharfstellen. Das Bild des dritten Instruments von 1759 (s. S. 101) ist ebenso wie das des Taschenmikroskops der deutschen Ausgabe von MARTINS „Philosophia Britannica" entnommen.

In den folgenden Jahren vervollkommnete MARTIN seine Instrumente weiter. 1776 erschien das verbesserte Universalmikroskop auf dem Markt, mit einigen mechanischen Neuerungen gegenüber dem Vorgängertyp. Besonders interessant ist die Vorrichtung zum Wechseln der Objektive, die aus einer am unteren Teil des Tubus angebrachten Drehscheibe bestand und insgesamt 6 verschiedene Linsen aufnehmen konnte. 1746 hatte GEORGE ADAMS D. Ä. (1708–1773) als erster einen ähnlichen „Objektivrevolver" beschrieben. Nach dem Vorbild dieses Instruments sind später viele andere Mikroskope gebaut worden. – PIETER HARTING hat MARTINS Universalmikroskope untersucht und gefunden, daß sie maximal 220fach vergrößerten. Die Bildschärfe hielt er für unbefriedigend.

In der Sammlung der englischen Royal Microscopical Society gibt es ein Exemplar von MARTINS „Grand Universal Model" aus dem Jahre 1780. Dieses komplizierte Instrument zeichnete sich durch mechanische Perfektion aus und dürfte zu jener Zeit eine Spitzenposition im Stativbau behauptet haben.

MARTIN, der als Wissenschaftler Autodidakt war, hat etliche wissenschaftliche, aber auch populäre Werke verfaßt. Für die Mikroskopie interessant ist seine „Micrographia Nova …", die 1742 erschien. Über Mikro-

nen", Mikroskope, Fernrohre, Brillen, Spiegel und Globen.

Einen harten Konkurrenzkampf führte MARTIN gegen Vater und Sohn ADAMS, die ihr Geschäft ebenfalls in der Londoner Fleet Street betrieben. GEORGE ADAMS D. Ä. war nicht nur ein geschickter Instrumentenbauer, sondern betätigte sich ebenfalls literarisch. 1746 veröffentlichte er seine „Micrographia Illustrata", über die sich HENRY BAKER sehr erboste, weil er meinte, daß ADAMS den Text zu drei Vierteln von ihm abgeschrieben und sogar die Kupferstiche genau kopiert hätte. Den Rest habe er von HOOKE und JOBLOT entnommen. Das Buch erschien aber trotzdem in mehreren Auflagen. Sein Sohn GEORGE ADAMS D.J. folgte dem Vater als Geschäftsinhaber. Er schrieb ebenfalls ein Werk über Mikroskope („Essays on the microscope"), das 1787 erschien und das Interesse an der Mikroskopie förderte.

Die ADAMS' bauten verschiedene Universal-, Sonnen- und Prunkmikroskope, aber auch einfache Instrumente mit einem Revolver als Linsenwechsler. Ihre Geräte zeichneten sich durch mechanische Vollkommenheit aus, übertrafen jedoch optisch keineswegs die Mikroskope angesehener zeitgenössischer Instrumentenbauer wie MARTIN oder auch EDWARD NAIRNE (1726–1806), der im späteren 18. Jahrhundert zu den Spitzenkräften der Londoner Optikerinnung gehörte und wegen seiner parallaktisch montierten Fernrohre auch international bekannt wurde.

Originell an ADAMS' Instrumenten ist der schon genannte Objektivrevolver, den er mit 6 verschiedenen Linsen auch für seine zusammengesetzten Mikroskope verwendete. Als „Instrumentenmacher des Königs" fertigte GEORGE ADAMS D.Ä. 1761 für GEORGE III. sein berühmtes Silbermikroskop, das im Museum für die Geschichte der Naturwissenschaften in Oxford aufbewahrt wird (s. S. 104). Dieses monströse Instrument ist fast 75 cm hoch und gar nicht so ohne weiteres als Mikroskop zu identifizieren. Optisch gesehen ist es ein Universalmikroskop, das sowohl den Tubus eines zusammengesetzten Instruments als auch Einzellinsen enthält. Für seriöse Untersuchungen eignet sich das Mikroskop jedoch nicht und ist dafür vermutlich auch nicht gedacht gewesen.

Nach dem Tode von GEORGE ADAMS D. J. übernahmen die Brüder WILLIAM und SAMUEL JONES das Ge-

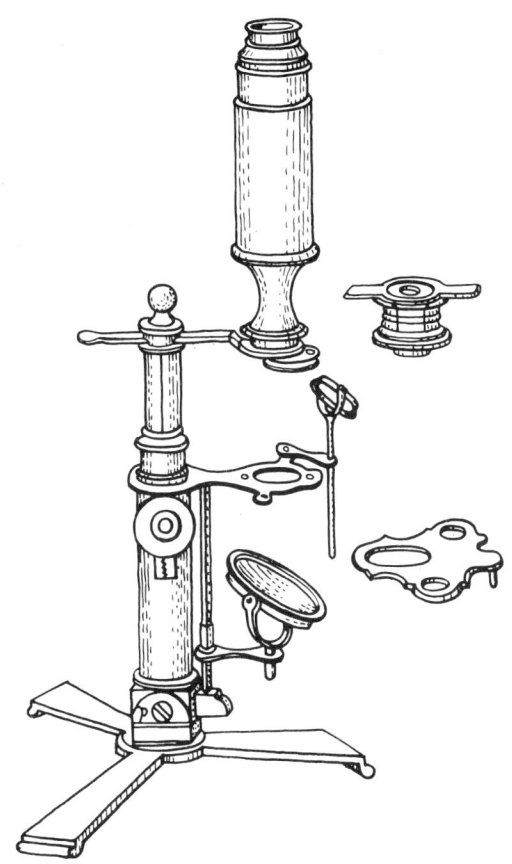

B. MARTINS verbessertes Universalmikroskop mit einer Wechselvorrichtung für die Objektivlinse

skope und mikroskopische Untersuchungen hat er auch in der schon erwähnten „Philosophia Britannica" (1747 Originalausgabe, 1778 deutsche Übersetzung mit Ergänzungen) geschrieben. Bis zu seinem Tode war BENJAMIN MARTIN als Wissenschaftler und Handwerker gleichermaßen aktiv; ab 1777 betrieb er sein Geschäft bis zu dessen Zusammenbruch gemeinsam mit seinem Sohn JOSHUA. Wie bei allen berühmten Instrumentenbauern seiner Zeit war auch bei ihm das Spektrum der gefertigten Geräte sehr breit gefächert und beschränkte sich keineswegs nur auf optische Instrumente. In seinem Angebot befanden sich unter anderem Luftpumpen, Waagen, Barometer, Thermometer, Uhren, Zeicheninstrumente, die Camera obscura, „elektrische Maschi-

schäft und auch die Publikationsrechte für dessen Werke. Sie brachten weitere mechanische Verbesserungen an den ADAMSSCHEN Mikroskopen an, erfanden jedoch nichts wesentlich Neues.

Wir können dieses Kapitel über das zusammengesetzte Mikroskop im 18. Jahrhundert nicht mit gutem Gewissen abschließen, ohne wenigstens kurz auf die „Nürnberger Holzmikroskope" und die Prunkmikroskope des hervorragenden Pariser Mikroskopbauers ALEXIS MAGNY (1712–1777) einzugehen. Zeichneten sich erstere durch ihren geringen Preis und die große Verbreitung aus – man findet sie heute in nahezu jedem Museum –, so sind letztere außerordentliche Raritäten. In einer Geschichte des Mikroskops dürfen aber beide nicht fehlen.

In Nürnberg gab es im 18. Jahrhundert eine Vielzahl leistungsfähiger Handwerksbetriebe. Die Stadt und ihre nähere Umgebung hatte sich zu einem Zentrum des Spielzeugbaus entwickelt. Da es bereits zu jener Zeit relativ einfach war, Linsen für zusammengesetzte Mikroskope geringer Leistung zu schleifen, ist es nur zu natürlich, daß sich auch die Spielzeughersteller des gefragten Instruments bemächtigten und es in großer Zahl herstellten und billig verkauften. Rund einhundert Jahre lang, von etwa 1730 bis 1830, waren diese schlichten Mikroskope bei vielen Amateuren sehr beliebt.

Als Werkstoffe verwendeten die Nürnberger Handwerker neben dem Glas für die Linsen Holz, Pappe und Leder. Zum Vorbild für die Stative dienten ihnen die Mikroskope CULPEPERS und BENJAMIN MARTINS Tascheninstrument. Das Optische Museum in Jena besitzt mehrere dieser Holzmikroskope (s. S. 95). Sämtliche Geräte waren mit einem Auszugstubus zur Änderung der Vergrößerung versehen. Ebenso fehlte an keinem Instrument der Beleuchtungsspiegel für durchsichtige Objekte. Außer dem Objektträger, der aus Elfenbein, Knochen, Holz oder Messing gefertigt wurde und zwischen je zwei Plättchen aus Marienglas meist mehrere Präparate nebeneinander aufnehmen konnte, gab es für die Mikroskope kein Zubehör. Die Höhe der größten Holzmikroskope betrug etwa 50 cm.

Der belgische Historiker KAREL EDWARD FRISON hat 1972 in einem Katalog des damaligen „Henri van Heurck Museums" zu Antwerpen (heute gehört die Mikroskopsammlung dem Zoo Antwerpen) die von ihm gemessenen Werte der Vergrößerung und des Auflösungsvermögens aller in der dortigen Sammlung vorhandenen Mikroskope veröffentlicht. Für Nürnberger Holzmikroskope lag die höchste Vergrößerung bei 65×, und als beste Auflösung wurden von ihm 7 μm gefunden. Zu ernsthaften Forschungen waren die Instrumente also erwartungsgemäß nicht zu gebrauchen.

Mikroskope der diametral entgegengesetzten Preisklasse fertigte ALEXIS MAGNY in Frankreich, vorwiegend im Auftrage von MICHAEL FERDINAND DUC DE CHAULNES (1714–1769). Soweit bekannt ist, existieren heute noch vier dieser barocken Prunkinstrumente. Eines davon besitzt das Optische Museum in Jena, und ich hoffe, den Leser mit der Farbaufnahme dieses kostbaren Instruments (s. S. 98) zu erfreuen.

Das Stativ besteht aus vergoldeter Bronze und ist in Paris von CAFFIERI gegossen worden. Die auffälligen Mikrometerschrauben gehen auf den Herzog VON CHAULNES zurück, der von der Wichtigkeit einer sauberen Feineinstellung und exakten Messung mit dem Mikroskop überzeugt war. Die maximale Vergrößerung des Instruments soll bei 1000× liegen. – Im übrigen ist das Werk von vollendeter kunsthandwerklicher und technischer Qualität. Optisch weist es jedoch keinerlei Verbesserungen gegenüber anderen hochwertigen zeitgenössischen Instrumenten auf.

Die zweite Entwicklungsetappe des zusammengesetzten Mikroskops hat also erhebliche mechanische Verbesserungen gebracht, die überwiegend von Engländern eingeführt wurden. Optisch weist unser Instrument am Ende des 18. Jahrhunderts aber immer noch die gleichen Mängel auf, die schon im 17. Jahrhundert seine Leistung so arg begrenzten – die sphärische und die chromatische Aberration. Auch die besten Mikroskopbauer waren der Lösung dieser Grundprobleme kaum nähergekommen, obwohl doch CHESTER MOOR HALL und JOHN DOLLOND mit ihrer Kombination von Kron- und Flintglaslinsen für achromatische Fernrohrobjektive den richtigen Weg gewiesen hatten (über ähnliche Bemühungen von Optikern anderer Länder wird im nächsten Abschnitt berichtet). Das Problem war nicht zuletzt technischer Natur – und zwar wegen der winzigen Abmessungen der Objektivlinse eines leistungsfähigen Mikroskops. Die Zeit für seine Lösung war offensichtlich noch nicht reif.

(6.)

19. Jahrhundert: Das zusammengesetzte Mikroskop wird zum perfekten Forschungsinstrument

Der lange Weg zum achromatischen Objektiv

Auch zu Beginn des 19. Jahrhunderts war das zusammengesetzte Mikroskop in seiner optischen Leistung immer noch so schlecht, daß viele angesehene Wissenschaftler für mikroskopische Untersuchungen das einfache Instrument bevorzugten. Der englische Botaniker ROBERT BROWN (1773–1858) beispielsweise, einer der größten Pflanzenkenner seiner Zeit und ausgezeichneter Morphologe, entdeckte mit dem einfachen Mikroskop den Kern („nucleus") der Pflanzenzelle und um 1830 in der Zitterbewegung einzelner Pollenkörner die später nach ihm benannte BROWNsche Molekularbewegung.

Die zusammengesetzten Instrumente ließen im allgemeinen noch um die Wende vom 18. zum 19. Jahrhundert keine Auflösung von Details unter 5 μm zu. Das Universalmikroskop von GEORGE ADAMS D. J. erreichte bei 560facher Vergrößerung diesen Wert, aber nicht weniger. Da die Objektive nicht korrigiert waren, konnte die Abbildungsqualität auch gar nicht besser sein. Die Versuche der ADAMS' und anderer Instrumentenbauer, den Farbenfehler und die Bildverzeichnung durch Hinzufügen weiterer Linsen oberhalb des Objektivs zu beheben, führten zu einem derart starken Anwachsen des Öffnungsfehlers, daß ihre Mikroskope häufig schlechter waren als ältere Instrumente mit weniger Linsen.

Dem Öffnungsfehler, der sich störend bei den kurzbrennweitigen Linsen starker Objektive bemerkbar machte, versuchte man nach wie vor durch Abblenden der Randstrahlen beizukommen. Es war damals noch unbekannt, daß ein kleiner Öffnungswinkel des vom Präparat ins Objektiv eintretenden Lichtbündels nicht nur geringe Bildhelligkeit, sondern vor allem auch eine schlechte Auflösung zur Folge hat. Der Engländer JOSEPH JACKSON LISTER (1786–1869) wies 1810 wohl als einer der ersten auf diesen Zusammenhang hin. Sein Landsmann, der Mikroskopiker C. R. GORING, beobachtete 1827 an Schmetterlingsschuppen, daß die mikroskopisch feine Streifung mit zunehmendem Öffnungswinkel besser zu erkennen war. Er bemerkte auch schon bei schiefer Beleuchtung eine verbesserte Auflösung.

Es bestanden weiterhin noch Unklarheiten über das Zusammenspiel von Objektiv und Okular, so daß häufig für schwache und noch dazu stark abgeblendete Objektive sehr starke Okulare benutzt wurden, um hohe Gesamtvergrößerungen zu erreichen. Da die Auflösung des Mikroskops allein durch das Objektiv und dessen numerische Apertur bestimmt wird (s. Anhang), konnten derartige Kombinationen also prinzipiell nicht zum gewünschten Erfolg führen – im Gegenteil. Die Vergrößerungen wurden oft viel zu hoch gewählt und waren deshalb „leer". Grob vereinfacht läßt sich eine leere Vergrößerung am Beispiel eines mit dem Rasterverfahren gedruckten Zeitungsbildes erklären. Ab einer bestimmten Nachvergrößerung werden in einem solchen Bild die einzelnen Rasterpunkte für unser Auge sichtbar. Jede weitere Vergrößerung fördert keine neuen Bilddetails zutage, kann aber solche durch Abbildungsfehler vortäuschen.

In dem festen Glauben, daß all diese Mängel des zusammengesetzten Mikroskops zu beseitigen wären, beschäftigten sich seit etwa Mitte des 18. Jahrhunderts Gelehrte, praktische Optiker und begeisterte Amateure mit Versuchen zur Achromatisierung des Objektivs. An den Vorarbeiten für den schließlich im ersten Drittel des 18. Jahrhunderts gelungenen Durchbruch des zusammengesetzten Mikroskops waren Holländer, Russen, Engländer, Deutsche und Franzosen beteiligt.

Die ersten praktischen Versuche zur Beseitigung des Farbenfehlers galten dem Teleskop. Das ist nicht weiter verwunderlich, denn Objektivlinsen eines Fernrohrs sind relativ groß und deshalb einfacher herzustellen als die winzigen Linsen starker Mikroskopobjektive. Außerdem bestand zu jener Zeit noch weitaus mehr Interesse an Fernrohren als an Mikroskopen. Bis zu Anfang des 19. Jahrhunderts wurden offenbar keine ernsthaften Versuche unternommen, Technologien zur Herstellung solcher Linsen zu entwickeln.

Sowohl die achromatische Linsenkombination des CHESTER MOOR HALL aus dem Jahre 1733 als auch jene von JOHN DOLLOND waren also nur für das Fernrohr gedacht. Es ist vielleicht nicht uninteressant, daß DOLLOND bis 1752 eine Seidenweberei betrieben hatte, bevor er sich an dem Optikgeschäft seines Sohnes PETER (1730–1820) beteiligte. Er war demnach eigentlich ein Amateur, hatte sich aber bereits als Schüler mit optischen und geometrischen Problemen beschäftigt. 1755 soll der schwedische Mathematiker SAMUEL KLINGENSTIERNA (1698–1765) DOLLOND seine theoretischen Vorstellungen zur Möglichkeit der Achromatisierung mitgeteilt haben, die den Instrumentenbauer zur Wiederholung der NEWTONschen Versuche anregten. – 1758 erhielt DOLLOND ein Patent auf seine achromatischen Fernrohre. Es mußten dann noch fast 70 Jahre vergehen, bevor achromatische Objektive auch in Mikroskopen allgemein üblich wurden.

Auch der große LEONHARD EULER (1707–1783) beschäftigte sich mit dem Farbenfehler des Mikroskops. Anfangs vertrat er die Meinung, daß durch sorgfältiges Berechnen der Krümmungen aller Linsen sowie ihrer Abstände allein schon Achromasie erreicht werden könnte. Deswegen wurde er von DOLLOND scharf angegriffen. Später setzte der geniale Mathematiker seine theoretischen Studien hierzu an der Petersburger Akademie fort und berechnete ein Objektiv aus zwei konvexen Kronglaslinsen und einer konkaven Flintglaslinse.

1773 wurde diese Rechnung durch den Schüler und Freund EULERS, NICOLAUS FUSS (1755–1826), erweitert und zur Grundlage für die Konstruktion achromatischer Mikroskope durch die Russen I. I. BELJAJEW – er arbeitete von 1725 bis Ende des 18. Jahrhunderts in der optisch-mechanischen Werkstätte der Petersburger Akademie – und I. P. KULIBIN (1735–1818). Diese Instrumente sind aber wahrscheinlich nie gebaut worden, weil die hohen Genauigkeitsforderungen EULERS sich mit der damaligen Fertigungstechnologie noch nicht befriedigen ließen.

Zehn Jahre später griff der russische Staatsrat FRANZ AEPINUS (1724–1802) in Petersburg die alte Idee wieder

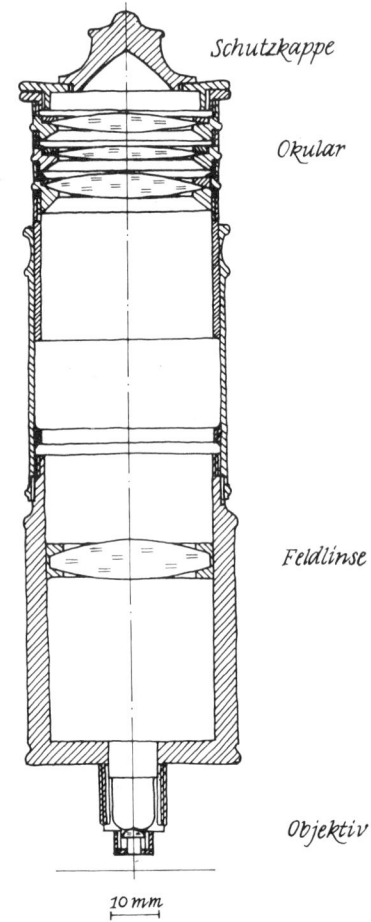

Schnitt durch ein DELLEBARRE-Mikroskop

auf, ein verlängertes Fernrohr als Mikroskop zu verwenden – nun allerdings mit einem achromatischen Objektiv. Darüber wurde 1784 in den „Göttingischen Anzeigen von gelehrten Sachen" berichtet. Der aus Rostock stammende Physiker und Astronom wollte damit die Schwierigkeiten der Herstellung kleiner achromatischer Objektivlinsen eines Mikroskops umgehen. Das von ihm konstruierte Instrument (s. S. 121) hatte eine Länge von „nahezu vier Fuß" und war deshalb recht unhandlich. Es ließ Vergrößerungen zwischen 60× und 70× zu. L. OTTO schrieb 1959 über das „Megaloskop" des AEPINUS: „Dieses Gerät ist mit seinem 90 cm langen Ausziehtubus und seinem achromatischen Objektiv der Brennweite 175 mm ein auf kürzeste Gegenstandsweite korrigiertes Fernrohr."

1808, also sechs Jahre nach AEPINUS' Tod, wurden noch zwei solcher Geräte nach seinen Berechnungen hergestellt. Bei 120facher Vergrößerung sind damit 2,5 μm aufgelöst worden – ein ausgezeichnetes Ergebnis zu jener Zeit. Eines dieser Instrumente erwarb 1827 die Petersburger Akademie; es ist heute im Polytechnischen Museum Moskau ausgestellt. Das andere befand sich lange Zeit im Physikkabinett der Dorpater (heute Tartu, Estnische SSR) Universität und ging erst während der deutschen Besetzung im Zweiten Weltkrieg verloren. – AEPINUS hat mit seiner Konstruktion keine Nachfolger gefunden.

Ein Optiker, dessen Versuche zur Achromatisierung völlig erfolglos blieben, war der Franzose LOUIS FRANÇOIS DELLEBARRE (1726–1805). Dieser ausgezeichnete Instrumentenbauer emigrierte 1769 nach Holland und begann 1770 in Den Haag „achromatische" Mikroskope zu fertigen. Später kehrte er nach Frankreich zurück und setzte die Arbeiten in Paris fort. Seine Mikroskope wurden 1777 von der französischen Akademie der Wissenschaften sehr gelobt, und bedeutende Männer jener Zeit wie BENJAMIN FRANKLIN (1706–1790), JEAN BAPTISTE LAMARCK (1744–1829), ANTOINE LAURENT LAVOSIER (1743–1794), GEORGES DE CUVIER (1769–1832) und auch JOHANN WOLFGANG VON GOETHE haben damit gearbeitet. DELLEBARRE versuchte bei diesen Geräten dem Farbenfehler durch Veränderungen am Okular beizukommen – natürlich ohne Erfolg. Dazu ordnete er mehrere Bikonvexlinsen aus Kron- und Flintglas in Kontakt miteinander an. Die nebenstehende Skizze zeigt den Schnitt durch ein derartiges viellinsiges „achromatisches" Mikroskop. Auf S. 121 ist ein Foto des Geräts wiedergegeben.

Das Wort achromatisch steht in Anführungszeichen, weil die Mikroskope des Franzosen natürlich nichts weniger als achromatisch waren. 1796 zog DELLEBARRE selbst dieses Prädikat zurück und entfernte auch die überflüssigen Flintglaslinsen aus dem Okular.

In der Zeit zwischen 1790 und 1824 gab es dann eine ganze Reihe voneinander unabhängiger Versuche zur Herstellung achromatischer Mikroskopobjektive. Als erster soll wieder ein Amateur, der Amsterdamer Kavallerieoberst FRANÇOIS BEELDSNYDER (1755–1808) genannt werden. Er hat 1791 eine Linsenkombination berechnet und hergestellt, die wohl das erste praktisch brauchbare achromatische Mikroskopobjektiv gewesen ist, das auf theoretischen Grundlagen basierte. Sie bestand aus zwei bikonvexen Kronglaslinsen, zwischen denen eine Konkavlinse aus Flintglas angeordnet war. Die drei Linsen trennte ein relativ breiter Luftspalt voneinander. Das gesamte System hatte 21 mm Brennweite und ließ bei der geringen Vergrößerung von 20× eine Auflösung um 10 μm zu. Das BEELDSNYDERsche Objektiv ist erhalten geblieben und wird an der Universität Utrecht aufbewahrt.

Zwei weitere Pioniere bei der Konstruktion achromatischer Mikroskoplinsen waren JAN VAN DEYL (oder DEIJL) (1715–1801) und sein Sohn HARMANUS (1738–1809) – ebenfalls in Amsterdam –, die 1762 ihr erstes achromatisches Fernrohr entwickelten und nach

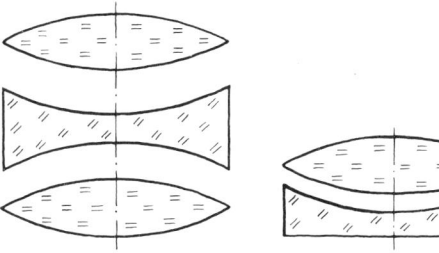

Achromatische Linsenkombinationen von F. BEELDSNYDER (links, 1791) und Vater und Sohn v. DEYL (rechts, nach 1762)

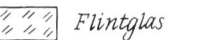 *Flintglas*    *Kronglas*

eigenen Angaben kurz darauf mit Versuchen zu achromatischen Mikroskopobjektiven begannen. HARMANUS schrieb darüber 1807: „Um einen Versuch zu machen, berechneten wir sehr genau die kugelrunde Form für ein derartiges achromatisches Mikroskopglas von 3/4 Zoll Brennweite. Ich machte sehr genau die Schälchen dazu, und schliff die Gläschen mit größter Aufmerksamkeit und montierte dieselben in ein Spanröhrchen aus Holz, in welches Röhrchen ein anderes Röhrchen mit zwei Augengläsern geschoben wurde, dessen Anordnung auch von uns berechnet worden war, derart, daß das Bild des Gegenstandes zwischen diesen beiden Augengläsern gemacht wurde, und man, durch das Ein- oder Ausziehen dieses Röhrchens die Vergrößerung verringern oder vermehren konnte. Wir hatten damals schon das Vergnügen, daß alles unserer Erwartung entsprach: aber weil wir damals viel mehr zu schaffen hatten mit der Herstellung von achromatischen Fernrohren als wir liefern konnten, und obendrein die Arbeit alle Genauigkeit erforderte um dieselbe zu machen, so beschlossen wir, dieselbe bei einer besseren Gelegenheit weltkundig zu machen; aber dieselbe kam nicht bald."

Das hölzerne Probeinstrument der VAN DEYLS existiert leider nicht mehr. Es war wohl das erste achromatische Mikroskop, über das je berichtet worden ist. In der Folgezeit – also nach dem eben beschriebenen Versuch – produzierten die beiden Optiker jedoch durchweg Mikroskope, die nicht korrigiert waren und deren optische Qualität kaum überzeugen konnte, wie moderne Untersuchungen an den erhalten gebliebenen Exemplaren ausweisen. Erst rund vierzig Jahre später, zwei Jahre vor seinem Tode, arbeitete HARMANUS seine Ideen zu den achromatischen Mikroskopen weiter aus und begann mit der Herstellung korrigierter Objektive. In den Niederlanden sind fünf Instrumente davon erhalten geblieben.

Die Mikroskope sollen ebene und gut farbkorrigierte Bilder liefern, wobei es allerdings zwischen den einzelnen Exemplaren beträchtliche Qualitätsschwankungen gibt. Mit rund $5\,\mu$m ist die Auflösung nicht besser als die der chromatischen Geräte jener Zeit; aber das ist bei den großen Brennweiten der Objektive, die nur kleine Öffnungswinkel zulassen, auch nicht anders zu erwarten.

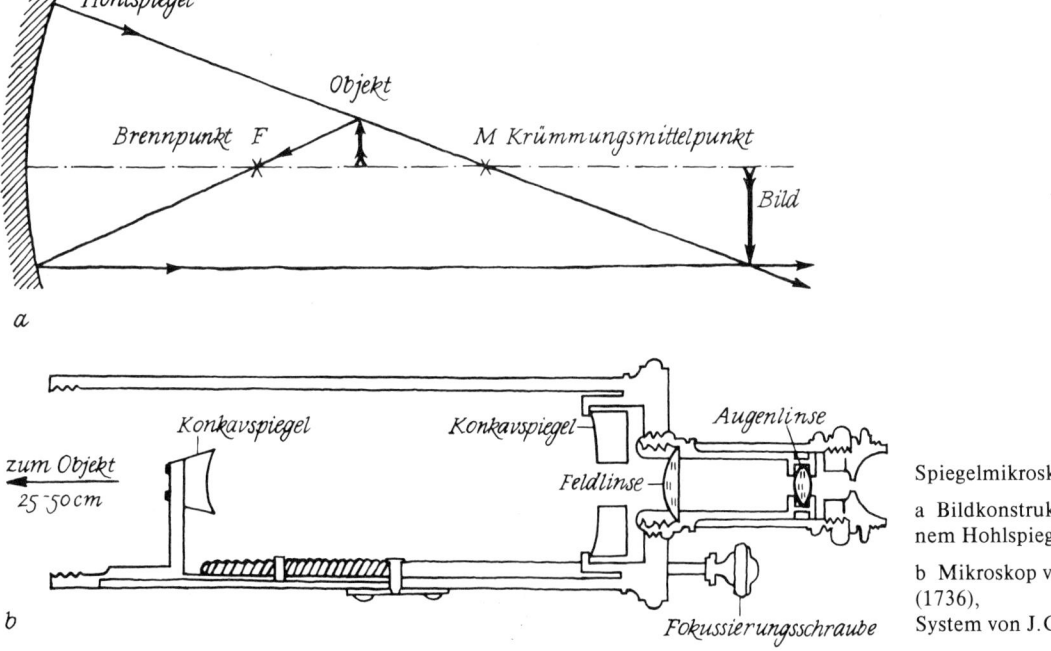

Spiegelmikroskope

a Bildkonstruktion an einem Hohlspiegel;

b Mikroskop von R. BARKER (1736),
System von J. GREGORY;

Die ersten achromatischen Objektive brachten also noch keine Umwälzung für die Mikroskopie. Mit den langbrennweitigen Kombinationen aus Kron- und Flintglas konnte grundsätzlich nur eine kleine numerische Apertur und damit eine unbefriedigende Auflösung erreicht werden. Das gilt auch für die ansonsten ausgezeichneten Objektive eines der größten Optiker des 19. Jahrhunderts, des Deutschen JOSEPH FRAUNHOFER (1787–1826). Seine Mikroskope waren technisch ihrer Zeit weit voraus und mechanisch ausgezeichnet gearbeitet. Das Bild auf S. 122 zeigt eines dieser Instrumente, das sich im Deutschen Museum in München befindet. Das Scharfstellen erfolgte über einen Zahntrieb an der senkrechten quadratischen Säule. Das Mikroskop ist sehr stabil gefertigt. Es war nicht für die Masse der unterhaltungsuchenden „Salonmikroskopiker" bestimmt, sondern ein ausgefeiltes Instrument für Spezialisten. Die Auflösung wird mit 3 µm angegeben.

FRAUNHOFER gab jedem Mikroskop einen Satz von 6 Objektiven bei, die allerdings jeweils nur aus einem achromatischen Dublett bestanden und deshalb keine hohe Apertur zuließen. Außerhalb Deutschlands wurden seine Instrumente kaum verkauft.

Der Lebensweg des genialen Gelehrten verlief recht ungewöhnlich. Als elftes Kind eines Glasers wurde JOSEPH FRAUNHOFER am 6. März 1787 in Straubing (Bayern) geboren. Seine Schulbildung war äußerst mangelhaft, denn als er nach dem Tode seiner Eltern 1799 zu einem Glaser und Zieratschleifer nach München in die Lehre kam, konnte er zwar lesen, aber weder schreiben noch rechnen. Sein Lehrherr beutete ihn hemmungslos aus und verbot dem aufgeweckten Jungen sogar jegliche weitere schulische Ausbildung. Doch FRAUNHOFER hatte Glück im Unglück: Beim Einsturz des Hauses seines Meisters im Jahre 1801 kam er mit dem Schrecken davon und wurde anschließend vom Kurfürsten, der bei

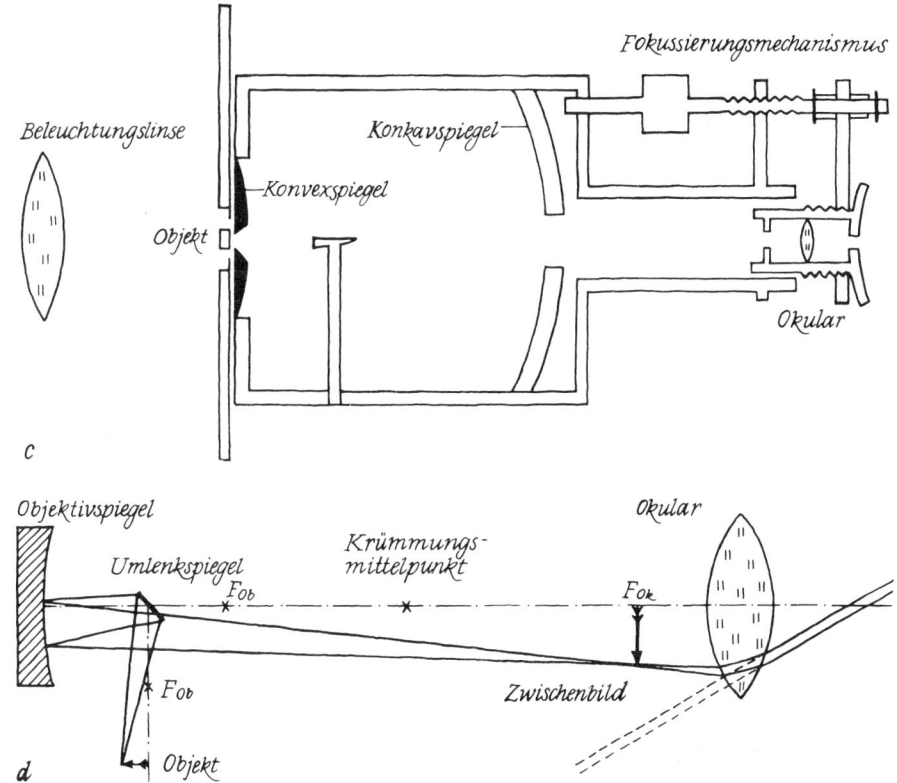

c Mikroskop von SMITH (1738), System von CASSEGRAIN;

d Mikroskop von G. B. AMICI (um 1820)

den Rettungsarbeiten zugegen war, durch ein Geldgeschenk von seinem Unterdrücker befreit. Er lernte den Fabrikanten JOSEPH UTZSCHNEIDER (1763–1840) kennen, trat in dessen Betrieb ein und machte nun in kürzester Frist eine erstaunliche Karriere, die ihn schnell zum fachlichen Leiter und schließlich sogar Teilhaber des bekannten optischen Unternehmens werden ließ, das zunächst in Benediktbeuren und dann in München angesiedelt war.

Aus dem ungebildeten Lehrling wurde in wenigen Jahren ein angesehener Gelehrter und praktischer Optiker, der in deutsch und französisch schwierige mathematische Abhandlungen verfaßte. Allgemein bekannt ist seine Entdeckung der dunklen Linien (Fraunhofersche Linien) im Sonnenspektrum, die er zur genauen Bestimmung der Brechzahl und der Dispersion optischer Gläser nutzte. Mehr als 500 solcher Linien hat FRAUNHOFER selbst vermessen. Von großer Bedeutung sind seine Arbeiten zur Beugung des Lichts.

Sein theoretisches Genie verband sich mit einer außerordentlichen praktischen Begabung. Größte Erfolge hatte er beim Erschmelzen optischer Gläser, die führende englische Produkte jener Zeit weit übertrafen. FRAUNHOFER ist unumstritten Begründer der wissenschaftlichen Glasmacherkunst. Nach seinem Tode stagnierte die Entwicklung auf diesem Gebiet. Sie wurde erst ab 1882 durch OTTO SCHOTT (1851–1935) in Jena in glänzender Weise fortgeführt.

FRAUNHOFER erfand auch eine Reihe technischer Hilfsmittel, von denen ich nur seine Poliermaschine, eine Pendelschleifmaschine und das Sphärometer erwähnen möchte. Er war zu jener Zeit gerade zwanzig Jahre alt. – Über die Grenzen Deutschlands hinaus berühmt machte ihn sein 9-Zoll-Fernrohr für die Sternwarte in Dorpat, das er 1824 fertigstellte. WILHELM VON STRUVE (1793–1864), der Leiter dieser Sternwarte, machte mit jenem Instrument viele Entdeckungen. DIETER B. HERRMANN schrieb 1978: „Die Doppelsternbeobachtungen, für die das Fernrohr eigentlich hergestellt worden war, gehören zu dem kostbarsten Schatz der beobachtenden Astronomie des 19. Jahrhunderts."

Nach FRAUNHOFERS Tod übertrug UTZSCHNEIDER die Leitung der optischen Abteilung seines Instituts GEORG MERZ (1793–1867), der bei dem großen Gelehrten seine optische Ausbildung erhalten hatte. 1839 kaufte MERZ

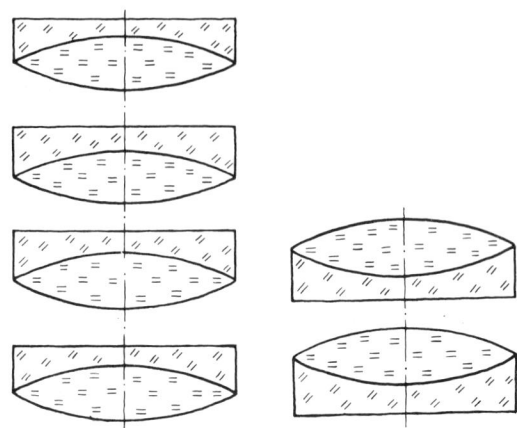

Achromatische Satzobjektive von M. SELLIGUE (links) und CH. CHEVALIER (rechts)

 *Flintglas* *Kronglas*

das ganze Institut und führte es von 1845 an gemeinsam mit seinem Sohn SIGMUND (1824–1908) unter dem Namen G. und S. Merz.

Einer der letzten großen Wissenschaftler, die sowohl das Mikroskop wesentlich verbesserten als auch mit diesem Gerät bedeutende Entdeckungen machten, war der Italiener GIOVANNI BATTISTA AMICI (1786–1863). Der Optiker, Astronom und renommierte Botaniker zählt zu den berühmtesten Experimentatoren des 19. Jahrhunderts. Mit seinen ausgezeichneten Mikroskopen entdeckte er u. a. 1823 die Strömung des Protoplasmas in der Pflanzenzelle. 1830 beobachtete er als erster das Wachstum und die Struktur des Pollenschlauches bei der Befruchtung.

Prof. AMICI, Direktor des Observatoriums in Florenz, wandte sich der Konstruktion von Spiegelobjektiven zu, nachdem er sehr viel Mühe auf die Herstellung achromatischer Linsenobjektive verwendet hatte und mit dem Erfolg dieser Arbeiten nicht zufrieden war. Die Mikroskope lieferten zwar farbkorrigierte Bilder, dafür machte sich aber wegen der zusätzlichen Linsen die sphärische Aberration störend bemerkbar.

Schon NEWTON hatte den Bau von Spiegelmikroskopen vorgeschlagen, weil er die Achromatisierung der Linseninstrumente für undurchführbar hielt. Bereits

1763 hat der Engländer R. BARKER ein Spiegelmikroskop angegeben, dem 1738 sein Landsmann SMITH mit einem anderen Prinzip folgte. Auch BENJAMIN MARTIN stellte 1759 Versuche mit Spiegelobjektiven an. Diese Geräte nutzten – wie auch alle späteren – nur für das Objektiv einen oder mehrere Spiegel; das Okular wurde weiterhin aus Linsen gefertigt. Optische Instrumente mit Spiegeln nennt man katoptrisch, solche mit Linsen dioptrisch. Da die Spiegelmikroskope eine Mischung aus beiden Typen sind, tragen sie die Bezeichnung katadioptrisch. Die katadioptrischen Mikroskope führten jedoch auch im 19. Jahrhundert nicht zu dem erhofften Durchbruch für das zusammengesetzte Instrument, weil es kaum weniger schwierig war, kleine Konkav- und Konvexspiegel mit exakt vorgeschriebener Krümmung zu schleifen als winzige Objektivlinsen.

Trotzdem gelang es dem geschickten AMICI, ausgezeichnete Spiegelmikroskope zu fertigen, die er um 1820 der Öffentlichkeit vorstellte. AMICI verwendete als Objektiv einen elliptischen Spiegel in einem waagerechten Tubus, auf das Licht vom Objekt, das sich nahe dem einen der beiden Brennpunkte des Spiegels befand, über einen kleinen Planspiegel gelenkt wurde. In der Nähe des zweiten Brennpunktes entstand dann das vergrößerte reelle Bild und konnte mit dem Okular beobachtet werden. Dieses Bild war völlig achromatisch und im Zentrum des Sehfeldes nahezu fehlerfrei (s. S. 113). – AMICI änderte die Vergrößerung dieses Mikroskops, indem er unterschiedlich starke Okulare benutzte.

Nachdem AMICI sein katadioptrisches Mikroskop verschiedenen Wissenschaftlern in Paris gezeigt hatte, begannen auch andere Instrumentenbauer wieder Spiegelmikroskope herzustellen. In London fertigte JOHN CUTHBERT noch 1926 einige dieser Geräte. In Holland baute der aus Friesland gebürtige SYDS JOHANNESZ RIENKS 1822 ein katadioptrisches Mikroskop, das eine numerische Apertur von 0,3 aufwies und damit eine Auflösung von etwa 1,7 μm zuließ – das war mit keinem der damals erhältlichen zusammengesetzten dioptrischen Mikroskope zu erreichen.

Auch CHARLES CHEVALIER (1804–1859), der gemeinsam mit seinem Vater JAQUES LOUIS VINCENT CHEVALIER (1770–1841) in Paris optische und mathematische Instrumente herstellte, versuchte sich – allerdings nicht besonders erfolgreich – an Spiegelmikroskopen. Doch dann gelang es ihm mit Hilfe von M. SELLIGUE, das zusammengesetzte Mikroskop entscheidend zu verbessern. Darüber soll jetzt berichtet werden.

Am 5. April 1824 führte der Physiker AUGUSTIN JEAN FRESNEL (1788–1827) der Akademie der Wissenschaften in Paris ein Mikroskop vor, das die CHEVALIERS nach Angaben des Mechanikers SELLIGUE gefertigt hatten. Letzterem war 1823 der kluge Gedanke gekommen, mehrere schwache achromatische Dubletts – die Brennweite der einzelnen Paare betrug nicht weniger als 40 mm – zu einem Objektiv zusammenzuschrauben, das damit zugleich achromatisch und kurzbrennweitig war. Die Idee der Kombination mehrerer langbrennweitiger Linsen zu einem System mit kurzer Brennweite hatten schon STURM 1676 und ADAMS 1770 verwirklicht, aber ohne achromatische Linsen zur Verfügung zu haben. Wahrscheinlich fanden sie deshalb auch keine Nachahmer.

SELLIGUES Mikroskop (s. Foto auf S. 122) wurde sehr gelobt, obwohl es eigentlich keine besonders guten Er-

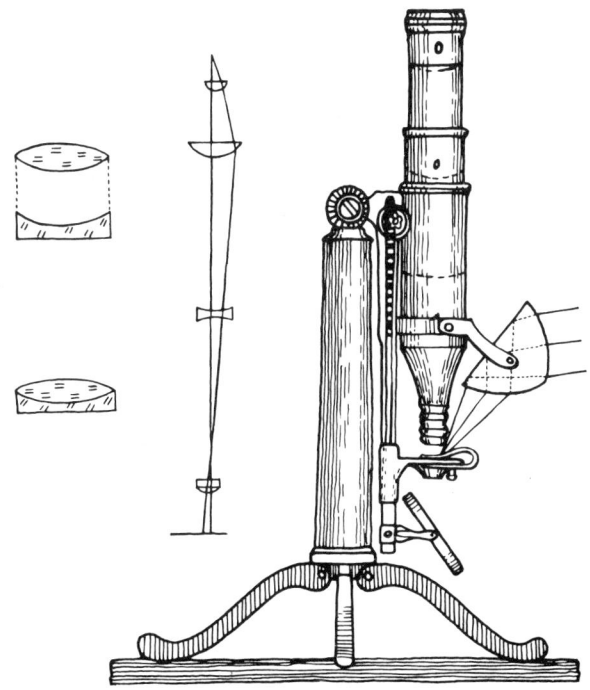

Schnitt durch das SELLIGUE-Mikroskop
Man beachte das Beleuchtungsprisma

gebnisse lieferte und auch nicht liefern konnte, denn der Erfinder hatte die Linsenpaare aus je einer bikonvexen Kronlinse und einer plankonkaven Flintlinse mit der konvexen Seite dem Objekt zugekehrt und damit „wenig Einsicht in die Bedingungen der Aufgabe" bewiesen, wie Hans Boegehold (1876–1965) 1924 schrieb. In dieser Stellung war das Objektiv nämlich für unendlich ferne Punkte einigermaßen chromatisch und sphärisch korrigiert, nicht aber für sehr nahe Gegenstände, wie sie mit dem Mikroskop betrachtet werden. Nur in umgekehrter Lage sind die Dubletts aus Kron- und Flintglaslinsen für Mikroskope geeignet.

Charles Chevalier erkannte diesen Mangel bald und wählte für seine achromatischen Satzobjektive die richtige Anordnung der Dubletts. Im historischen Teil seines Buches „Des Microscopes et de leur Usage" schrieb er 1839 über sein achromatisches Mikroskop sehr selbstbewußt und ohne Selligue, mit dem er inzwischen zerstritten war, zu nennen: „In dem Capitel vom zusammengesetzten Mikroskope wird man eine Erzählung der Versuche finden, welche ich 1823 unternahm, und welche von dem vollkommensten Erfolge gekrönt wurden. Ich hoffe, daß die Veränderungen und Vervollkommnungen, denen ich sowohl den mechanischen als den optischen Theil des Apparates unterworfen habe, ein Mikroskop bilden, welches zu allen Arten von Beobachtungen tauglich ist, da der Beifall, den es gefunden, sich noch alle Tage mehr verbreitet hat; aber weit entfernt, nach diesen Erfolgen mich der Ruhe zu überlassen, stelle ich beharrlich neue Nachforschungen an. Die Neigung, welche ich zu meinen Lieblingsarbeiten habe, und der gute Rath, mit dem mich die ausgezeichnetsten Gelehrten unterstützen, bringen vielleicht noch glückliche Verbesserungen an den Tag; mein heißestes Verlangen ist es." (aus der deutschen Ausgabe von 1843)

Der Instrumentenbauer führte zugleich mit den Satzobjektiven noch einen technischen Fortschritt der Fernrohrfertigung auch in den Mikroskopbau ein – er kittete die beiden Linsen der Dubletts mit Kanadabalsam zusammen und beseitigte damit den noch bei van Deyl vorhandenen Luftspalt, der zu Reflexionsverlusten an den Linsenoberflächen führte.

In England untersuchte der bereits erwähnte Joseph Jackson Lister sehr sorgfältig achromatische Objektive von Chevalier und fand, daß sie trotz angeblich guter sphärischer Korrektur stark abgeblendet waren. Der englische Weinhändler mit seiner ganz gewöhnlichen Schulbildung und ohne Kenntnisse höherer Mathematik – also wieder ein Amateur – fand bei diesen wissenschaftlichen Untersuchungen die sogenannten aplanatischen Punkte eines Linsensystems. Er erkannte, daß die Objektive besser waren, als die Hersteller vermuteten. Die Dubletts darin mußten nur in einem ganz bestimmten Abstand zueinander angeordnet werden. Dann konnte nicht nur der Farbenfehler, sondern auch die sphärische Aberration und sogar die Koma drastisch reduziert werden – und das bei wesentlich vergrößerter numerischer Apertur.

Lister trug in den folgenden Jahren sehr viel zum Ausbau der Führung des englischen Mikroskopbaus bei. Er arbeitete mit dem wahrscheinlich besten englischen Mikroskophersteller Andrew Ross (1798–1859) zusammen, der kurz vor seinem Tode ein Objektiv mit 170° Öffnungswinkel herstellte, was einer numerischen Apertur von 0,996 entspricht. Mehr ist mit Trockenobjektiven nicht zu erreichen, und Mikroskope dieses Typs waren damit bis an ihre theoretische Auflösungsgrenze herangeführt worden. Bei gerader Beleuchtung konnten nun 0,5 μm anstatt der bis dahin üblichen 5 μm aufgelöst werden.

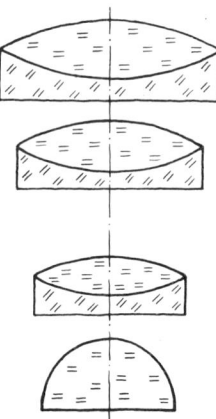

Achromatisches Objektiv mit halbkugeliger Frontlinse von G. B. Amici

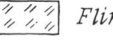 *Flintglas*  *Kronglas*

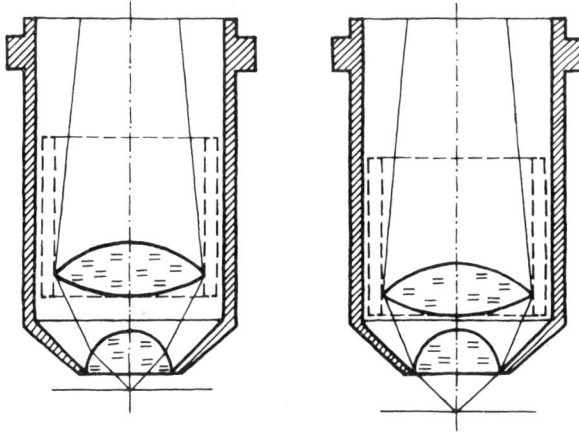

Objektiv mit Korrektionsfassung zum Ausgleich unterschiedlicher Deckglasdicken

Auf dem europäischen Kontinent wandte sich AMICI, angespornt durch die Erfolge CHEVALIERS, ebenfalls wieder dem dioptrischen Mikroskop zu. 1827 stellte er Objektive aus drei Linsenpaaren mit hoher Apertur her. Im Gegensatz zu LISTER hat er nicht versucht, alle Dubletts für sich sehr genau zu korrigieren, sondern er kombinierte bewußt sphärisch unter- und überkorrigierte Paare miteinander, wodurch das gesamte System noch leistungsfähiger wurde. AMICI behielt auch für diese Mikroskope den waagerechten Tubus seines katadioptrischen Instruments bei. Zum Scharfstellen wurde der Objekttisch über einen Zahntrieb bewegt. Das Farbbild auf S. 103 zeigt ein solches Instrument mit einem starken Satzobjektiv aus dem Jahre 1845.

Um den Öffnungswinkel des Objektivs zu vergrößern, führte AMICI in den fünfziger Jahren des vergangenen Jahrhunderts die nahezu halbkugelige Frontlinse in das Mikroskop ein. Die nebenstehende Strichzeichnung zeigt ein derartiges Objektiv im Schnitt. AMICI hat für seine Konstruktionen bis zu 5 verschiedene Glassorten verwendet.

Die Mikroskopie verdankt AMICI noch zwei weitere wichtige Entdeckungen. Da ist zunächst der Einfluß des Deckglases auf die Bildgüte. Bekanntlich wurden und werden die meisten mikroskopischen Präparate mit einem Deckgläschen gegen Umwelteinflüsse geschützt. Früher waren diese Glasscheibchen oft bis zu einigen

Millimetern stark, während man sie heute meistens 0,17 mm dick macht. Bei Objektiven mit hoher Apertur bemerkte AMICI einen negativen Einfluß dieses Deckgläschens auf die sphärische Korrektur seines Mikroskops und erkannte als Ursache die Brechung in dem Glasplättchen. Er gab daraufhin seinen Mikroskopen mehrere Objektive gleicher Apertur bei, die jeweils für ein Deckglas bestimmter Dicke korrigiert waren. ANDREW ROSS in London fand später auf der Basis theoretischer Untersuchungen von LISTER eine elegantere Lösung, indem er Objektive mit Korrektionsfassung herstellte. Damit ließ sich der Abstand zwischen der Frontlinse und den anderen Gläsern des Objektivs zur Anpassung an die Deckglasdicke verändern. Dieses Prinzip ist 1855 durch den Engländer WENHAM verbessert worden und wird bis heute an Trockenobjektiven mit Aperturen ≧ 0,8 genutzt.

Die zweite wichtige Entdeckung AMICIS ist das Immersionsprinzip (von immergere [lat.] = eintauchen). Bringt man eine klare Flüssigkeit zwischen Deckgläschen und Objektiv und läßt die Frontlinse in diese Flüssigkeit eintauchen, dann wird der negative Einfluß des Deckgläschens stark herabgesetzt. Außerdem nimmt die numerische Apertur zu – die Auflösung wird besser.

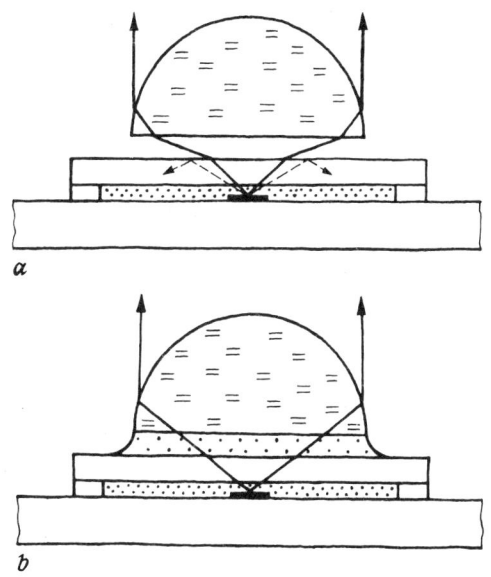

Das Immersionsprinzip
Objektiv ohne (a) und mit Wasserimmersion (b)

AMICI führte diese Neuerung um 1847 ein und benutzte Wasser als Immersionsflüssigkeit. 1855 stellte er seine Erfindung der wissenschaftlichen Welt in Paris vor. Wenig später rüsteten auch andere Instrumentenbauer ihre Mikroskope mit Immersionsobjektiven aus. – Den Vorschlag, eine Flüssigkeit zwischen Präparat und Objektivlinse einzubringen, hatte der englische Wissenschaftler DAVID BREWSTER (1781–1868) bereits 1813 gemacht. Er dachte dabei aber wohl mehr an eine Schonung der Untersuchungsobjekte, die meistens in Flüssigkeiten aufbewahrt wurden. Übrigens hatte schon ROBERT HOOKE mit „Immersionsobjektiven" experimentiert.

Können Diamanten das einfache Mikroskop retten?

Durch die Achromatisierung des Mikroskopobjektivs konnten der Farbenfehler und auch die sphärische Abweichung so weit zurückgedrängt werden, daß mit dem zusammengesetzten Mikroskop die Leistung des einfachen Instruments deutlich übertroffen wurde. Aus der nebenstehenden Grafik ist die ab etwa 1830 einsetzende drastische Verbesserung der Auflösung oder des „unterscheidenden Vermögens", wie man damals auch sagte, abzulesen. Als später nach und nach auch die Okulare, Zwischenlinsen, Kondensoren und Kollektoren achromatisiert wurden, entwickelte sich das Mikroskop zum perfekten Forschungsinstrument.

Das einfache Mikroskop stand im Zenit seiner Entwicklung, als es durch das zusammengesetzte Instrument von seiner führenden Position verdrängt wurde. Große Männer hatten sich dieses Gerätes bedient und bedeutende Entdeckungen damit gemacht. Von ROBERT BROWN und „seiner" Molekularbewegung ist im vorangegangenen Abschnitt bereits berichtet worden. Er benutzte einfache Mikroskope der Firma DOLLOND, die bis ins frühe 20. Jahrhundert existierte. Die stärkste seiner Linsen soll 700fach vergrößert haben.

Auch KARL ERNST VON BAER (1792–1828), der bedeutende deutsche Embryologe, bevorzugte das einfache Mikroskop und entdeckte damit 1826/27 das Säugetierei.

THEODOR SCHWANN (1810–1882) machte seine Untersuchungen, die ihn gemeinsam mit MATTHIAS JAKOB

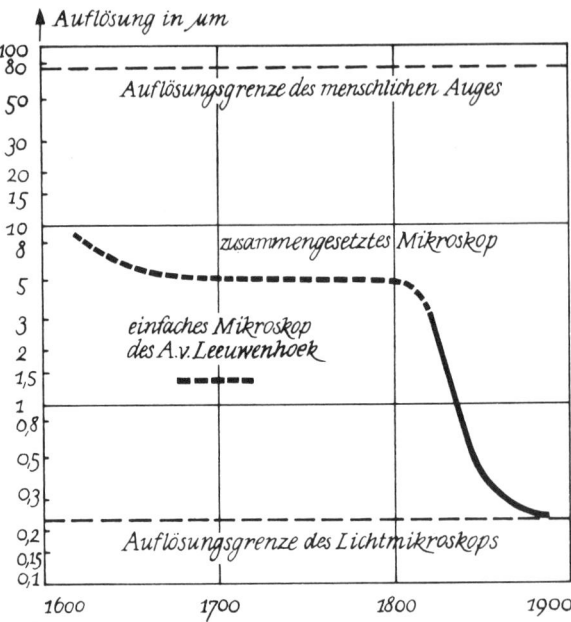

Die Verbesserung der Auflösung des Lichtmikroskops von den Anfängen bis Ende des 19. Jahrhunderts

SCHLEIDEN (1804–1881) 1838/39 zur Begründung der Zelltheorie führten, ebenfalls mit dem einfachen Instrument. SCHWANN tötete außerdem Mikroben durch Erhitzen ab und widerlegte damit die immer noch herumspukende Urzeugungslehre. Er führte die Fäulnis auf Keime in der Luft zurück und stellte außerdem die organische Natur der Hefezellen zweifelsfrei fest – alles mit Hilfe des einfachen Mikroskops.

Sogar CHARLES DARWIN (1809–1882), Begründer der Lehre von der stammesgeschichtlichen Entwicklung der Organismen, gab dem einfachen Instrument den Vorzug. Die Optiker SMITH und BECK in London fertigten um 1850 für ihn ein Mikroskop, das dem um einhundert Jahre älteren ELLISSCHEN Wassermikroskop von CUFF täuschend ähnlich sah und nur über eine bessere Feineinstellung verfügte als jenes Instrument.

Doch auch die glanzvollen Namen der genannten Gelehrten konnten den Sturz des einfachen Mikroskops nicht aufhalten. Zu groß waren die Vorteile des zusammengesetzten Instruments – beispielsweise der größere Arbeitsabstand bei gleicher Vergrößerung und das große, deutlich begrenzte Sehfeld. So wurden schließ-

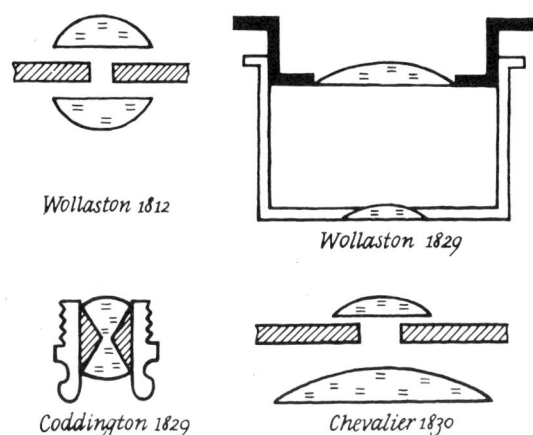

Wollaston 1812

Wollaston 1829

Coddington 1829

Chevalier 1830

Korrigierte Linsen für einfache Mikroskope

lich nur noch Präpariermikroskope mit maximal etwa 120facher Vergrößerung als einfache Instrumente ausgeführt, allenfalls noch für Exkursionszwecke stärkere Geräte. Die einfachen Mikroskope der WILSONS, JOBLOTS usw. wanderten in die Museen.

Trotzdem gab es noch bemerkenswerte, aber auch kuriose Versuche zur Verbesserung der Optik des Gerätes, von denen nun in aller Kürze berichtet werden soll: Da sind zunächst Fortschritte ohne „Achromatisierungseffekt" zu nennen. Eine aus zwei oder mehr Sammellinsen zusammengestellte Anordnung erlaubt bei gleichem Objektabstand eine höhere Vergrößerung als jede Linse für sich allein und bietet außerdem noch die Möglichkeit optischer Korrekturen. Versuche in dieser Richtung sind beim zusammengesetzten Mikroskop mit den Namen DIVINI, STURM, GRIENDEL VON ACH, JOBLOT, ADAMS und anderen verbunden. WILLIAM HYDE WOLLASTON (1766–1828), ein englischer Arzt, der aber ab 1800

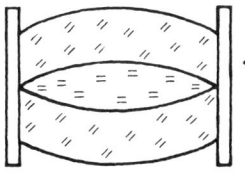

STEINHEIL-Lupe

als Privatmann von dem reichen Ertrag seiner Erfindung zur Schmiedbarkeit des Platins lebte, brachte zwischen zwei Plankonvexlinsen eine Lochblende an und verminderte so die sphärische Aberration erheblich. Sir DAVID BREWSTER (1781–1868), ein bedeutender schottischer Physiker, beseitigte später bei WOLLASTONS Erfindung den störenden Luftspalt, indem er Kugellinsen mit einer Ringnut ausstattete, die als Blende wirkte. HENRY CODDINGTON (?–1845), Vikar von Ware in Hertfordshire, entwickelte daraus 1829 das sogenannte Vogelauge. Im gleichen Jahr hat WOLLASTON dann eine verbesserte Kombination von zwei plankonvexen Linsen angegeben. Der englische Mikroskophersteller ANDREW PRITCHARD (1804–1882) und die CHEVALIERS in Paris verbesserten diese Systeme weiter. Später hat auch die Firma DOLLOND das Prinzip übernommen.

Einen echten Fortschritt brachten die achromatischen Linsen von CARL AUGUST VON STEINHEIL (1801–1870) im Jahre 1864 (patentiert 1865), die zugleich aplanatisch und frei von Astigmatismus waren. Der Aufbau seines Instruments wie auch der übrigen in diesem Abschnitt beschriebenen geht aus der nebenstehenden Zeichnung hervor. STEINHEIL war sehr vielseitig. So entdeckte er die Erdleitung für die Rückführung der Signale in der Telegrafie. Mit FRAUNHOFER war der bedeutende Optiker noch persönlich bekannt. – Abschließend will ich noch auf einige aus heutiger Sicht kurios anmutende Versuche zur Verbesserung des einfachen Mikroskops eingehen.

BREWSTER griff 1819 die Idee der Flüssigkeitslinse von GRAY wieder auf und benutzte neben Rizinusöl, Bernsteinöl und Kanadabalsam auch Schwefelsäure – und das dicht vor dem ungeschützten Auge!

BREWSTER schlug auch vor, die Kristallinsen kleiner Fische für einfache Mikroskope zu verwenden. PIETER HARTING, der schon mehrfach erwähnte berühmte niederländische Mikroskopiker und Mikroskophistoriker des 19. Jahrhunderts, operierte daraufhin die Linse aus dem Auge eines „ganz jungen Aals" heraus und machte daraus ein Mikroskop, das 536× vergrößerte!

Die Ideen BREWSTERS waren damit aber noch nicht erschöpft. 1811 kam ihm der Gedanke, aus Materialien mit sehr hoher Brechzahl Mikroskope fertigen zu lassen. Bei gleicher Vergrößerung (Brennweite) haben derartige Linsen nämlich größere Krümmungsradien und deshalb auch eine geringere sphärische Aberration als Glaslinsen. 1824 schliff dann PRITCHARD auf Anregung des Mikroskopikers Dr. GORING die erste brauchbare Diamantlinse. Diamant hat eine Brechzahl von 2,5, Kronglas dagegen nur 1,5. Andere Instrumentenbauer in ganz Europa folgten, unter ihnen CHEVALIER und OBERHAEUSER in Paris sowie PLÖSSL in Wien. Neben der Härte machten Doppelbrechung und Zwillingsbildung der Edelsteine – es wurden neben Diamant auch Saphir, Granat, Rubin, Beryll und Topas ausprobiert – den Optikern zu schaffen. Die Erfolge waren mäßig und die Preise hoch. Bei PRITCHARD kostete eine Diamantlinse 10 bis 20 Pfund Sterling, PLÖSSL forderte dafür 150 Gulden und bei CHAVALIER mußte man 150 Francs bezahlen. Einen Fortschritt für die Mikroskopie brachte das ganze Unternehmen nicht. JOHN QUEKETT schrieb 1848, daß die Idee mit den Edelsteinlinsen ganz aufgegeben sei, weil Glaskugeln das gleiche leisteten.

So lebte das einfache Mikroskop noch eine Weile im Präparationsinstrument fort, bis es auch auf diesem Gebiet durch das zusammengesetzte Gerät in Gestalt der „stereoskopischen Präpariermikroskope" ersetzt wurde. Heute erinnern nur noch die Lupen an seine große Geschichte.

Der Mikroskopbau wird lukrativ – Firmengründungen in Europa und Amerika

Die gesteigerte Leistungsfähigkeit des zusammengesetzten Mikroskops ließ die Nachfrage nach diesem Gerät sprunghaft anwachsen. Da die etablierten Hersteller optischer und mathematischer Instrumente den großen Bedarf nicht mehr decken konnten, kam es in vielen Ländern zur Gründung neuer Optikfirmen, die sich überwiegend oder ausschließlich mit dem Mikroskopbau beschäftigten. Zumeist waren es versierte Mitarbeiter alteingesessener Betriebe, die die Gunst der Stunde nutzten und sich selbständig machten.

Trotz dieses Aufschwungs konnte sich die Fabrikation der Mikroskope aber noch jahrzehntelang nicht über ein in verhältnismäßig engen Grenzen gehaltenes Handwerkermaß emporschwingen. Durch empirisches Herumtasten verbesserten die Instrumentenbauer das Mikroskop, ohne sich über die wissenschaftlichen Zusammenhänge im klaren zu sein. Jede einzelne Mikroskopoptik wurde durch Probieren, allgemein auch Pröbeln genannt, zusammengestellt. Diese Pröbelei blieb bis zur Revolutionierung des optischen Gerätebaus durch CARL ZEISS (1816–1888), ERNST ABBE (1840–1905) und den Glasfachmann OTTO SCHOTT (1851–1935) die gängige Methode im Mikroskopbau. Zwar waren um 1830 den Instrumentenbauern die theoretischen Grundlagen für den Aufbau achromatischer Objektive bekannt – aber nur als grobe Leitlinie. Die Theorie der Bildentstehung im Mikroskop fehlte noch. Alle Krümmungen der Linsen, ihre Durchmesser, Dicken und Abstände wurden nicht exakt vorausberechnet. Man suchte aus Hunderten vorgefertigter Linsen in mühsamer Probierarbeit die geeigneten für ein achromatisches Mikroskop zusammen. Selbst innerhalb einer Serie gab es deshalb große Unterschiede in der optischen Leistung der Geräte.

Der einzigartige wissenschaftlich-technische Fortschritt jener Zeit machte also um den optischen Gerätebau ganz offensichtlich einen Bogen. Es wurde nicht auf wissenschaftlicher Grundlage gefertigt, was bis dahin FRAUNHOFER als erster und einziger mit Erfolg angestrebt hatte. Seine Instrumente waren nach theoretischen Grundsätzen hergestellt worden, und die firmeneigene Glashütte hatte auf wissenschaftlicher Basis erschmolzenes einwandfreies optisches Glas geliefert. Nach FRAUNHOFERS Tod im Jahre 1826 gerieten seine fortschrittlichen Erkenntnisse größtenteils wieder in Vergessenheit.

Trotzdem lohnte sich offensichtlich der Mikroskopbau auch mit den unzulänglichen Fertigungstechniken, wie die stattliche Zahl der Optikfirmen jener Zeit ausweist. 1891 nannte der berühmte belgische Mikroskopiker HENRY VAN HEURCK in der vierten Auflage seines Werkes „Le Microscope" allein für London neunzehn Hersteller, wovon er sechs besonders hervorhob. In den übrigen europäischen Ländern waren es zunächst nicht so viele, aber besonders in Deutschland wurde der englische Vorsprung rasch aufgeholt. Dabei bildeten sich bemerkenswerte Unterschiede zwischen den kontinentalen und den englischen Mikroskopen heraus. So baute man in England mechanisch sehr aufwendige und auch

Das Teleskop-Mikroskop (Megaloskop) des
F. Aepinus (1784)

Zwei chromatische Mikroskope

rechts: von L. F. Dellebarre (1760);
links: vermutlich ebenfalls von L. F. Dellebarre
(1770…1780)

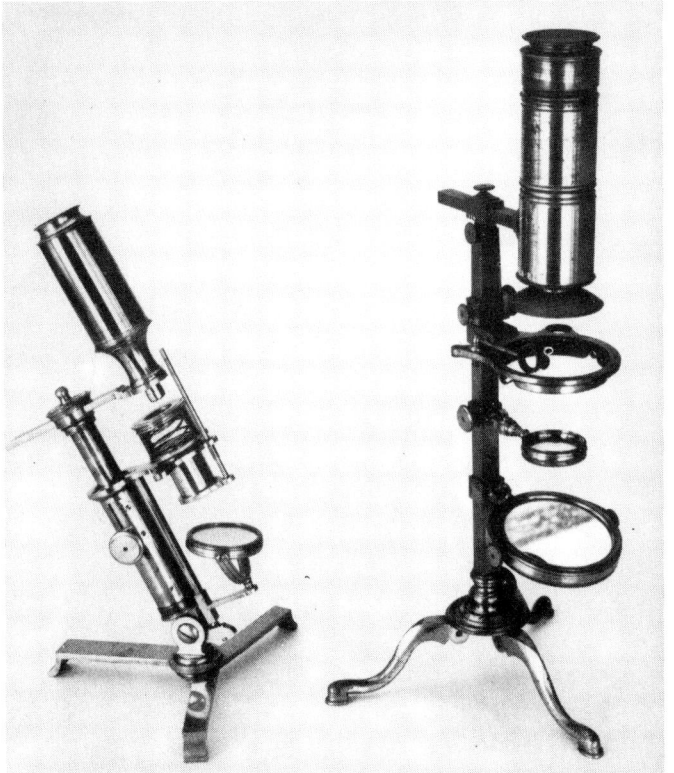

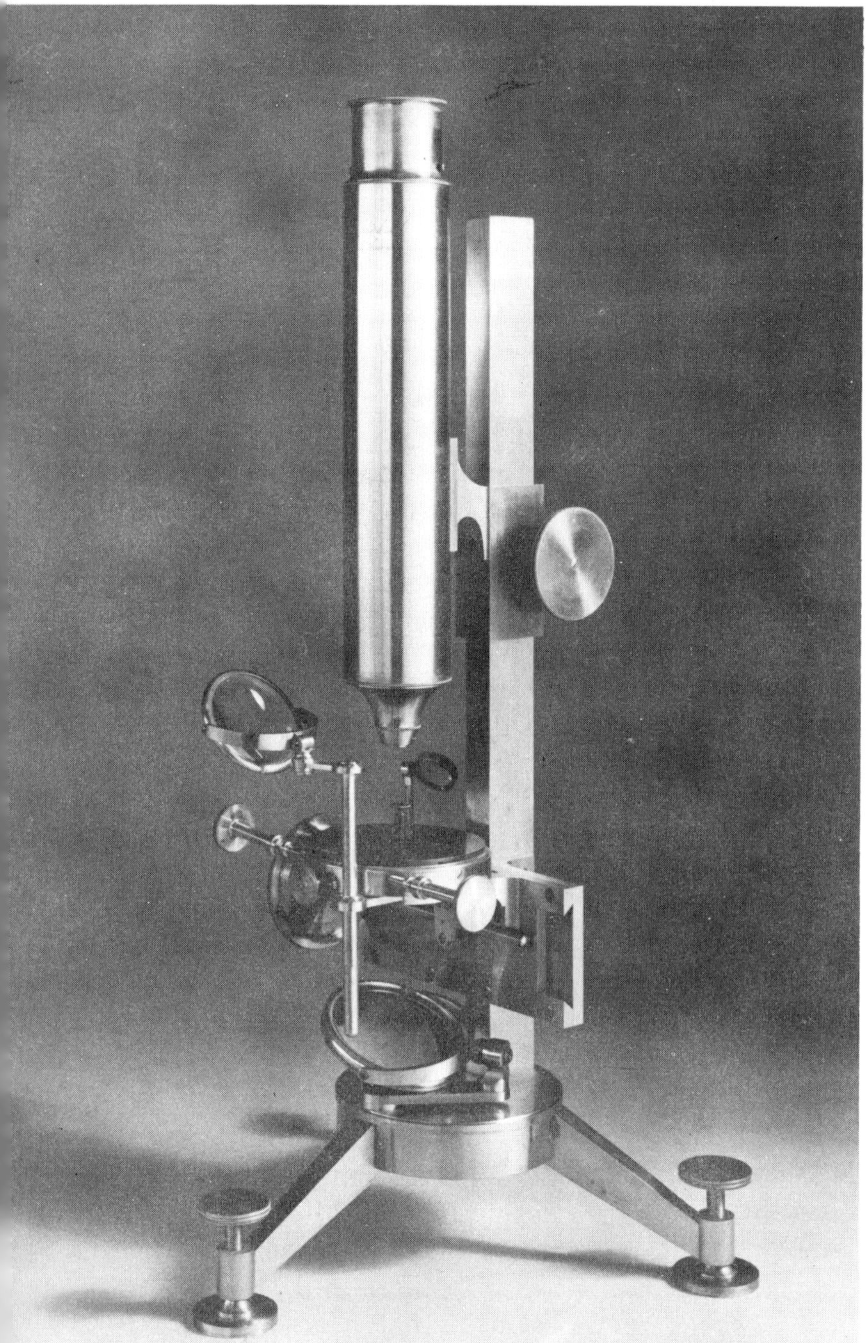

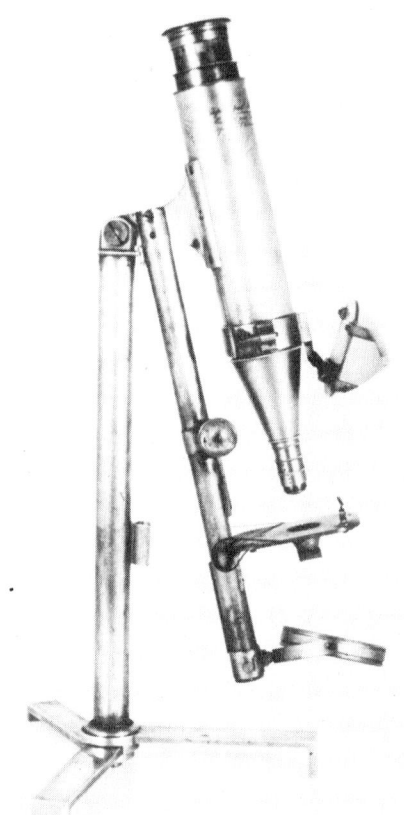

123

Großes achromatisches Mikroskop von
J. v. Fraunhofer (etwa 1817)

Selligue-Mikroskop mit achromatischem Satzobjektiv und Beleuchtungsprisma (um 1825)

Waagerechtes Universalmikroskop mit Zeichenprisma von Ch. Chevalier (1840...1845)

Chromatisches Mikroskop von Cary aus London (1830)

Großes Mikroskop von Ross & Co. mit Radialstativ, gebaut 1882 nach einem Entwurf von F.H.Wenham (1824–1908), dem optischen Berater der Firma

Ein Dr.-Henry-van-Heurck-Mikroskop

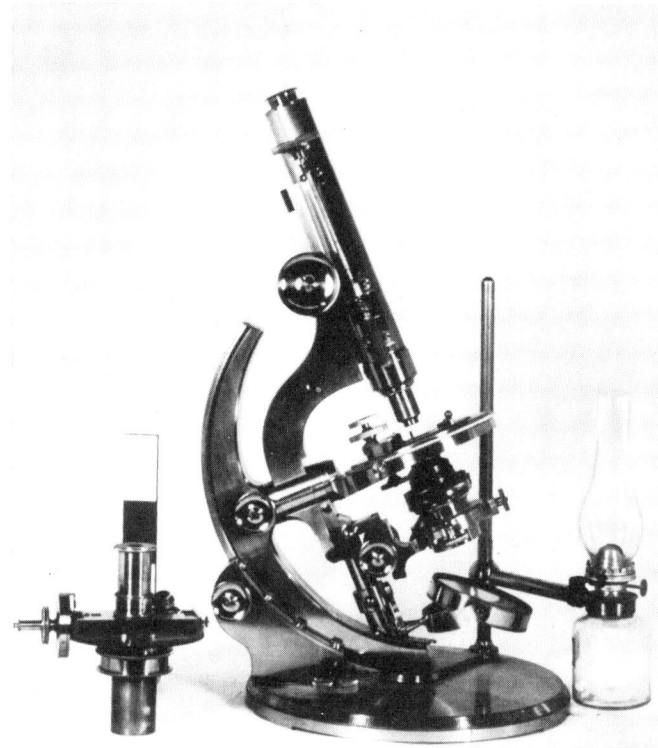

Drei Mikroskope von G. Oberhaeuser

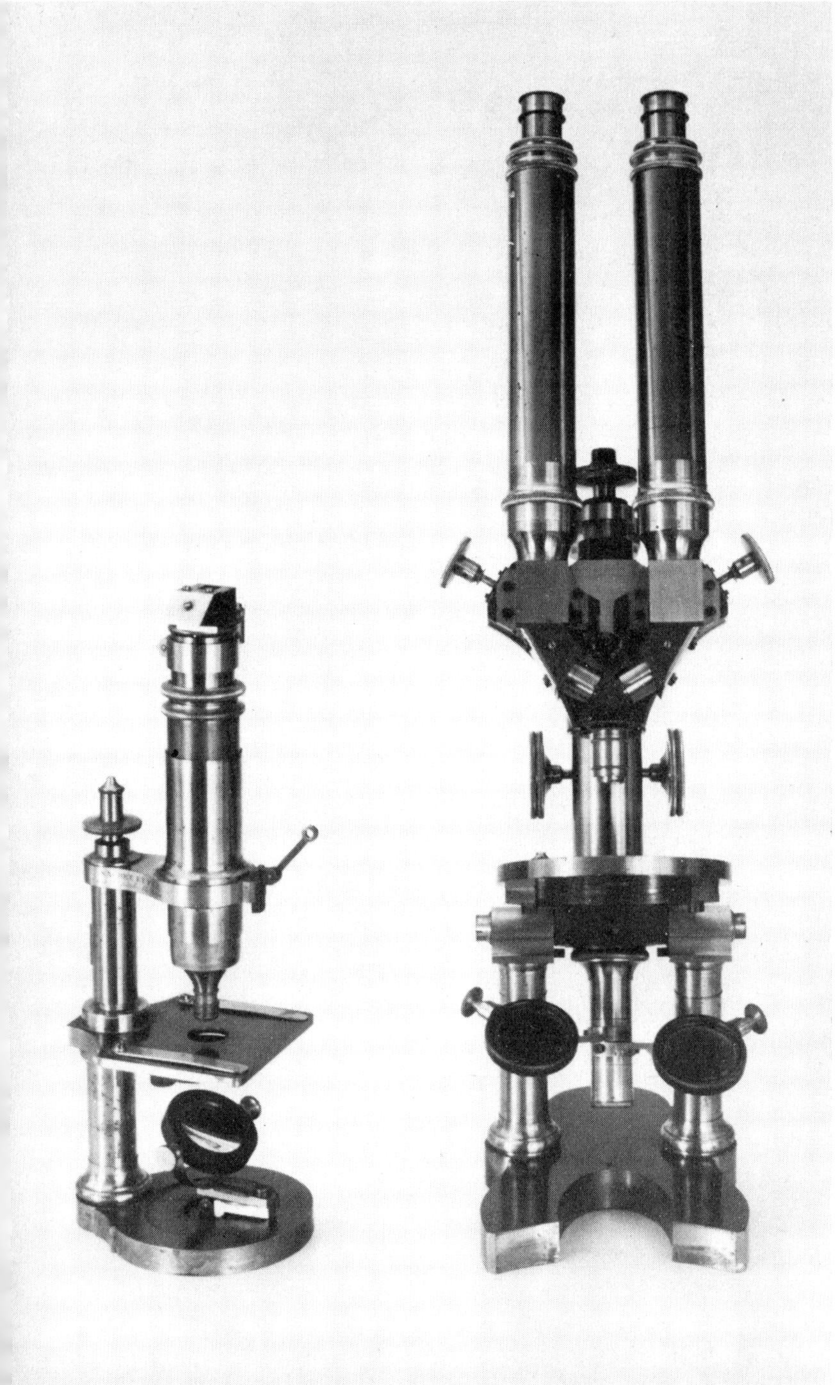

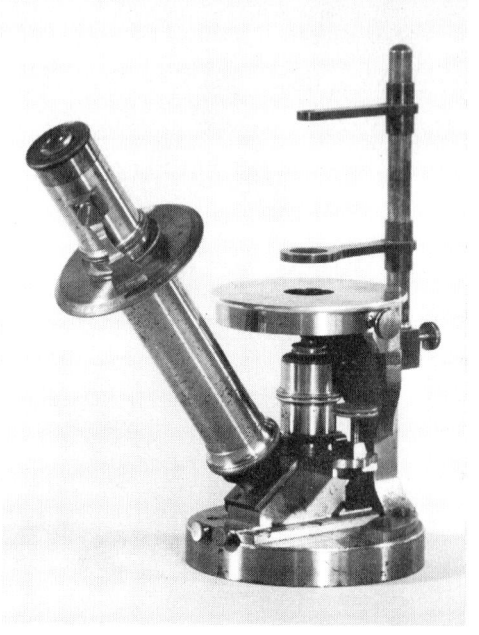

Zwei Mikroskope von
C. S. Nachet

„Chemisches" Mikroskop
von C. S. Nachet
(um 1860)

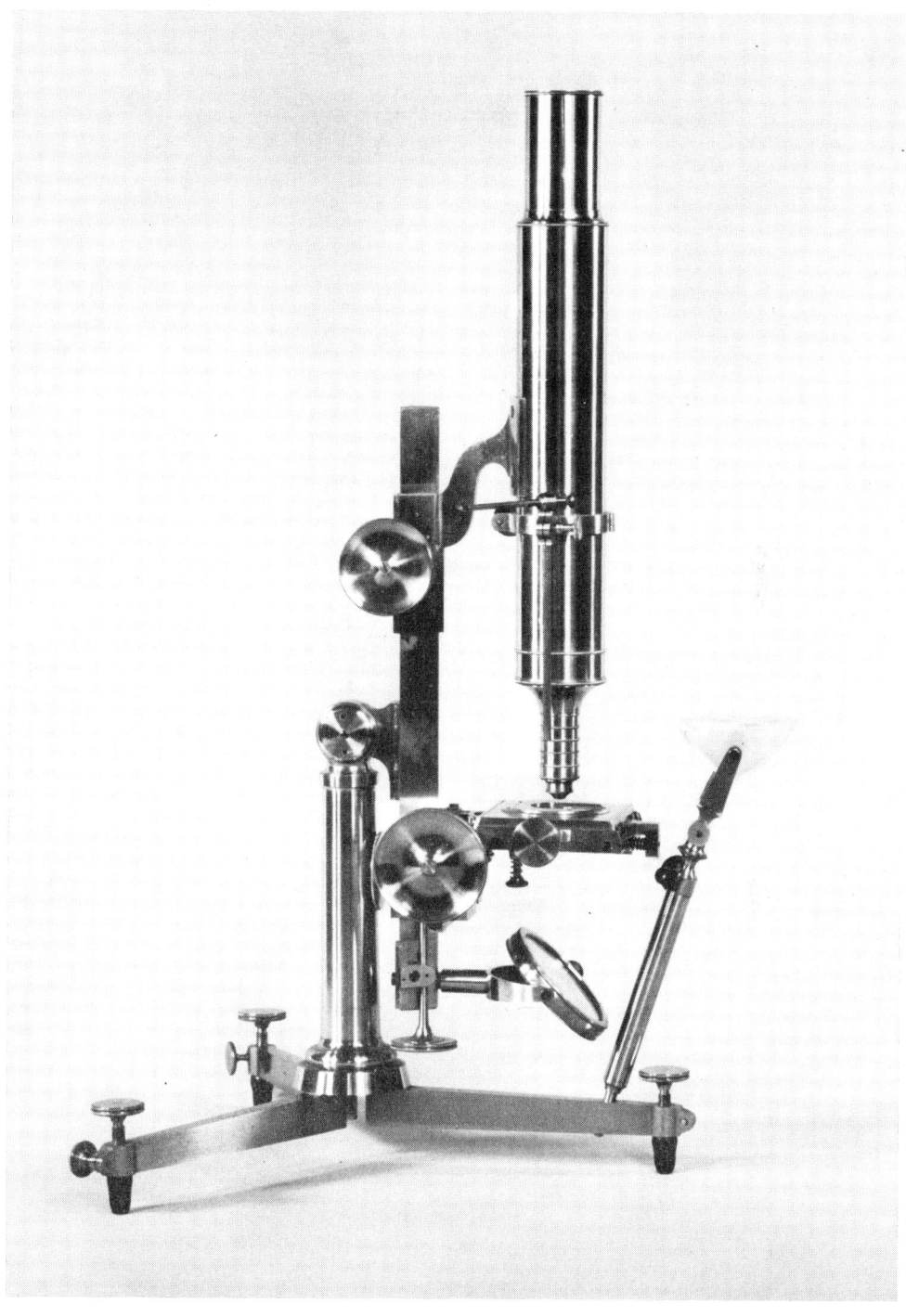

Großes
PLÖSSL-Mikroskop
mit siebengliedrigem
Satzobjektiv und
Kreuztisch (um 1850)

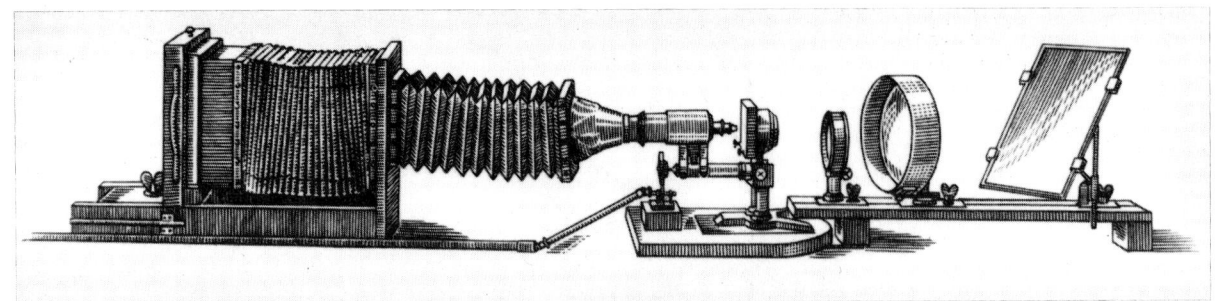

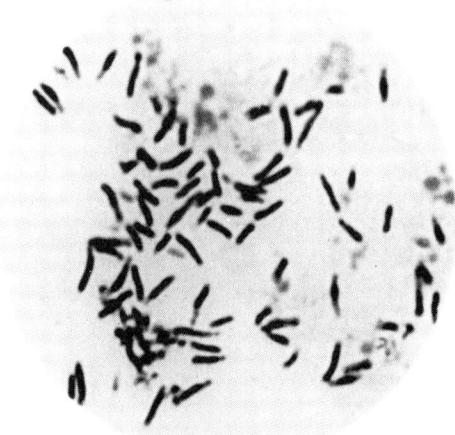

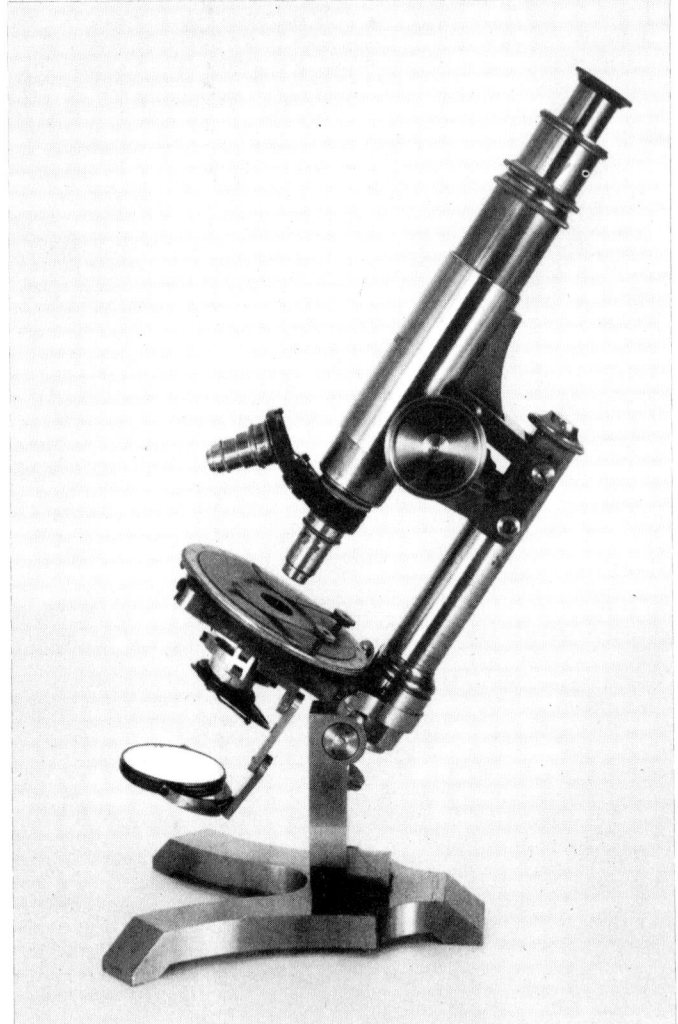

Mikrofotografischer Apparat von Seibert & Krafft, wie er von R. Koch benutzt wurde

Tuberkel-Bazillen, erstmals 1882 erkannt von R. Koch

Mikroskop von Seibert mit y-förmigem Flachfuß

große Mikroskope mit einer Tubuslänge von 250 mm. Es waren teure Instrumente, vorwiegend für reiche Amateure gedacht, die sich in der Jagd nach immer höherer Auflösung gegenseitig zu überbieten suchten. Der Öffnungswinkel wurde bis an die Grenze des technisch Möglichen getrieben, und die Vergrößerungen erreichten teilweise unsinnige Höhen. Trotzdem sind diese englischen Mikroskope sowohl mechanisch als auch optisch Meisterwerke und standen in ihrer Leistung lange Zeit über denen kontinentaler Instrumentenbauer.

Auf dem europäischen Festland steckte man weniger Aufwand in den mechanischen Aufbau der Mikroskope. Die Stative waren im allgemeinen kleiner als die englischen – die Tubuslänge betrug nur 160 mm – und wiesen auch nicht die übertrieben vielen Einstellknöpfe auf. In den optischen Daten blieb es zunächst bei einem gewissen Rückstand. Trotzdem waren es gute Forschungsinstrumente für den tätigen Wissenschaftler ohne großen Geldbeutel.

Einige der bekanntesten Mikroskophersteller des 19. Jahrhunderts sollen jetzt vorgestellt werden.

In London galt ANDREW ROSS – er wurde bereits als Erfinder der Korrektionsfassung zum Ausgleich unterschiedlicher Deckglasdicken erwähnt – als einer der besten Mikroskopverfertiger seiner Zeit.

Verdient machte sich Ross um die Verbesserung des Mikroskopstativs, indem er dessen Stabilität wesentlich steigerte, wodurch die nunmehr möglichen hohen Vergrößerungen überhaupt erst genutzt werden konnten. Der führende englische Mikroskophistoriker GERALD TURNER schrieb 1981 über seine Mikroskope: „Somit hatte Ross in einem Zeitraum von etwa 20 Jahren Objektive hergestellt, von denen manche glauben, daß sie eine bessere Auflösung erzielten als gleich starke moderne Systeme, die aus der Massenproduktion stammen."

Ross, der Gründungsmitglied der Microscopical Society of London war, die sich seit 1866 Royal Microscopical Society nennt, fertigte nicht nur hervorragende Mikroskope, sondern verstand es auch, ausgezeichnete Publikationen über sein Arbeitsgebiet zu schreiben.

Als nächster Engländer ist JAMES SMITH (?–1870) zu nennen. Dieser Hersteller mathematischer Instrumente arbeitete ebenfalls mit LISTER zusammen und baute unter anderem ein relativ preiswertes Mikroskop mit Satz-

objektiven. RICHARD BECK, ein Neffe LISTERS, trat 1847, nachdem er zuvor bei SMITH gelernt hatte, als Teilhaber in dessen Firma ein. 1851 kam sein Bruder JOSEPH dazu, und das Unternehmen nannte sich nun Smith, Beck & Beck. Das Optische Museum in Jena besitzt ein binokulares Mikroskop dieser Firma, hergestellt um 1860. Der Amerikaner JOHN LEONHARD RIDDEL (1807–1865) hatte dafür 1857 das Prinzip angegeben. Das elegante Instrument ist auf S. 137 abgebildet.

Noch bedeutender als ROSS und SMITH war HUGH POWELL (1799–1883), nach TURNER „... einer der größten Mikroskophersteller, den es je auf der Welt gab". POWELL hatte zunächst für PRITCHARD gearbeitet, der 1824 die ersten Diamantlinsen schliff. Ab 1840 signierte er eigene Instrumente, 1841 nahm er seinen Schwager P. H. LEALAND in die Firma auf. Unter dem Namen Powell & Lealand fertigten die beiden Mikroskope von „allererster Qualität", wie VAN HEURCK schrieb. Das Farbfoto auf S. 102 zeigt ein wuchtiges Instrument von POWELL aus dem Jahre 1840 und ein Mikroskop, wie es Powell & Lealand ab 1843 fertigten. Das hier abgebildete Gerät ist allerdings mit „Dollond" signiert; es handelt sich aber um den Nachbau der POWELLschen Konstruktion.

Die drei genannten Firmen genossen in England und darüber hinaus großes Ansehen. Von der Royal Microscopical Society waren sie als autorisierte Hersteller für die Mikroskope ihrer Mitglieder ausgewählt worden.

Schließlich soll noch der Londoner Instrumentenbauer WATSON erwähnt werden. Er begann unter dem Namen Watson & Son in der zweiten Hälfte des 19. Jahrhunderts Mikroskope herzustellen. Bekannt wurde die Firma durch ihre Zusammenarbeit mit VAN HEURCK, nach dessen Angaben sie das „Dr.-Henry-van-Heurck-Mikroskop" herstellte. Ein Bild dieses Instruments, das „für die Untersuchung und für das Photographieren von Diatomeen sowie für sämtliche feinen Forschungsarbeiten vorgesehen ist", ist auf S. 124 wiedergegeben. Das Gerät gab es in verschiedenen Ausführungen. VAN HEURCK schrieb 1891, daß Watson & Son in den wenigen Jahren seit Aufnahme der Mikroskopherstellung bereits 3000 Instrumente gefertigt hätte.

Auch in Frankreich – und dort besonders in Paris – stand der Instrumentenbau auf hohem Niveau. Die Firma Chevalier und ihren großen Beitrag zur Achromatisierung des Objektivs kennen wir bereits. 1838 begann CAMILLE SÉBASTIEN NACHET (1799–1881) mit dem Aufbau eines eigenen Betriebes. Zuvor hatte er für CHARLES CHEVALIER gearbeitet. NACHET baute eine Reihe interessanter und zum Teil auch ausgefallener Mikroskope, wie etwa ein Instrument mit 5 Tuben, durch das gleichzeitig 5 Beobachter schauen konnten. Von Bedeutung waren auch NACHETS binokulare Mikroskope, für die er einen orthoskopischen Prismensatz entwickelt hatte. Auf S. 126 links ist ein derartiges Instrument abgebildet, das die erste wirklich brauchbare Version eines Binokulargerätes war. Das kleinere Mikroskop links daneben ist wegen des am Okular befestigten Zeichenprismas – der sogenannten Camera lucida – interessant. Solche Zeichenapparate waren insbesondere vor der Erfindung und allgemeinen Nutzung der Fotografie in der Mikroskopie sehr gefragt, konnte man doch mit ihrer Hilfe problemlos die mikroskopischen Bilder der untersuchten Objekte nachzeichnen. Über NACHETS Zeichenprisma hat LEOPOLD DIPPEL 1882 in seinem Buch „Das Mikroskop und seine Anwendung" folgendes geschrieben: „Eine der zweckmäßigsten und bequemsten Vorrichtungen dieser Art, mittels deren man bei senkrecht stehendem Mikroskope auf wenig geneigter Fläche zeichnen kann, ist die von Nachet in höchst sinnreicher Weise eingeführte, ursprünglich von Nobert erdachte und in etwas anderer Form ausgeführte Camera lucida…" Die nebenstehende Zeichnung soll deren Funktionsweise erklären. – Alle bedeutenden Mikroskophersteller jener Zeit hatten Zeichenapparate als Zubehör für ihre Instrumente im Angebot. Die Erfindung der Camera lucida wird zumeist dem Engländer WOLLASTON zugeschrieben. E. HOPPE dagegen hat 1926 in seiner „Geschichte der Optik" JOHANNES KEPLER, der bereits 200 Jahre früher die Totalreflexion als Voraussetzung für den Zeichenapparat entdeckte, als Erfinder genannt.

Auf der Londoner Weltausstellung 1851 zeigte NACHET neben einem großen Mikroskop auch sein sogenanntes chemisches Mikroskop. Dieses Instrument war eigentlich eine Erfindung des amerikanischen Medizinprofessors JOHN LAWRENCE SMITH (1818–1883) von der Universität Virginia, es wurde aber zuerst von dem Pariser Optiker hergestellt. Ursprünglich beobachtete man mit diesem umgekehrten Mikroskop chemische Reaktionen und Kristallisationsvorgänge in Flüssigkeiten bei

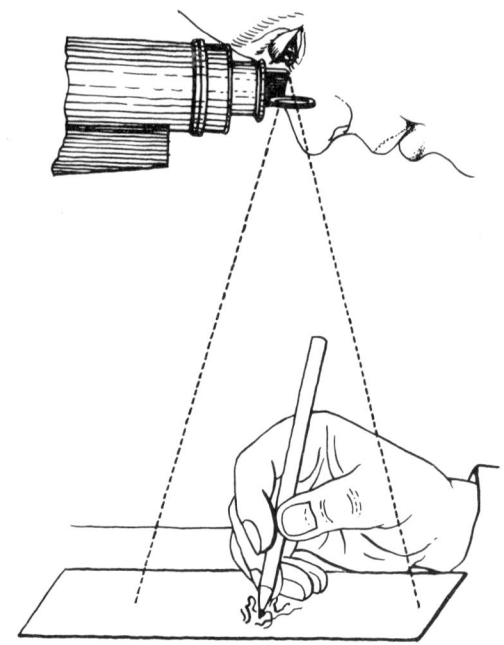

Zur Benutzung eines Zeichenprismas (Camera lucida)

relativ niedrigen Vergrößerungen. Später wurden – und werden bis heute – sogenannte Metallmikroskope für die Metallografen nach diesem Prinzip gebaut. Der Mathematisch-Physikalische Salon in Dresden hat ein solches Instrument von NACHET in seiner Sammlung (s. S. 126 rechts).

Als letzten der drei führenden Pariser Mikroskophersteller möchte ich GEORGES OBERHAEUSER (1798–1868) vorstellen. LUDWIG OTTO schrieb über ihn 1970: „Seine Geräte werden in allen wesentlichen Lehrbüchern der Mikroskopie bis zur Jahrhundertwende lobend erwähnt, aber auch unter seinen Konkurrenten fand er Anerkennung." Der aus Alvensleben in Hessen stammende OBERHAEUSER hatte zunächst in Würzburg eine Mechanikerlehre absolviert und kam 1818 nach Paris. 1822 machte er sich dort selbständig, 1857 nahm er seinen Neffen EDMOND HARTNACK (1826–1891) als Teilhaber in die Firma auf. Mit OBERHAEUSERS Namen sind mehrere Erfindungen im Mikroskopbau verbunden. So entwickelte er das bereits im 18. Jahrhundert bekannte Trommelstativ zur Vollkommenheit. Ein großer Fortschritt im Stativbau war der Hufeisenfuß, den er 1848 erfand und der von vielen Mikroskopherstellern übernommen wurde. OBERHAEUSER verbesserte auch die Camera lucida. Selbst Firmen wie die von CARL ZEISS in Jena bauten später seinen Zeichenapparat nach. Das Bild auf S. 125 zeigt drei Mikroskope aus OBERHAEUSERS Werkstatt, das linke mit Trommelstativ, die anderen beiden mit Hufeisenfuß. Die damals üblichen zusammengeschraubten Satzobjektive sind deutlich zu erkennen. Seine Camera lucida ist auf dem linken Instrument befestigt, „so daß das Zeichenpapier direkt auf dem Arbeitstisch vor dem Mikroskop und nicht auf ein besonderes schräggestelltes Zeichenpult gelegt werden konnte" (OTTO).

Nach OBERHAEUSERS Tod führte HARTNACK die Firma zunächst unter seinem Namen in Paris weiter. Über ihn schrieb 1874 der große deutsche Physiker HERMANN VON HELMHOLTZ (1821–1917), daß er „... mit so viel Glück..." AMICIS Idee der Immersionlinsen wieder aufgegriffen habe. HARTNACK mußte Frankreich später aus politischen Gründen verlassen. Er ging nach Potsdam und arbeitete dort bis zu seinem Tode erfolgreich weiter. Seine Witwe konnte das Geschäft noch eine Zeitlang halten, war aber schließlich der harten Konkurrenz durch Zeiss in Jena und Leitz in Wetzlar nicht gewachsen.

Ich möchte die Aufzählung der europäischen Optikfirmen des 19. Jahrhunderts nun mit einigen bedeutenden Mikroskopherstellern aus dem deutschsprachigen Raum abschließen. Die Instrumentenbauer anderer Länder erreichten ohnehin nicht die internationale Bedeutung der bisher genannten Optiker.

DIPPEL hat 1882 in dem schon erwähnten Buch siebzehn deutsche Mirkoskophersteller aufgelistet.

An erster Stelle soll SIMON PLÖSSL (1794–1868) genannt werden, der seine Werkstätte in der Goldeggasse in Wien betrieben hat. „Der verstorbene Plössl war der eigentliche Nestor der deutschen Mikroskopverfertiger...", ist bei DIPPEL zu lesen. Seit 1830 produzierte er achromatische Objektive und fand damit bald Anschluß an die Leistungen der CHEVALIERS und führender englischer Optiker. Seine Stative ähnelten denen von ADAMS und JONES. – PLÖSSL hatte bei VOIGTLÄNDER gelernt und machte sich nach elfjähriger Lehr- und Gesellenzeit selbständig. Seine Firma wurde später von dem

K. K. Hofoptiker-Mechaniker WAGNER geleitet und bestand bis 1905. Das Foto auf S. 127 zeigt ein Mikroskop aus seiner Werkstatt, versehen mit einem Prisma nach SELLIGUE für die Auflichtbeleuchtung.

In der Mitte und im letzten Viertel des 19. Jahrhunderts wurden im deutschsprachigen Raum drei optische Firmen gegründet, die sich nicht nur bis heute erhalten haben, sondern nach wie vor Weltgeltung besitzen: 1846 erhielt der Mechaniker CARL ZEISS in Jena eine „Konzession zur Fertigung und zum Verkauf mechanischer und optischer Instrumente sowie zur Errichtung eines Ateliers für Mechanik in Jena". Der Grundstein für das bedeutendste optische Unternehmen der Welt war damit – unbewußt natürlich – gelegt. Der Firma Zeiss ist wegen ihrer einzigartigen Bedeutung für die Entwicklung des Mikroskops ein gesonderter Abschnitt reserviert. Wir gehen deshalb in chronologischer Folge zur nächsten Betriebsgründung über.

CARL KELLNER (1826–1855), Sohn eines Eisenhüttenverwalters aus Hirzenheim in Hessen, gründete 1849 in Wetzlar ein „Optisches Institut". Zuvor hatte er – nach der Mechanikerlehre in Gießen und einer optischen Ausbildung in Hamburg –, ungebunden bei seinen El-

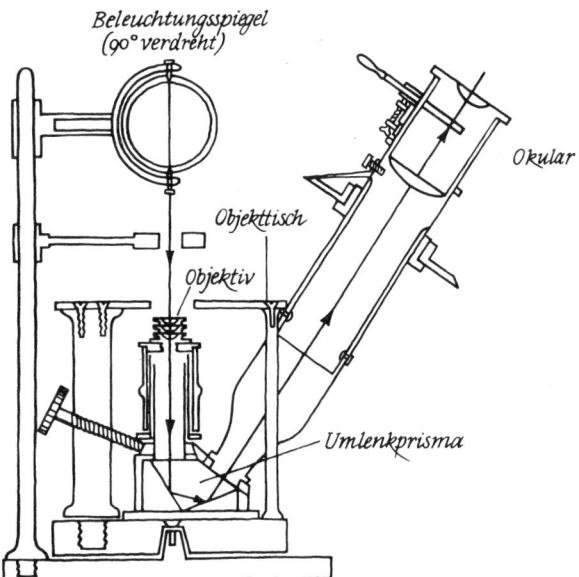

Nach dieser Zeichnung von J. L. SMITH, USA, hat C. S. NACHET 1851 sein erstes „chemisches" Mikroskop gebaut (s. S. 126).

tern lebend, ein orthoskopisches Okular entwickelt, über das sich unter anderem der große Mathematiker und Physiker CARL FRIEDRICH GAUSS (1777–1855) anerkennend äußerte. Es zeichnete sich durch einen ungewöhnlich großes und randscharfes Sehfeld aus. KELLNER hatte dieses Okular ursprünglich für Fernrohre gedacht, setzte es dann aber in seinen Mikroskopen ein, mit deren Fertigung er wegen der großen Nachfrage nach diesen Instrumenten 1851 begann. Aufgrund der geringen Verzeichnung wird dieses Okular noch heute als Meßokular benutzt. Als KELLNER 1855 starb, übernahm sein Gehilfe FRIEDRICH CHRISTIAN BELTHLE (1829–1869) das Institut, brachte aber auf optischem Gebiet keine Verbesserungen gegenüber KELLNER zustande.

1865 trat der aus Sulzburg stammende Sohn eines Realschullehrers ERNST LEITZ (1843–1920) in BELTHLES Firma ein und wurde nach dessen Tod Alleininhaber. Er verbesserte zunächst die Stative und glich ihre Form der OBERHAEUSERSCHEN Hufeisenform an. Da LEITZ zuvor in der Schweiz die Serienfertigung mechanischer Präzisionsinstrumente kennengelernt hatte, führte er diese Produktionsmethode auch in die Mikroskopherstellung ein. Dadurch ließen sich die Lieferzeiten spürbar senken. Wie ZEISS, so erkannte auch er den Wert wissenschaftlicher optischer Rechnungen und gründete eine wissenschaftliche Abteilung, deren erfolgreicher Leiter der 1887 eingestellte Mathematiker CARL METZ (1861–1941) wurde. LEITZ brachte 1882 ein eigenes Ölimmersionssystem heraus, das qualitativ gut und außerdem preisgünstig war. Zwischen 1890 und 1905 konnte er 33 000 Mikroskope verkaufen.

Im Zusammenhang mit LEITZ soll noch die kleinere Firma der Gebrüder W. und H. SEIBERT in Wetzlar erwähnt werden, weil sie ein Mikroskop samt Wasserimmersion an den großen Arzt und Bakteriologen ROBERT KOCH (1843–1910) nach Wollstein lieferte, der dieses Instrument für seine bahnbrechenden Forschungen nutzte. Im ersten Band der „Mittheilungen aus dem Kaiserlichen Gesundheitsamte" hat KOCH 1881 als Illustration zu seinem Artikel „Zur Untersuchung von pathogenen Organismen" 15 Tafeln mit insgesamt 74 ausgezeichneten Mikrofotografien veröffentlicht, die mit dem Wasserimmersionssystem Nr. VII der Firma Seibert & Krafft aufgenommen wurden (KRAFFT war ein Wetzlarer Kaufmann, mit dem die Gebrüder SEIBERT vorübergehend gemeinsam firmierten). – 1917 wurde der Betrieb in die Leitz-Werke eingegliedert. Ein SEIBERTSCHES Mikroskop aus der Sammlung des Optischen Museums in Jena ist auf S. 128 abgebildet.

In Wien – und damit kommen wir zur letzten der drei angekündigten bedeutenden Optikfirmen im deutschsprachigen Raum – gründete 1876 CARL REICHERT (1851–1922) eine Firma, die nach der JOH. CHR. VOIGTLÄNDERS und der SIMON PLÖSSLS die bedeutendste österreichische werden sollte. REICHERT hatte nach einer Mechanikerlehre in verschiedenen Unternehmen gearbeitet, unter anderem auch bei ERNST LEITZ in Wetzlar und ein Jahr bei HARTNACK in Potsdam. Er trat als ausgezeichneter Optiker und Mikroskophersteller die Nachfolge PLÖSSLS in Wien an. Zunächst baute REICHERT Mikroskope nach LEITZSCHEM Vorbild – er hatte inzwischen die Schwester des Wetzlarer Optikers geheiratet. Später ging er im Instrumentenbau eigene Wege. Hervorzuheben ist sein umgekehrtes Mikroskop, das sich als Metallmikroskop durchsetzte. Das erste Exemplar lieferte er an die Firma Krupp in Essen. REICHERT hat sich auch um die Einführung der Fluoreszenzmikroskopie verdient gemacht. Auch heute noch stellt die Firma Reichert in Wien hervorragende Mikroskope her.

Schließlich soll noch eines deutschen Optikers gedacht werden, der zwar keine große Mikroskopfabrik gründete, für die Entwicklung unseres Instruments aber trotzdem einen wichtigen Beitrag leistete: Es ist FRIEDRICH ADOLPH NOBERT (1806–1881) aus Barth an der Ostsee, von dem ein Mitbürger 1884 schrieb: „Jetzt ruht er seit dem 21. Februar 1881 … auf dem Friedhofe von Barth, dessen Bewohner mit ihm weniger bekannt waren als die Naturforscher des Erdkreises." Und letzteres ist keineswegs übertrieben, denn jeder, der in der zweiten Hälfte des 19. Jahrhunderts ernsthaft mikroskopierte, kannte NOBERT und seine berühmten Testplatten. Ohne diese präzisen Testobjekte wäre die Entwicklung des Mikroskopobjektivs sicher langsamer verlaufen. Wir werden auf diese Produkte filigraner Präzisionsarbeit im nächsten Abschnitt noch zurückkommen.

NOBERT stellte außerdem Chronometer und optische Instrumente her, darunter auch recht gute achromatische Mikroskope. Da er jeden Handgriff an seinen Geräten selbst verrichtete und nie einen Gehilfen hatte, mußte man aber jahrelang auf ein bestelltes Mikroskop warten. Das Optische Museum in Jena besitzt zwei NOBERT-Mikroskope, die auf S. 140 abgebildet sind. Die auffälligen Mikrometer am Objekttisch deuten darauf hin, daß mit den Mikroskopen auch gemessen werden konnte.

Nun zu den Anfängen der Mikroskopfertigung in Amerika. DIPPEL hat 1882 sieben amerikanische Mikroskophersteller angegeben. Zu jener Zeit wurden in diesem Lande bereits Mikroskope mit beachtlichem Leistungsvermögen hergestellt, die einen Vergleich mit den besten europäischen Instrumenten nicht zu scheuen brauchten. Fünfzig Jahre zuvor dagegen hatte es in den gesamten USA kaum ein Dutzend zusammengesetzter Mikroskope gegeben. Noch 1847 ließen sich die wenigen Besitzer solcher Instrumente in New York City leicht zusammenzählen. – Die Siedler hatten zunächst anderes zu tun, als sich um die Mikroskopie zu kümmern. Zwei Jahrhunderte lang mußten die Vereinigten Staaten sämtliche optische Geräte – einschließlich der Brillen – aus Europa importieren. Eine kreative Mikroskopie begann erst ab 1830.

EDWARD THOMAS (1806–1832), dessen Vater unter anderem Chefingenieur des Erie-Kanals von Rochester nach Buffalo war, baute gemeinsam mit seinem Freund ALDEN ALLEN 1830 das erste achromatische Mikroskop in den USA. Seine dabei gewonnenen Erkenntnisse zeugen von einer tiefen Einsicht in die optischen Probleme dieses Instruments. So beobachtete er, daß sich mit blauem Licht eine höhere Auflösung erzielen ließ als mit Tageslicht. Die Bedeutung eines großen Öffnungswinkels des Objektivs war ihm ebenfalls aufgefallen. Sein Landsmann SIMON HENRY GAGE (1851–1944), der zu Problemen der Mikroskopie in Amerika von 1880 bis 1943 veröffentlichte, glaubte, daß bereits THOMAS' erstes Objektiv den europäischen überlegen war. – Nach dem Tode von EDWARD THOMAS gab es jedoch wiederum für fast zehn Jahre keinen Mikroskophersteller in den USA.

1838 begann CHARLES A. SPENCER (1813–1881) in Canastota (New York) Mikroskope zu fertigen. Er stellte ein Objektiv mit der bis dahin unerreichten Öffnung von 174° her. JACOB W. BAILEY, Professor für Chemie und Mineralogie an der United States Military Academy und ein ausgezeichneter Diatomeenfachmann, hielt SPENCERS Objektive für viel besser als die europäischen. Er wurde zum begeisterten Förderer des jungen Instrumentenbauers. Um 1850 hatten europäische Optiker Gelegenheit, Objektive von SPENCER zu testen – sie waren von deren ausgezeichneter Leistungsfähigkeit überrascht. Der amerikanische Techniker betrieb eine eigene kleine Glasschmelze zur Erzeugung der optischen Gläser. Außerdem benutzte er das natürliche Mineral Flußspat für seine Objektive.

Unter der Leitung seines Sohnes entwickelte sich der Betrieb zu einem großen Unternehmen, der Spencer Lens Company. Sie firmiert seit 1945 unter dem Namen Scientific Instrument Division of the American Optical Co.

Einer der besten Optiker Amerikas im 19. Jahrhundert war ROBERT BRUCE TOLLES (1821–1883). Der Sohn eines Erfinders aus Connecticut kam 1843 nach Canastota, als er seinen Onkel in Rochester besuchen wollte, und blieb dort bis 1858 als Arbeiter. Dann ließ er sich in Boston als selbständiger Instrumentenbauer nieder und fertigte Mikroskope. Ein Exemplar dieser in Europa sehr seltenen Instrumente ist auf S.141 abgebildet. TOLLES war zwar ein geschickter Optiker – wie NOBERT stellte er seine Mikroskope im Einmannbetrieb her –, taugte aber nicht so recht zum Geschäftsmann. So mußte er seine Firma wieder aufgeben und sich bei den Bostoner Optischen Werken verdingen, wo er bis zu seinem Todesjahr arbeitete.

Die größte optische Firma jener Zeit in den USA war die Bausch & Lomb Optical Company, die von den beiden deutschstämmigen Instrumentenbauern JOHN JACOB BAUSCH (1830–1926) und HENRY LOMB (1828–1908) in Rochester (New York) gegründet wurde. Ein von dieser Firma gefertigtes Mikroskop ist auf S. 139 abgebildet.

Weiterhin gab es noch einen Betrieb von JOSEPH ZENTMAYER in Philadelphia, gegründet 1853, und GUNDLACHS Firma in Rochester. Letzterer stammte aus Berlin und hatte vor der Gründung seines Betriebes bei Bausch & Lomb gearbeitet.

Endlich ist noch W. H. BULLOCH zu nennen, der in Chicago arbeitete.

Schon die Mikroskopiker des 17. Jahrhunderts hatten das Bedürfnis, Messungen an den Untersuchungsobjekten vorzunehmen. Sie bemühten sich auch darum, die Vergrößerung ihrer Instrumente möglichst genau zu bestimmen. C. L. DENICKE hat 1757 in seinem „Vollständigen Lehrgebäude der ganzen Optik…" ein Kapitel unter der Überschrift: „Wie die wahrhafte Größe eines durch das Microscopium gesehenen Objects zu erfahren sey" diesen Problemen gewidmet und die ihm bekannten Verfahren zusammengestellt.

Die Vergrößerung eines einfachen Mikroskops ließ sich relativ leicht bestimmen. Man hatte sich auf eine konventionelle Sehweite geeinigt und sie zu 8 Zoll (203 mm) festgelegt. Dieser Wert wurde durch die Brennweite der Linse geteilt, und damit war die Vergrößerung ermittelt. Da man sich später auf 250 mm für die Sehweite verständigt hat, sind alle alten Vergrößerungsangaben gegenüber den modernen aber um rund 20 % kleiner.

DENICKE schrieb ganz richtig, daß die Größe eines unbekannten Objekts durch Vergleich mit der Größe eines bekannten Gegenstandes zu ermitteln sei. Das war damals aber nicht so ganz einfach. Zu jener Zeit galt allgemein als Längeneinheit der Fuß, den man in 12 Zoll unterteilte und diesen wiederum in 12 Linien. Allerdings war ein Fuß in allen Ländern und Ländchen Europas unterschiedlich lang. Ich will hier nur drei Beispiele nennen: 1 Pariser Fuß war 0,32484 m lang, der englische „foot" wurde mit 0,3048 m angegeben, und ein rheinländischer Fuß maß 0,31385 m. Aber trotz aller Schwierigkeiten mit den Maßeinheiten begannen die Mikroskopiker schon frühzeitig, das Mikroskop auch als Meßinstrument zu nutzen.

Wohl als erster überhaupt hat der große ROBERT HOOKE Messungen mit dem Mikroskop ausgeführt. Er bestimmte dabei nicht nur Abmessungen an den Präparaten, sondern gleichzeitig auch noch die Vergrößerung seines zusammengesetzten Mikroskops. In seiner „Micrographia" lesen wir dazu: „Nachdem man das Mikroskop so gestellt hat, um den Gegenstand dadurch recht genau sehen zu können, sehe ich mit dem einen Auge durch das Glas auf den Gegenstand, während ich mit meinem andern unbewaffneten Auge einen andern gleichweit entfernten Gegenstand betrachte. Dadurch bin ich im Stande, mit Hülfe eines in Zolle und kleinere Theile getheilten Maßstabes, der auf dem Fuße des Mikroskopes liegt, gewissermaßen den vergrößerten Abguß des Gegenstandes auf dem Maßstabe zu messen und folglich auch seinen Durchmesser durch das Glas betrachten und der wirkliche Durchmesser, so wie er dem unbewaffneten Auge erscheint. Das Verhältnis zwischen beiden ist die eigentliche Vergrößerung."

Der nächste in DENICKES Aufzählung ist ANTONI VAN LEEUWENHOEK. Er verglich seine Untersuchungsobjekte wie Spermien, Blutkörperchen und Mikroorganismen unter dem Mikroskop mit einem Sandkorn bekannter Größe. Die Abmessungen des Sandkorns wurden von ihm zuvor auf folgende Weise ermittelt: LEEUWENHOEK legte einhundert Sandkörner gleicher Größe aneinander, bestimmte mit einem Zollmaßstab die Länge der Reihe und teilte sie durch die Zahl der Körner.

DENICKE nennt dann einen gewissen Dr. JURIN, der „allerdünnsten" Silberdraht eng auf eine Nadel wickelte, die Länge der Wicklung maß und durch die Anzahl der Windungen teilte. So bestimmte er recht exakt den Drahtdurchmesser, der bei seinen Versuchen 1/485 Zoll (0,05 mm) betrug. JURIN fand dann beim Mikroskopieren, „daß vier Kügelchen Menschenblut gemeiniglich die Breite eines Drahts bedecken …". LEEUWENHOEK hat diese Messungen mit Hilfe von Drähten bestätigt, die JURIN ihm zugeschickt hatte.

Der Engländer BENJAMIN MARTIN ritzte mit einem Diamanten in eine runde Glasscheibe sorgfältig Parallellinien, deren Abstand 1/40 Zoll (etwa 0,6 mm) betrug. Das Gebilde diente ihm als Objektmikrometer. Er legte darauf seine Objekte und verglich unter dem Mikroskop deren Abmessungen mit dem Abstand der Linien. MARTIN benutzte um 1740 auch als einer der ersten Okularmikrometer, was DENICKE übrigens nicht erwähnt. Es handelte sich dabei um Schraubenmikrometer, die in der Brennebene des Okulars angebracht wurden und deshalb gleichzeitig mit dem Zwischenbild scharf gesehen werden konnten. Mit Okularschraubenmikrometern verschiedener Ausführungsformen werden noch heute mikroskopische Messungen ausgeführt.

Doch wesentlich früher als MARTIN, nämlich 1710, beschrieb THEODOR BALTHASAR, Doktor der Medizin und Professor für Mathematik und Physik an der Ritterakademie in Erlangen, die Anwendung von Schrauben- und Gittermikrometern für Fernrohre und Mikroskope. Er wies auch als erster darauf hin, daß mikroskopische Objekte an projizierten Bildern sowohl vermessen als auch nachgezeichnet werden könnten. Das steht ebenfalls nicht bei DENICKE.

In dessen Aufzählung erscheint als nächster Dr. SMITH, der Gitter aus Silberdraht und auch geritzte Mikrometer benutzte. Mit Hilfe seiner Kreuzgitter könne man nicht nur gut messen, sondern auch leicht mikroskopische Objekte zeichnen, schreibt DENICKE. Drahtgitter wurden auch in den Fokus der „Augengläser" zusammengesetzter Mikroskope gebracht und dienten somit als Okularmikrometer. Zum Messen brauchte man dann allerdings – wie auch bei MARTINS Schraubenmikrometer – den Abbildungsmaßstab des Objektivs. – Es gab weiterhin Gitter aus Menschenhaaren.

Im 19. Jahrhundert machte man sich dann verstärkt Gedanken über die Maßeinheit für das mikroskopische Messen. Selbst das Millimeter, der tausendste Teil eines Meters, war ja für diesen Zweck noch viel zu groß. Deshalb schlug PIETER HARTING vor, den tausendsten Teil eines Millimeters unter der Bezeichnung Milli-Millimeter als Einheit zu verwenden. J. B. LISTING (1808–1882), ordentlicher Physikprofessor in Göttingen und bedeutender Optikfachmann, gab dieser Neuschöpfung 1865 den Namen „Mikron", nachdem bereits 1854 Prof. SURINGAR in Leiden dafür das Symbol „μ" eingeführt hatte. Heute ist die gesetzliche Bezeichnung Mikrometer (μm), und 1 μm ist gleich 10^{-6} m.

Ganz besondere Objektmikrometer stellte ab 1845 FRIEDRICH ADOLPH NOBERT aus Barth her. Er ritzte mit Hilfe seiner speziell zu diesem Zweck hergestellten Kreisteilmaschine – das Foto auf S. 140 zeigt ihn mit diesem Apparat – abgestufte Gruppen von Linien mit stufenweise verringerten, genau definierten Abständen innerhalb einer Gruppe in Glasplättchen. Diese sogenannten Testplatten wurden zur Bestimmung des Auflösungsvermögens der Mikroskopobjektive benutzt, da sie wesentlich genauer und gleichmäßiger waren, als die bis dahin üblichen Diatomeen – allerdings auch erheblich teurer. NOBERT lag gewissermaßen mit den Mikroskopherstellern und -nutzern in einem Wettstreit, denn jedesmal, wenn die feinsten Abstände seiner Testplatte als Folge von Verbesserungen des Mikroskops aufgelöst

worden waren, fertigte der wahre Künstler auf dem Gebiet der Mechanik einen neuen Typ mit noch geringeren Linienabständen. So stellte er schließlich 1873 eine Platte mit 20 Gruppen her, bei der die Linien in der letzten Gruppe nur noch einen Abstand von 0,11 μm haben sollten und damit weder damals noch heute mit irgendeinem Lichtmikroskop aufgelöst werden konnten oder können. Der Linienabstand von 0,11 μm bedeutet, das NOBERT mit seiner Präzisionsmaschine – sie soll sich übrigens heute in einem USA-Museum befinden – rund 9000 feinste Linien auf einem Millimeter unterbrachte – eine von keinem anderen Optiker erreichte Leistung! Erst 1965, also 90 Jahre nach ihrer Herstellung, gelang es BRADBURY und TURNER mit dem Elektronenmikroskop die letzte Gruppe dieser Testplatte aufzulösen. Sie fanden, daß die von NOBERT vorgegebenen Linienabstände tatsächlich stimmten. – Für das große Geschick, das er bei der Anfertigung mikroskopischer Testgitter zeigte, erhielt NOBERT 1862 zur Weltausstellung in London eine Medaille.

NOBERT schrieb mehrere wissenschaftliche Veröffentlichungen, darunter auch über die Testplatten und deren Anwendung. In einem Artikel „Über die Prüfung und Vollkommenheit unserer jetzigen Mikroskope" aus dem Jahre 1846, als kaum jemand schon über den Einfluß der Lichtwellenlänge auf das Auflösungsvermögen des Mikroskops nachdachte, schrieb NOBERT unter Bezug auf eine zwanzig Jahre zuvor von FRAUNHOFER abgeleitete Interferenzformel: „... daß wir alle Einzelheiten der Objekte, deren Größe innerhalb der Länge einer Lichtwelle liegt, eben weil das Licht dadurch keine Veränderung erfährt, nicht werden sehen können." Wir werden im nächsten Abschnitt sehen, daß er der Wahrheit damit sehr nahe kam.

Mit dem Mikroskop lassen sich heute Längen, Dikken, Winkel und Flächen messen. Dazu benutzt man Objekt- und Okularmikrometer, Goniometerokulare, Netzmikrometer und für Dickenmessungen den Feintrieb zur Scharfstellung, wenn er eine Noniusteilung besitzt. Die Genauigkeit solcher Messungen liegt bei einigen Zehntel Mikrometern. Mit Interferenzmikroskopen lassen sich Schichtdicken auf wenige Nanometer genau bestimmen.

Carl Zeiss gründet seinen weltbekannten optischen Betrieb

Was wäre wohl aus CARL ZEISS und was aus der optischen Industrie in Deutschland geworden, wenn die Greifswalder Universität 1850 den vierunddreißigjährigen Instrumentenbauer als Universitätsmechaniker eingestellt hätte? Glücklicherweise müssen wir darüber nicht spekulieren, denn auf Betreiben des Mathematikers JOHANN FRIEDRICH AUGUST GRUNERT (1797–1872) wurde die Bewerbung des „Ausländers" abgelehnt. ZEISS konnte damit nicht die Nachfolge NOBERTS antreten – der durfte übrigens nur den Titel eines Universitätsmechanikers führen, bezog von dieser Lehranstalt aber kein festes Gehalt – und blieb in Jena, wo er 1846 die bereits erwähnte Konzession für einen optisch-mechanischen Betrieb erhalten hatte. Und das war gut so, wie wir wissen.

CARL ZEISS, 1816 in kleinbürgerliche Verhältnisse hineingeboren, konnte in seiner Geburtsstadt Weimar dank der gesicherten Existenz seiner Eltern das Gymnasium bis zur Obersekunda besuchen. Mit achtzehn Jahren entschloß er sich, Mechaniker zu werden, und ging zu diesem Zweck nach Jena, wo er in dem Großherzoglichen Hofmechanikus und Privatdozenten Dr. FRIEDRICH KÖRNER einen ausgezeichneten Lehrherrn fand. KÖRNER, der sich der Gunst GOETHES erfreut hatte und auf dessen Betreiben den Doktortitel erhielt, war außerordentlich vielseitig und befaßte sich unter anderem auch mit der Herstellung optischer Geräte. Im geheimen stellte er sogar Glasschmelzversuche an. Für CARL ZEISS war die Lehre bei diesem tüchtigen Techniker natürlich sehr anregend, zumal er außerdem die Gelegenheit hatte, an der Jenaer Universität Vorlesungen zu hören.

Nach Beendigung der vierjährigen Lehrzeit ging der begabte junge Mann auf die Wanderschaft und vervollkommnete seine mechanischen Kenntnisse in Stuttgart, Darmstadt, Wien und Berlin. 1845 kehrte er mit der Absicht nach Weimar zurück, dort eine eigene Werkstatt einzurichten. Doch die städtischen Behörden waren nicht bereit, ZEISS die erforderliche Konzession zu erteilen – sie wollten die beiden alteingesessenen einschlägigen Betriebe vor unerwünschter Konkurrenz

schützen. „Verärgert und verbittert schnürte er sein Bündel und wanderte, mit dem Schraubstock auf dem Rücken, in die Stadt seiner Lehrjahre, wo er hoffte, daß die wachsenden Bedürfnisse naturwissenschaftlicher Forschung und Lehre in der Universitätsstadt ihm Arbeit und Brot geben konnten, obwohl auch hier schon zwei Mechanikermeister ansässig waren." Das schrieb PAUL G. ESCHE 1966 in seiner ZEISS-Biographie.

Nun hatte ZEISS also eine eigene Werkstätte in der nur 6000 Einwohner zählenden Kleinstadt Jena eröffnet, und zwar zunächst in der Neugasse. Zur Aufbesserung seiner Einkünfte betrieb er zusätzlich einen Laden, in dem er Brillen, Mikroskope, Fernrohre, Reißzeuge, Thermometer, Waagen, Lötrohre usw. verkaufte. Aufträge für die Werkstatt kamen zumeist von Universitätsangehörigen und bestanden in Reparaturen, aber auch Neuanfertigungen mathematischer oder physikalischer Instrumente.

Von Anfang an versuchte der berühmte Zellforscher MATTHIAS JAKOB SCHLEIDEN, dessen gemeinsam mit THEODOR SCHWANN begründete Zelltheorie FRIEDRICH ENGELS zu den drei wichtigsten Entdeckungen jener Zeit neben JULIUS ROBERT MAYERS (1840–1878) Energiesatz und CHARLES DARWINS Entwicklungslehre rechnete, den Mechaniker ZEISS auf den Mikroskopbau hinzulenken. Er führte ihn selbst 1845/46 mit einem Kursus in die praktische Mikroskopie ein. Und seine Bemühungen hatten Erfolg: 1847 begann CARL ZEISS die ersten Mikroskope zu fertigen. Zu einer Zeit, als die führenden Optiker in London, Paris, Wien und auch jenseits des Atlantik bereits ausgezeichnete zusammengesetzte Mikroskope mit achromatischen Objektiven herstellten, schliff der Jenaer Instrumentenbauer zunächst bescheiden Linsen für einfache Präpariermikroskope (s. Bild auf S. 144). Es waren Dubletts mit Vergrößerungen zwischen 15- und 120fach. Doch schon diese simplen Geräte ließen wegen ihrer Gediegenheit und Präzision die Fachleute aufmerken, und der fleißige Mechaniker produzierte und verkaufte davon in den nächsten Jahren mehrere hundert Stück.

Es ging also voran mit der kleinen Werkstatt in Jena. Im August 1847, kurz nachdem er ein geräumigeres Domizil in der Wagnergasse bezogen hatte, stellte ZEISS

Binokulares Mikroskop von Smith & Beck (um 1860)

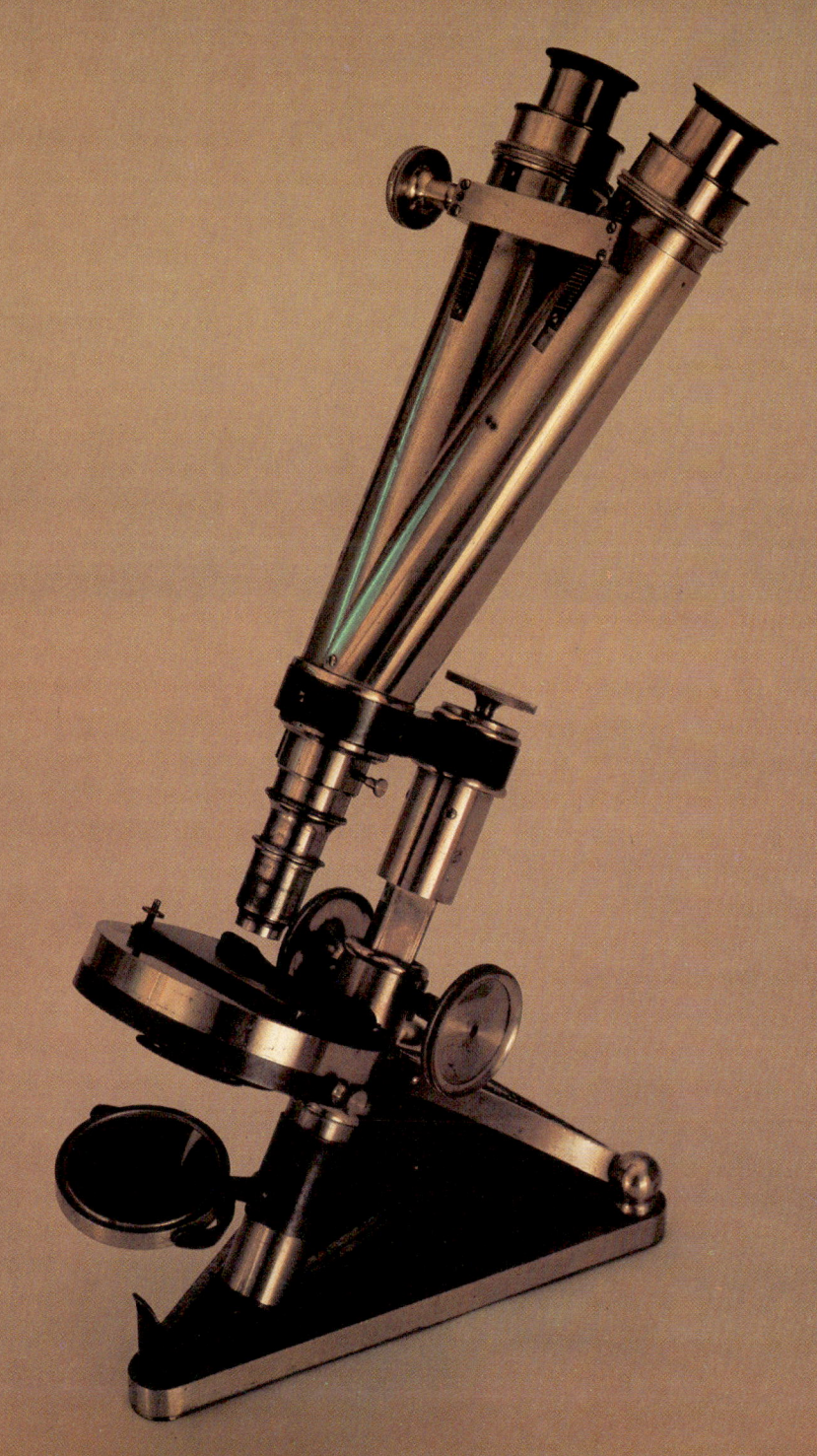

Aus: BECK, R.: A Treatise on the Construction, Proper Use, and
Capabilities of Smith, Beck and Beck's
Achromatic Microscopes (1865)

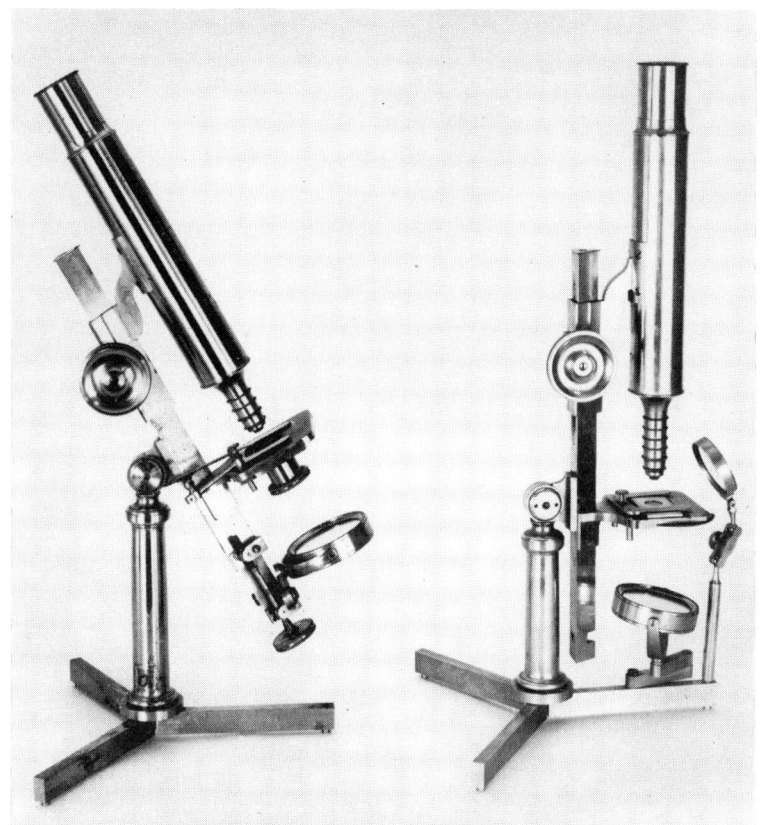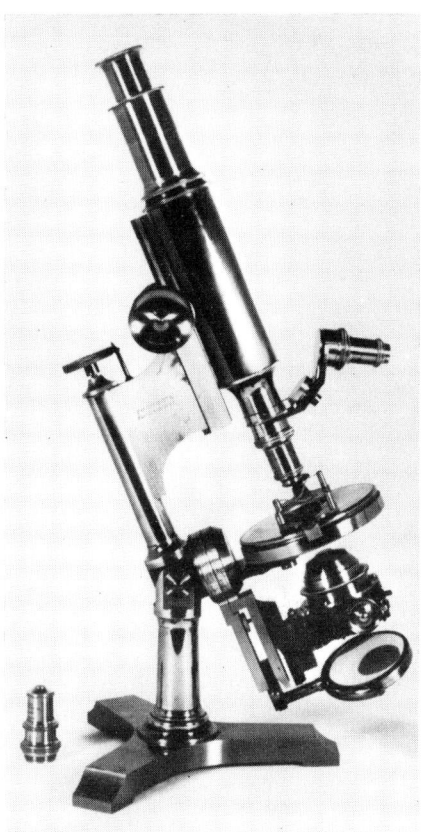

Zwei achromatische Mikroskope von SCHIECK, Berlin (um 1865)

Universalmikroskop von Bausch & Lomb, USA (1885...1890)

140 Die beiden Nobert-Mikroskope aus dem Optischen Museum in Jena (um 1860)

F. A. Nobert (1806–1881) mit seiner Kreisteilmaschine zur Herstellung extrem feingeteilter Strichgitter

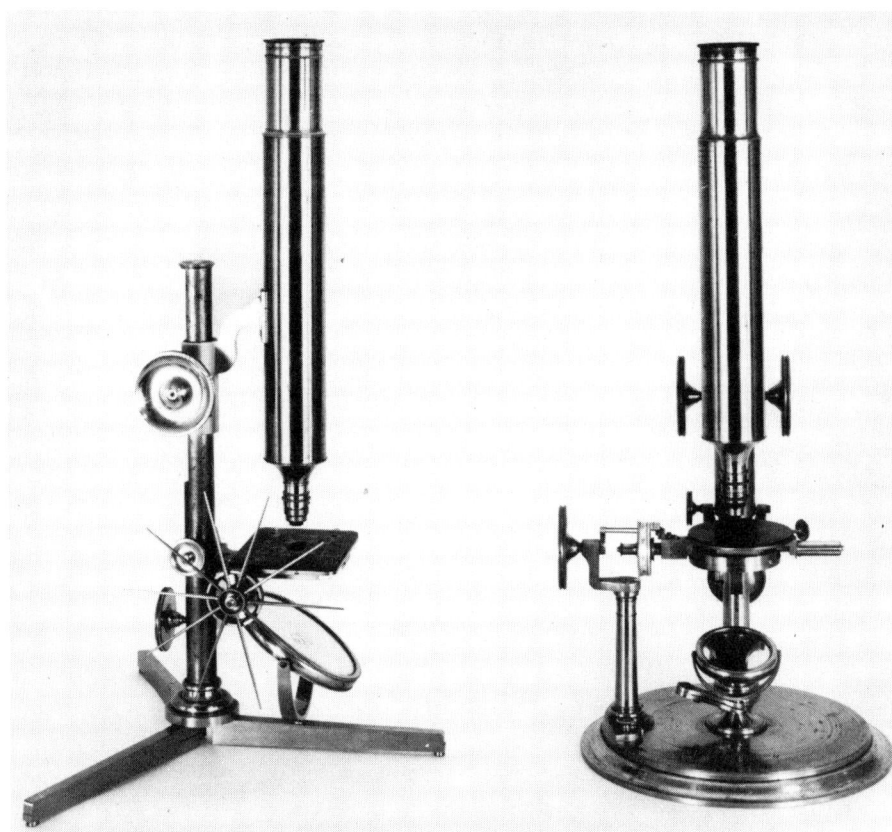

Großes Mikroskop
von
R. B. Tolles, USA

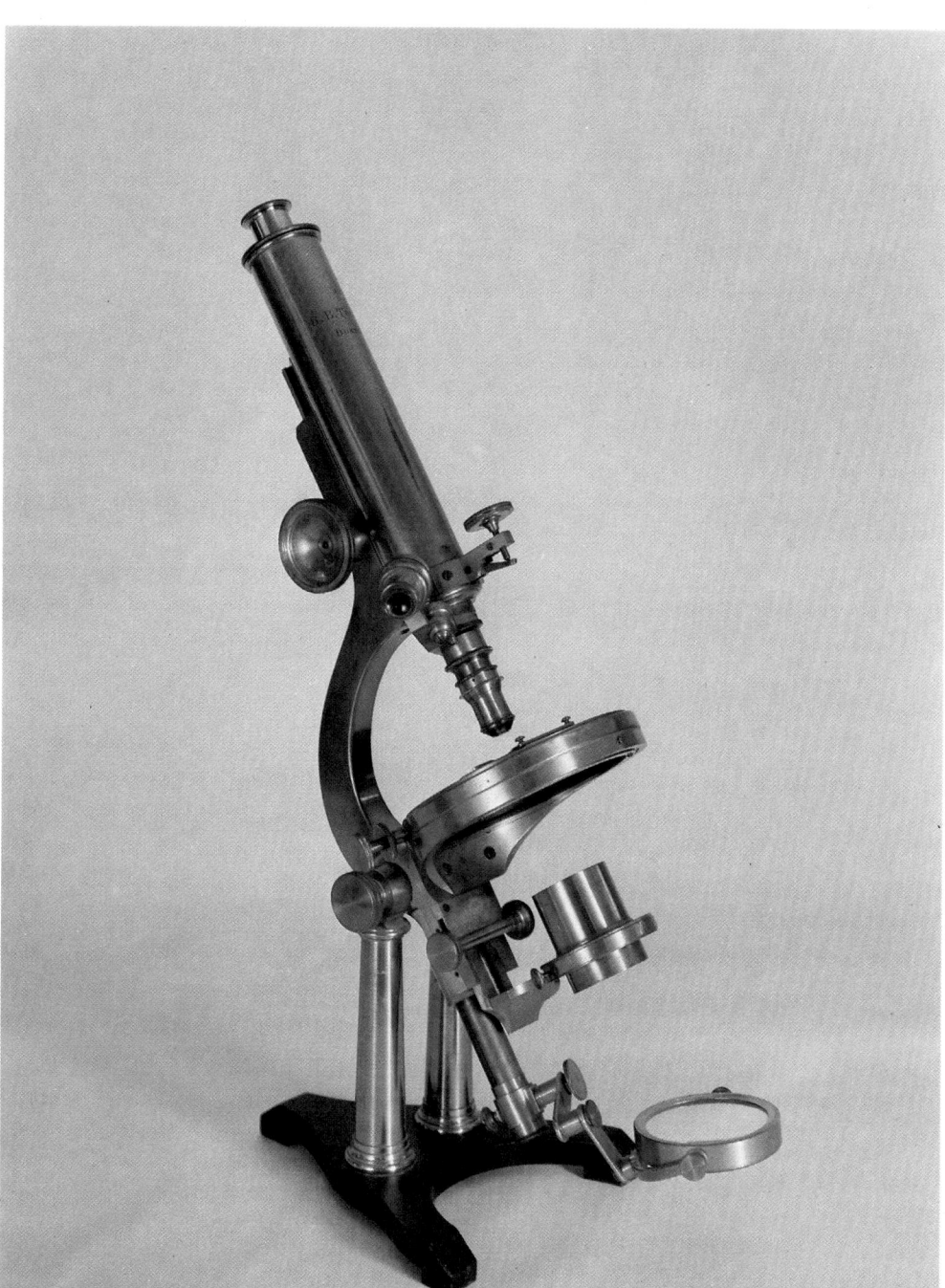

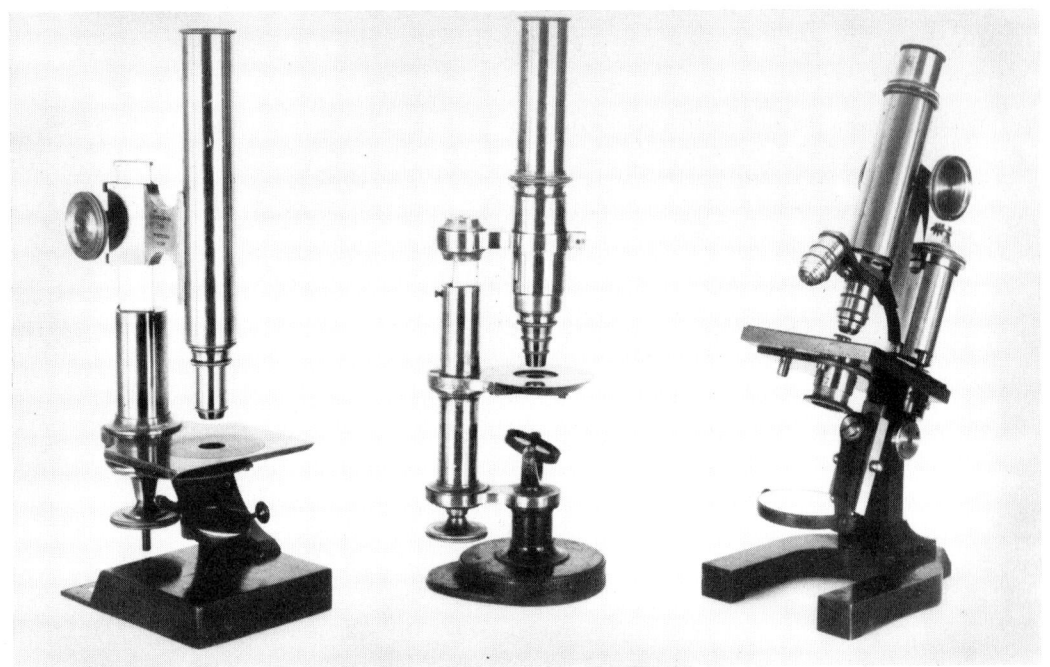

Zwei Mikroskope von C. KELLNER (links und Mitte, um 1850)
und ein Mikroskop von E. LEITZ mit Hufeisenstativ und Objek-
tivwechsler (rechts, um 1880)

Das 500000. Mikroskop der Fa. E. Leitz, Typ ORTHOLUX
(1957)

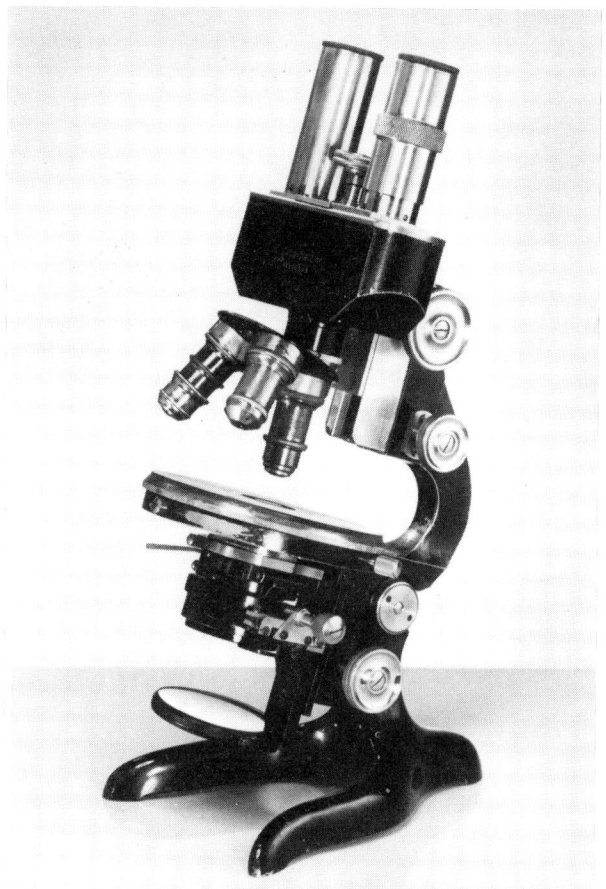

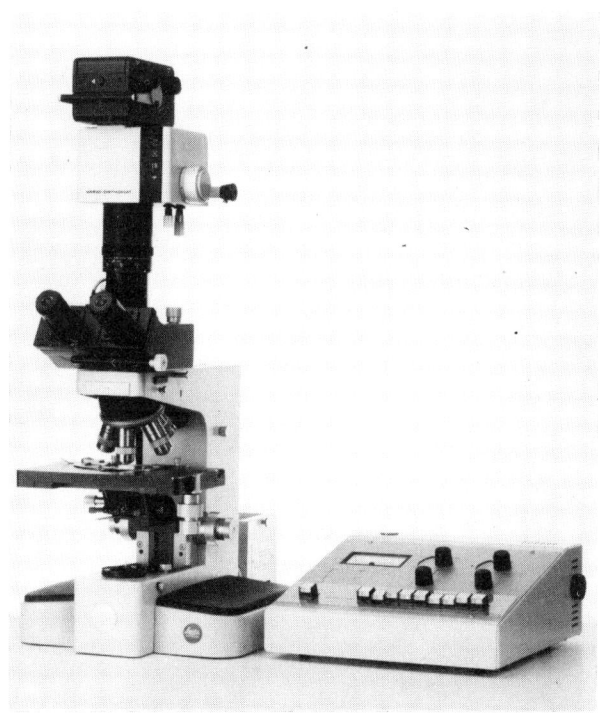

Binokular-Mikroskop von E. LEITZ mit physikalischer Strahlen-
teilung (1913)

Das 1000000. Mikroskop der Fa. E. Leitz mit Kamerasystem
VARIO-ORTHOMAT (1982)

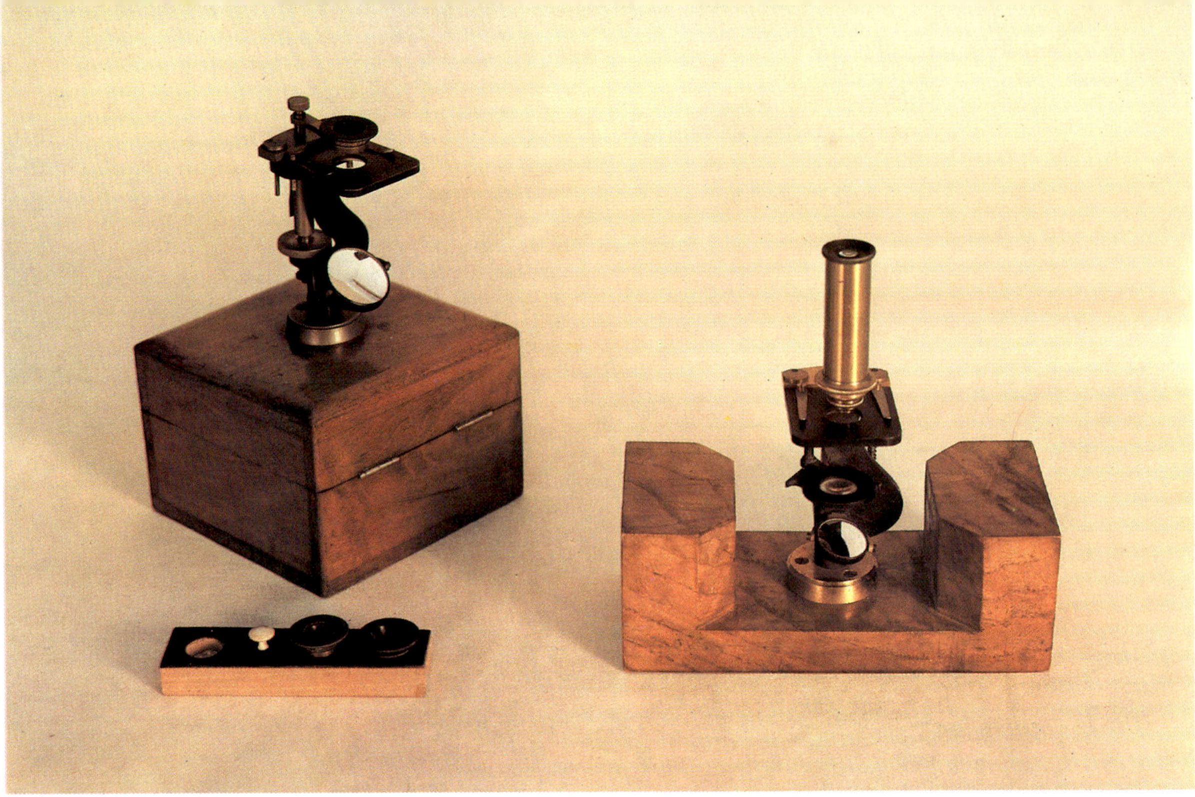

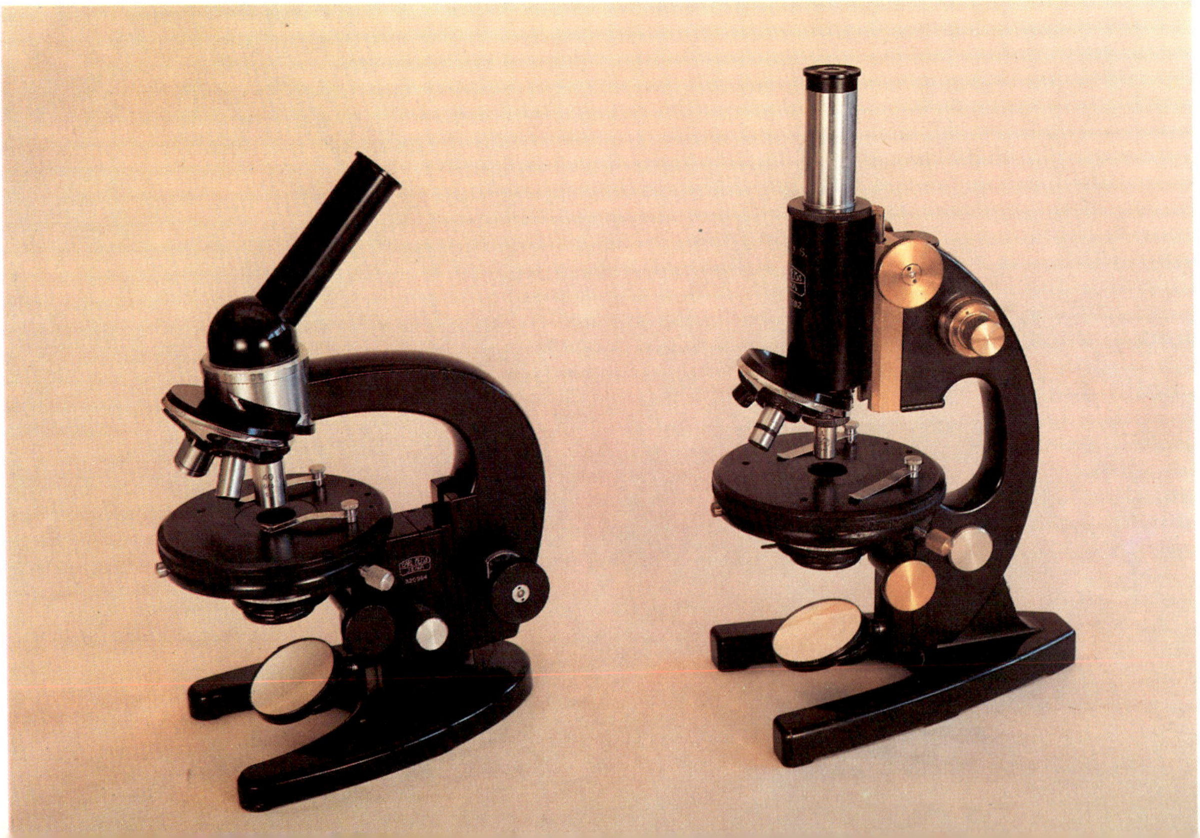

als ersten Mitarbeiter einen Lehrling ein. Es war der damals siebzehnjährige AUGUST LÖBER (1830–1912), der mit seinen überragenden handwerklichen Fähigkeiten in den folgenden Jahrzehnten Generationen von Facharbeitern für die Firma ZEISS ausbildete. ABBE nannte ihn später den „Lehrmeister all unserer tüchtigen Optiker".

Im Revolutionsjahr 1848 und danach florierte das Geschäft offensichtlich nicht mehr ganz so gut, sonst wäre ZEISS wohl kaum auf den Gedanken gekommen, sich als Universitätsmechaniker in Greifswald zu versuchen. Die Krisenzeit hielt auch noch Mitte der fünfziger Jahre an. Welch schweres Los dabei die Arbeiter bedrückte, ist für uns heute kaum noch vorstellbar. Von früh 6 Uhr bis abends 19 Uhr wurde an sechs Wochentagen für einen Hungerlohn gearbeitet. Dabei mußte der Arbeiter sogar noch das Öl für die Lampe an seinem Arbeitsplatz selbst bezahlen. ABBES Vater hatte als armer Spinnmeister gar bis zu 16 Stunden täglich an seinen Maschinen verbringen müssen. Wo blieb da noch Freizeit für persönliche Interessen und Erholung?

So nach und nach konnte ZEISS dann wieder Geld zurücklegen und seinen Betrieb mit eigenen Mitteln erweitern. Bei aller Geschäftstüchtigkeit blieb für ihn aber die Qualität und Präzision seiner Erzeugnisse oberstes Gebot. Alle in seiner Werkstatt hergestellten Instrumente kontrollierte er persönlich streng, und was seinen hohen Ansprüchen nicht genügte, das wurde zerstört. So wird berichtet, daß ZEISS mehrere Mikroskope, die ein Gehilfe nicht sorgfältig genug gefertigt hatte, mit dem Vorschlaghammer auf dem Amboß der Werkstatt zerschlug.

Ab 1857 wagte sich ZEISS auch an die Fertigung zusammengesetzter Mikroskope (s. S. 153). So recht wohl fühlte er sich dabei aber nicht, weil er gewissermaßen als Autodidakt in dieses Arbeitsgebiet gekommen war, ohne Anteil an den traditionellen Erfahrungen der berühmten Mikroskophersteller seiner Zeit. Allerdings

Das erste (einfache) Mikroskop von C. ZEISS (1846), rechts daneben ein zusammengesetztes Präpariermikroskop desselben Herstellers (1870)

Die Mikroskopstative GCF (rechts, 1926) und LCD (links, 1933) der Fa. Zeiss

ging ihm als vermeintlichem Außenseiter auch der Respekt vor den teilweise ins Mystische reichenden Künsten seiner Kollegen ab, und sehr früh festigte sich in ihm die Überzeugung, daß man auch ein Mikroskop ebenso wie andere technischen Gebilde in allen Einzelheiten exakt berechnen und ohne jede Pröbelei fertigen können müsse. Er hielt es für untragbar, daß selbst Leute wie OBERHAEUSER aus Hunderten von Linsen ein gutes Objektiv „zusammenprobierten". ERNST ABBE würdigte 1896 in einem Vortrag anläßlich des 50jährigen Bestehens der ZEISSschen Werkstätte ausführlich die bahnbrechenden Ideen von ZEISS zum Aufbau einer wissenschaftlich fundierten Mikroskopfertigung und seine unermüdliche Tatkraft bei der Durchsetzung dieser großen Aufgabe. Er sagte: „Wie der Architekt ein Bauwerk, bevor eine Hand zur Ausführung sich rührt, schon im Geiste vollendet hat, nur unter Beihilfe von Zeichenstift und Feder zur Fixierung seiner Idee, so muß auch, dachte sich Zeiss, das komplizierte Gebilde von Glas und Metall, wie das Mikroskop es erfordert, sich aufbauen lassen rein verstandesmäßig, in allen Elementen bis ins letzte vorausbestimmt in rein geistiger Arbeit, durch theoretische Ermittlung der Wirkung aller Teile, bevor diese Teile noch körperlich ausgeführt sind. Der arbeitenden Hand dürfe dabei keine andere Funktion mehr verbleiben als die genaue Verwirklichung der durch die Rechnung bestimmten Formen und Abmessungen aller Konstruktionselemente und der praktischen Erfahrung keine andere Aufgabe als die Beherrschung der Methoden und Hilfsmittel, die für letzteres, die körperliche Verwirklichung, geeignet sind."

Weiter heißt es, daß es das Verdienst von ZEISS ist, „... das geordnete (nämlich das neu geordnete) Zusammenwirken von Wissenschaft und technischer Kunst auf seinem besonderen Arbeitsfeld bewußt angebahnt zu haben".

Folgerichtig versuchte ZEISS seine Mikroskope zu berechnen – und zwar zunächst allein –, mußte jedoch bald erkennen, daß weder die ihm zur Verfügung stehende Zeit noch seine mathematisch-physikalischen Kenntnisse für eine derart gewaltige Aufgabe ausreichten. Er sah sich deshalb nach einem geeigneten Wissenschaftler um und arbeitete für ein paar Jahre mit dem Mathematiker WILHELM BARFUSS (1809–1854) zusammen. Erfolge blieben jedoch aus, vor allem wohl deshalb, weil der Gelehrte bereits 1854 starb. So mußte also auch Zeiss, ebenso wie alle übrigen zeitgenössischen Mikroskopverfertiger in aller Welt, zunächst weiterhin seine Mikroskope „erpröbeln".

Und diese Zeissschen Mikroskope stellten trotzdem sehr bald für die führenden Instrumentenbauer jener Zeit eine ernsthafte Konkurrenz dar. Große Mikroskopiker, allen voran Schleiden, äußerten sich lobend über seine Geräte. Bestellungen kamen in großer Zahl aus dem In- und Ausland – auch Auszeichnungen blieben nicht aus. Bereits in der ersten Auflage seines Buches „Das Mikroskop und seine Anwendung" im Jahre 1863 sprach sich Leopold Dippel sehr anerkennend über die Jenaer Instrumente aus und nannte acht Stativtypen! Wörtlich ist bei ihm zu lesen: „Der optische Apparat ist bei sämtlichen Mikroskopen ganz vorzüglich und gehören namentlich die Objektivsysteme dem ersten Range an." Hervorgehoben wird außerdem die Kombinationsmöglichkeit der verschiedensten Stative, Objektivsysteme und Okulare zu Mikroskopen unterschiedlichster Preis- und Leistungsklassen.

Doch Zeiss behielt trotz aller Erfolge einen klaren Blick für die Mängel in der Herstellungstechnik seiner Mikroskope und suchte weiter beharrlich nach einem Weg, die Fertigung auf eine wissenschaftliche Grundlage zu stellen. Bestärkt wurde er in diesem Bestreben auch dadurch, daß es ihm nicht gelang, die allseits hochgelobten Wasserimmersions-Objektive von Hartnack in Paris in seiner Werkstatt herzustellen. Hartnack verteidigte auch später in Potsdam noch seine Führung im deutschen Mikroskopbau. Die Zukunftsaussichten erschienen Zeiss deshalb düster. Dabei war es mit seiner Firma durchaus bergauf gegangen; er hatte die Werkstatt zum drittenmal vergrößert und in die Nähe des Johannistores verlegt. Etwa 25 Gehilfen und Lehrlinge zählte seine Belegschaft 1866.

In dieser Zeit vertraute Zeiss einem jungen Dozenten der Jenaer Universität, dem Physiker Ernst Abbe, seine Sorgen an und konnte ihn schließlich für seine Pläne gewinnen. Paul G. Esche schrieb über die sich anbahnende Zusammenarbeit zwischen dem Wissenschaftler und dem praktischen Optiker: „Der junge Gelehrte mit dem großen, freien Blick für wissenschaftlichen Fortschritt und der erfahrene Praktiker, der mutig und kühn innerhalb seiner Möglichkeiten seine Lebensaufgabe er-

kannt hatte und aufs beste zu erfüllen suchte, sie standen nun gemeinsam im Kampf, den Mikroskopbau zu revolutionieren."

Dem Bericht über die erfolgreiche Zusammenarbeit der beiden Männer möchte ich einige Lebensdaten Ernst Abbes voranstellen.

Am 23. Januar 1840 wurde Carl Ernst Abbe als Sohn des Spinnmeisters Adam Abbe in Eisenach geboren. Unter ärmlichen Verhältnissen wuchs er dort mit einer jüngeren Schwester auf. Die Eltern erkannten die Begabung des Jungen und opferten ihm ihre Ersparnisse für den Besuch des Realgymnasiums in Eisenach. Ab 1854 kam er dann in den Genuß einer landesherrlichen Freistelle. Im „Naturwissenschaftlichen Verein" dieser Stadt hielt Abbe schon zu dieser Zeit Vorträge über Astronomie, Physik und Mathematik.

1857 zog er auf die Thüringische Landesuniversität Jena, um Mathematik und Physik zu studieren. Bereits im dritten Semester gelang ihm dort die Lösung einer Preisaufgabe, für die er 40 Taler und eine silberne Gedenkmünze erhielt. Der Kurator empfahl daraufhin Abbe dem Landesherrn „für vorkommende Fälle fördersamer Huld". Er hat ihm später mit finanziellen Zuwendungen über die „Durststrecke" als mittelloser Privatdozent in Jena hinweggeholfen. Zunächst (1859) jedoch ließ sich Abbe exmatrikulieren und ging nach Göttingen, um dort seine Ausbildung zu vervollkommnen. An der dortigen Universität promovierte er zum Dr. phil. mit einer Arbeit über die Äquivalenz von Arbeit und Wärme. In Jena habilitierte er sich dann mit einer Dissertation zur Fehlertheorie, und 1863 wurde er als Privatdozent in den Lehrkörper aufgenommen, wobei er wegen der äußerst geringen Kolleggeldeinnahmen auf die genannte Unterstützung durch den Kurator dringend angewiesen war.

Abbe befand sich also wirtschaftlich in einer unerspießlichen Lage, als ihn Carl Zeiss zur Mitarbeit in seinem Unternehmen aufforderte. Er hat später mehrfach öffentlich darauf hingewiesen, daß Zeiss diese seine Zwangslage aber keineswegs ausnutzte, sondern ihm günstige Bedingungen für die Arbeit bot. Der tüchtige Unternehmer hatte offensichtlich schon zu jener Zeit die ganz außergewöhnlichen wissenschaftlichen und menschlichen Qualitäten des jungen Gelehrten erkannt. Schmerzlich war es für Abbe jedoch, daß er durch seine neue Aufgabe als Industriephysiker in der Tätigkeit als akademischer Lehrer eingeschränkt wurde. In einem Gesellschaftsvertrag zwischen ihm und ZEISS wurde 1876 ausdrücklich festgelegt, daß ABBE, der seit 1870 außerordentlicher Professor in Jena war, seine Lehrtätigkeit nicht ausdehnen durfte. Als ihn dann HERMANN VON HELMHOLTZ 1878 persönlich in Jena aufsuchte und ihm einen für seine Person zu schaffenden Lehrstuhl für Optik an der Berliner Universität anbot, wird ABBE die Ablehnung gewiß nicht leicht geworden sein. Doch läßt sich aus heutiger Sicht sagen, daß er an einer Hochschule schwerlich Größeres hätte leisten können als in der Firma ZEISS, die vor allem durch ihn Weltgeltung erlangte und bis in unsere Zeit bewahren konnte.

Zur Charakterisierung der Persönlichkeit ABBES möchte ich abschließend Prof. MORITZ VON ROHR (1868–1940) zitieren, der noch Gelegenheit hatte, unter dem großen Gelehrten als wissenschatlicher Mitarbeiter im Zeiss-Werk tätig zu sein. Er schrieb 1936: „Es verstand sich ganz von selbst, daß man mit der eigenen Aufgabe nur gründlich vertraut vor den Meister trat, aber jede Selbstzufriedenheit schwand dahin vor dem Eindruck dieses umfassenden Geistes, der allein seiner Pflicht lebte. Ihm leuchteten zwei Aufgaben vor: An erster Stelle stand ihm ohne Zweifel die Hebung des Handarbeiters auf einen höheren Stand, denn er hatte in den tiefen Abgrund der traurigen Arbeitsverhältnisse in den vierziger und fünfziger Jahren Lebenskraft und Lebensglück seines eigenen Vaters versinken sehen. Gleich danach aber stand ihm die Förderung der technischen Optik durch den Ausbau der Lehre vom Licht und durch ihre Anwendung auf die Aufgaben des Tages. Man hätte ja ein eitler Tor sein müssen, wäre vor einem solchen Geiste ein anderes Gefühl aufgekommen als bewundernde Ehrfurcht.

Und dabei ließ er dem einzelnen volle Freiheit, er dachte gar nicht daran, ihn etwa in seiner Weltanschauung zu beeinflussen. Er, der links-freisinnige Mann, ließ mich, seinen jungen Helfer, ruhig in meinen durch altpreußischen Offiziers- und Beamtenbrauch bestimmten Ansichten leben, er forderte nur völlige Hingabe an die übernommene Aufgabe und an die Satzung der Stiftung. Und wer hätte das bei einem solchen Vorbilde nicht geloben und bestätigen wollen?"

Im Jahre 1866 ging ERNST ABBE ans Werk, um dem Mikroskopbau eine wissenschaftliche Basis zu geben. Wie groß das Vertrauen seines neuen Chefs in ihn war, beweist die Tatsache, daß er ihm den besten Meister der Firma, nämlich AUGUST LÖBER, für die praktischen Arbeiten zuwies. ABBE entwickelte zunächst einige spezielle Meßgeräte, um sowohl die Materialien als auch die fertigen Instrumente exakt prüfen zu können. Zu nennen sind ein Refraktometer zur Messung der Brechzahl des Glases, ein Apertometer, mit dem der Öffnungswinkel des in das Objektiv eintretenden Lichtkegels bestimmt werden konnte, und weiterhin verschiedene Vorrichtungen zum Vermessen der Linsen. 1869 hat ABBE eine Testplatte entworfen, mit der Objektive auf sphärische und chromatische Aberrationen geprüft werden konnten. Waren diese Meßgeräte ursprünglich nur zur Verwendung in der eigenen Firma bestimmt, so wurden sie später auch in das Lieferprogramm mit aufgenommen. Weiterhin wies ABBE jedem Arbeiter ganz bestimmte Arbeitsgänge der Mikroskopfertigung zu – früher hatte ein Mechaniker das gesamte Instrument in allen Einzelteilen selbst angefertigt – und steigerte damit die Arbeitsproduktivität erheblich. Exaktes Messen und Spezialisierung der Arbeiter ließen die gleichen Mikroskoptypen zuverlässiger und auch billiger werden. 1869 konnte ZEISS die Preise für Objektive senken.

Zu jener Zeit kam auch der von ABBE entwickelte Beleuchtungsapparat in Verbindung mit seinem Namen heraus und machte ihn unter den Mikroskopikern in aller Welt bekannt. Es handelte sich dabei um einen Kondensor großer Öffnung mit exzentrisch einstellbarer Irisblende zum Erzielen schiefer Beleuchtung. ROBERT KOCH nannte den „… von Abbe angegebenen Beleuchtungsapparat ein meinem Zweck vollständig entsprechendes Instrument".

Mit diesen Erfolgen war jedoch das Problem einer wissenschaftlichen Mikroskopfertigung noch keineswegs gelöst, denn nach wie vor wurde bei ZEISS geprobelt, wenn auch schneller und mit besserem Erfolg als vorher. ABBE und ZEISS hielten nun die Zeit für gekommen, ein in allen Einzelheiten berechnetes Mikroskop herzustellen, und der Gelehrte stürzte sich mit äußerster Energie in dieses Unternehmen. Tag und Nacht saß er über Konstruktionsunterlagen und Zahlenkolonnen. Schließlich kam der Tag, an dem das erste vollständig

148 berechnete Mikroskop der Welt fertiggestellt war und geprüft werden konnte. Doch schnell wich die freudige Erwartung einer tiefen Enttäuschung – die Leistung des neuen Instruments war schlechter als die der gepröbelten Objektive. Glücklicherweise ließ sich Zeiss hierdurch in seinem Vertrauen auf Abbe und dessen Fähigkeiten nicht erschüttern. Der als richtig erkannte Weg wurde von beiden konsequent fortgesetzt.

Abbe konzentrierte sich nun intensiv auf die theoretische Durchdringung des Abbildungsvorganges im Mikroskop. Die peinlich genaue Berücksichtigung der Brechzahlen und Dispersionen der optischen Gläser und die exakte Berechnung der Krümmungsradien, Durchmesser, Dicken und Abstände aller Linsen allein hatte nicht zu einem perfekten Mikroskop geführt. Es mußten also noch andere physikalische Gesetze einen Einfluß auf die Abbildung haben, die es zu ergründen galt. Und Abbe fand diese physikalischen Ursachen in der Beugung des Lichts. 1871 erzielte er mit seiner Beugungstheorie der mikroskopischen Abbildung den Durchbruch. Das Licht der Beleuchtungseinrichtung wird an den feinen Einzelheiten der Untersuchungsob-

jekte gebeugt und damit weit aufgefächert. Je winziger die Probendetails sind, desto größer werden die Beugungswinkel. Da nun, wie Abbe erkannte und auch experimentell nachwies, das gebeugte Licht gemeinsam mit dem ungebeugt durch die Probe hindurchgehenden zur Abbildung unbedingt erforderlich ist, braucht man also für hohe Auflösungen große Öffnungswinkel des Objektivs. Aus Abbes Formel für die Auflösung d des Mikroskops

$$d = \frac{0{,}61\ \lambda}{n\ \sin\ \alpha}$$

ist mit einem Blick die Abhängigkeit von der Lichtwellenlänge λ, von der Brechzahl n im Raum zwischen Präparat und Objektiv sowie vom Öffnungswinkel α zu erkennen. Das Produkt $n \sin\alpha$ nannte er „numerische Apertur". Mit der Grenze für die Auflösung ist natürlich auch der sinnvollen oder „förderlichen" Vergrößerung eine Schranke gesetzt, die nach Abbe zwischen dem 500- und dem 1000fachen der numerischen Apertur liegen sollte. Mit diesen Ergebnissen stieß der Gelehrte keineswegs auf ungeteilte Zustimmung, denn durchaus ernst zu nehmende Mikroskopiker und Optiker spekulierten damals mit Vergrößerungen bis maximal 50 000fach.

In seinem Bericht über die Londoner Ausstellung wissenschaftlicher Apparate antwortete Abbe den Kritikern: „… und im Besonderen muss ich die Ansicht vertreten: daß mit keinem Mikroskop irgend etwas in der Beschaffenheit der Objecte wirklich Begründetes jemals gesehen worden ist und gesehen werden kann, was ein normales Auge nicht auch schon mit einer scharfen 800fachen Immersionsvergrößerung sicher zu erkennen vermöchte. – Was in neuerer Zeit, zumal aus England, über ganz außerordentliche Leistungen starker Objektive (bis 1/80 engl. Zoll Brennweite) berichtet worden ist, ist nicht darnach angethan, mich in diesem Urtheil irre zu machen. Denn die Überlegenheit solcher Linsensysteme soll an Objecten constatiert sein, auf welche die unmittelbaren Ergebnisse meiner Experimente bedingungslos Anwendung finden; und sie soll unter Vergrößerungen zu Tage treten deren Höhe Jeder als völlig illusorisch erkennt, der sich von den optischen Bedingungen einer solchen Leistung einige Rechenschaft geben kann."

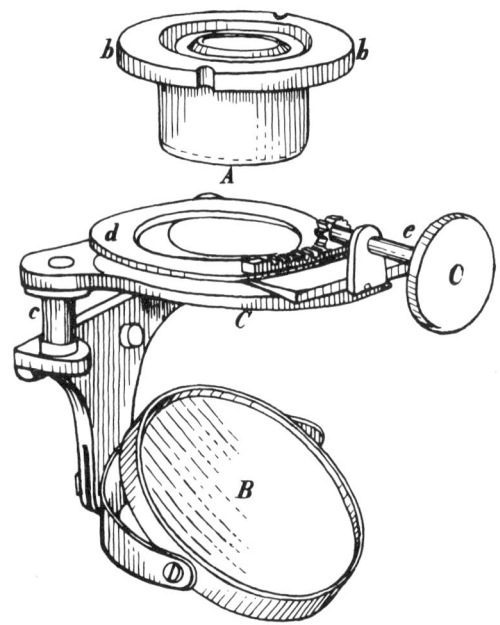

Der Abbesche Beleuchtungsapparat in der ersten Ausführung von 1872

Weiter lesen wir: „Diese Grenze aller optischen Beobachtung nach der Seite des kleinen hin kann einiger-
massen genau durch die halbe Größe der Lichtwellen in
Luft gekennzeichnet werden …"

ABBE hatte für seine Theorie des Mikroskops zwar
teilweise auf Vorarbeiten FRAUNHOFERS zurückgreifen
können, doch bleibt es unbestreitbar sein Verdienst, das
Problem der Abbildung nicht selbstleuchtender Objekte
gründlich gelöst zu haben. Seine Formel für die Auflösung des Mikroskops ist auf alle abbildenden optischen
Instrumente übertragbar und gilt auch für das Elektronenmikroskop und sogar für Radioteleskope.

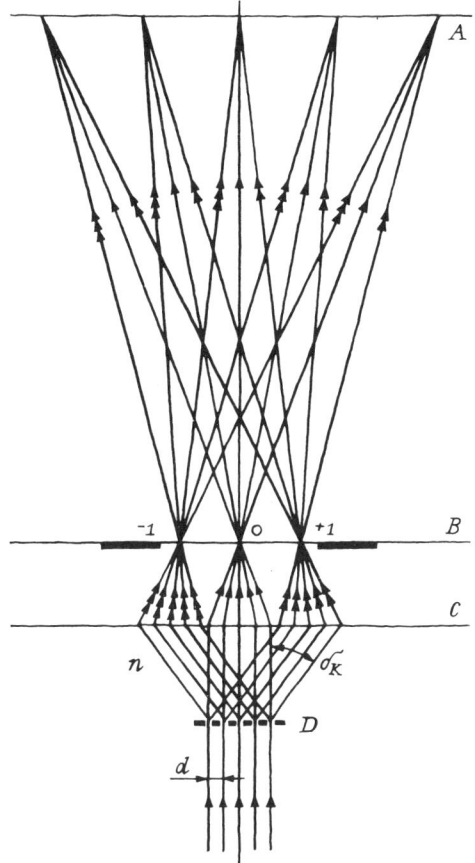

Zur Bildentstehung und zum Auflösungsvermögen im Mikroskop nach E. ABBE

A Bildebene; *B* Brennebene mit Beugungsbildern der Lichtquelle; *C* Hauptebene des Objektivs; *D* Objekt

HERMANN VON HELMHOLTZ irrte also, als er 1874 in einer Arbeit mit dem Titel „Die theoretische Grenze für
die Leistungsfähigkeit der Mikroskope" meinte, der erste gewesen zu sein, der dieses Problem umfassend be-
handelt hatte. Wir finden dazu in seinem Artikel folgende Passage: „Wenn dieselbe (gemeint ist die Beugung; d. Verf.) auch vielleicht gelegentlich als Ursache
für Verschlechterung des Bildes erwähnt worden ist,
habe ich nirgends eine methodische Untersuchung über
die Größe ihres Einflusses gefunden. Eine solche Untersuchung zeigt aber, daß die Diffraction der Strahlen mit
steigender Vergrößerung nothwendig und unausweich-
lich wächst, und dem mikroskopischen Sehen eine un-
übersteigbare Grenze zieht, der unsere besseren neu-
eren Instrumente sogar schon ziemlich nahe gekommen sind."

Offensichtlich haben die beiden Gelehrten unabhängig voneinander die Theorie des Mikroskops entwickelt
– HELMHOLTZ allerdings etwas später als ABBE. Der Irrtum des Berliner Wissenschaftlers ist deshalb verzeih-
lich. Wenn man die Nachschrift zu seinem Artikel liest,
die ich hier ebenfalls wörtlich zitieren möchte, wird
klar, daß er von den Ergebnissen seines Jenaer Kollegen
erst nach Abschluß der eigenen Arbeiten erfahren hatte:
„Nachschrift. Die vorliegende Arbeit war fertig ausgearbeitet und zur Absendung bereit, als ich im letzten Augenblick die im Aprilheft 1874 des Archivs für mikroskopische Anatomie veröffentlichte Arbeit von Herrn
Professor E. Abbe: ‚Beitrag zur Theorie des Mikroskops
und der mikroskopischen Wahrnehmung' zu Gesicht
bekam. Dieselbe enthält eine vorläufige Zusammenstel-
lung der Ergebnisse ausgedehnter, theils theoretischer,
theils experimenteller Untersuchungen, welche zum
großen Theil mit den von mir gegebenen zusammenfal-
len… Die besondere festliche Veranlassung, zu welcher
dieser Band der Annalen veröffentlicht wird, verbietet
mir, meine Arbeit zurückzuhalten oder ganz zurückzu-
ziehen."

ABBE konnte weiterhin – wie übrigens auch HELM-
HOLTZ – die Bedingung für die fehlerfreie Abbildung
durch Objektive mit großem Öffnungswinkel mathematisch formulieren – er fand die nach ihm benannte AB-
BESCHE Sinusbedingung. Nun waren die theoretischen
Grundlagen gesichert, und ABBE überrechnete die „alten" Optiksysteme neu und verbesserte sie wesentlich.

Jetzt gelang es auch, ein gutes Wasserimmersionsobjektiv zu berechnen und zu bauen. Sein Schwiegervater, der Jenaer Prof. CARL SNELL, schrieb dazu bereits 1871: „Er (gemeint ist ABBE; d. Verf.) hat nun die Befriedigung, daß er nicht bloß in den praktischen Leistungen alles bisher vorhandene übertroffen hat, sondern jetzt auch der einzige lebende Physiker und Mathematiker ist, der die Dioptrik so in der Gewalt hat, daß er rein theoretisch die kompliziertesten optischen Instrumente berechnen kann, während bisher die Fertigung wesentlich auf lange fortgesetztem mühsamem Probieren beruht hat."

Schon 1872 konnte man im Katalog der Firma Zeiss lesen, daß die Mikroskope „auf Grund theoretischer Berechnungen des Herrn Professor Abbe in Jena konstruiert" worden waren. Die Idee von CARL ZEISS war Wirklichkeit geworden. Seine Mikroskope nahmen von nun an die Spitzenposition in der Welt ein. Die Firma mußte zur Befriedigung der Nachfrage ständig erweitert werden. Es gab aber auch Kritiker und Neider, die noch längere Zeit öffentlich an der Richtigkeit der Angabe zweifelten, daß in Jena die Instrumente auf der Grundlage wissenschaftlicher Berechnungen gefertigt wurden. 1896 schrieb ABBE zurückblickend dazu: „Auch ist es noch gar nicht so lange her, daß in den Augen vieler beim Mikroskop der Anspruch auf eine höhere Wertschätzung seitens der Vertreter der alten empirischen Schule noch mit der Erklärung begründet werden konnte: von ihnen werde es nicht wie in Jena gebaut." Später mußten die Konkurrenten dann allerdings die umgekehrte Versicherung abgeben, nämlich daß ihre Mikroskope ebenfalls nach den Jenaer Methoden gebaut würden, wenn sie ihre Instrumente noch verkaufen wollten.

ZEISS wußte nun, daß ABBE der Mann war, von dessen Mitarbeit Fortbestand und Weiterentwicklung seines Unternehmens entscheidend abhingen. Er bemühte sich deshalb – und wie wir wissen mit Erfolg –, den Wissenschaftler als Teilhaber zu gewinnen. Die Zukunft der Firma war damit gesichert.

ABBE arbeitete unermüdlich weiter. Er unternahm verschiedene Reisen zu maßgeblichen Gelehrten im In- und Ausland, um sich weitere Anregungen zu holen. Zur Entwicklung der sogenannten homogenen Immersion, die er 1878 abschloß, hatte ihm beispielsweise der

Engländer J. W. STEPHENSON geraten. Bei einem derartigen System befindet sich anstelle von Wasser ein Öl zwischen Objektiv und Präparat, das die gleiche hohe Brechzahl wie die Frontlinse hat. Dadurch werden die Lichtverluste gesenkt, der Einfluß der Deckglasdicke völlig beseitigt und wegen der größeren numerischen Apertur – ABBES erstes System erreichte 1,25 – auch noch die Auflösung gesteigert.

Trotz aller Wissenschaftlichkeit und Sorgfalt in der Fertigung war das mikroskopische Bild aber noch immer nicht völlig frei von störenden Farbrändern, dem sogenannten sekundären Spektrum. ABBE erkannte, daß die Ursachen dafür im optischen Glas zu suchen waren, von dem für die erhöhten Ansprüche neue Sorten entwickelt werden mußten. Er schrieb dazu bereits 1874: „Die Fabrikanten optischer Gläser charakterisieren bis heute ihre Erzeugnisse, wie wenn sie zu Schiffsballast bestimmt wären, durch das spezifische Gewicht. Da hierbei die entscheidenden optischen Merkmale der Glasarten in ihren feineren Abstufungen völlig verhüllt bleiben, so gibt es daraufhin weder eine sichere Verständigung zwischen dem praktischen Optiker und dem Glasfabrikanten, noch hat dieser selbst in jenen Bestimmungen eine sichere Kontrolle über die Qualität und Gleichmäßigkeit seiner Produkte. Vollends aber ist jede Hoffnung ausgeschlossen, daß die Glasschmelzkunst – so lange kein rationelleres Verfahren Eingang gefunden hat – über bloß hergebrachte Ziele hinausgehen und selbständig versuchen werde, dem Bedürfnis der praktischen Optik nach neuen Glassorten entgegenzukommen."

Trotz intensiver Bemühungen gelang es ABBE zunächst nicht, Glasfabrikanten oder auch „gelehrte Körperschaften" für seine Wünsche zu interessieren. Erst 1879, genau am 27. Mai, meldete sich bei ihm brieflich ein junger Glaschemiker aus Westfalen und berichtete über die Herstellung neuer Glassorten. Es war OTTO SCHOTT, der in Witten ein privates Glaslabor betrieb, nachdem er zuvor in Aachen, Würzburg und Leipzig studiert hatte. Der Briefwechsel zwischen ABBE und SCHOTT erreichte 1880/81 seinen Höhepunkt, und es wurde die Übersiedlung des Glasfachmanns nach Jena angestrebt. ABBES Ansehen und die in möglichen Kriegszeiten gefährliche Importabhängigkeit der deutschen optischen Industrie veranlaßten den preußischen

Staat, das geplante Unternehmen finanziell zu unterstützen. Damals wurde nur in Birmingham und Paris brauchbares optisches Glas hergestellt. 1882 siedelte SCHOTT nach Jena über und hatte schnell Erfolge mit neuen Glassorten, insbesondere auf der Basis von Bor- und Phosphorsäure. 1884 wurde eine neue Glashütte unter dem Namen Glastechnisches Laboratorium Schott und Genossen in Betrieb genommen. Die Genossen waren CARL ZEISS, sein Sohn RODERICH und ERNST ABBE. Im Juli erschien das erste Produktionsverzeichnis des Laboratoriums. Es enthielt 44 verschiedene Glassorten, die nach wissenschaftlichen Gesichtspunkten charakterisiert waren.

Mit den optischen Gläsern von SCHOTT entwickelte ABBE eine neue Generation von Objektiven, die Apochromate genannt wurden. VON ROHR schrieb dazu 50 Jahre später: „Für die Benennung der neuen Formen wählte man in deutlicher Abweichung von dem alten Fachausdruck Achromate den neuen Apochromate und wünschte damit auszudrücken, daß die Hebung der Farbenfehler von wesentlich höherer Vollkommenheit sei. Wer kein Griechisch kann, mag sich achromatisch mit

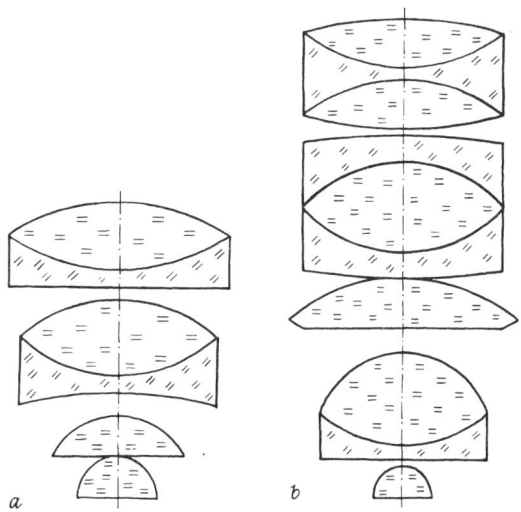

Schnitt durch ein achromatisches (a) und ein apochromatisches Objektiv (b)

▨ Kronglas ▨ Flintglas

farbenfrei verdeutlichen, dem etwa farbenspurenfrei für apochromatisch gegenübertreten könnte." Am 9. Juli 1886 hatte ERNST ABBE die neuen Systeme selbst vor der Jenaischen Gesellschaft für Medizin und Naturwissenschaft vorgestellt. Bescheiden verzichtete er darauf, seine ungeheure Rechenarbeit auch nur zu erwähnen. Der Sonderdruck erschien später unter dem Titel „Über die Verbesserungen des Mikroskops mit Hilfe neuer Arten optischer Gläser". In England wurde entgegen dem üblichen Brauch die Firmenschrift in der Zeitschrift der Royal Microscopical Society abgedruckt. Der russische Ärztekongreß verfaßte 1887 in Moskau zu Ehren von ZEISS für die Apochromate eine Ehrenschrift.

Jahrelange Bemühungen ABBES hatten sich gelohnt. Die neuen Mikroskope zeichneten sich durch ungewöhnlich gute Bildschärfe aus und eigneten sich bestens sowohl zur visuellen Beobachtung als auch für fotografische Aufnahmen. Die Bilder waren im ganzen Sehfeld gleichmäßig farbenrein. „Die sphärischen Aberrationen außerhalb der Achse sind so vollkommen corrigiert, daß bis dicht am Rande des Sehfeldes fast die gleiche Bildschärfe wie in der Mitte fortbesteht, wenn schon in Folge der unvermeidlichen Krümmung der Bildfläche auch bei diesen Systemen die Einstellung zwischen Mitte und Rand etwas verschieden bleibt." (ABBE) Zu den Apochromaten gab es „Compensations-Oculare", die eine „compensirende Wirkung ... hinsichtlich gewisser Farbendefecte der Objectivbilder ..." hatten. Ebenso lieferte Zeiss passende Projektionsokulare für die Mikrofotografie und die Mikroprojektion.

Die vorgestellte Serie umfaßte drei Trockensysteme (numerische Apertur 0,3; 0,6; 0,95), eine Wasserimmersion (1,25) und zwei homogene Immersionen (1,30 und 1,40), für die „Cedernöl" verwendet wurde. Erst mit diesen hochkorrigierten Systemen kamen die großen Aperturen, die ja besonders englische Instrumentenbauer schon früh erreicht hatten, voll zur Geltung. Die mikroskopische Forschung erhielt neue Impulse. 1905 gelang es dem Zoologen FRITZ RICHARD SCHAUDINN (1871–1906), mit einem Apochromat den lange gesuchten Erreger der Syphilis, die Spirochaeta pallida, zu entdecken.

CARL ZEISS konnte die Entwicklung der Apochromate noch miterleben. Ende 1886 erlitt er jedoch mehrere Schlaganfälle, an deren Folgen er zwei Jahre später, am

3. Dezember 1888, verstarb. Seine einstmals winzige Werkstätte war zu jener Zeit auf dem Wege, zum weltgrößten feinmechanisch-optischen Betrieb zu werden. Nach dem Tode von CARL ZEISS wurde ERNST ABBE Alleininhaber der Firma. 1889 wandelte er das Unternehmen in eine Stiftung um. Als er 1905 starb, gehörten dem Werk 1500 Mitarbeiter an, darunter 30 Wissenschaftler. Heute beschäftigt das Kombinat VEB Carl Zeiss JENA 58 000 Menschen, darunter 4000 Wissenschaftler.

Erwähnen möchte ich an dieser Stelle noch einmal RODERICH ZEISS, den 1850 geborenen Sohn des erfolgreichen Optikers. Auch er hat sich bleibende Verdienste um das Unternehmen erworben. Als Dr. med. nahm er 1876 die Tätigkeit in der Firma auf und bemühte sich in den folgenden Jahren mit großem Erfolg um die Rationalisierung und Reorganisation der Fertigung. Eng verbunden mit dem Namen RODERICH ZEISS sind die ersten mikrofotografischen Einrichtungen. 1883 trat er in die Geschäftsleitung ein und entlastete dort seinen Vater. Nach dessen Tod schied er gegen eine hohe Abfindung aus dem Unternehmen aus.

Etwa 40 Jahre lang hatte die Firma nahezu ausschließlich Mikroskope produziert, als ABBE 1888 ein derart eingeschränktes Lieferprogramm für zu riskant hielt und neue Erzeugnisse in die Fertigung aufnahm. Zunächst entstand eine Fotoabteilung (1890), dann eine Abteilung für physikalische Meßgeräte (1892/93), der wenig später die Fernrohrfertigung folgte. 1897 wurde noch eine spezielle Astro-Abteilung eröffnet. Heute umfaßt das Produktionsprogramm die gesamte Palette feinmechanisch-optischer Geräte, einschließlich hochspezialisierter Forschungs- und Produktionsausrüstungen für die Mikroelektronik. Trotzdem wurde der Mikroskopbau nie vernachlässigt, das Zeiss-Werk – heute das Kombinat VEB Carl Zeiss JENA – konnte eine führende Stellung in der Welt behaupten.

1904 schenkte die Geschäftsleitung ROBERT KOCH, dem berühmten Arzt und Entdecker zahlreicher Krankheitserreger – darunter die des Milzbrandes, der Cholera und der Tuberkulose (s. Bild auf S. 128) –, das 10 000. Mikroskop aus der Produktion der Zeiss-Werke. Für das Gerät mit homogener Immersion bedankte sich der Forscher herzlich und schrieb unter anderem: „Verdanke ich doch einen großen Teil der Erfolge, welche

mir für die Wissenschaft zu erringen vergönnt war, Ihren ausgezeichneten Mikroskopen …"

Auch nach ABBES Tod wurden in Jena die Mikroskope erfolgreich weiterentwickelt und verbessert. Aus der Fülle der Neuentwicklungen wollen wir einige wenige herausgreifen.

Den ersten Nobelpreis für die Mikroskopie überhaupt erhielten die Zeiss-Mitarbeiter Prof. HENRY SIEDENTOPF und Dr. RICHARD ZSIGMONDY für das 1902 erfundene Ultramikroskop. Damit konnten Teilchen (z. B. in Kolloiden), deren Abmessungen weit unterhalb der Auflösungsgrenze des Lichtmikroskops lagen, sichtbar gemacht – nicht aufgelöst! – werden. SIEDENTOPF machte sich auch um die Mikrofotografie verdient. AUGUST KÖHLER entwickelte 1893 das nach ihm benannte Beleuchtungsprinzip und führte 1904 die Ultraviolettmikroskopie ein. Die Anregung dafür geht auf ABBE zurück. Dr. HANS BOEGEHOLD, den wir bereits als Wissenschaftshistoriker im Zusammenhang mit der älteren Geschichte unseres Instruments kennengelernt haben, führte das Lichtmikroskop ab 1938 mit der Schaffung von Planachromaten und Planapochromaten und der zugehörigen Okulare zu hoher Vollkommenheit. Er konnte damit auch die noch zu ABBES Zeiten „unvermeidliche Krümmung der Bildfläche" beseitigen.

Was die Firma Zeiss für die Entwicklung der Mikroskopstative geleistet hat, davon zeugen am besten die Fotos auf S. 144 unten und auf S. 158 oben. Sinnbild des Mikroskops ist das 1938 von dem Ingenieur BRUNO GERSTENBERGER geschaffene Mikroskopstativ „L" mit tiefgelagerten Antrieben für Grob- und Feinbewegung sowie für monokularen und binokularen Schrägeinblick.

Auch der zweite Nobelpreis für die Mikroskopie ist eng mit dem Namen Zeiss verknüpft. Er wurde 1953 an den Holländer FRITS ZERNIKE (1888–1966) für die Erfindung des Phasenkontrastverfahrens vergeben. Der theoretische Physiker, seit 1920 Professor an der Universität Groningen, stellte 1932 seine neue Methode in den Zeiss-Werken vor. Wie er selbst in seinem Nobelvortrag 1953 sagte, befand sich das Verfahren damals noch in

Das erste zusammengesetzte Mikroskop von C. ZEISS (1857), rechts daneben ein Mikroskop mit Hufeisenstativ Nr. VII und Wasserimmersion (1882)

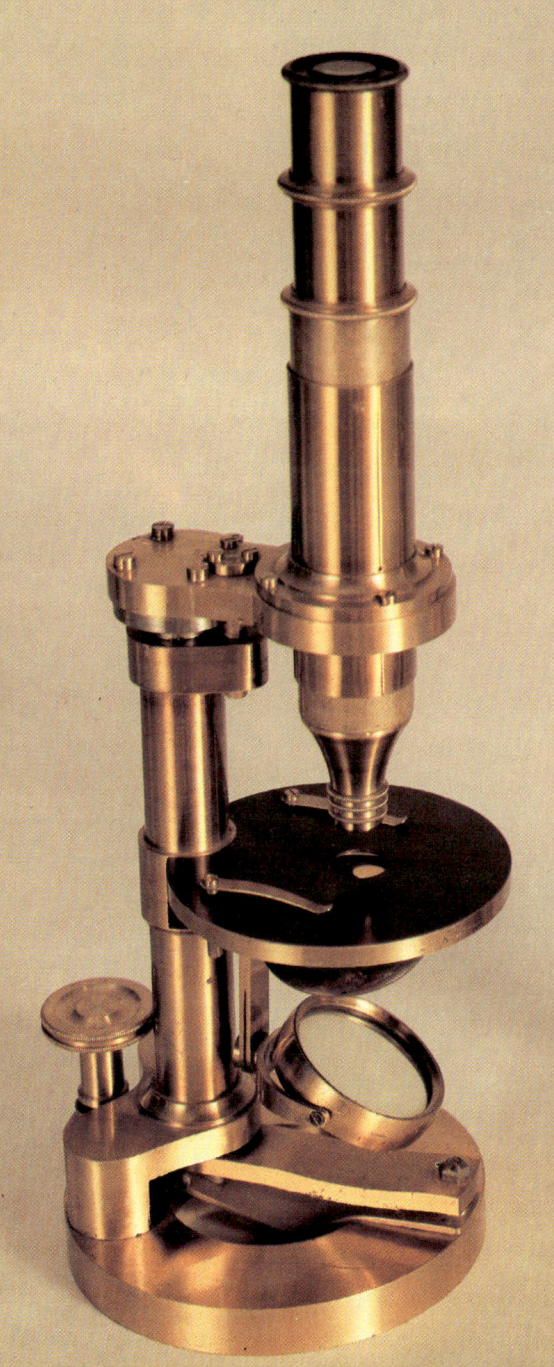
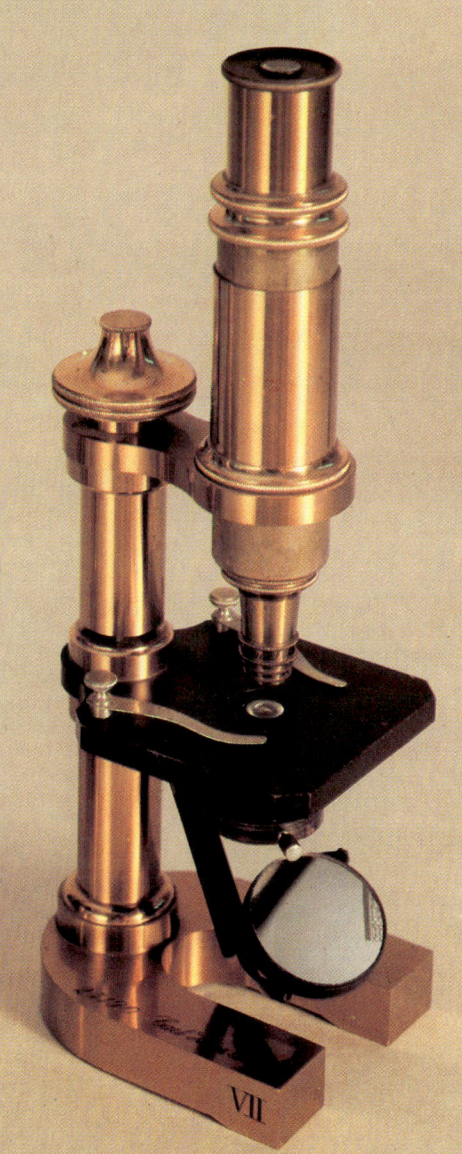

Neue

Mikroskop-

Objective und Oculare

aus

Special-Gläsern

des

Glastechnischen Laboratoriums
(Schott & Gen.)

hergestellt

von

Carl Zeiss

Optische Werkstätte

JENA.

1886.

E. Abbe (1840–1905)

C. Zeiss (1816–1888) um 1875

Ankündigung der Apochromate
durch die Fa. Zeiss

Blick in die alte Optikfertigung der Firma Zeiss

folgende Seiten:

Strahlengang im Durchlicht-Forschungsmikroskop JENAVAL
aus dem VEB Carl Zeiss JENA (1982)

Mikroaufnahme von einem Gesteinsdünnschliff mit polarisiertem Licht (JENAPOL)

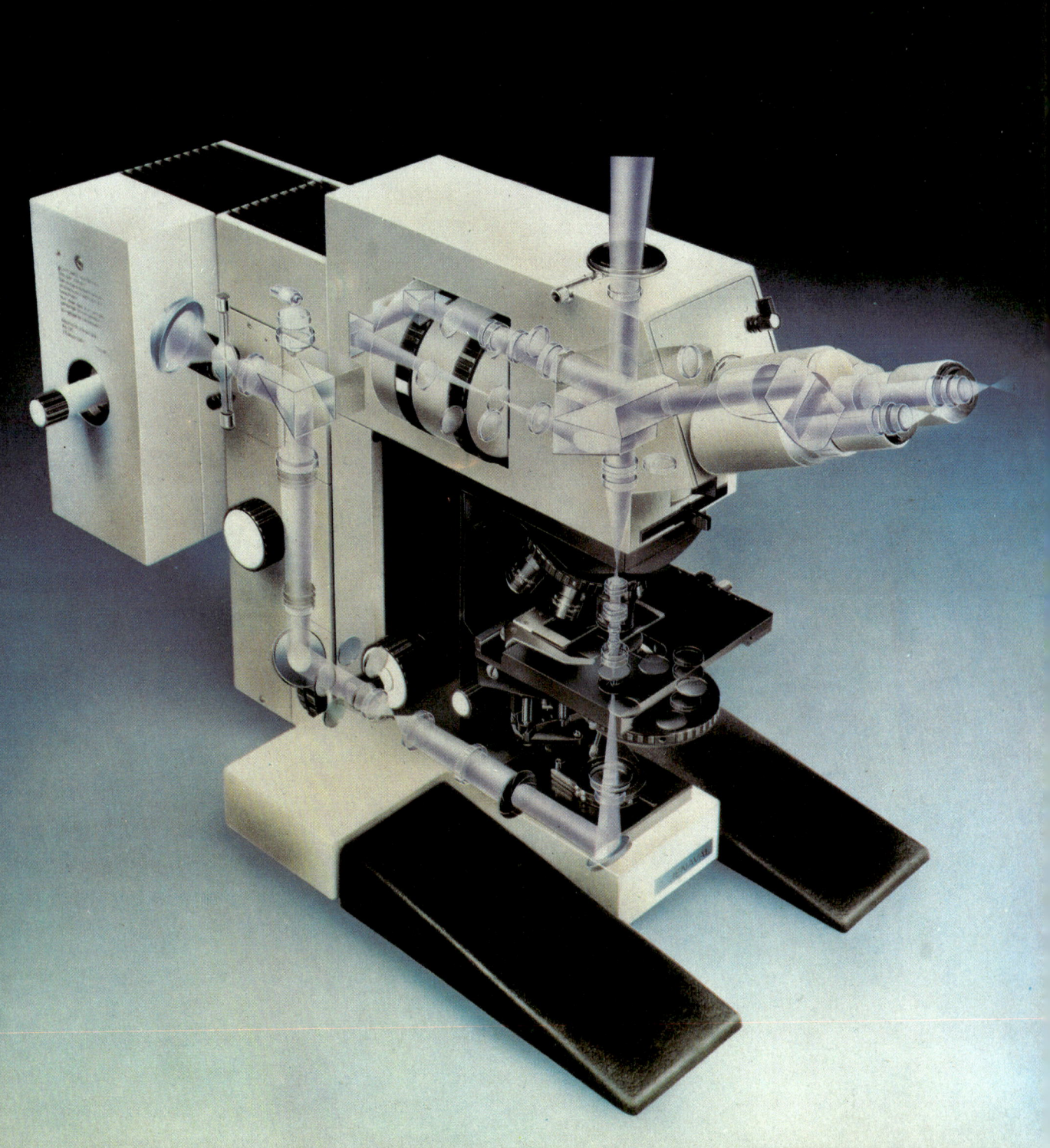

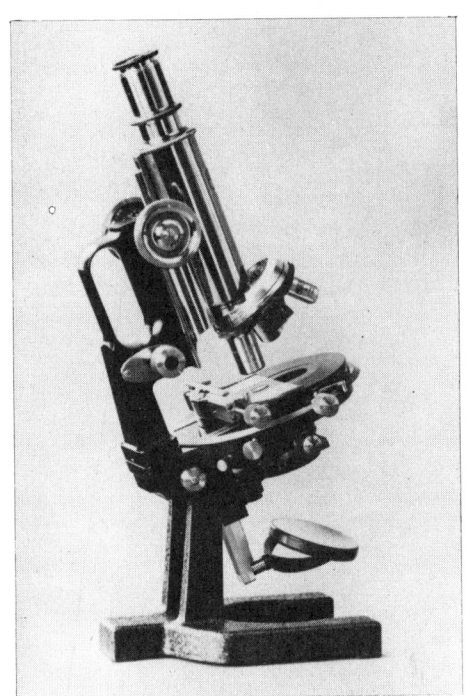

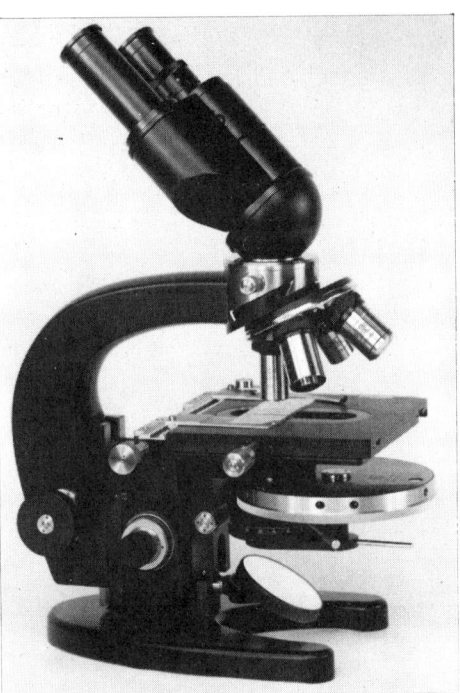

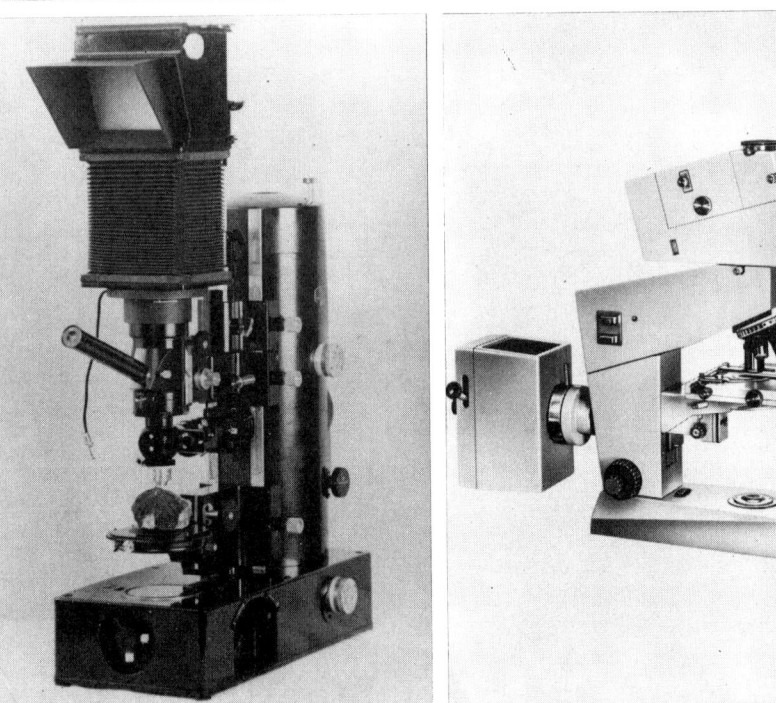

„Bierseidel" von Zeiss
mit Feintrieb von
BERGER (1898)

Das Mikroskop LgOG
von Zeiss mit Phasen-
kontrasteinrichtung

Kamera-Mikroskop
Ultraphot für Auf- und
Durchlicht (Zeiss, 1939)

Das Mikroskop EPIVAL
interphako des VEB Carl
Zeiss JENA aus der
Mikroval-Serie (1968)

Blick auf das Zeiss-Hauptwerk (1938)

 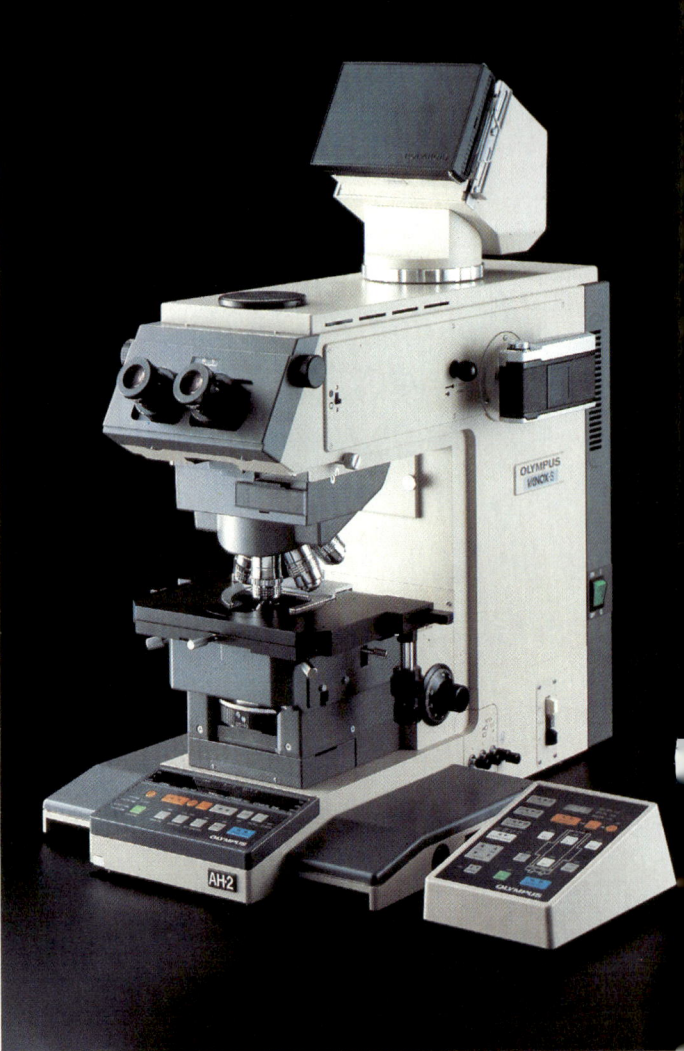

Erstes Mikroskop Modell Asahi der japanischen Firma Olympus (1920)

Das Instrument ähnelt auffallend dem Mikroskop mit Hufeisenstativ Nr. VII von C. Zeiss aus dem Jahre 1882 (s. S. 153)

Kamera-Mikroskop VANOX-S von Olympus (1983)

einem frühen Stadium. Die Gegenliebe im Jenaer Unternehmen war deshalb anfangs offenbar nicht besonders groß, was ZERNIKE sehr enttäuschte, denn noch einundzwanzig Jahre nach der ersten Visite bei Zeiss klingen seine Worte darüber und über den Fortgang der Entwicklungsarbeiten recht bitter. Ich möchte dem Leser die entsprechenden Passagen aus dem Nobelvortrag nicht vorenthalten, will aber zunächst das Phasenkontrastprinzip erläutern, auf das ZERNIKE übrigens bei Experimenten mit Beugungsgittern stieß.

Der Physiker hat 1935 in der Zeitschrift für technische Physik das Verfahren beschrieben. Ausgangspunkt war für ihn die ABBESCHE Theorie. ABBE und alle seine Nachfolger führten die Kontraste im mikroskopischen Bild allein auf die unterschiedliche Lichtdurchlässigkeit in den verschiedenen Objektbereichen zurück. PIETER VAN DER STAR schrieb dazu 1959: „Er (gemeint ist ABBE; d. Verf.) war aber so verbunden mit der Idee, daß die Sichtbarkeit seines Objektes nur von dessen Lichtdurchlässigkeitsverhältnissen abhängt, daß er nicht zum Phasenkontrastmikroskop kam. Hieraus geht hervor, daß auch die größten Geister immer Kinder ihrer Zeit sind, eine Tatsache, die man in der Geschichte der Wissenschaft immer wieder beobachtet."

Physikalisch gesehen wird bei der Kontrastentstehung nach ABBE die Amplitude der Lichtwellen verringert (s. S. 162 o.). Es gibt aber auch völlig durchsichtige Objekte, die als interessante Details nur Dickenunterschiede oder Brechzahlabweichungen aufweisen. Solche Proben geben nach der ABBESCHEN Theorie und demnach auch praktisch im „normalen" Mikroskop bei exakter Fokussierung keinen Kontrast. Nun sind derartige Materialien keine Phantasieobjekte, sondern kommen besonders bei biologischen Präparaten sehr häufig vor. Bis zu ZERNIKES Erfindung halfen sich die Mikroskopiker mit den verschiedensten und im Laufe der Zeit von ausgezeichneten Wissenschaftlern hochentwickelten Färbemethoden weiter, um etwas sehen zu können. Lebendes Material ließ sich wegen der Giftigkeit der Färbemittel so aber im allgemeinen nicht untersuchen.

Der holländische Physiker hatte nun den genialen Einfall, die gesetzmäßig auftretende Verschiebung der Phasenlage des Lichts in den Bereichen veränderter Brechzahl oder Dicke, die wir weder mit dem bloßen Auge noch mit dem Mikroskop wahrnehmen können,

zur Kontrasterzeugung auszunutzen. Die Zeichnung auf S. 162 zeigt, was unter der Phase des Lichts zu verstehen ist und wie ZERNIKE deren Verschiebung bewerkstelligte. Wie ABBE, so ging auch ZERNIKE bei seinen Betrachtungen zur Bildentstehung von der Beugung des Lichts am Objekt aus. Er nahm am Beugungsbild, das in der hinteren Brennebene des Objektivs entsteht, mit einer sogenannten Phasenplatte einen Eingriff in den Strahlengang vor, wodurch er die Phase des ungebeugten Lichts so verschob, daß bei Interferenz des gebeugten mit dem ungebeugten Licht nun ein kontrastreiches Bild entstand, das aussah, als stammte es von einem ganz normalen mikroskopischen Objekt („Amplitudenobjekt") mit örtlich unterschiedlicher Lichtdurchlässigkeit. ZERNIKE schrieb: „Man kann sagen, daß die durchsichtige Einzelheit ‚optisch gefärbt' wurde."

Nachdem Zeiss 1941 das erste kommerzielle Phasenkontrastmikroskop auf den Markt gebracht hatte, griffen Mikroskopiker und Optikfirmen in aller Welt das neue Verfahren auf. Es spielt bis heute eine bedeutende Rolle in der Mikroskopie.

Doch nun zu den angekündigten Passagen aus FRITS ZERNIKES Nobelvortrag mit dem Titel „Wie ich den Phasenkontrast erfand". Wir lesen dort: „Mit der sich noch im ersten, etwas primitiven Stadium befindlichen Phasenkontrastmethode ging ich im Jahre 1932 zu den Zeiss-Werken nach Jena, um sie dort vorzuführen. Sie wurde nicht mit solcher Begeisterung aufgenommen, wie ich erwartet hatte. Der Unwilligste von allen war einer der ältesten wissenschaftlichen Mitarbeiter (es war Nobelpreisträger HENRY SIEDENTOPF; d. Verf.), welcher sagte: ‚Wenn das wirklich irgendeinen praktischen Wert hätte, dann hätten wir es schon vor langer Zeit erfunden.' Wirklich vor langer Zeit! Die großen Errungenschaften der Firma in der praktischen und theoretischen Mikroskopie gingen alle auf ihren berühmten Leiter Ernst Abbe zurück und stammten aus der Zeit vor 1890, dem Jahr, in welchem Abbe alleiniger Inhaber der Zeiss-Werke wurde ... Tatsächlich stammt seine letzte Arbeit über Mikroskopie aus dem gleichen Jahr. In dieser gab er einen einfachen Grund für die Schwierigkeiten mit transparenten Objekten an; aber der war unzureichend. Unter seinem anwachsenden wissenschaftlichen Mitarbeiterstab entwickelte sich augenscheinlich unter dem Eindruck seiner überragenden Persönlich-

162 keit die traditionelle Meinung, daß die Abbesche Theorie das letzte Wort über die mikroskopische Abbildung sei."

Weiter schrieb ZERNIKE: „Die Firma Zeiss in Jena, welche mit so geringer Begeisterung an die Sache herangegangen war, kam langsam mit der praktischen Ausführung voran. Nach einigen weiteren Besuchen, nach einigen Jahren Entwicklung zu komplizierter Instrumente und nach weiteren Verzögerungen durch den Krieg brachte die Firma Phasenkontrastobjektive und Zubehör im Jahre 1941 heraus."

Auch nach dem Zweiten Weltkrieg konnte das Werk in Jena seinen ausgezeichneten Ruf im Mikroskopbau wahren. Dabei gestaltete sich der Neubeginn wegen der schweren Zerstörungen außerordentlich schwierig. Die amerikanische Besatzungsmacht nahm außerdem bei ihrem Abzug nicht nur das Archiv, die Patente und Konstruktionsunterlagen mit, sondern auch wichtige Spezialmaschinen und Laboranlagen. Weiterhin ließ das amerikanische Oberkommando mehr als 120 führende Wissenschaftler und Techniker in den Raum Heidenheim-Oberkochen bringen und dort eine optische Firma gründen. Das war für das Werk in Jena ebenfalls problematisch.

Später wurde im Rahmen der im Potsdamer Abkommen festgelegten Reparationsleistungen an die Sowjetunion ein großer Teil der Ausrüstungen demontiert.

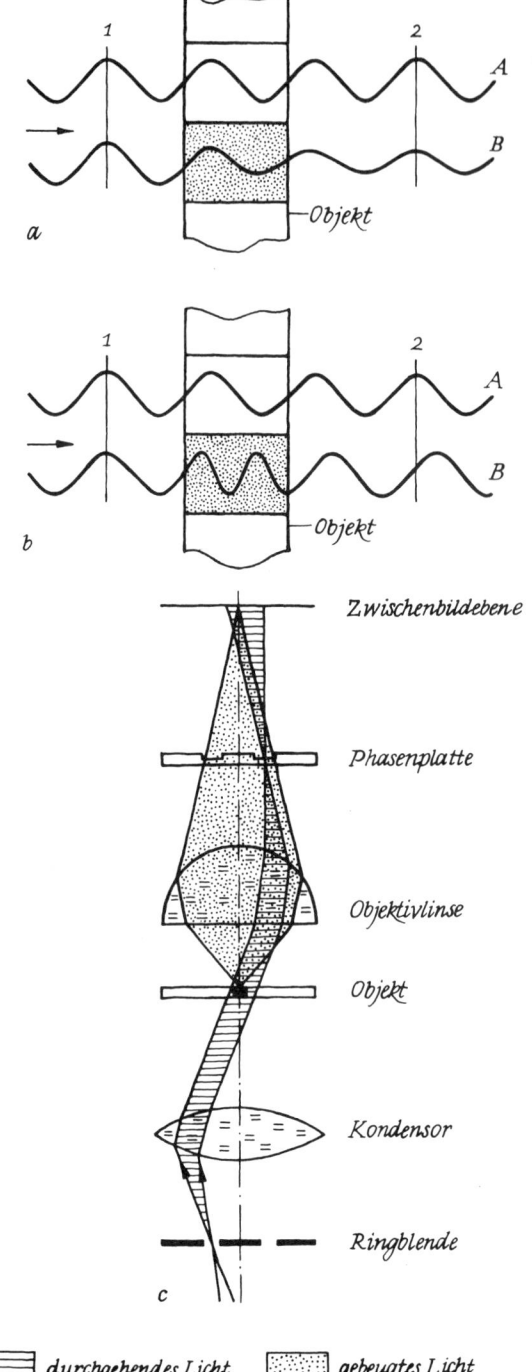

Zur Erläuterung des Phasenkontrastprinzips

a „Amplitudenobjekt". Das von links durch das Objekt fallende Licht wird im dunklen Bereich in seiner Intensität geschwächt. Bei 2 unterscheiden sich die Lichtwellen A und B deshalb nur in der Amplitude. So entsteht der Kontrast im „normalen" Mikroskop.

b „Phasenobjekt". Die Lichtwelle B wird gegenüber der unverändert durchgehenden Welle A nicht in der Intensität geschwächt, sondern in der Phase verschoben. Bei 2 unterscheiden sich die Wellen durch den Schwingungszustand.

c Phasenkontrastmikroskop. Das Objekt wird durch eine Ringblende beleuchtet. In das Objektiv gelangt durchgehendes und gebeugtes Licht vom „Phasenobjekt". In der Phasenplatte wird das durchgehende Licht um λ/2 phasenverschoben. In der Zwischenbildebene entstehen die Kontraste durch Interferenz des durchgehenden und des gebeugten Lichts.

Das Schicksal des berühmten Unternehmens schien besiegelt. Doch mit weitreichender Unterstützung durch die damalige sowjetische Militäradministration begann das Werk wieder zu arbeiten und an seine alten Traditionen anzuknüpfen. Heute gehört das Kombinat VEB Carl Zeiss JENA längst wieder zu den führenden Optikunternehmen der Welt, und die Carl-Zeiss-Stiftung hat eine Wirksamkeit erreicht, wie sie unter den gesellschaftlichen Verhältnissen zu ERNST ABBES Zeiten nicht möglich gewesen wäre.

Abschließend möchte ich noch die beiden modernsten Mikroskopbaureihen des Kombinats VEB Carl Zeiss JENA nennen. 1968 wurden die seit Ende der 50er Jahre produzierten N-Mikroskope durch die Mikroval-Geräte abgelöst. Dabei handelte es sich um ein Baukastensystem, mit dem sämtliche modernen Mikroskopierverfahren von den einfachen Durchlicht- und Auflichtmethoden über Phasenkontrast, Interferenzkontrast, Polarisation und Fluoreszenz bis zur Mikroskopfotometrie aufgebaut werden konnten (s. S. 158).

1982 kam die Baureihe der Jena-Mikroskope 250-CF heraus, die sich vor allem durch ein besonders großes Sehfeld und neue Objektive ohne Farbvergrößerungsfehler – man braucht keine Kompensationsokulare mehr – auszeichnen. Auf S. 156 ist ein Phantombild des Durchlicht-Forschungsmikroskops JENAVAL aus dieser Serie wiedergegeben, das eindrucksvoll technische Perfektion und gelungene Gestaltung dieser Instrumentenserie demonstriert.

Natürlich stellt nicht nur das Kombinat VEB Carl Zeiss JENA ausgezeichnete Mikroskope her. Bedeutende Produzenten solcher Geräte sind neben anderen auch die Leningrader Optischen Werke, die American Optical Company, die Leitzwerke in Wetzlar, die Firma Reichert in Wien und die Unternehmen Nippon Kogaku und Olympus Optical Co. in Japan. Die Farbfotos eines historischen und eines modernen Mikroskops von Olympus auf S. 160 lassen die gewaltigen Fortschritte auf dem Gebiet der Optik in diesem Lande erahnen. Da es aber nicht meine Absicht war, ein Buch über moderne Mikroskope zu schreiben, möchte ich auf die Produkte der genannten Unternehmen nicht näher eingehen.

Es sei abschließend nur so viel gesagt, daß das Lichtmikroskop ständig optisch und mechanisch verbessert wird. So spielen gegenwärtig große und vollständig korrigierte Sehfelder eine Rolle. Weiterhin zieht die Mikroelektronik auch in den Mikroskopbau ein und macht die Instrumente leistungsfähiger und bedienfreundlicher. Das konventionelle Lichtmikroskop hat also keineswegs sein Endstadium erreicht – die Auflösung kann allerdings grundsätzlich nicht mehr gesteigert werden.

Andere Wirkprinzipien eröffnen jedoch auch hier neue Horizonte. Das Rasterverfahren – im Raster-Elektronenmikroskop (s. S. 199 ff.) zur Perfektion entwickelt – führt in Verbindung mit dem Laser zu einer neuen Generation von Lichtmikroskopen, die wegen der elektronischen Bildverarbeitung erweiterte Untersuchungsmöglichkeiten bieten und bei größerer Schärfentiefe eine höhere Auflösung zulassen als die konventionellen Instrumente.

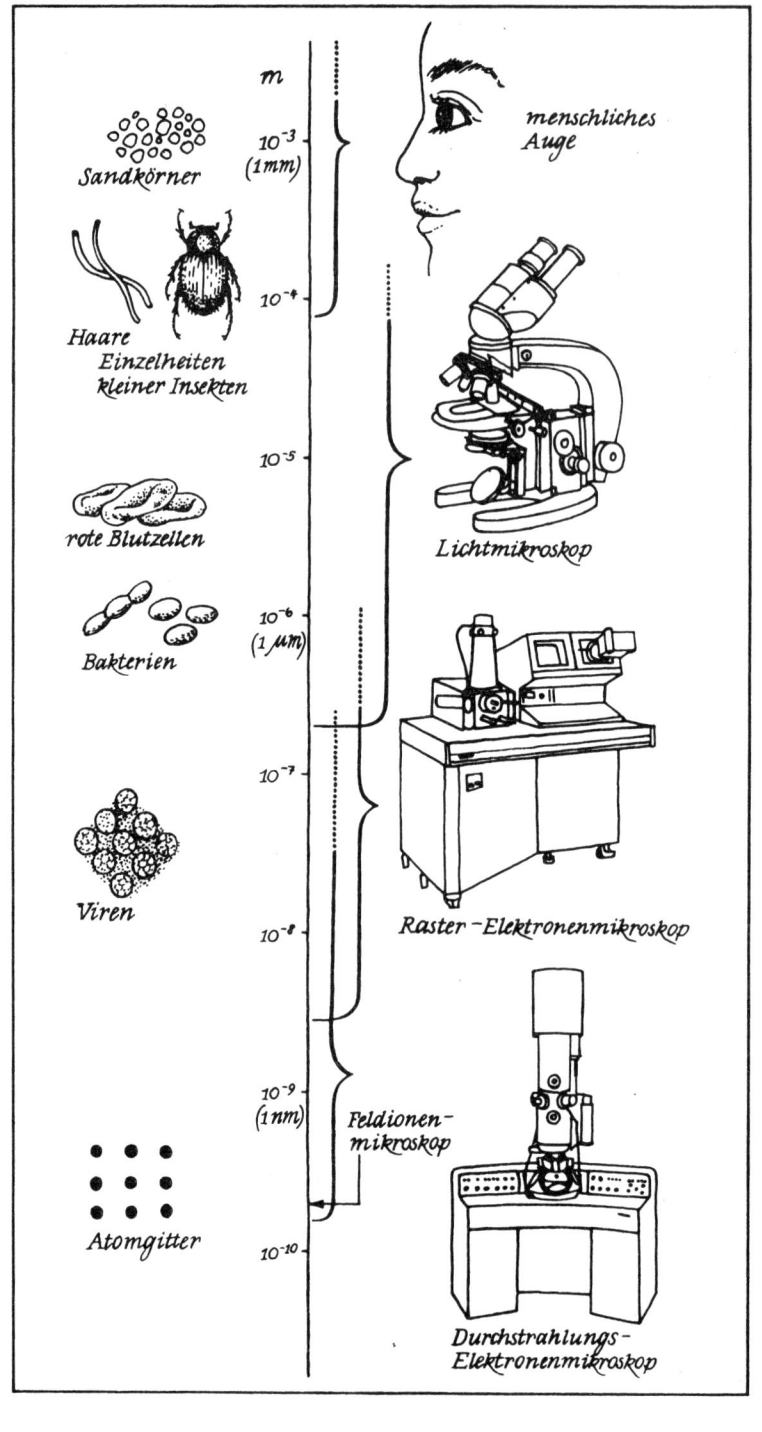

Sandkörner

Haare
Einzelheiten
kleiner Insekten

rote Blutzellen

Bakterien

Viren

Atomgitter

m

10^{-3}
(1mm)

10^{-4}

10^{-5}

10^{-6}
(1 μm)

10^{-7}

10^{-8}

10^{-9}
(1nm)

10^{-10}

menschliches
Auge

Lichtmikroskop

Raster-Elektronenmikroskop

Feldionen-
mikroskop

Durchstrahlungs-
Elektronenmikroskop

Teil II
Das Elektronenmikroskop

(1.)

Aus der Vorgeschichte und von den Grundlagen des Elektronenmikroskops

Am Anfang der Geschichte des Elektronenmikroskops soll ein Zitat aus ERNST ABBES Bericht über die internationale Ausstellung wissenschaftlicher Apparate im Jahre 1876 in London stehen. Der damals bereits weit über Deutschlands Grenzen hinaus bekannte und anerkannte Optiker äußerte sich darin zur Perspektive der Mikroskopie mit folgenden Worten: „Nach Allem, was im Gesichtskreis unserer heutigen Wissenschaft liegt, ist der Tragweite unseres Sehorgans durch die Natur des Lichtes selbst eine Grenze gesetzt, die mit dem Rüstzeug unserer dermaligen Naturkenntnis nicht zu überschreiten ist. Es bleibt natürlich der Trost, daß zwischen Himmel und Erde noch so manches ist, von dem sich unser Unverstand nichts träumen läßt. Vielleicht, daß es in der Zukunft dem menschlichen Geist gelingt, sich noch Prozesse und Kräfte dienstbar zu machen, welche uns auf ganz anderen Wegen die Schranken überschreiten lassen, welche uns jetzt als unübersteiglich erscheinen müssen. Das ist auch mein Gedanke. Nur glaube ich, daß diejenigen Werkzeuge, welche dereinst vielleicht unsere Sinne in der Erforschung der letzten Elemente der Körperwelt wirksamer, als die heutigen Mikroskope unterstützen, mit diesen kaum etwas anderes als den Namen gemeinsam haben werden."

Dieses Zitat enthält drei bemerkenswerte Gedanken. Zum ersten wird von einer unüberwindlichen Auflösungsgrenze des Lichtmikroskops, begründet in der Natur des Lichts, gesprochen – eine Ansicht, die zu jener Zeit durchaus noch umstritten war. Zum zweiten hat der Jenaer Gelehrte durch sein Vertrauen in die zukünftige Entdeckung von „Prozessen und Kräften" zur Überwindung der durch das Licht gesetzten Schranke für die weitere Entwicklung der Mikroskopie eine richtige Prognose gestellt. Im Durchstrahlungs-Elektronenmikroskop sind „Prozesse und Kräfte" nutzbar gemacht worden, durch die jene Schranke in ungeahnter Weise hinausgeschoben werden konnte. Mit den besten dieser Instrumente ist es in den letzten Jahren gelungen, bis in den Bereich atomarer Dimensionen vorzudringen und sogar einzelne Atome sichtbar zu machen. Das Auflösungsvermögen des Lichtmikroskops wird damit um das Tausendfache übertroffen. Der dritte Gedanke ABBES, nämlich seine Vermutung über den Aufbau derartiger Geräte, erwies sich allerdings als unzutreffend. Die neuen „Werkzeuge" sind sehr wohl dem Lichtmikroskop ähnlich und haben mit diesem Instrument weitaus mehr als nur den Namen gemeinsam.

Unsere Zeichnung läßt die Ähnlichkeit zwischen Durchlichtmikroskop und Durchstrahlungs- oder Transmissions-Elektronenmikroskop deutlich erkennen: Beide Instrumente haben eine Beleuchtungseinrichtung – die eine sendet sichtbares Licht, die andere Elektronenstrahlen aus. Die Präparate werden jeweils an einem Halter befestigt und lassen sich in drei Richtungen verschieben, um die Strahlachse drehen und im Elektronenmikroskop außerdem meistens noch kippen. Die Abbildungssysteme bestehen bei beiden Instrumenten im einfachsten Fall aus einem Objektiv und einer weiteren Sammellinse. Im Lichtmikroskop kann diese zweite Linse entweder als Okular oder aber als Projektiv dienen, wenn das Bild auf einem Schirm aufgefangen werden soll. Im Elektronenmikroskop muß grundsätzlich ein Projektiv benutzt werden, weil der Mensch Elektronen nicht unmittelbar mit seinem Auge wahrnehmen kann. Das „Elektronenbild" wird mit dem Projektiv auf einen Leuchtschirm projiziert und dort als „Lichtbild" betrachtet. Man kann das Durchstrahlungs-Elektronenmikroskop deshalb als elektronenoptisches Gegenstück zum lichtoptischen Projektionsmikroskop ansehen.

Die Ähnlichkeit zwischen beiden Geräten ist jedoch vorwiegend auf den Strahlengang beschränkt. Im Lichtmikroskop wird die elektromagnetische Welle Licht durch eine Linse aus Glas gebrochen. Die negativ geladenen Elektronen dagegen sind Teilchen und können sowohl elektrisch als auch magnetisch abgelenkt werden. Es sind im Elektronenmikroskop also keine stofflichen Gebilde, die wie Sammellinsen wirken, sondern durch Spulen oder lochblendenartige Elektroden geformte Felder im Vakuum.

Diese Elektronenlinsen haben ähnliche Abbildungsfehler wie Glaslinsen. In erster Linie begrenzt der Öffnungsfehler – die sphärische Aberration – die Auflösung. Achsenfernere Elektronenstrahlen werden stärker gebrochen als achsennahe, so daß auch bei den Elektronenlinsen die äußeren Zonen eine kleinere Brennweite haben als die inneren. Weiterhin gibt es in Analogie zur Lichtoptik den chromatischen Fehler. Die „Farbe" wird hier durch die Geschwindigkeit der Elektronen bestimmt. Je schneller die Elektronen sind, desto länger ist die Brennweite einer magnetischen oder elektrostatischen Linse bei ansonsten gleichen Bedingungen. Alle zum Abbilden genutzten Elektronen müssen deshalb gleiche Geschwindigkeit und damit gleiche „Farbe" haben, wenn das Bild scharf sein soll. Solche Elektronenstrahlen nennt man in Analogie zum einfarbigen Licht „monochromatisch". Der chromatische Fehler ist um so geringer, je dünner die Präparate sind.

In der Lichtoptik lassen sich alle Abbildungsfehler nahezu vollständig korrigieren, und die theoretisch mögliche Auflösung wird auch praktisch erreicht. Bei den bis heute benutzten rotationssymmetrischen Elektronenlinsen geht das grundsätzlich nicht. Das hat OTTO SCHERZER (geb. 1909) bereits 1936 erkannt und theoretisch begründet. Man muß deshalb mit stark abgeblendeten Objektivlinsen arbeiten und erreicht bei weitem nicht die nach der ABBESCHEN Gleichung $d = \dfrac{0,61\,\lambda}{n \sin \alpha}$ zu erwartende Auflösung d. In erster Näherung gilt für das Elektronenmikroskop die Formel $d = A \sqrt[4]{\lambda^3\,C\ddot{o}}$ mit dem Öffnungsfehler $C\ddot{o}$, der bei den besten Objektiven etwa 1 mm beträgt, und der Größe A, die von den Streuverhältnissen in der Probe abhängt und Werte zwischen 0,4 und 0,8 annehmen kann. Die Linsenfehler werden jedoch mit abnehmender Brennweite etwas geringer. Deshalb versucht man, möglichst kurzbrennweitige Objektivlinsen zu bauen. Grundsätzlich besteht aber Hoffnung, den Abbildungsfehlern zukünftig mit Quadrupol- und Oktopollinsen beizukommen, die nicht mehr „rund" sind.

Auf einen weiteren wichtigen Abbildungsfehler, den axialen Astigmatismus, gehen wir später (s. S. 220) ein. Er tritt in der Lichtoptik nicht in Erscheinung und wurde im Elektronenmikroskop erst nach dem Zweiten Weltkrieg entdeckt. Auch die Bildkontraste entstehen

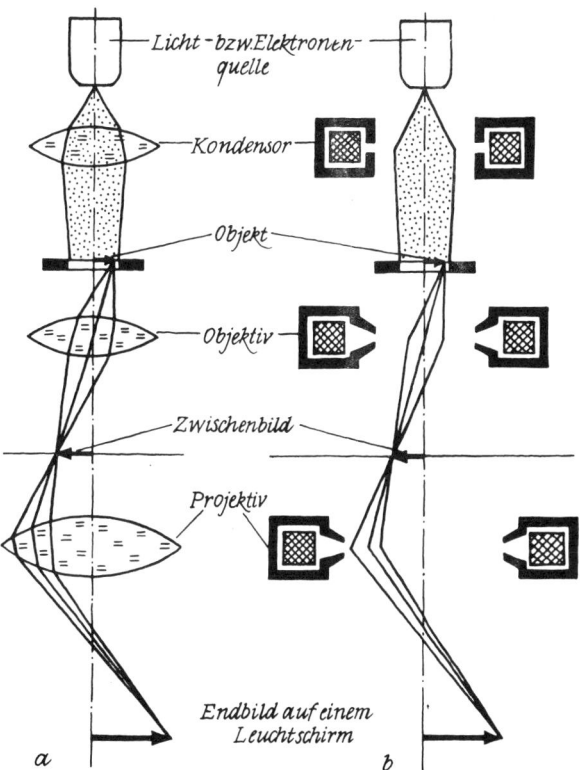

Zum Vergleich von Lichtmikroskop (a) und Elektronenmikroskop (b)

in beiden Geräten auf sehr unterschiedliche Weise. Im Lichtmikroskop werden Objekteinzelheiten im allgemeinen dadurch sichtbar, daß sie das Licht mehr oder weniger stark absorbieren – von Phasen- oder Interferenzkontrastverfahren wollen wir hier absehen. Kontraste im Elektronenmikroskop sind dagegen eine Folge unterschiedlich starker Streuung der Elektronen im Präparat. Unsere Zeichnung soll das verdeutlichen.

Man spricht von Streuabsorptions-Kontrast. Es soll aber erwähnt werden, daß auch im Elektronenmikroskop Phasenkontrast auftritt und für die Abbildung genutzt wird.

Einige Leser werden sich an dieser Stelle möglicherweise fragen, warum man für ein Mikroskop mit sublichtmikroskopischer Auflösung ausgerechnet Elektronen ausgesucht hat, die sich nur im Vakuum ungestört ausbreiten können. Wäre es nicht viel einfacher, ein solches Gerät für kurzwellige elektromagnetische Strahlung aufzubauen? Diese Frage ist leicht zu beantworten. Aus dem elektromagnetischen Spektrum kommen nur ultraviolettes Licht oder die 1895 von dem deutschen Physiker WILHELM CONRAD RÖNTGEN (1845–1923) entdeckten und nach ihm benannten Röntgenstrahlen in Betracht. Die Möglichkeiten des ultravioletten Lichts sind bereits ausgeschöpft worden. Röntgenstrahlen haben Eigenschaften, die sie für die Mikroskopie wenig geeignet machen. Zum ersten werden sie beim Übergang von einem Stoff in einen anderen nur unmerklich gebrochen, man kann also keine Linsen für Röntgenmikroskope herstellen. Auch durch elektrische oder magnetische Felder lassen sie sich nicht sammeln oder zerstreuen. Zweitens werden Röntgenstrahlen nicht entsprechend dem Reflexionsgesetz an spiegelnden Flächen reflektiert; es gibt nur die Totalreflexion bei nahezu streifendem Einfall. Es lassen sich deshalb auch nicht so ohne weiteres Spiegeloptiken herstellen. Drittens ist die Wechselwirkung dieser Strahlung mit einem Präparat nur gering, so daß die Abbildung extrem feiner Details ohnehin kaum möglich wäre.

Trotzdem gab und gibt es Versuche mit Röntgenmikroskopen. MANFRED VON ARDENNE (geb. 1907) hat 1938 das Röntgenschattenmikroskop erfunden. Nach dem Zweiten Weltkrieg sind komplizierte Instrumente mit parabolischen und hyperbolischen Spiegeln aufgebaut worden. Auch die Beugung der Röntgenstrahlung an

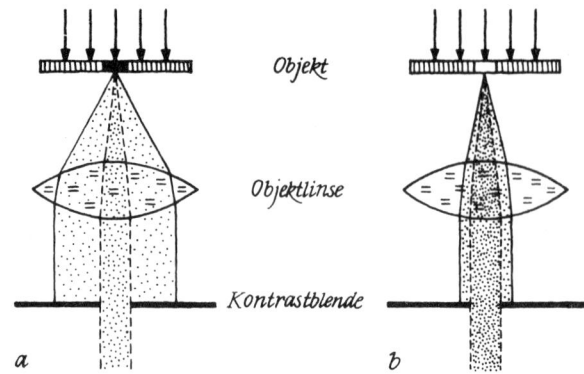

Die Kontrastblende im Elektronenmikroskop

a Stark streuende Gebilde (große Massenbelegung) in einer weniger streuenden Matrix. Da die meisten gestreuten Elektronen durch die Kontrastblende zurückgehalten werden, erscheinen derartige Gebilde im Positivbild dunkel.

b Schwach streuende Gebilde. Die meisten gestreuten Elektronen tragen zur Abbildung bei. Solche Gebilde erscheinen im Positiv heller als die Umgebung.

Kristallen hat man dafür auszunutzen versucht. Das ändert aber wenig an der oben getroffenen Aussage. Es wurde nämlich mit solchen Geräten weder die Auflösung des Lichtmikroskops deutlich übertroffen noch eine breite Anwendung erreicht, weil sie mit langwelliger Röntgenstrahlung arbeiten müssen, wenn die Bilder kontrastreich sein sollen. Der Strahlengang verläuft dann, wegen der starken Absorption der Strahlung in Luft, ebenfalls im Vakuum.

Auch aus heutiger Sicht sind für die Mikroskopie mit sublichtmikroskopischer Auflösung Elektronen am besten geeignet, obwohl im Vakuum abgebildet werden muß. Sie lassen sich nicht nur ausgezeichnet durch rotationssymmetrische elektrische und magnetische Felder sammeln wie Licht mit einer Glaslinse, sondern zeigen auch eine ausreichend starke Wechselwirkung mit dem Präparatmaterial. Es können deshalb von Proben, die aus leichten Elementen zusammengesetzt sind, kontrastreiche Bilder aufgenommen werden. Daß schließlich Elektronenstrahlen als Wellen betrachtet werden können, und zwar als außerordentlich kurze, wußten die Erfinder des Elektronenmikroskops anfangs nicht. Darüber wird noch zu berichten sein.

Problematisch für die Elektronenmikroskopiker ist das schwache Durchdringungsvermögen der Elektronen; es können nur extrem dünne Objekte durchstrahlt werden. Wir müßten ein menschliches Haar mit einem Durchmesser von 50 bis 60 μm längs in mindestens 100 Streifen spalten, um seine innere Struktur mit einem 100-kV-Elektronenmikroskop überhaupt untersuchen zu können. Für höchste Ansprüche an die Auflösung wären es sogar 1000 Streifen. Selbst bei Beschleunigungsspannungen von einer Million Volt dürfen biologische Objekte nicht viel dicker als 5 μm sein. Mehr noch als in der Lichtmikroskopie ist deshalb eine hochentwickelte Präparationstechnik für die Elektronenmikroskopie wichtig.

Aus den eingangs zitierten Worten ABBES ist der Wunsch des Gelehrten herauszulesen, die Leistungsgrenze des Lichtmikroskops durch neue Erkenntnisse zu überwinden. Man sollte eigentlich annehmen, daß Physiker und Optiker – und als damalige Hauptanwender des Mikroskops Biologen und Mediziner – in der Folgezeit intensiv alle einschlägigen Forschungsergebnisse auf deren Anwendbarkeit zur Verbesserung der mikroskopischen Auflösungsvermögen geprüft hätten. Das war aber nicht so. Vielmehr verständigte man sich stillschweigend mehr oder weniger darauf, daß es unterhalb der Auflösungsgrenze des Lichtmikroskops ohnehin nicht viel Interessantes zu sehen gäbe, was uns an ähnliche Argumente gegen das Lichtmikroskop im 17. und 18. Jahrhundert erinnert. Außerdem gab es verschiedene indirekte Nachweisverfahren für submikroskopische Teilchen, mit denen man sich zufriedengab.

Trotzdem haben natürlich auch Physiker bereits lange Zeit vor der Erfindung des Elektronenmikroskops unbewußt an dessen Grundlagen gearbeitet. Im Gegensatz zum Lichtmikroskop müssen wir bei der Vorgeschichte des Elektronenmikroskops aber keine Archäologen für Ausgrabungen bemühen. Das Durchforsten der Literatur des klassischen Altertums erübrigt sich ebenfalls – es sei denn, wir wollten die Spuren der Kenntnisse über Elektrizität bis an deren Ursprung zurückverfolgen. Hier soll aber genügen, daß der Begriff „Elektron" aus dem Griechischen stammt und dort „Bernstein" bedeutet. An diesem Stoff sind offenbar erstmals elektrische Erscheinungen beobachtet worden. – Auch in den wissenschaftlichen Werken der Araber und in denen der großen Gelehrten der Renaissance ist nichts zu finden, was als Vorarbeit für das Elektronenmikroskop angesehen werden könnte. Erst im 19. Jahrhundert, bei der Untersuchung sogenannter Katodenstrahlen, die sich später als frei fliegende geladene Teilchen, die Elektronen, entpuppten, wurden Erscheinungen beobachtet, die für die Geschichte unseres Instruments von Bedeutung sind.

1858 berichtete der deutsche Physiker JULIUS PLÜKKER (1801–1868) „Über die Einwirkung des Magneten auf die elektrischen Entladungen in verdünnten Gasen". JOHANN HITTORF (1824–1914), Physikprofessor in Münster, beschrieb 1869 ebenfalls die Ablenkung des Glimmlichts in Geißlerschen Gasentladungsröhren, wie sie auch genannt werden, durch ein Magnetfeld. Auch er wußte noch nicht – wie vor ihm PLÜCKER –, daß es sich um Ströme winziger negativ geladener Korpuskeln handelt, die die Gasmoleküle beim Zusammenstoß zum Leuchten anregen. Nach seinen Beobachtungen ließen sich die Strahlen durch einen Magneten derart konzentriert auf die Glaswandung der Röhre lenken, daß es zu Aufschmelzerscheinungen kam.

HITTORF sah bei seinen Experimenten schraubenförmige Bahnen der Strahlen im Magnetfeld. 1896 hat dann der Norweger OLAF KRISTIAN BIRKELAND (1867–1917) einen Elektromagneten über die Geißlersche Röhre geschoben. Er kam bei seinen Versuchen zu einem Ergebnis, das uns aufhorchen läßt: „Parallele Lichtstrahlen werden durch eine Linse nicht besser zu ihrem Brennpunkt hin konzentriert als Kathodenstrahlen durch einen Magneten."

Um die Jahrhundertwende war dann die sammelnde Wirkung langer und kurzer stromdurchflossener Spulen auf Katodenstrahlen (Elektronen) den Physikern allgemein bekannt, wobei die Funktionsweise aber noch nicht genau verstanden wurde. Lange Spulen sind dabei solche, die sich über die ganze Länge der untersuchten Elektronenbahn erstrecken – ihr magnetisches Feld ist in diesem gesamten Bereich gleich stark (homogen). Kurze Spulen wirken dagegen nur innerhalb einer kleinen Strecke mit einem inhomogenen Magnetfeld auf die Elektronen. Sie sind Vorläufer der magnetischen Elektronenlinsen. Etwa 1905 benutzte der Engländer ROBERT RANKIN die kurze Spule wohl als erster zur Fokussierung der Elektronen in der sogenannten Braunschen Röhre. KARL FERDINAND BRAUN (1850–1918) hatte diese nach ihm benannte Katodenstrahlröhre – sie ist auch der Vorläufer unserer Fernsehbildröhre – 1897 erfunden. Ihm war es darum gegangen, schnell veränderliche Meßgrößen mit einem trägheitsarmen Instrument erfassen zu können. Ein derartiges Gerät ist seine Röhre mit dem durch elektrische oder magnetische Felder nahezu trägheitslos ablenkbaren Elektronenstrahl als Zeiger auf einem Leuchtschirm. BRAUN erzeugte den Elektronenstrahl mit Hilfe der Glimmentladung, also mit einer kalten Katode. Der deutsche Physiker ARTHUR WEHNELT (1871–1944) hat dann die Glimmentladungsröhre durch eine elektrisch beheizte Katode als Elektronenquelle ersetzt, die stabiler arbeitet. Derartige Katoden setzten sich später auch im Elektronenmiskroskop durch und werden bis heute benutzt.

Anwender der Braunschen Röhre waren die ersten, die rotationssymmetrische magnetische und auch elektrostatische Felder zur Bündelung der Elektronenstrahlen nutzten. Für die Magnetspulen gab es damals eine ganze Reihe von Namen wie Fokussierungsspule, Sammelspule, Konzentrierspule usw. In ihrer Qualität und auch in der Funktion waren diese „Linsen" für Elektronen bestenfalls mit Brenngläsern vergleichbar. Niemand dachte zu jener Zeit daran, daß man die Katode, Lochblenden oder gar mikroskopische Objekte mit einer solchen „Elektronenlinse" analog zur Lichtoptik abbilden könnte. Es herrschte deshalb auch Unklarheit darüber, an welcher Stelle der Oszillographenröhre die Sammelspule anzuordnen war, um auf dem Leuchtschirm einen möglichst kleinen Brennfleck zu erhalten.

Der deutsche Physiker HANS BUSCH (1884–1973) konnte diese Unklarheiten beseitigen. Im Jahre 1926 berechnete er am Physikalischen Institut der Universität Jena die Bahnen von Elektronen im Magnetfeld einer kurzen Spule. Dabei stellte es sich heraus, daß alle von einem Punkt ausgehenden Elektronen eines Bündels nach dem Passieren der Spule wieder in einem Punkt vereinigt wurden. Das Magnetfeld übt damit auf Elektronenstrahlen die gleiche Wirkung aus wie eine Sammellinse aus Glas auf Licht, allerdings bewegen sich die Elektronen auf Schraubenbahnen. BUSCH fand heraus, daß die Abbildungsgleichung der Lichtoptik

$$\frac{1}{f} = \frac{1}{g} + \frac{1}{b}$$

(*f* Brennweite; *g* Gegenstandsweite; *b* Bildweite) auch für Elektronen Gültigkeit hat. Mit seinen Berechnungen begründete er die geometrische Elektronenoptik. Er hat diesen Begriff auch selbst als erster geprägt. Wieder kam damit ein bedeutender Beitrag zur Optik aus Jena.

HANS BUSCH hat seine Theorie anschließend mit den Ergebnissen von Experimenten verglichen, die er etliche Jahre früher angestellt hatte. Dabei zeigten sich erhebliche Abweichungen zwischen den gemessenen und den berechneten Werten für die Bild- und Gegenstandsweiten. Wie sich später herausstellte, war die Versuchsanordnung für die Überprüfung der Linsenformel schlecht geeignet.

In einer weiteren Arbeit BUSCHs finden wir den Satz: „Folglich verhält sich die kurze Spule genau so wie eine Sammellinse." Es ist zu vermuten, daß er sich wegen der mangelhaften Übereinstimmung von Theorie und Experiment nicht entschließen konnte, diese magnetische Linse für wirkliche elektronenoptische Abbildungen vorzuschlagen und den Bau eines Mikroskops mit

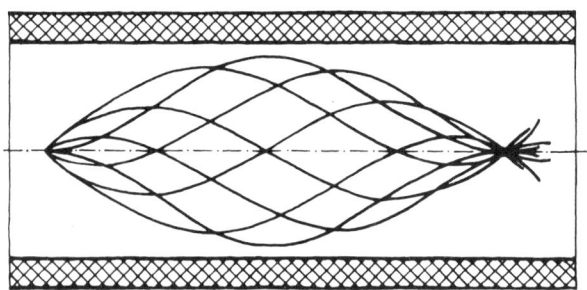

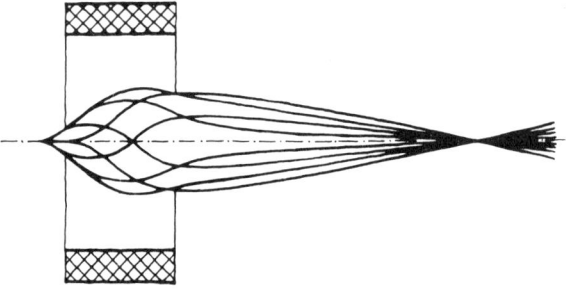

Elektronenbahnen in einer langen und in einer kurzen Spule
Die Elektronen bewegen sich auf Schraubenbahnen.

Elektronen anzuregen. Er beschränkte sich darauf, Verbesserungsmöglichkeiten für die Braunsche Röhre aufzuzeigen.

Den zweiten wichtigen Beitrag zur Elektronenoptik leistete – ohne es allerdings zu ahnen – schon zwei Jahre vor Buschs Rechnungen der französische theoretische Physiker und spätere Nobelpreisträger Louis Victor Duc de Broglie (geb. 1892). Er postulierte 1924 in seiner Dissertation, daß Korpuskelströme – und damit auch Elektronen – auch Welleneigenschaften haben. Für die Wellenlänge λ dieser „Materiewellen" hat er eine einfache Formel angegeben, die nur die Masse und die Geschwindigkeit der Teilchen enthält

$$\lambda = \frac{h}{m \; v}$$

(h Plancksches Wirkungsquantum – eine Naturkonstante mit dem Wert $6,626176 \cdot 10^{-34}$ Js; m Masse der Teilchen; v Teilchengeschwindigkeit). 1927 konnte der Amerikaner Clinton Joseph Davisson (1881–1958) gemeinsam mit seinem Assistenten Lester Halbert Germer (geb. 1896) in den Bell Telephone Laboratories durch Beugungsversuche an einem Nickelkristall die Existenz von Elektronenwellen experimentell bestätigen. Gemeinsam mit dem Engländer George Paget Thomson (geb. 1892), der unabhängig von ihm ähnliche Versuche ausgeführt hatte, erhielt er dafür 1937 den Nobelpreis.

De Broglies These von den Materiewellen war gewissermaßen das Gegenstück zur Hypothese von den „Lichtteilchen", die zwei Jahrzehnte zuvor aufkam. In unserem Jahrhundert wurden Erscheinungen entdeckt, die mit der Wellennatur des Lichts unvereinbar sind und „Lichtteilchen" zu ihrer Erklärung erfordern. Da gibt es den äußeren lichtelektrischen Effekt, bei dem Elektronen durch Bestrahlung mit elektromagnetischen Wellen aus Festkörperoberflächen befreit werden. Albert Einstein (1879–1955) gelang es 1905 mit der Teilchenhypothese, dieses Phänomen zu erklären. Insbesondere für diese Leistung wurde ihm 1922 der Nobelpreis verliehen. Das Licht kann also, je nach Fragestellung des Experiments, sowohl Teilchen als auch Welle sein. Diese Doppelnatur ist dem menschlichen Vorstellungsvermögen nicht zugänglich. Wir müssen uns damit zufriedengeben, daß ein solcher Dualismus, wie man sagt, besteht und nur mathematisch mit Hilfe der Quantentheorie beschrieben werden kann. Newtons Emanationstheorie aus dem Jahre 1669 ist also nicht völlig falsch; sie erwies sich nur für die Lösung vieler optischer Fragen als ungeeignet.

Welche Wellenlängen können wir für das Elektronenmikroskop erwarten? Durch eine Spannung von 100 kV, beispielsweise, werden die Elektronen auf eine Geschwindigkeit von rund 150 000 km/s beschleunigt. Das ist bereits die Hälfte der Lichtgeschwindigkeit. Unter Berücksichtigung der mit $9,109534 \cdot 10^{-34}$ kg unvorstellbar winzigen Elektronenmasse liefert die de-Broglie-Gleichung trotzdem eine Wellenlänge von nur 0,0037 nm gegenüber etwa 550 nm für grüngelbes Licht. Auch bei 100mal kleinerem Öffnungswinkel des Objektivs wäre demnach noch eine 1000fach bessere Auflösung als mit dem Lichtmikroskop zu erwarten. Ein Mikroskop mit Elektronen sollte also, wenn es ähnlich funktionierte wie ein Lichtmikroskop, durchaus einzelne Atome vom Durchmesser einiger Zehntel nm sichtbar machen können.

(2.)
Die Erfindungsgeschichte des Elektronenmikroskops

Würde die historische Entwicklung von Wissenschaft und Technik stets geradlinig und logisch verlaufen, dann hätte sich um 1927 die Erfindung eines Elektronenmikroskops eigentlich von selbst ergeben müssen. Mit dem Rüstzug „Elektronenlinse" und „Materiewelle" versehen, mußte, so sollte man meinen, einem begabten und optisch interessierten Physiker jener Zeit beinahe zwangsläufig der Gedanke an ein derartiges Instrument kommen. Doch die Geschichte ging andere Wege. Das neue Mikroskop wurde erst vier Jahre später erfunden – und dann auch nicht von Physikern, sondern von Elektrotechnikern, die zunächst gar nicht an ein optisches Instrument gedacht hatten. Das Elektronenmikroskop ist kein „Kind" der Physik; es ist ein „Ableger" des aus der Braunschen Röhre hervorgegangenen Hochspannungs-Oszillographen.

Da nur wenig mehr als 50 Jahre seit dem Bau des ersten Elektronenmikroskops vergangen sind, sollte uns die Rekonstruktion seiner Erfindungsgeschichte nicht schwerfallen. Es sind nicht solche Probleme zu erwarten, wie wir sie von der mehr als 350jährigen Geschichte des Lichtmikroskops her kennen. Aus den widersprüchlichen und lückenhaften historischen Dokumenten ließ sich nicht einmal der Erfinder herauslesen.

Doch auch die Geschichte des Elektronenmikroskops ist nicht unproblematisch. Verschiedene beteiligte Forscher haben in den letzten fünf Jahrzehnten unterschiedliche Darstellungen über seine Erfindung und Weiterentwicklung veröffentlicht. Der Streit um Anteile an der wissenschaftlich-technischen Leistung, um Patente und Prioritäten wurde zum Teil mit Erbitterung ausgetragen. Aber die Zeit hat viele Wunden geheilt, und den Wert dieser oder jener Erfindung klarer hervortreten lassen. Schließlich glaube ich, daß die Namen der Schöpfer eines der wichtigsten wissenschaftlichen Instrumente unserer Zeit bisher über einen sehr engen Kreis von Fachleuten hinaus kaum bekannt geworden sind.

Zunächst soll kurz erläutert werden, welches Gerät hier gemeint ist. Es wurden nämlich etwa zur gleichen Zeit zwei verschiedene Elektronenmikroskoptypen erfunden – eines mit magnetischen, das andere mit elektrostatischen Linsen. In beiden Instrumenten lassen sich durchstrahlbare Präparate untersuchen. Der magnetische Typ erwies sich jedoch bald als überlegen. Das hat im wesentlichen zwei Ursachen: Zum einen sind die elektrostatischen Linsen nur begrenzt spannungsfest – oberhalb von etwa 60 kV treten schädigende Überschläge zwischen den Linsenelektroden auf. In magnetischen Mikroskopen werden dagegen Hochspannungen bis zu mehreren Millionen Volt beherrscht. Mit den erheblich schnelleren Elektronen können natürlich wesentlich dickere Präparate durchstrahlt werden. Das ist ein erheblicher Vorteil und erleichtert beispielsweise die Präparation. Weiterhin haben elektrostatische Linsen größere Öffnungsfehler als magnetische. Die Auflösung ist deshalb auf etwa 1,5 nm begrenzt. So konnten schließlich auch die Vorzüge des einfacheren Aufbaus und der geringeren Anforderungen an die Spannungsstabilität das elektrostatische Mikroskop nicht retten.

Die Produktion dieser Geräte wurde daher weltweit vor rund 25 Jahren eingestellt, nachdem zuvor in mehreren Ländern beträchtliche Stückzahlen gefertigt worden sind.

Weil die Entwicklung des elektrostatischen Mikroskops in einer Sackgasse endete, wollen wir uns überwiegend mit dem magnetischen Gerät beschäftigen und dessen Geschichte ausführlich schildern. Das Instrument soll dabei – ähnlich wie das zusammengesetzte Lichtmikroskop – mindestens ein zweistufiges Vergrößern zulassen.

Ohne es zu ahnen, schuf 1928 der Direktor des Elektrotechnischen Instituts der Technischen Hochschule in Berlin-Charlottenburg, Prof. ADOLF MATTHIAS (1882–1961), eine wesentliche Voraussetzung für die Erfindung des Elektronenmikroskops. Er gründete in jenem Jahr eine Arbeitsgruppe aus Doktoranden, Diplomanden und fortgeschrittenen Studenten, die sich mit der Weiterentwicklung von Elektronenstrahl-Oszillographen für die Hochspannungstechnik befassen sollte.

Die Leitung der Arbeitsgruppe übertrug Prof. MATTHIAS dem damals 31jährigen Dr. MAX KNOLL (1897–1969). Von Anfang an gehörte der Elektrotechnikstudent ERNST RUSKA (geb. 1906) dazu, der ab Wintersemester 1927/28 an der TH Berlin studierte. Er war zuvor an der TH in München immatrikuliert und hatte dort im Herbst 1927 seine Vordiplomprüfung abgelegt. KNOLL übertrug dem 21jährigen Studenten die Aufgabe, sich mit der Bündelung von Elektronenstrahlen durch koaxiale Magnetfelder kurzer Spulen zu befassen und dabei auch BUSCHS Rechnungen experimentell zu überprüfen.

Mit den daraufhin einsetzenden Arbeiten ERNST RUSKAS beginnt die eigentliche Erfindungsgeschichte des Elektronenmikroskops.

Doch der Gründung von KNOLLS Arbeitsgruppe gingen an der TH Berlin Ereignisse voraus, die für die Erfindungsgeschichte nicht uninteressant sind. In den Jahren 1924 bis 1927 hatte der spätere Nobelpreisträger und Erfinder der Holographie, DENNIS GÁBOR (1900–1979), am selben Institut einen brauchbaren Hochspannungs-Oszillographen aufgebaut, der aber für den praktischen Einsatz in der Elektrizitätswirtschaft noch technisch vervollkommnet werden mußte. Insbesondere sollte aus Sicherheitsgründen das in Glas ausgeführte Gerät vollständig aus Metall aufgebaut werden. MATTHIAS übertrug die Arbeiten Dr. KNOLL, weil sich GÁBOR wegen einer „vorübergehenden Allergie gegen Elektronen" daran nicht mehr beteiligen wollte.

GÁBOR hatte den Elektronenstrahl seines Oszillographen wohl als erster mit einer eisengekapselten Spule zu bündeln versucht, ohne deren Wirkungsweise jedoch schon genau zu verstehen – HANS BUSCHS elektronenoptische Rechnungen standen noch aus. Ihm ging es darum, das magnetische Streufeld an den Spulenenden mit der Eisenummantelung zu verringern. An ein Verkürzen der Brennweite seiner Spulenlinse dachte er noch nicht. Trotzdem haben ihm manche Wissenschaftshistoriker später die Erfindung der eisengekapselten Linse zugeschrieben. Doch GÁBOR selbst hat diese Auslegung zurückgewiesen, unter anderem 1957 in einer Arbeit zur Geschichte des Elektronenmikroskops. „Mitunter", so schrieb er, „wird mir die Erfindung der eisengekapselten magnetischen Linse zugeschrieben. In der Tat habe ich 1926 die erste eisengekapselte Linsenspule gebaut und beschrieben, doch möchte ich dafür kein Verdienst beanspruchen, weil noch viel zu ihrer Vervollständigung fehlte und weil ich ihre Wirkungsweise erst richtig verstand, nachdem die Arbeit von BUSCH im gleichen Jahr erschienen war."

Etwas wehmütig hat der berühmte Gelehrte dann der verpaßten Gelegenheit gedacht, an der Erfindung eines der wichtigsten wissenschaftlichen Instrumente beteiligt gewesen zu sein. 1968 nannte er das moderne Elektronenmikroskop „das wundervollste und erfolgreichste Instrument unserer Zeit". Wir können das aus einem von ihm selbst wiedergegebenen Gespräch entnehmen, das er Anfang 1928 in einem Berliner Café mit seinem Freund LEO SZILARD (1898–1964) geführt hat: „Szilard: ,Du weißt, Busch hat gezeigt, daß man Elektronenlinsen machen kann. Die Technik hast du; warum machst du nicht ein Mikroskop mit Elektronen? Man könnte damit bis zur de Broglie-Wellenlänge heruntergehen!' Gábor: ,Ich weiß, aber man würde mehrere Jahre dazu brauchen, und was käme dabei heraus? Man kann keine lebende Substanz in ein Vakuum bringen!'"

Einige Zeilen weiter schrieb GÁBOR dann wie zu seiner Rechtfertigung: „... daß ich nicht der einzige war, der in der irrigen Ansicht vieler Physiker befangen war, Mikroskopiker seien hauptsächlich an lebenden Substanzen interessiert. Wie ich von Max Knoll hörte, trat dieses Merkmal abgründiger Unwissenheit ziemlich oft in Unterhaltungen zutage. Jedoch hatten diejenigen, die besser informiert waren und wußten, daß das Interesse

174 organischen Substanzen, aber nicht unbedingt lebenden Stoffen galt, einen anderen Einwand bereit: Organische Stoffe würden im Elektronenstrahl natürlich zu Asche verbrennen!

Diesem Glauben hingen nicht nur diejenigen an, die sich ebenso wie ich zurückhielten, sondern auch Knoll und Ruska, die trotzdem den Mut besaßen, die Arbeit zu beginnen, in der bescheidenen Hoffnung, daß sie wenigstens feine Metallfolien, Drähte und ähnliches sehen könnten. Niemand konnte an Hand der damals verfügbaren Unterlagen voraussehen, daß das Elektronenmikroskop so erfolgreich sein würde, wie es sich später erwies. Dies wird ein Teil der nachstehend zu erzählenden Geschichte sein. Nur wollen wir im voraus die Moral aus der Geschichte ziehen: Selbst in der Wissenschaft ist es oft besser, Mut zu besitzen als gescheit zu sein."

Der überaus erfolgreiche Mikroskopkonstrukteur, Prof. Jan Bart Le Poole (geb. 1917) aus Delft, hat sich 1981 auf der 10. Tagung „Elektronenmikroskopie" der Gesellschaft für Topochemie und Elektronenmikroskopie der DDR in Leipzig zu diesem Problem wie folgt geäußert: „Der älteste Einwand gegen die Elektronenmikroskopie, nämlich, daß ein Beschuß mit energiereichen Teilchen die zu beobachtenden Objekte zertrümmern würde, gab sogar einem Nobelpreisträger, wie Dennis Gábor Anlaß, sich über Elektronenmikroskopie keine weiteren Gedanken zu machen und die Erfindung Ernst Ruska zu überlassen, der genau vor 50 Jahren das erste Durchstrahlungs-Elektronenmikroskop der Welt herstellte."

Durch welche Umstände ist nun dieser Ernst Ruska zur Erfindung des Elektronenmikroskops gekommen? Um das zu verstehen, müssen wir uns wieder an die TH Berlin und in die Jahre 1928/29 zurückversetzen. Wie schon erwähnt, sollte der Elektrotechnik-Student im Rahmen der Entwicklungsarbeiten für den Hochspannungs-Oszillographen die Sammeleigenschaften einer kurzen Magnetspule untersuchen. Die nebenstehende Zeichnung gibt seinen Versuchsaufbau wieder. Sie ist nach einer Handskizze Ernst Ruskas aus jener Zeit entstanden. Eine kurze, noch nicht eisengekapselte Spule diente als Magnetlinse. Die Elektronen wurden in einer Gasentladungsröhre mit kalter Katode im oberen Teil der Apparatur erzeugt und durch eine feine Ano-

denblende von 0,325 mm Durchmesser mit Hochspannungen zwischen 30 kV und 70 kV in Richtung Leuchtschirm beschleunigt. Diese Blende diente gleichzeitig als Gegenstand, der auf dem Schirm abgebildet werden

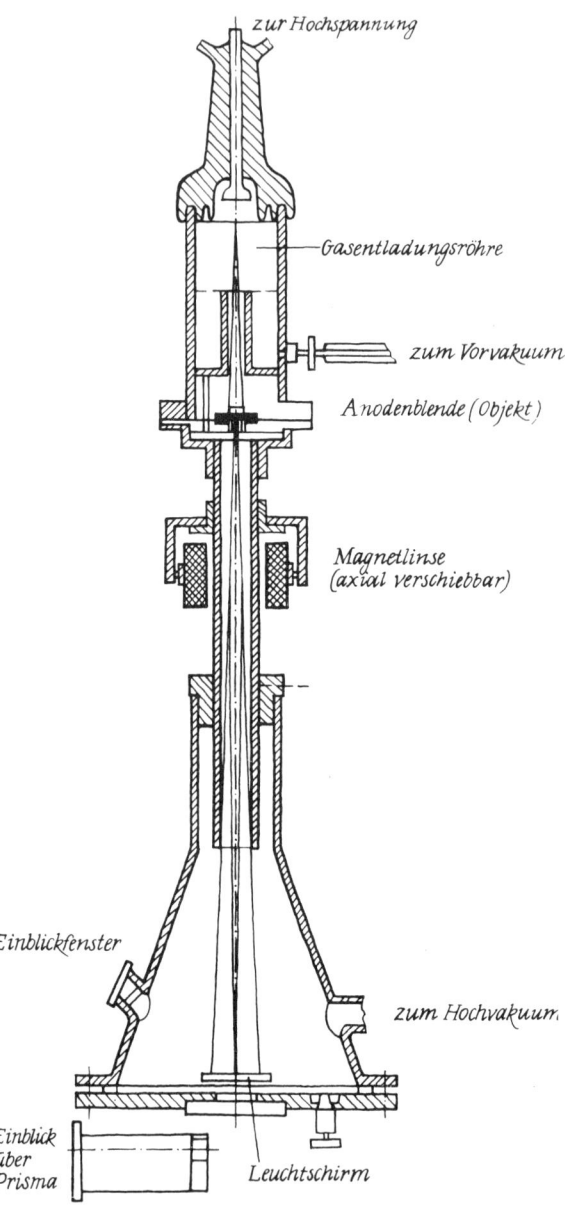

E. Ruskas Versuchsaufbau zur Überprüfung von Buschs Linsenformel (1929)

sollte. RUSKA konnte den Abstand Anodenblende – Leuchtschirm ändern und außerdem die Spule in axialer Richtung verschieben. Damit hatte er die Möglichkeit, BUSCHS Linsenformel zu prüfen. Seine sorgfältigen Messungen bewiesen, daß diese Formel richtig war. Abweichungen der Meßergebnisse von den berechneten Werten ließen sich eindeutig auf Unzulänglichkeiten der experimentellen Anordnung zurückführen. Der maximale Abbildungsmaßstab betrug 8:1. RUSKA hatte mit dieser Versuchsapparatur 1929 das erste einfache magnetische Elektronenmikroskop, ein Gegenstück zu den Lupen des frühen 17. Jahrhunderts, geschaffen.

Seine Versuche und Rechnungen führten RUSKA zu der Erkenntnis, daß kürzere Brennweiten – und damit höhere mögliche Vergrößerungen – nur mit starken Magnetfeldern kurzer axialer Ausdehnung erzeugt werden können. Er schlug deshalb vor, die Spulen, bis auf einen schmalen ringförmigen Spalt im Innern, völlig mit Eisen zu umkapseln. Später entwickelte er gemeinsam mit BODO VON BORRIES (1905–1956) aus dieser Idee die kurzbrennweitige Polschuhlinse.

Nach seinen erfolgreichen Versuchen mit der Magnetspule experimentierte RUSKA für seine Diplomarbeit auch mit elektrostatischen Linsenanordnungen, die er aus Drahtnetzen herstellte. KNOLL hat um diese Zeit ein Patent für eine Lochblendenanordnung als elektrostatische Linse angemeldet. Die mit den „Netzlinsen" erzielten Ergebnisse befriedigten die beiden Wissenschaftler aber nicht. RUSKA konzentrierte sich deshalb bei seinen weiteren Arbeiten ausschließlich auf die magnetische Linse.

Mit elektrostatischen Lochblendenlinsen experimentierten unabhängig davon rund zwei Jahre später auch die beiden Physiker C. J. DAVISSON und C. W. CALBICK bei den Bell Telephone Laboratories in New York. Im Juni 1931 trugen sie ihre Forschungsergebnisse auf der Tagung der Amerikanischen Physikalischen Gesellschaft im fernen Kalifornien vor und gaben auch eine Formel für die Berechnung der Brennweite an.

Nach seinem Diplomexamen im Dezember 1930 fand ERNST RUSKA als Folge der Weltwirtschaftskrise weder in der Industrie noch an der Hochschule eine Anstellung. So war er schließlich froh, daß man ihm gestattete, ohne Bezahlung die elektronenoptischen Untersuchungen an seinem bisherigen Arbeitsplatz fortzusetzen. Er faßte mit KNOLLS Unterstützung als nächstes den Plan, eine Apparatur für die zweistufige Abbildung aufzubauen. In Analogie zum Lichtmikroskop, bei dem ein vom Objektiv entworfenes Zwischenbild durch das Okular – oder ein Projektiv, wenn das Bild von einem Schirm aufgefangen werden sollte – noch einmal vergrößert wird, wollte er „Elektronenobjekte" zweistufig mit magnetischen Linsen abbilden. An ein derartiges Gerät hatte bis dahin noch niemand gedacht, und auch theoretisch gab es kein Vorbild. RUSKA glaubte fest, und durch seine erfolgreichen Experimente mit der Einzellinse ermutigt, daran, nicht nur die Gegenstände selbst – etwa Katoden oder Blenden – auf einem Leuchtschirm abbilden zu können, sondern auch deren reelle Elektronenbilder, erzeugt durch eine magnetische

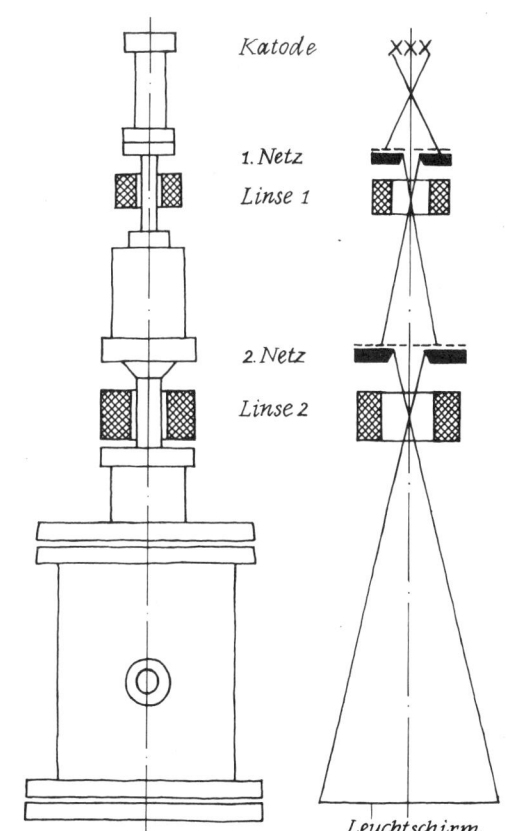

Skizze von E. RUSKAS erstem zweistufigem magnetischem Elektronenmikroskop (1931)

Linse. In dieser Überzeugung wagte er sich an das schwierige und damals noch außerhalb jeder Erfahrung liegende Experiment. Eine Handskizze dieser ersten zweistufigen elektronenoptischen Apparatur findet sich in RUSKAS Protokollbuch unter dem 9. März 1931. Unsere Zeichnung auf S. 175 lehnt sich an die Originalskizze des Erfinders an.

Bevor wir uns jedoch den experimentellen Aufbau näher ansehen, möchte ich auf die fördernde Arbeitsatmosphäre hinweisen, in der RUSKA trotz seiner materiellen Notlage so erfolgreich forschen konnte. Ungeachtet der konkreten technischen Zielstellung, nämlich Oszillographen für die Hochspannungstechnik zu entwickeln, hat Prof. MATTHIAS den jungen Wissenschaftlern der KNOLLschen Arbeitsgruppe von Anfang an die Möglichkeit gegeben, auch weitergehende physikalische Fragestellungen zu verfolgen. Hätte er das nicht getan, dann wäre das Elektronenmikroskop damals an seinem Institut wohl nicht erfunden worden. Dr. KNOLL selbst war ein außerordentlich anregender und vielseitiger Wissenschaftler, der es verstand, seine Mitarbeiter für die Arbeit zu begeistern. Er hat sich besonders für RUSKAS Arbeiten interessiert und sie durch eigene Gedanken und Diskussionen stark gefördert. Innerhalb der Gruppe herrschte ein reger Meinungsaustausch, für den auch die gemeinsamen Kaffeerunden (s. Foto auf S. 185) ihren anregenden Wert hatten.

Von besonderer Bedeutung für die weitere Entwicklung des Elektronenmikroskops war schließlich die sich in jener Zeit herausbildende Freundschaft zwischen ERNST RUSKA und BODO VON BORRIES. VON BORRIES gehörte seit dem Frühjahr 1929 der Arbeitsgruppe KNOLLS als Doktorand an, nachdem er im November 1928 das Diplomexamen in der Fachrichtung Elektrotechnik an der TH München mit Auszeichnung bestanden hatte. Er führte seine Experimente in demselben kleinen Kellerraum durch, der RUSKA als Labor diente. So kam es sehr bald „zu einem fruchtbaren Gedankenaustausch über unsere beiderseitigen Aufgaben auf dem Gebiet der Elektronentechnik", wie RUSKA 1956 in seinem Nachruf für VON BORRIES schrieb. Diese beiden Männer haben gemeinsam und mit höchstem Einsatz dem Elektronenmikroskop zum endgültigen Durchbruch verholfen. Seit 1937 waren sie auch durch verwandtschaftliche Beziehungen verbunden, denn in diesem Jahre heiratete VON BORRIES die Schwester HEDWIG seines Freundes ERNST RUSKA.

Doch wir wollen den Ereignissen nicht zu weit vorauseilen und auf RUSKAS zweistufige Apparatur aus dem Jahre 1931 zurückkommen. Die Elektronen wurden darin wiederum von einer Gasentladungsröhre geliefert und konnten mit Hochspannungen bis zu etwa 70 kV beschleunigt werden. Als magnetische Linsen dienten auch in diesem Gerät noch einfache Spulen ohne Eisenummantelung. Da sich damit zwangsläufig große Brennweiten ergaben, konnte RUSKA noch nicht in den Bereich hoher Vergrößerungen vorstoßen. Als Gegenstand diente ein feinmaschiges Platinnetz. Am Ort des Zwischenbildes dieses Netzes brachte er ein weiteres Maschengitter aus Bronze an. Der 7. April 1931 wurde zum Tag des Triumphes für RUSKA: Als erster konnte er eine zweistufige elektronenoptische Abbildung auf dem Leuchtschirm beobachten und fotografieren. Das Platin- und das Bronzenetz wurden gemeinsam scharf in einem Bild sichtbar. Die Apparatur funktionierte in vorausberechneter Weise, ähnlich dem lichtoptischen Mikroskop, wenn die Vergrößerung von rund 17fach auch noch sehr bescheiden war. ERNST RUSKA hatte das erste zweistufige magnetische Elektronenmikroskop verwirklicht.

Spätestens zu dieser Zeit diskutierten er und KNOLL bereits über die Möglichkeit, das Instrument zu einem Mikroskop mit überlichtmikroskopischer Auflösung auszubauen. Sie meinten sogar, daß selbst Abstände zwischen einzelnen Atomen in Festkörpern wegen des winzigen Durchmessers der Elektronen (nach den Gesetzen der klassischen Physik etwa $6 \cdot 10^{-13}$ cm) nicht die Auflösungsgrenze bilden müßten. Beide Wissenschaftler dachten damals noch ausschließlich im „Teilchenbild" der Elektronen. Darüber sagte ERNST RUSKA 1970 anläßlich der Verleihung des Paul-Ehrlich- und Ludwig-Darmstedter-Preises an ihn und seinen Bruder HELMUT (1908–1973): „Wir wußten damals noch nicht, daß der französische Physiker Louis de Broglie schon 1925 die These aufgestellt hatte, daß jeder bewegten Masse eine Materiewelle zugeordnet sei. Diese berühmte These ist seinerzeit auch von theoretischen Physikern nur zögernd akzeptiert worden. Anfang 1932 wurde Knoll durch den damals in Berlin bei Gustav Hertz (1887–1975) arbeitenden Physiker Fritz Georg Houtermans (1903–1966) auf die Materiewelle des Elektrons hingewiesen. Ich erinnere mich noch heute deutlich daran, wie mir Knoll zum ersten Mal von dieser neuen Wellenart erzählte, denn ich war zunächst sehr enttäuscht darüber, daß doch wieder ein Wellenvorgang die Auflösung begrenzen sollte. Ich war erst wieder erleichtert, als ich mir an Hand der de-Broglie-Gleichung klargemacht hatte, daß diese Wellen um rund fünf Zehnerpotenzen kürzer als Lichtwellen waren."

Eigentlich hätte nun MAX KNOLL als verantwortlicher Leiter grundlegende Patente für diese bedeutende Erfindung anmelden können und müssen. Das tat er aber nicht. Vielleicht war der 34jährige Wissenschaftler noch zu unerfahren oder zu bescheiden, vielleicht war er auch zu sehr auf die Verbesserung des Oszillographen als eigentliche Aufgabe der Gruppe konzentriert – wir wissen es nicht. Anstatt sich und seinem Mitarbeiter die Rechte an der bedeutenden Erfindung zu sichern, machte KNOLL die Forschungsergebnisse RUSKAS innerhalb kurzer Zeit einer ganzen Reihe von Fachleuten bekannt. Das sollte sich sehr bald für ihn und seinen Mitarbeiter nachteilig auswirken.

Zu den Wissenschaftlern, die KNOLL im Hochspannungsinstitut detailliert über die elektronenoptischen Arbeiten informierte, zählte auch sein Freund MAX STEENBECK (1904–1981), ein hervorragender Fachmann, der später in der DDR unter anderem als Vorsitzender des Forschungsrates fungierte. STEENBECK war damals Mitarbeiter des Leiters der wissenschaftlichen Abteilung, Dr. REINHOLD RÜDENBERG (1883–1961), bei den Siemens-Schuckert-Werken in Berlin. Selbstverständlich berichtete er seinem Chef ausführlich über den Besuch an der TH, ohne jedoch zu ahnen, wie er 1960 in einem Brief an MAX KNOLL schrieb, was er damit vermutlich auslöste.

RÜDENBERG war damals 48 Jahre alt und galt als versierter Fachmann auf dem Gebiet der Hochspannungs- und auch der Oszillographentechnik. Von ihm war allgemein bekannt, daß er sehr schnell zum Kern eines Problems vorstieß und außerdem über ausgezeichnete Kenntnisse in angrenzenden Wissenschaftsdisziplinen verfügte. Er verstand sich auch bestens darauf, wissenschaftliche Ergebnisse ökonomisch zu verwerten, weil er eine Zeitlang in der Patentabteilung der Siemens-Werke gearbeitet hatte.

Als RÜDENBERG durch STEENBECKS Bericht von RUSKAS und KNOLLS elektronenoptischen Experimenten erfuhr, erinnerte er sich – so müssen wir heute vermuten – an eigene Gedanken zur Konstruktion eines Mikroskops mit hoher Auflösung. Wie er 12 Jahre später im amerikanischen „Journal of Applied Physics" schrieb, hatte ihn eine Virusinfektion in der Familie – sein jüngster Sohn HERMANN war an Kinderlähmung erkrankt – bereits Ende 1930 auf die Idee gebracht, ein hochauflösendes Mikroskop mit Elektronen zu bauen, weil die Viren wegen ihrer winzigen Abmessungen im Lichtmikroskop nicht zu erkennen waren. Die Theorie der magnetischen Elektronenlinse kannte er von seinem Freund HANS BUSCH.

Am 26. Mai 1931 erfuhr RÜDENBERG den Termin für einen Vortrag KNOLLS über die elektronenoptischen Ergebnisse seiner Arbeitsgruppe. Der Bericht sollte am 4. Juni im Institut für Technische Physik der TH, das damals Prof. CRANZ leitete, im Rahmen des sogenannten CRANZ-Colloquiums gegeben werden. RÜDENBERG fürchtete wahrscheinlich, daß der Vortrag auch andere Wissenschaftler zu Gedanken über ein Mikroskop mit Elektronen anregen könnte. Das bewog ihn zu schnellem Handeln. Er beriet sich am 27. Mai mit Dr. FISCHER von Siemens & Halske über die kommerziellen Aussichten eines Mikroskops mit Elektronen und meldete als Ergebnis dieses Gesprächs bereits am 30. Mai (sonnabends) mit Hilfe seiner Firma grundlegende Patente zur Elektronenmikroskopie an. Das bedeutendste davon ist die Deutsche Patentschrift Nr. 895 635, patentiert vom 31. 5. 1931, mit dem Titel: „Anordnung zur vergrößernden Abbildung von Gegenständen mittels Elektronenstrahlen und mittels den Gang der Elektronenstrahlen beeinflussender elektrostatischer oder elektromagnetischer Felder." Am 4. Juni 1931 befand sich RÜDENBERG im CRANZ-Kolloquium unter den Zuhörern; er beteiligte sich aber mit keinem Wort an der anschließenden Diskussion.

1932 hat RÜDENBERG eine Notiz in die „Naturwissenschaften" setzen lassen, die heute etwas merkwürdig anmutet: „Da in letzter Zeit von verschiedenen Seiten Vorschläge zum Bau von Elektronenmikroskopen veröffentlicht wurden, so erlaube ich mir den Hinweis, daß auch innerhalb des Siemens-Konzerns seit längerer Zeit Arbeiten in dieser Richtung im Gange sind, um magnetische oder elektrische Felder zu Mikroskopen oder Fernrohren für Elektronenstrahlen oder Protonenstrahlen zu verwenden. Als Ziel schwebt uns vor allem vor, sublichtmikroskopische ruhende oder bewegte Objekte vielfach vergrößert abzubilden. Wenn man sie nicht dem vollen Hockvakuum aussetzen darf, so kann man sie durch durchlässige Fenster belichten und beobachten, und das Leuchtschirmbild kann nach Bedarf durch ein optisches Mikroskop weiter vergrößert werden. Obgleich unsere grundlegenden Patente auf Mai 1931 zurückgehen, sind ausführliche Veröffentlichungen erst beabsichtigt, wenn die praktische Entwicklung weitergetrieben ist. Berlin-Siemensstadt, den 7. Juni 1932, R. Rüdenberg."

Die hier angekündigten ausführlichen Veröffentlichungen sind jedoch ausgeblieben. RÜDENBERG hat auch später weder in Deutschland noch in den USA ernsthaft auf dem Gebiet der Elektronenmikroskopie gearbeitet. Er hatte im Mai 1931 nur das richtige Gespür für das neue Instrument.

RÜDENBERG hat sich später in den USA – er war dorthin aus dem faschistischen Deutschland emigriert – wiederholt als Alleinerfinder des Elektronenmikroskops ausgegeben, und er hielt sich wohl tatsächlich dafür. Vom patentrechtlichen Standpunkt aus betrachtet, ist er es sogar noch heute. Der wahre Erfinder heißt jedoch ERNST RUSKA, der mit 24 Jahren als frischgebackener Diplomingenieur die epochemachenden Experimente ausführte. Alle modernen Elektronenmikroskope stammen in gerader Linie von RUSKAS Geräten ab.

Es bleibt noch nachzutragen, daß sich KNOLL während des CRANZ-Kolloquiums sehr vorsichtig ausdrückte und den Apparat zur zweistufigen Abbildung noch nicht „Elektronenmikroskop" nannte. Er fürchtete den Vorwurf der Effekthascherei, was bei der geringen Vergrößerung der Apparatur verständlich erscheint. Vier Jahre später – wir werden im Kapitel über das Raster-Elektronenmikroskop darüber Näheres erfahren – hat der bescheidene Wissenschaftler seinem Elektronenabtaster ebenfalls nicht den Namen Mikroskop gegeben und damit die Erfindungsansprüche für dieses außerordentlich wichtige Instrument dem weniger zurückhaltenden MANFRED VON ARDENNE (geb. 1907) überlassen.

Im September 1931 (erschienen 1932) reichten KNOLL und RUSKA bei den „Annalen der Physik" eine Darstellung der Ergebnisse ihrer elektronenoptischen Arbeiten ein. Sie hatten inzwischen Vergrößerungen um 150fach erreicht. In dieser Veröffentlichung prägten sie nunmehr auch den Begriff „Elektronenmikroskop", der damit erstmals in der wissenschaftlichen Literatur verwendet wurde.

Im November 1931 schickte Dr. ERNST BRÜCHE (geb. 1900) eine Notiz an die „Naturwissenschaften", aus der wir entnehmen können, daß sich neben dem Hochspannungsinstitut der TH Berlin-Charlottenburg noch wenigstens eine weitere Institution ernsthaft mit der Elektronenoptik beschäftigte: „Von Herrn Dr. Knoll erfuhr ich, daß im Hochspannungslaboratorium der Technischen Hochschule Berlin Versuche über die vergrößerte Abbildung von kalten Kathoden, von Blenden und von Gittern mittels Elektronen durchgeführt worden sind. Eine Veröffentlichung darüber von den Herren Knoll und Ruska (,Beitrag zur geometrischen Elektronenoptik') sei bei den Ann. Physik in Druck. Da auch im AEG-Forschungsinstitut seit etwa einem Jahre in gleicher Richtung gearbeitet wird und da auch hier schon brauchbare Ergebnisse erzielt sind, scheint ein Hinweis angebracht zu sein, … zumal mit einem baldigen Abschluß der ganzen Arbeit nicht zu rechnen ist. Aufgabenstellung: 1. Die geometrische Optik für Elektronen soll durchgebildet werden, wobei mit einer ‚optischen Bank' die Abbildungsgesetze bei Elektronen studiert und demonstriert werden. 2. Unter Benutzung der auf diese Weise erworbenen Kenntnisse soll ein ‚Elektronenmikroskop' mit sehr starker Vergrößerung gebaut werden, um mit ihm den Emissionsvorgang einer Oxydkathode zu verfolgen … Beispiel für eine Aufnahme mit dem Elektronenmikroskop: die Abbildung des Mittelbereiches einer planen Oxydkathode (Ausführung Dipl.-Ing. Johannson) zeigt Fig. 2. Man erkennt bei 60- und 80facher Vergrößerung die einzelnen Emissionszentren von der Größenordnung $10\,\mu m$, die sich als leuchtende Punkte auf dem Fluoreszenzschirm markieren. Die Abbildung ist, wie alle unsere Versuche, im Gegensatz zu den obengenannten Hochspannungsversuchen (gemeint sind die Experimente von RUSKA und KNOLL; d. Verf.), bei denen Elektronen über 10 000 Volt Geschwindigkeit benutzt wurden, mit langsamen Elektronen von einigen 100 Volt durchgeführt worden. Berlin, im November 1931. E. Brüche."

Mit dieser Notiz machte Dr. BRÜCHE auf die Arbeiten des physikalischen Laboratoriums im AEG-Forschungsinstitut in Berlin aufmerksam. Seine Gruppe beschränkte sich im Verlaufe der folgenden 15 Jahre bei der Entwicklung von Elektronenmikroskopen überwiegend auf das elektrostatische Gerät – zunächst aus wissenschaftlicher Überzeugung, später wohl mehr aus Einsicht in die Patentsituation, die Siemens alle wesentlichen Rechte am magnetischen Mikroskop sicherte. Zahlreiche Arbeiten waren aber auch anderen Elektronenstrahlgeräten wie Braunschen Röhren, Spektrometern, Bildwandlern und Röntgenröhren gewidmet. 1941 gaben BRÜCHE und sein Mitarbeiter Dr. ALFRED RECKNAGEL (geb. 1910) darüber ein Buch mit dem Titel „Elektronengeräte" heraus. – Doch zurück zu den Anfängen dieser Gruppe.

Der USA-Konzern General Electric, dem die Allgemeine Elektrizitätsgesellschaft ihr Überleben nach dem Ersten Weltkrieg verdankte, forderte von dem deutschen Unternehmen eine verstärkte Grundlagenforschung. In dem 1928 gegründeten Forschungsinstitut der Firma, dessen Leiter Prof. CARL RAMSAUER (1879–1955) war, regte Dr. BRÜCHE 1930 an, sein physikalisches Laboratorium für grundlegende Forschungsarbeiten auf dem Gebiet der geometrischen Elektronenoptik einzusetzen, nachdem er zuvor an einer Weiterentwicklung der Braunschen Röhre gearbeitet hatte. In der Folgezeit entfaltete die Gruppe eine äußerst rege und ergebnisreiche Tätigkeit. Neben zahlreichen originellen experimentellen Resultaten wurden vor allen Dingen auch grundlegende theoretische Arbeiten zur Elektronenoptik vorgelegt. Bereits 1934 veröffentlichten ERNST BRÜCHE und OTTO SCHERZER (geb. 1909) die erste Monographie „Geometrische Elektronenoptik", die für viele Jahre das Standardwerk für Elektronenoptiker bleiben sollte.

BRÜCHE hatte bereits in der oben zitierten ersten Notiz über Untersuchungen zum Emissionsverhalten von Katoden berichtet. Auch in den folgenden Jahren arbeitete er mit verschiedenen Mitarbeitern, darunter HELMUT JOHANNSON (geb. 1909), HANS MAHL (geb. 1909), WALTER KNECHT, JOHANN POHL, D. SCHENK und anderen, auf dem Gebiet der Emissionsmikroskopie erfolgreich weiter. Die Elektronen zur Abbildung der Oberflächeneigenschaften wurden dabei nicht nur durch Glühen ausgelöst, sondern auch durch Beschuß mit Ionen und Elektronen oder durch Bestrahlen mit ultraviolettem Licht. Die Abbildungsoptik war einstufig aufgebaut, und zwar sowohl mit elektrostatischen Linsen als auch mit eisengekapselten magnetischen Spulen. Alle Emissionsmikroskope arbeiteten noch im Bereich lichtmikroskopischer Auflösung, lieferten aber trotzdem wertvolle Ergebnisse. So konnte das Emissionsverhalten von Oxidkatoden, die große kommerzielle Bedeutung hatten, nur auf diese Weise aufgeklärt werden. Ausgezeichnete Aufnahmen entstanden auch vom Korngefüge metallischer Proben. – Die elektrostatischen Objektive des Emissionsmikroskops wurden übrigens in Analogie zum Lichtmikroskop als Immersionssysteme bezeichnet. Die Potentiallinien der elektrischen Linse reichten ebenso bis an das Präparat heran wie im Lichtmikroskop die hochbrechende Immersionsflüssigkeit. 1932 filmte die AEG-Gruppe mit einem elektrostatischen Mikroskop den zwei Stunden währenden Aktivierungsprozeß einer Oxidkatode nach dem Zeitrafferverfahren. Der Film erregte seinerzeit großes Aufsehen unter den Fachleuten. Hier soll angemerkt werden, daß auch MAX KNOLL gemeinsam mit dem schon erwähnten FRITZ HOUTERMANS und ERNST HERMANN SCHULZ 1932 über Untersuchungen an Oxidkatoden mit dem zweistufigen magnetischen Elektronenmikroskop bei Vergrößerungen unter 100fach berichtete.

Die Existenz von zwei Arbeitsgruppen innerhalb einer Stadt, die sich mit der Elektronenoptik und ihrer praktischen Anwendung beschäftigten, blieb nicht ohne Folgen auf die weitere Entwicklung dieser neuen Wissenschaftsdisziplin. ERNST RUSKA schrieb dazu 1979: „Da die ‚elektrostatische' Entwicklung des Elektronenmikroskops jedoch ebenfalls in Berlin stattfand, ergaben sich gelegentlich Kontakte und Diskussionen zwischen einzelnen Mitarbeitern beider Gruppen. Es entstand zwischen ihnen von Anfang an eine gewisse Konkurrenz-Situation, welche den natürlichen Leistungswillen der auf beiden Seiten tätigen, meist noch jungen Physiker und Ingenieure anfachte. Ihr ist sicher die rasche Entwicklung der Elektronenoptik und Elektronenmikroskopie in diesen Jahren mit zu danken." – Was RUSKA hier eine „gewisse Konkurrenz-Situation" nennt, war in Wirklichkeit, wie schon eingangs angedeutet, ein Konkurrenzkampf, der von beiden Gruppen – mit ERNST

BRÜCHE als Vertreter der AEG auf der einen und BODO VON BORRIES und ERNST RUSKA als Exponenten der „magnetischen Richtung" auf der anderen Seite – erbittert geführt wurde. Aus heutiger Sicht erscheinen die Streitereien zum Teil unverständlich und weit überzogen. Sie können nur aus ihrer Zeit heraus verstanden werden. Für unsere Geschichte des Mikroskops wollen wir sie nicht erneut beleben.

Da sich unsere Geschichte des Elektronenmikroskops in erster Linie auf die Entwicklung des magnetischen Instruments beschränken soll, möchte ich nur noch einige wenige Ergebnisse der AEG-Gruppe nennen, um mich dann wieder den Ereignissen an der Technischen Hochschule zuzuwenden.

Zunächst sind da Arbeiten von HANS BOERSCH (geb. 1909) zu nennen, der einer der originellsten Denker auf dem Gebiet der Elektronenoptik in den dreißiger Jahren war. Er wies 1936 nach, daß ERNST ABBES Theorie über die Bildentstehung im Lichtmikroskop sinngemäß auch auf das Elektronenmikroskop angewendet werden kann. Auch bei der Abbildung mit Elektronen entsteht in der bildseitigen Brennebene der Objektivlinse ein Beugungsbild des Objekts, das sich mit dem Projektiv vergrößern läßt. Diese Entdeckung von BOERSCH bahnte den Weg für die Elektronenbeugungsuntersuchungen an kleinen Probenbereichen mit dem Elektronenmikroskop. Der Niederländer LE POOLE baute 1941 eine spezielle Beugungslinse in sein Instrument ein und machte das Verfahren damit für die Elektronenmikroskopie praktisch nutzbar.

Dr. BOERSCH hat weiterhin 1939 das Elektronenschattenmikroskop erfunden, bei dem die Katode durch zwei elektrostatische Linsen stark verkleinert vor dem durchstrahlbaren Präparat abgebildet wird. Dieses Bild dient als „punktförmige" Elektronenquelle, die das Objekt durch Zentralprojektion wie im Schattenwurf ohne jede

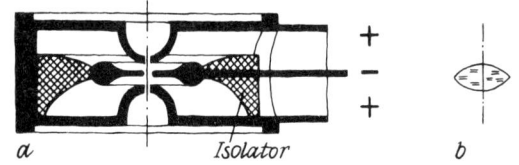

Elektrostatische Hochspannungslinse von H. BOERSCH und H. MAHL (a), lichtoptisches Gegenstück (b)

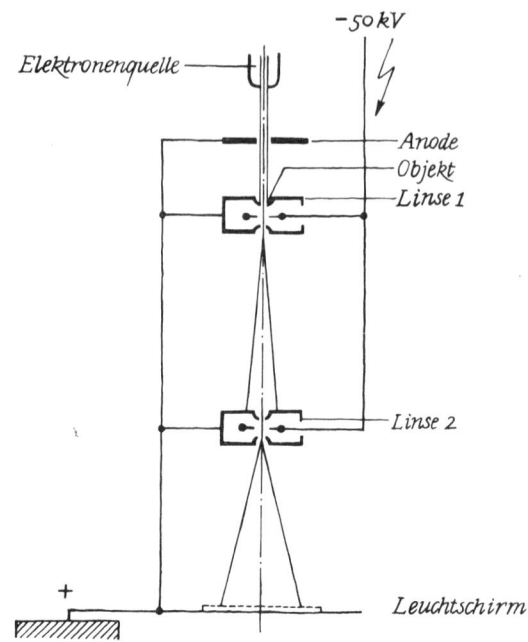

H. MAHLS zweistufiges elektrostatisches Mikroskop aus dem Jahre 1939 (schematisch)

Linse hochvergrößert auf einem Leuchtschirm abbildet.

1939 ist es dann BOERSCH und MAHL gelungen, die Stabilitätsprobleme für elektrostatische Linsen bei Beschleunigungsspannungen bis rund 50 kV zu überwinden. MAHL konnte kurz darauf ein zweistufiges Durchstrahlungsgerät mit einem maximalen Abbildungsmaßstab von 9000:1 und sublichtmikroskopischer Auflösung in Betrieb nehmen. Auf der Basis dieses Geräts produzierte die AEG bis Kriegsende eine kleine Serie elektrostatischer Mikroskope. Das erste Instrument wurde an das Robert-Koch-Institut in Berlin ausgeliefert und dort u. a. erfolgreich für Untersuchungen an Bakterien eingesetzt.

HANS MAHL hat außerdem 1939 eine revolutionierende Präparationsmethode in die Elektronenmikroskopie eingeführt, mit deren Hilfe nun auch Oberflächen von Präparaten mit hoher Auflösung abgebildet werden konnten. Es handelte sich um die sogenannte Abdrucktechnik, die auch heute noch in vielen Varianten angewendet wird. Bis dahin war man für Oberflächenuntersuchungen mit Elektronen auf das Emissionsmikroskop und das noch unterentwickelte Raster-Elektronenmikroskop angewiesen. Mit keinem dieser beiden Verfahren wurde damals die Auflösung des Lichtmikroskops erreicht oder gar übertroffen. Anders beim Abdruckverfahren, das MAHL aus einer zufälligen Beobachtung ableitete. Als er im Oktober 1939 elektrolytisch erzeugte Aluminiumoxid-Filme mit seinem Mikroskop untersuchte, entdeckte er eine Struktur in seinen Bildern, die offensichtlich mit der Oberflächentopographie der Aluminiumprobe identisch war. In der ersten Veröffentlichung darüber schrieb MAHL 1940 in der „Zeitschrift für technische Physik": „Es ist zu vermuten, daß diese Struktur durch die Oberflächenstruktur bedingt ist und vielleicht sogar einen Abdruck derselben darstellt. Gestützt wird diese Vermutung durch lichtmikroskopische Untersuchungen, die bei Aluminium-Oxidfilmen deutlich das eingeprägte Strukturbild der Metalloberfläche erkennen lassen." MAHLS Bilder lösten damals unter den Fachleuten große Begeisterung aus. Wenig später berichtete er über Lackabdrücke von Metalloberflächen. Seither wurde die Abdrucktechnik durch ihn und andere Wissenschaftler in einer Vielzahl von Varianten weiterentwickelt. Auch biologische Objekte lassen sich damit präparieren. Auf S. 185 ist je eine Oxid- und eine Lackabdruckaufnahme aus den Jahren 1940 und 1941 wiedergegeben, die Dr. MAHL für dieses Buch zur Verfügung gestellt hat. Heute werden unter anderem mit dem Kohle-Platin-Direktabdruck Oberflächen von Werkstoffen untersucht. Man erreicht damit eine Auflösung von wenigen nm.

1941 hat Dr. ALFRED RECKNAGEL die Theorie des Emissionsmikroskops ausgearbeitet und eine Formel für dessen Auflösung angegeben. Auf dieser Grundlage konnten andere Wissenschaftler in den folgenden Jahren dieses Gerät auch technisch verbessern und das Auflösungsvermögen über dasjenige des Lichtmikroskops hinaus steigern.

Ebenfalls 1941 veröffentlichte Prof. RAMSAUER eine 127 Seiten umfassende Broschüre mit dem Titel „Zehn Jahre Elektronenmikroskopie. Ein Selbstbericht des AEG-Forschungsinstituts". Dieser Bericht enthält – reich illustriert – die wichtigsten Forschungsergebnisse der BRÜCHESCHEN Gruppe aus den Jahren 1930 bis 1940.

Wir sind mit unserem Ausflug zur AEG dem Fortgang der Arbeiten am magnetischen Mikroskop an der

TH Berlin zeitlich weit vorausgeeilt. Dort hatte sich im Frühjahr 1932 die Oszillographen-Arbeitsgruppe aufgelöst. Dr. KNOLL war zu Telefunken übergewechselt, um auf dem Gebiet der Fernsehtechnik zu arbeiten. VON BORRIES blieb bis Ende Februar 1933 als Privatassistent bei Prof. MATTHIAS, konnte aber an die Elektronenmikroskopie nur noch nebenberuflich denken. Nach seinem erhalten gebliebenen Kalender haben er und RUSKA trotzdem allein 1932 130mal an Abenden und arbeitsfreien Tagen gemeinsam elektronenoptische Aufgaben bearbeitet. Zusammen mit ERNST RUSKA meldete VON BORRIES im März 1932 die magnetische Polschuhlinse zum Patent an. Damit konnten die für hohe Vergrößerungen erforderlichen kurzen Brennweiten der Magnetspulen von wenigen mm erzielt werden.

Kaum einen Monat später legte RUSKA Prof. MATTHIAS den Antrag vor, eine neue zweistufige elektronenoptische Apparatur mit Polschuhlinsen aufbauen zu dürfen, die hohe Vergrößerungen zulassen sollte. Nach seinem Kostenanschlag waren für die erste Ausbaustufe 1735,– RM und für die zweite 2155,– RM erforderlich.

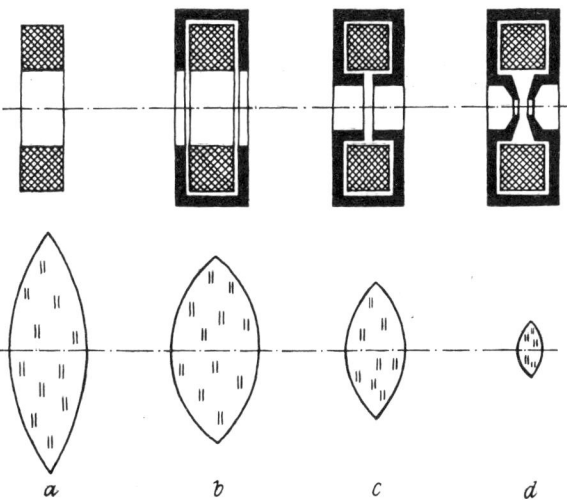

Verschiedene magnetische Linsen und deren lichtoptische Gegenstücke (schematisch)

a einfache Spule;
b Spule mit Eisenummantelung;
c eisenummantelte Spule mit Ringspalt;
d Polschuhlinse

Die Mittel wurden bewilligt, und bereits im Herbst 1933 stand das Gerät mit einem maximalen elektronenoptischen Abbildungsmaßstab von 12 000:1 im neuen Institut in Neubabelsberg bereit. ERNST RUSKA hatte durch Fürsprache des Nobelpreisträgers MAX VON LAUE (1879–1960), der damals auch als Gutachter für die Notgemeinschaft der Deutschen Wissenschaft tätig war, von diesem Gremium im zweiten Halbjahr 1933 100,– RM monatlich zum Bestreiten sachlicher und persönlicher Ausgaben erhalten.

Nun galt es, mit diesem Gerät nachzuweisen, daß eine „Elektronenmikroskopie" für dünne durchstrahlbare biologische oder andere Präparate überhaupt einen Sinn hatte. Mußten nicht alle Objekte durch die energiereichen Elektronen zerstört werden? War, wenn das nicht eintrat, mit ausreichendem Kontrast zwischen submikroskopischen Probendetails zu rechnen? Konnte die damals für magisch gehaltene Auflösungsgrenze des Lichtmikroskops mit einem derartigen Gerät tatsächlich unterschritten werden? Alle diese Fragen wollte RUSKA mit dem neuen Instrument beantworten.

Schon die ersten Aufnahmen von Baumwollfasern und Aluminiumfolien waren ermutigend. RUSKA erkannte sehr bald, daß die Bildkontraste im Elektronenmikroskop auf andere Weise entstehen als im Lichtmikroskop. Wir haben diesen Mechanismus auf S. 168 erläutert. Der Wissenschaftler hätte nun den Kontrast in seinen Bildern durch Einfügen einer sehr kleinen Blende hinter dem Objektiv erheblich verbessern können. Obwohl er die Zusammenhänge richtig erkannt hatte, ist RUSKA damals auf diese Idee nicht gekommen.

Weil die Präparate bei der Elektronenstreuung weniger Energie aufnehmen als bei der Absorption, konnte RUSKA hoffen, daß sich zukünftig vielleicht auch dünne organische Proben unbeschadet abbilden lassen würden und nicht nur Blenden, Netze oder Folien aus Metallen, die gegenüber Erwärmung weniger empfindlich sind. Seine Baumwollfasern waren allerdings unter dem Elektronenstrahl noch verkohlt – doch auch dieses Ergebnis hatte seine positiven Seiten: Das erhalten gebliebene „Kohleskelett" der Fasern wies noch eine derartige Ähnlichkeit mit dem ungeschädigten Präparat auf, daß die Hoffnung bestand, auch andere biologische Objekte auf die gleiche Weise untersuchen zu können. Trotzdem war es natürlich notwendig, die Strahlungsdosis so gering wie möglich zu halten, um die Objekte zu schonen. Dazu mußte beispielsweise die Fotoplatte direkt durch die Elektronen belichtet werden und sich also auch im Vakuum befinden. RUSKA hatte bisher über einen Umlenkspiegel mit einer außen angebrachten Kamera fotografiert. Der Wissenschaftler erkannte weiterhin, daß die Elektronengeschwindigkeiten einheitlich und konstant sein müssen, um den chromatischen Fehler niedrig zu halten. Er schlug deshalb vor, zukünftig anstelle der auch in diesem Gerät noch eingesetzten Gasentladungsröhre eine Glühkatode als Elektronenquelle vorzusehen und außerdem die Hochspannung zu stabilisieren. Stabilitätsanforderungen ergaben sich weiterhin für die Linsenströme. Während in einem Lichtmikroskop die Brennweiten der Linsen durch deren Gestalt und Material ein für allemal festgelegt sind, hängt die Brennweite einer magnetischen Elektronenlinse stark von deren Stromaufnahme ab.

ERNST RUSKA kam jedoch zunächst nicht mehr dazu, sein Mikroskop selbst weiterzuentwickeln. Er konnte zwar noch an einigen Aufnahmen eine Annäherung an die lichtmikroskopische Auflösungsgrenze nachweisen, mußte aber Ende 1933 die Hochschule verlassen, weil keine Aussicht bestand, Geld für weitere Arbeiten zu bekommen. Noch 1933 hat er deshalb eine Stelle bei der Fernseh-A.G. in Berlin angetreten. Dort konnte er seine elektronenmikroskopischen Experimente nicht fortsetzen. BODO VON BORRIES hatte Berlin verlassen und arbeitete seit April 1933 als wissenschaftlicher Ingenieur bei den Rheinisch-Westfälischen Elektrizitätswerken in Essen.

(3.)
Vom Laboraufbau zum kommerziellen Gerät

Nachdem auch ERNST RUSKA Ende 1933 die Technische Hochschule in Berlin verlassen hatte, geriet die Entwicklung des magnetischen Elektronenmikroskops ernsthaft ins Stocken. Sowohl er als auch sein Freund VON BORRIES konnten sich nur noch nebenberuflich mit der geliebten Elektronenmikroskopie befassen. Die große Entfernung zwischen Berlin und Essen trug ebenfalls nicht dazu bei, die gemeinsame Arbeit auf diesem Gebiet zu fördern. Außerdem war die Skepsis vieler Physiker, Biologen und Mediziner gegenüber dem neuen Instrument immer noch so groß, daß zunächst wenig Aussicht bestand, ein Industrieunternehmen für die Entwicklung und Fertigung kommerzieller Elektronenmikroskope zu gewinnen. Trotzdem waren die beiden jungen Doktoren unerschütterlich von der Zukunft ihres Gerätes überzeugt und arbeiteten in ihrer Freizeit am Schreibtisch beharrlich weiter an seiner Verbesserung.

Ermutigt wurden sie dazu durch ERNST RUSKAS jüngeren Bruder HELMUT (1908–1973), der im Herbst 1933 sein medizinisches Staatsexamen abgelegt hatte. Der Arzt hoffte, mit dem Elektronenmikroskop sublichtmikroskopische Krankheitserreger und Strukturen in Zellen finden zu können. Dabei war es zu jener Zeit noch völlig unsicher, ob sich biologische Präparate überhaupt mit Elektronen untersuchen lassen würden.

HELMUT RUSKA arbeitete als Assistenzarzt bei Prof. RICHARD SIEBECK (1883–1939), den er später, als erste Aufnahmen biologischer Objekte vorlagen, ebenfalls vom Wert des Elektronenmikroskops für die medizinische Forschung überzeugen konnte. – Zunächst jedoch sah dessen Zukunft düster aus.

Da kam im rechten Moment Hilfe. Der belgische Physiker Dr. LADISLAUS MARTON (geb. 1901) hatte etwa zwei Jahre zuvor, inspiriert durch die Berliner Arbeiten, sein Interesse der Elektronenoptik zugewandt. Nachdem er bis zum Sommer 1932 nahezu alle wichtigen Veröffentlichungen auf diesem Gebiet gelesen hatte, wollte er selbst ein Elektronenmikroskop bauen. Sein Chef, Prof. EMILE HENRIOT, zeigte Verständnis für dieses Vorhaben, und bereits Anfang Dezember 1932 konnte MARTON sein erstes einstufiges magnetisches Elektronenmikroskop erproben und damit die Emission einer flachen Wolframwendel untersuchen. Die Ergebnisse veröffentlichte er aber nicht, weil inzwischen die Arbeiten von KNOLL und BRÜCHE mit ähnlichen Resultaten erschienen waren. 1933 konstruierte er sein zweites Mikroskop, diesmal mit drei magnetischen Linsen (Kondensor, Objektiv und Projektiv) in einem waagerecht angeordneten Tubus. Das Gerät arbeitete mit einer Hochspannung von 35 kV. Die Bilder auf dem Leuchtschirm mußten von außen fotografiert werden. Weil die Linsen noch relativ langbrennweitig waren, betrug der Abbildungsmaßstab nur maximal 1000:1. MARTON schrieb später, daß er mit diesem Instrument die Anwendungsmöglichkeiten für ein Elektronenmikroskop prinzipiell erkunden und außerdem den Mechanismus der Bildentstehung, genauer der Kontraste, ergründen wollte.

Da MARTON an der Universität mit mehreren Biologen befreundet war, fiel es ihm nicht schwer, sich botanische und zoologische Dünnschnitte (Mikrotomschnitte) zu besorgen. So konnte er am 4. April 1934 die erste jemals angefertigte elektronenmikroskopische Aufnahme eines biologischen Präparats machen. Es handelte sich um eine Seetangprobe, die mit Osmiumsalz fixiert war. Das Schwermetall Osmium sollte den Kontrast und die Stabilität seiner Präparate verbessern. Weitere Aufnahmen folgten kurz darauf. Die Objekte waren u. a. Sonnentau und Vogelnestwurz. MARTON erzielte bei diesen Aufnahmen eine Auflösung von etwa $1 \mu m$, erreichte also noch nicht die Grenze des Lichtmikroskops. Doch sublichtmikroskopische Auflösung stand bei seinen Experimenten nicht im Vordergrund. Wesentlich war: MARTON hatte nachgewiesen, daß man mit dem Elektronenmikroskop biologische Präparate untersuchen konnte. Damit eröffnete er dem neuen Instrument ein unübersehbar weites Feld der Forschung. Was RUSKA und VON BORRIES nur geglaubt und gehofft hatten, war nun greifbare Realität geworden. 1936 machte MARTON die überraschende Entdeckung, daß auch solche biologischen Objekte ausreichend Kontrast lieferten, die nicht mit Schwermetallen „gefärbt" waren. Das war für ihn der Anlaß, mit dem Ausarbeiten einer quantitativen Theorie für den Kontrastmechanismus im Elektronenmikroskop zu beginnen. Schon vorher hatte er – wie RUSKA – gefunden, daß der Bildkontrast nicht durch unterschiedlich starke Absorption der Elektronen in der Probe, sondern durch unterschiedlich starke Streuung zustande kommt. Er erkannte auch, daß der Öffnungswinkel für guten Kontrast klein sein mußte, führte aber ebenfalls noch nicht die für hohen Kontrast notwendige Objektivblende (Kontrastblende) ein.

Am 8. Mai 1934 berichtete er in einer Sitzung der belgischen Akademie der Wissenschaften über seine elektronenmikroskopischen Arbeiten und zeigte dort die ersten Bilder, auf denen man außer den Zellwänden auch den Zellkern erkennen konnte.

Ende Juni 1934 fuhr MARTON mit seiner Frau nach Berlin, wo er unter anderem MAX KNOLL, ERNST RUSKA und ERNST BRÜCHE persönlich kennenlernte. Als er seine Aufnahmen zeigte, riefen die Berliner Wissenschaftler überrascht aus: „Das ist nicht möglich!" Sie waren bis zu jener Zeit in der irrigen Meinung befangen, daß jedes biologische Präparat durch den Elektronenstrahl sofort zerstört würde.

Der belgische Physiker setzte seine Arbeiten konsequent fort. Er zog aus den ersten Versuchen eine Reihe wichtiger Schlußfolgerungen: Sollte die schädigende Wärmeentwicklung durch Energieverlust der Elektronen in der Probe beseitigt oder wenigstens stark reduziert werden, dann mußten die Präparate wesentlich dünner sein als mit $1 \ldots 20 \mu m$ in der Lichtmikroskopie üblich. Ultramikrotome für Dünnschnitte mit Dicken von 100 nm und weniger wurden jedoch erst wesentlich später entwickelt. Die Strahlbelastung ließ sich aber auch noch auf andere Weise herabsetzen. Es mußte für eine gute Wärmeableitung gesorgt werden. Außerdem konnte man das Gerät mit einer Hilfsprobe justieren, scharfstellen und danach das eigentliche Präparat einschwenken. Zusätzlich würde bei der Innenfotografie, die man bei Hochspannungs-Oszillographen schon seit mehreren Jahren praktizierte, die Strahlbelastung ebenfalls sinken. Schleusen für Präparate und Fotoplatten sollten das Mikroskop darüber hinaus bedienungsfreundlicher machen.

Im Herbst 1934 beschloß MARTON, ein drittes Mikroskop nach seinen neuesten Erkenntnissen zu bauen. Die Unversität hatte nur wenig Geld. MARTON kaufte deshalb auf dem Flohmarkt geeignete Teile, die von zurückgelassenen Ausrüstungen des deutschen Heeres aus dem Ersten Weltkrieg stammten. Im Juli 1935 nahm er sein neues Mikroskop in Betrieb und übertraf damit deutlich die Auflösungsgrenze des Lichtmikroskops. Die Aufnahmezeit betrug nur noch 1/10 bis 1/60 s.

Ebenfalls 1934 trug MARTON in Brüssel einem Kreis von Wissenschaftlern – überwiegend waren es Biologen und Mediziner – über seine elektronenmikroskopischen Arbeiten vor. Er gab dabei dem Durchstrahlungs-Elektronenmikroskop gute Zukunftschancen als wertvolles Werkzeug der biologischen Forschung. Doch nach seinem Vortrag stand der belgische Bakteriologe JULES BORDET (1870–1961), Nobelpreisträger und Entdecker des Keuchhustenbazillus, auf und sagte: „Oh, nein, nein! Wir wollen kein Elektronenmikroskop – es ist schwierig genug, die Bilder zu interpretieren, die wir mit dem Lichtmikroskop erhalten." MARTON ließ sich dadurch aber nicht entmutigen und arbeitete zielstrebig weiter. 1937 gelang es ihm als erstem, Bakterien mit dem Elektronenmikroskop abzubilden.

ERNST RUSKA hatte sein Mikroskop im neuerbauten Hochspannungsinstitut der Technischen Hochschule in Berlin-Neubabelsberg zurückgelassen. Glücklicherweise verstaubte es dort nicht, sondern wurde von den beiden

Mitglieder der Arbeitsgruppe MAX KNOLLS (Mai 1932)

von links nach rechts (sitzend): CARL CZEMPER, ERNST RUSKA, MAX KNOLL, ROBERT ANDRIEUX, BODO VON BORRIES, GUSTAV ADOLF BLUME;
von links nach rechts (stehend): KURT SCHAUDINN, HENNING KNOBLAUCH, MARTIN FREUNDLICH

Elektronenmikroskopische Abdruckaufnahmen von Metall-oberflächen (H. MAHL, 1940/41)

links: Oxidabdruck (Aluminium);
rechts: Lackabdruck (Messing)

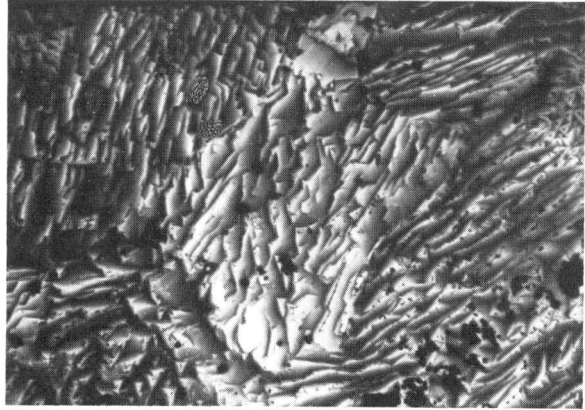

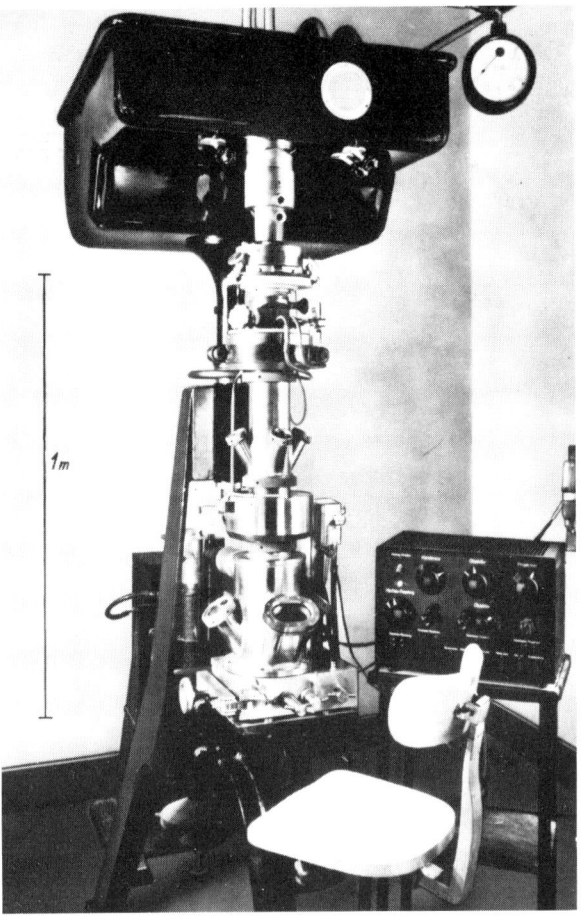

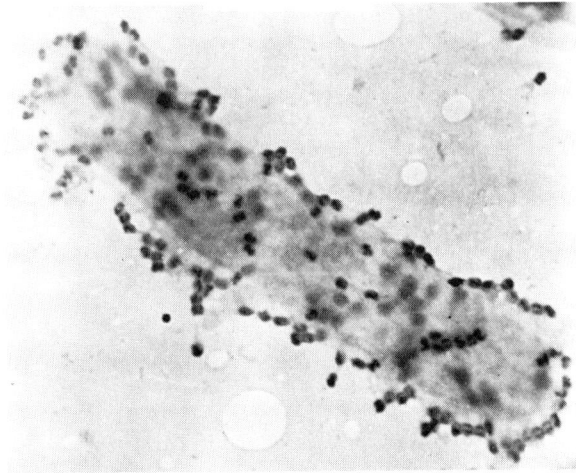

Erstes Labormuster der Fa. Siemens für ein kommerzielles Durchstrahlungs-Elektronenmikroskop (1938)

Das erste kommerziell in Serie gefertigte Elektronenmikroskop der Welt (Siemens, 1939)

Elektronenmikroskopische Abbildung von Bakteriophagen

50 000fache Vergrößerung von Phagen am Proteus-Bakterium (H. Ruska, 1940);

M. v. ARDENNE mit seinem Universal-Elektronenmikroskop

Raster-elektronenmikroskopische Aufnahmen

oben: 9000fache Vergrößerung eines Calcaredus
Nonnoplanktons;
unten: 500fache Vergrößerung einer Diatomee

Hochvergrößerte Abbildung einer Schaltkreisoberfläche, von der die Schutzschicht chemisch entfernt wurde

Raster-elektronenmikroskopische Aufnahmen aus der Mikro-elektronik-Technologie

von links nach rechts:
Lackstrukturen auf einer Siliciumscheibe;
Querschnitt durch einen Schaltkreis – der vertikale Schicht-aufbau wird sichtbar;
Gold-Drahtkontakt auf einem Schaltkreis;
dichtgewirkter Stoff für Reinraum-Bekleidung;
mikroelektronische Teststruktur;
dieselbe Stelle der Teststruktur, aber mit angelegter Spannung (Potentialkontrast)

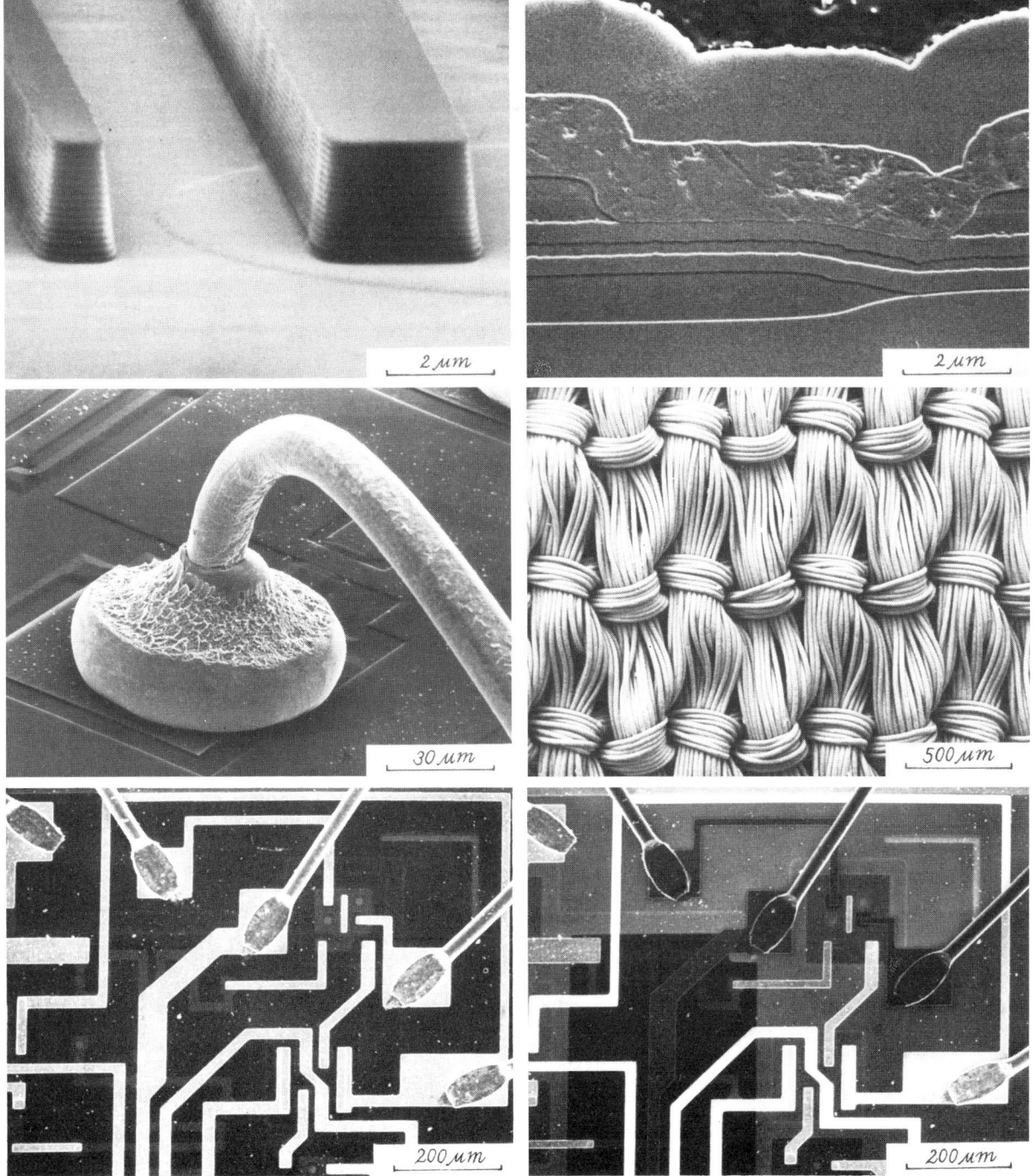

2 μm

2 μm

30 μm

500 μm

200 μm

200 μm

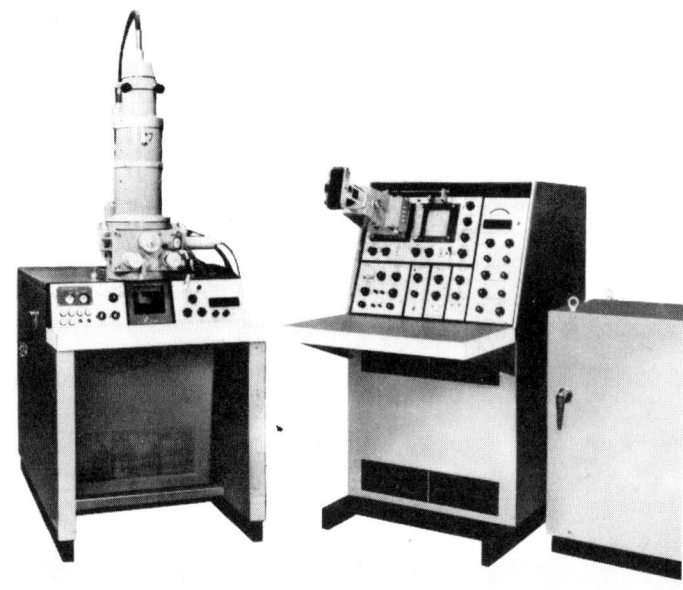

Raster-Elektronenmikroskop JSM-1 der
Fa. JEOL (1966)

Stereoscan – das erste kommerzielle Raster-
Elektronenmikroskop der Welt (1965)

M. v. ARDENNES Raster-Elektronenmikroskop
für die Oberflächenabbildung (1937)

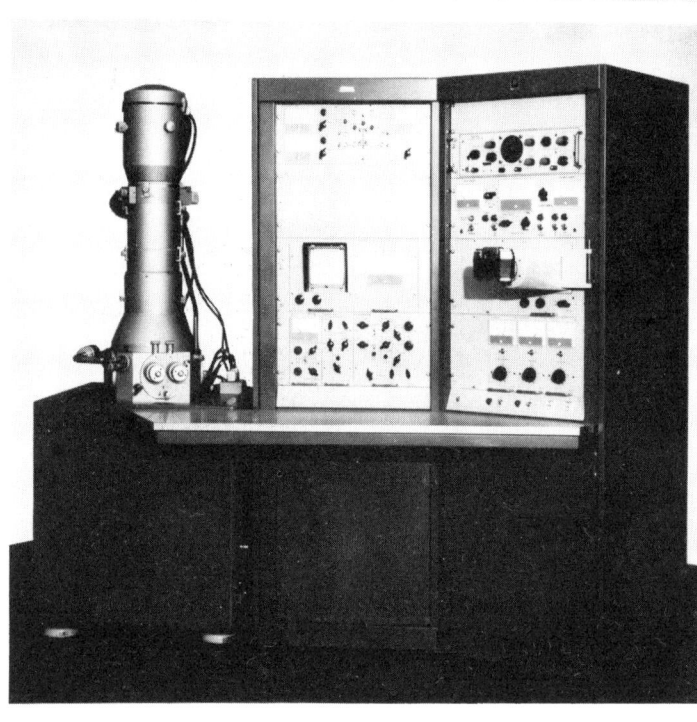

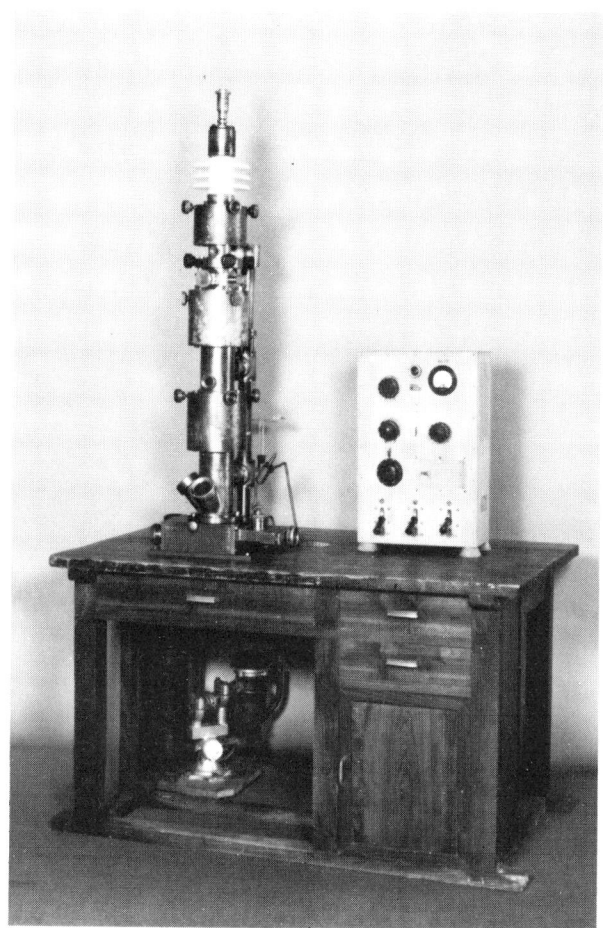

JEM-DA1 – eines der ersten japanischen Elektronenmikroskope (1947)

J.B. LE POOLES erstes Elektronenmikroskop Mark I (1946)

Das erste kommerzielle Elektronenmikroskop der Fa. Philips
(1949)
Auffällig ist die nahezu waagerechte Anordnung der Mikroskopsäule bei diesem EM 100 genannten Gerät.

Ein historisches 400-kV-Elektronenmikroskop der Fa. Philips
(1947)

Ein rund 12 m hohes
Durchstrahlungs-
Elektronenmikroskop
für 1 Million Volt Be-
schleunigungsspan-
nung (JEOL, 1966)

Elektrotechnik-Studenten HEINZ OTTO MÜLLER und EBERHARD DRIEST 1934 im Rahmen einer Studienarbeit weiterentwickelt. Sie arbeiteten vornehmlich an einer Vorrichtung für Innenaufnahmen. Wenig später gelangen ihnen die ersten Fotos unpräparierter biologischer Objekte, und zwar von Flügeln und Beinen der Stubenfliege. Die Auflösung war schon etwas besser als die des Lichtmikroskops.

H. O. MÜLLER hat Ende 1934 eine Arbeit mit diesen elektronenmikroskopischen Bildern bei der Zeitschrift „Die Naturwissenschaften" eingereicht. Die Antwort des verantwortlichen Redakteurs Dr. ARNOLD BERLINER (1862–1942) muß auf den hoffnungsvollen jungen Wissenschaftler deprimierend gewirkt haben. Sie drückte die damalige distanzierte Haltung vieler Wissenschaftler gegenüber der im Entstehen begriffenen Elektronenmikroskopie deutlich aus: „Die elektronenmikroskopischen Vergrößerungen in den Naturwissenschaften wiederzugeben, hat keinen rechten Zweck. Dafür käme vielleicht die ‚Koralle' oder die ‚Umschau' in Frage. Ich kann daher von dem Manuskript keinen Gebrauch machen." Das war die vollständige Antwort Dr. BERLINERS an MÜLLER vom 8. 1. 1935. Die Arbeit erschien dann in der „Zeitschrift für wissenschaftliche Mikroskopie".

Einige Kritiker des Elektronenmikroskops verglichen seinerzeit die Qualität der Elektronenlinsen wegen des geringen möglichen Öffnungswinkels sogar mit der von Bierflaschenböden als Lichtlinsen. Sie hatten dabei übersehen, wie RUSKA 1970 schrieb, daß die Materiewellen der Elektronen um 5 Zehnerpotenzen kürzer sind als die elektromagnetischen Lichtwellen. Selbst mit einer 100mal kleineren Objektivapertur sollte man die Auflösung des Lichtmikroskops noch um den Faktor 1000 übertreffen können.

Wenig später arbeitete der Medizinstudent FRIEDRICH KRAUSE (1914–1945) mit RUSKAS Mikroskop. 1936 machte er damit Aufnahmen von Diatomeen, den einstmals so beliebten Testobjekten der Lichtmikroskopiker, und erreichte nahezu die Auflösungsgrenze des Lichtmikroskops. Ein Jahr später wies er, ebenfalls an einer Diatomee, eine Auflösung von 130 nm nach – der sublichtmikroskopische Bereich war nun sicher erreicht. Gemeinsam mit DIETRICH BEISCHER konnte KRAUSE noch 1937 an einer geätzten Silberfolie eine Auflösung

von 45 nm und an einem Eisenfaden sogar 20 nm erzielen. Wiederum ein Jahr später drang er bei der Untersuchung biologischer Zellen ebenfalls in den sublichtmikroskopischen Bereich vor. KRAUSE beschäftigte sich auch mit Präparationsverfahren für biologische Objekte. So gelang es ihm, wie zuvor MARTON, seine Präparate mit Schwermetallverbindungen zu „färben". Schon sehr früh führte er das später so erfolgreiche Negativ-Färbeverfahren ein, bei dem die Trägerfolie des Präparats mit Schwermetallen angereichert wird. Die eigentlichen Untersuchungsobjekte – etwa eingebettete Bakterien – enthalten bei dieser Methode keine Schwermetalle und heben sich hell vom dunklen Grund ab.

FRIEDRICH KRAUSE hat, obwohl von Beruf Mediziner, RUSKAS Elektronenmikroskop auch technisch bedeutend verbessert. So nutzte er als erster RUSKAS und MARTONS Erkenntnisse über die Kontrastentstehung praktisch aus, indem er eine feine Blende zwischen Präparat und Objektivlinse anbrachte (Kontrastblende). Weiterhin gelang es ihm, die Hochspannung zu glätten und so Schwankungen der Elektronengeschwindigkeit weitgehend zu vermeiden. Damit sollte der Farbenfehler reduziert werden. Außerdem bemühte sich KRAUSE erfolgreich, das Präparat zu kühlen und es vor elektrischen Aufladungen zu schützen. – 1944 hat er seine Ergebnisse in einer Dissertation zusammengefaßt. In den letzten Kriegstagen war er bei den Kämpfen um Berlin als Truppenarzt eingesetzt und ist seitdem vermißt.

ERNST RUSKA und BODO VON BORRIES hatten unterdessen, bestärkt und ermutigt durch die Ergebnisse MARTONS, ihre Bemühungen um finanzielle Unterstützung für die Weiterentwicklung des Elektronenmikroskops forciert. VON BORRIES gab seine Stellung in Essen auf und arbeitete seit dem 1. Juli 1934 bei den Siemens-Schuckert-Werken in Berlin-Siemensstadt an der Entwicklung von Überspannungsschutzgeräten. Die Freunde waren nun nicht mehr räumlich getrennt und konnten damit ihre vielfältigen Anstrengungen besser koordinieren. ERNST RUSKA hat 1979 rund 50 Aktivitäten der beiden Wissenschaftler zwischen dem 29. 5. 1934 und dem 21. 12. 1936 aufgelistet. Darunter finden sich Vorträge, Schreiben an Firmen und wissenschaftliche Institutionen sowie zahlreiche persönliche Vorsprachen.

Doch immer noch stießen sie auf mangelndes Interesse für ihr Vorhaben oder gar auf Ablehnung. So trugen sie beispielsweise am 29. 1. 1935 dem Direktor des Kaiser-Wilhelm-Instituts für Biologie in Berlin-Dahlem, Prof. FRIEDRICH VON WETTSTEIN, ihre Ansichten über den Nutzen des Elektronenmikroskops vor, konnten seine Bedenken gegenüber diesem Gerät aber nicht ausräumen. 1979 schrieb ERNST RUSKA zusammenfassend über die Gespräche mit den verschiedenen potentiellen wissenschaftlichen Interessenten: „Wir suchten damals den Gedankenaustausch mit Wissenschaftlern, die auf verschiedenartigen Gebieten arbeiteten, für die lichtmikroskopische Forschungen besonders wichtig sind. Dabei stießen wir selbst bei namhaften Biologen, aber auch bei Physikern auf eine ablehnende Haltung, die sich auf zwei verschiedene Einwände stützte. Sie bezweifelten sowohl Sinn und Wert des verfolgten Zieles, sublichtmikroskopische Strukturen in den Präparaten abzubilden, als auch die Möglichkeit, dieses Ziel mit einem Elektronenmikroskop zu erreichen.

Soweit mir heute noch erinnerlich ist, glaubten unsere biologisch interessierten Gesprächspartner, daß sublichtmikroskopische Strukturen, falls es sie im lebenden Gewebe überhaupt gibt, sich so schnell ändern würden, daß man sie wegen der Trägheit des Gesichtssinns nicht unmittelbar verfolgen könne. Sie glaubten nicht, daß es im lebenden Gewebe sublichtmikroskopische Strukturen gäbe, die zeitlich konstant oder nur so langsam veränderlich wären, daß man sie im elektronenmikroskopischen Bild sehen und ihre Veränderung verfolgen könne. Sie bezweifelten aber auch, daß zwischen solchen Strukturen und der Funktion des Gewebes, z. B. Stoffwechsel, Atmung, Reizleitung, genügend aufschlußreiche Beziehungen vorhanden sein könnten ... Wir hatten bei solchen Unterhaltungen den Eindruck einer gewissen Resignation, die sich im Verlauf der vorausgegangenen 50 Jahre wohl deshalb ausgebreitet hatte, weil man so feine Strukturen im Lichtmikroskop nie sehen konnte."

Fast zwei Jahre nach dem Gespräch mit Prof. VON WETTSTEIN, am 2. 10. 1936, errangen sie endlich einen entscheidenden Erfolg. Prof. RICHARD SIEBECK, inzwischen Direktor der Ersten Medizinischen Unversitätsklinik der Charité zu Berlin, gab ein positives Gutachten zu den Chancen des Elektronenmikroskops in der medizinischen Forschung ab. Offensichtlich hatte Dr. HELMUT RUSKA seinen Chef vom Wert des neuen Instruments überzeugen können. SIEBECK schrieb unter anderem: „Die Herren B. von Borries und E. Ruska sind an mich herangetreten mit der Bitte um Stellungnahme zu der Frage, inwieweit für die ärztliche Wissenschaft und Praxis durch das Elektronenmikroskop (EM) Fortschritte zu erhoffen sind.

Nach den Ausführungen der Herren und nach vorgelegten Aufnahmen bietet das EM gegenüber dem Lichtmikroskop zwei neue Möglichkeiten:
1. werden durch die andere Strahlungsart andere Einzelheiten sichtbar, man sieht die Dinge in einem anderen Licht.
2. hat man die Möglichkeit, über das Auflösungsvermögen unserer seitherigen Mikroskope hinauszukommen.

Die erste Möglichkeit bietet die Aussicht, Strukturen, die dem Licht gegenüber gleich sind und daher im Lichtmikroskop unerkannt bleiben, selbst schon im ungefärbten Zustand aufzudecken (damals gab es ZERNIKES Phasenkontrastmikroskop noch nicht im Handel, d. Verf.). Die Folgen dieser Eigenart sind heute weder nach der positiven noch nach der negativen Seite hin genügend abzuschätzen. Anders liegen die Dinge bei der 2. Möglichkeit, nämlich der eines erhöhten Auflösungsvermögens. Unter der Voraussetzung, daß eine Verbesserung des Auflösungsvermögens sich nur insoweit bestätigt, daß man etwa bis 10mal kleinere Einzelheiten als bisher erkennen könnte, und unter der weiteren Voraussetzung, daß es gelänge, geeignete Präparationsmethoden zu entwickeln, was mir durchführbar erscheint, so ergibt sich auf dem Gesamtgebiet der Medizin die Möglichkeit der Lösung einer Fülle alter und neuer Probleme. Ich bin der Meinung, daß Feinstrukturen keineswegs dort aufhören, wo die Grenze des lichtmikroskopischen Sehens liegt."

Dann nannte er zwei große Gebiete, auf die sich seiner Meinung nach elektronenmikroskopische Forschungsarbeiten erstrecken könnten – die mikroskopische Anatomie und die Bakteriologie. Wir können darauf nicht im einzelnen eingehen und wollen hier nur noch die Schlußsätze aus SIEBECKS Gutachten zitieren: „Sollten sich die Möglichkeiten der mikroskopischen Auflösung über die angenommene Größe etwa bis zum 100fachen steigern, so sind die wissenschaftlichen Folgen gar nicht abzusehen. Was bis jetzt erreichbar scheint, halte ich für so bedeutsam, und Erfolge scheinen mir so nahe zu liegen, daß ich gerne bereit bin, in medizinischen Forschungsarbeiten zu beraten und durch Verfügungstellung der Hilfsmittel meines Instituts mitzuarbeiten.

Ich möchte an die Entwicklung der Röntgentechnik erinnern. Als es Röntgen gelang, die Knochen einer Hand oder die Münzen im Geldbeutel darzustellen, ahnte niemand, welche Ausdehnung und Bedeutung diese Strahlenart in der Medizin in kurzer Zeit erreichen würde. Naturgemäß kann der praktische Erfolg des EM nicht vorausgesagt werden, aber die angedeuteten Probleme sind von solcher Wichtigkeit, daß man keine greifbare Möglichkeit, sie anzugehen, versäumen sollte."

Prof. SIEBECKS Gutachten hatte offensichtlich die beabsichtigte Wirkung. In den letzten Monaten des Jahres 1936 zeichnete sich endlich der Erfolg der beharrlichen Bemühungen E. RUSKAS und B. VON BORRIES' ab, eine Firma für die Fertigung ihres Instruments zu gewinnen. Die Unternehmen Siemens & Halske AG in Berlin und Carl Zeiss in Jena zeigten sich bereit, in ihren Werken das Elektronenmikroskop zu einem kommerziellen Gerät zu entwickeln. Da die beiden Ingenieure nicht mit leeren Händen dastanden – sie hatten unter anderem ihr Patent für die Polschuhlinse zu bieten –, konnten sie wählen. Am 21.12.1936 entschieden sie sich für Siemens. Vermutlich gaben RÜDENBERGS Patente, über die dieser Konzern verfügte, letztlich den Ausschlag. Weiterhin bot ein Elektrokonzern sicher bessere Möglichkeiten für die Entwicklung eines magnetischen Elektronenmikroskops als ein Optikunternehmen. Schließlich hätten VON BORRIES und RUSKA im Falle einer Entscheidung für Zeiss ihren Wohnsitz von Berlin nach Jena verlegen müssen, was ihnen vermutlich auch nicht besonders erstrebenswert erschien. So traten sie denn am 1. Februar 1937 als Oberingenieure in die Firma Siemens & Halske ein und begannen mit der Entwicklungsarbeit.

Es gelang ihnen, neben HELMUT RUSKA und HEINZ OTTO MÜLLER auch den Theoretiker WALTER GLASER (1906–1960) für diese Arbeit zu interessieren. GLASER hatte bereits 1932 als Assistent am Institut für Theoretische Physik der Unversität Prag auf dem Gebiet der Elektronenoptik gearbeitet.

In einer ehemaligen Gewehrfabrik und Großbäckerei in Berlin-Spandau begann die eben gegründete Elektronenmikroskopie-Gruppe voller Elan die Arbeit am magnetischen „Übermikroskop". Der Begriff „Übermikroskop" sollte die gegenüber dem Lichtmikroskop gesteigerte Auflösung deutlich werden lassen. Er ist später wieder aus der Mode gekommen, weil die um Größenordnungen bessere Auflösung des Elektronenmikroskops nicht mehr besonders betont werden mußte. Bereits Anfang 1938 stand das erste Labormuster (s. S. 186) für den Erprobungsbetrieb bereit. Das ist nach heutigen Maßstäben eine erstaunlich kurze Zeit.

Ein zweites gleichartiges Gerät folgte kurz darauf. Beide Instrumente waren Vorläufer für die geplante Serienfertigung.

Die Zeichnung auf S. 197 zeigt das Labormuster im Schnitt. Noch immer wurde mit einer Gasentladungskatode gearbeitet; ansonsten hatten die Konstrukteure das Gerät gegenüber seinem Neubabelsberger Vorbild jedoch erheblich verbessert. Es war zur Abschirmung äußerer Magnetfelder ganz in Eisen ausgeführt. Die Objektivbrennweite betrug 5,4 mm und die des Projektivs sogar nur 1 mm. Bei einer Abbildungslänge von 800 mm wurde damit ein maximaler Abbildungsmaßstab von 30 000:1 erreicht. 13 nm Auflösung konnten im Erprobungsbetrieb nachgewiesen werden. Die Handhabung wurde durch Vakuumschleusen für Präparate und Fotoplatten wesentlich erleichtert. MARTON lobte 1968 in einer historischen Rückschau die ausgezeichnete ingenieurtechnische Durchbildung dieses Instruments wie auch aller weiteren Siemens-Geräte.

Nun erwachte auch das Interesse solcher Industriebetriebe und Forschungseinrichtungen am Durchstrahlungs-Elektronenmikroskop, die sich kurz zuvor noch ablehnend gezeigt hatten. 1939 stellte die Siemens-Gruppe das erste in Serie gefertigte Elektronenmikroskop der Welt den Interessenten vor (s. S. 186). Dieses Instrument war erstmals mit einer Glühkatode aus Wolframdraht ausgerüstet. Die Brennweite des Objektivs hatte man auf 2,5 mm gesenkt. Weil der Abbildungsmaßstab weiterhin 30 000:1 betrug, konnte die Länge der Mikroskopsäule verkürzt werden, was die Bedienung erleichterte. Überhaupt hat man schon bei dem ersten Seriengerät Wert auf Bedienungskomfort gelegt. Außerdem arbeitete es zuverlässiger als sein Vorläufer.

Die Auflösung konnte auf den Rekordwert von 7 nm verbessert werden.

Bis 1945 wurden rund 30 Geräte von diesem Typ gefertigt. Das erste Exemplar kaufte das IG-Farben-Werk Hoechst für sein Physikalisches Labor. Dort wurde 22 Jahre lang erfolgreich damit gearbeitet. Jetzt steht es im Deutschen Museum in München. Für auswärtige Wissenschaftler richtete Siemens 1940 ein Gastlabor ein und stattete es mit vier Mikroskopen der ersten Serie aus. Unter der Leitung von HELMUT RUSKA wurden dort hervorragende Ergebnisse erzielt. So gelang 1940 dem Mediziner selbst eine sensationelle Leistung auf dem Gebiet der Elektronenmikroskopie: Er fotografierte als erster Bakteriophagen (s. S. 186). Im Herbst 1944 wurde das Laboratorium bei einem Luftangriff auf Berlin zerstört.

In Deutschland befaßte sich zu jener Zeit noch eine weitere, kleine Gruppe unter MANFRED VON ARDENNE mit dem magnetischen Elektronenmikroskop. Der wissenschaftliche Autodidakt betrieb damals in Berlin-Lichterfelde am Jungfernstieg ein privates Laboratorium, das er mit Erlösen aus seinen zahlreichen Erfindungen finanzierte. Er hatte u. a. als erster das vollelektronische Fernsehen praktisch verwirklicht. Ein Vertrag mit Siemens & Halske sicherte ihm die notwendige materielle Unterstützung für seine Versuche mit dem Raster-Elektronenmikroskop, das er 1937 erfunden hatte. Über dieses interessante Instrument wird in Abschnitt 4. ausführlich berichtet. Doch VON ARDENNE interessierte sich auch für die Durchstrahlungs-Elektronenmikroskopie, war aber durch den Vertrag mit Siemens Beschränkungen unterworfen. Dazu schrieb er 1982: „Bei Abschluß des Vertrages mit Siemens über die Patente und Entwicklung des Raster-Elektronenmikroskopes war uns die Arbeit an der Entwicklung des normalen Transmissions-Elektronenmikroskopes untersagt worden. Der Verfasser empfand dieses auf E. Ruska zurückgehende Verbot als im Gegensatz zur wissenschaftlichen Ethik stehend und entwickelte 1939 heimlich das ... Universal-Elektronenmikroskop für Hellfeld-, Dunkelfeld- und Stereobild-Betrieb. Für die Förderung dieser Entwicklung ist der Verfasser dem damaligen Direktor des Kaiser-Wilhelm-Instituts für Physikalische Chemie, Berlin-Dahlem (Prof. PETER ADOLPH THIESSEN; d. Verf.), zu großem Dank verpflichtet.“

VON ARDENNES Mikroskop, das er 1940 der Öffentlichkeit bekanntmachte, war vorzüglich durchkonstruiert und repräsentierte seinerzeit den technisch höchsten Stand (s. S. 187). Neben den genannten Abbildungsverfahren gab es auch Möglichkeiten, die Objekte während der Untersuchungen zu heizen oder zu kühlen. Von außen konnten sowohl das Objektiv als auch das Projektivsystem seitlich leicht ausgewechselt werden. Durch Andrücken des Präparathalters an den Objektivpolschuh verbesserte VON ARDENNE die mechanische Stabilität während der Aufnahmen beträchtlich. Alle Vorzüge seines Gerätes zusammen führten dazu, daß er mit 3 nm einen neuen Auflösungsrekord aufstellen konnte, der den des ersten kommerziellen Siemens-Mikroskops (7 nm) um mehr als den Faktor 2 übertraf. Später hat er die Auflösung weiter verbessert.

Interessant und wichtig ist die Stereotechnik, die VON ARDENNE als erster in die Elektronenmikroskopie einführte. Beim Lichtmikroskop bringt dieses Verfahren wegen der geringen Schärfentiefe nur wenig Nutzen. Ganz anders dagegen in der Elektronenmikroskopie: Die kleinen Öffnungswinkel führen zu einer großen Schärfentiefe, so daß man auch bei hohen Vergrößerungen ausgezeichnete Stereobilder aufnehmen kann, an denen sich mit speziellen Geräten sogar Messungen zur räumlichen Lage von Probendetails ausführen lassen. Diese Stereotechnik wird heute noch genutzt.

MANFRED VON ARDENNE beschäftigte sich auch mit der Präparation biologischer Objekte. Er entwickelte bereits 1938 ein Mikrotom, mit dem Ultradünnschnitte von etwa 200 nm Dicke hergestellt werden konnten. Sein Keilschnitt-Mikrotom war also das erste Ultramikrotom.

1941 verlieh die Preußische Akademie der Wissenschaften die silberne Leibniz-Medaille an folgende Wissenschaftler: M. VON ARDENNE, H. BOERSCH, B. VON BORRIES, E. BRÜCHE, M. KNOLL, H. MAHL und E. RUSKA. Sie würdigte damit die Verdienste dieser Männer um die Entwicklung der Elektronenmikroskopie.

MANFRED VON ARDENNE ist nicht nur ein begabter Erfinder, sondern auch ein profilierter Autor. 1940 erschien sein Buch „Elektronen-Übermikroskopie“, das die damals bekannten theoretischen und praktischen Kenntnisse der Elektronenmikroskopie zusammenfaßte. Dieses Werk enthält auch eine ganze Reihe ausgezeich-

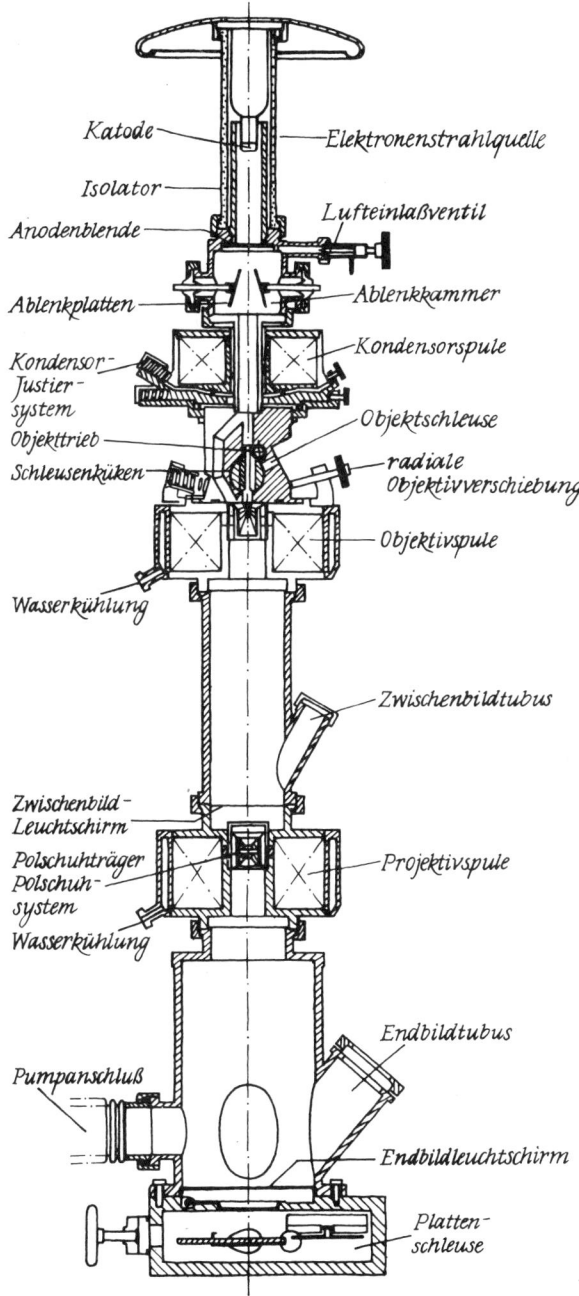

Katode
Isolator
Anodenblende
Ablenkplatten
Kondensor-
Justier-
system
Objekttrieb
Schleusenküken
Wasserkühlung

Zwischenbild-
Leuchtschirm
Polschuhträger
Polschuh-
system
Wasserkühlung

Pumpanschluß

Elektronenstrahlquelle
Lufteinlaßventil
Ablenkkammer
Kondensorspule
Objektschleuse
radiale
Objektivverschiebung
Objektivspule

Zwischenbildtubus

Projektivspule

Endbildtubus

Endbildleuchtschirm

Platten-
schleuse

Schnitt durch das auf S. 186 gezeigte Elektronenmikroskop von Siemens

neter elektronenmikroskopischer Aufnahmen aus seinem Laboratorium.

Angeregt durch die Arbeiten in Berlin und Brüssel, erwachte das Interesse an der Elektronenmikroskopie auch in anderen Ländern. Am Imperial College in London arbeitete Prof. LOUIS CLAUDE MARTIN (geb. 1891) den Plan für ein kombiniertes Licht-Elektronen-Mikroskop aus. Er wollte damit prüfen, ob mit einem Elektronenmikroskop überhaupt objektähnliche Bilder zu erhalten sind. 1935 stellte die Royal Society für sein Projekt 1200 Pfund Sterling bereit, und MARTIN gab das Instrument bei der Metropolitan-Vickers Electrical Company in Manchester in Auftrag. An seiner Entwicklung waren die Wissenschaftler DERRICH HENRY PARNUM und R. VAUCHAM WHELPTON beteiligt. 1936 wurde das komplette Instrument im Imperial College installiert. Das Gerät enthielt drei magnetische Linsen (Kondensor, Objektiv, Projektiv), arbeitete mit einer Beschleunigungsspannung von 20 kV und ließ einen maximalen Abbildungsmaßstab von 1000:1 zu. Sublichtmikroskopische Auflösung wurde nicht erreicht. Die Kombination von Licht- und Elektronenmikroskop bewährte sich nicht, weil sich offensichtlich die beiden Mikroskoparten gegenseitig störten. Sie konnten nicht optimal dimensioniert werden.

In der Literatur wird MARTINS Instrument oft als erstes kommerzielles Elektronenmikroskop bezeichnet. Das ist sicher nicht richtig. Das Gerät wurde zwar von einem Industrieunternehmen gefertigt, war aber ein Einzelstück und keineswegs als Verkaufsprodukt gedacht. Erst rund 10 Jahre später stellte Metropolitan-Vickers kommerzielle Elektronenmikroskope her.

Auch auf dem amerikanischen Kontinent erkannte man Ende der dreißiger Jahre den Nutzen des Elektronenmikroskops. Prof. BURTON von der Universität Toronto in Kanada begann nach einem Besuch in Berlin mit elektronenoptischen Experimenten. Seine Studenten ALBERT PREBUS und JAMES HILLIER (geb. 1915) entwickelten unter seiner Leitung mit höchstem persönlichem Einsatz innerhalb nur eines Jahres ein ausgezeichnetes zweistufiges magnetisches Mikroskop, mit dem sie eine Auflösung von 20 nm erreichten. Anfang 1939 erschien ihr Bericht über dieses Gerät.

Inzwischen (1938) war MARTON in die USA ausgewandert und arbeitete bei der Radio Corporation of

America (RCA) in Camden, New Jersey. Sein Mikroskop Nr. 3 hatte er aus Brüssel mitgebracht. Bei der RCA konstruierte er ein weiteres magnetisches Gerät, das 1940 als Typ A in Betrieb genommen wurde. Es war recht groß und wurde deshalb nicht in Serie gefertigt. Im selben Jahr kam JAMES HILLIER von der Universität Toronto ebenfalls zur RCA und entwickelte dort unter VLADIMIR KOSMA ZWORYKIN das Elektronenmikroskop Typ B. Der Ingenieur ARTHURE VANCE hatte für die Stromversorgung dieses Gerätes ein völlig neues Konzept erarbeitet. Er baute als erster eine elektronische Stabilisierung für Elektronenmikroskope. Die Siemens-Gruppe benutzte noch bis 1953 Akkumulatoren als Stromquellen für Katode und Linsen, um stabile Ströme zu erreichen. Diese Akkus waren in dem Kasten oberhalb der Mikroskopsäule untergebracht (s. Fotos auf S. 186 oben).

Nicht zuletzt dank VANCE's exzellenter hochkonstanter Stromversorgung mit vollem Netzbetrieb wurde das Mikroskop von HILLIER ein großer kommerzieller Erfolg.

Nachdem es nunmehr zwei Firmen, nämlich Siemens und RCA, gelungen war, Elektronenmikroskope in Serie herzustellen und auch zu verkaufen, konnte die Pionierphase dieses Instruments als abgeschlossen angesehen werden. Auch wir wollen unsere Geschichte des Elektronenmikroskops an dieser Stelle enden lassen. Die weitere Entwicklung der Elektronenmikroskopie in den letzten 40 Jahren würde allein ein ganzes Buch füllen. Da der Leser aber die Leistung der Erfinder in den dreißiger Jahren besser einschätzen kann, wenn er weiß, welche phantastischen Fortschritte inzwischen erreicht worden sind, soll am Ende dieses Buchteils im Telegrammstil der neueste Stand der Gerätetechnik vorgestellt werden.

Zuvor wollen wir aber noch die Geschichte zweier weiterer wichtiger Elektronenmikroskoptypen kennenlernen.

(4.)
Das Raster-Elektronenmikroskop – ein Instrument, bei dem die Fernsehtechnik Pate stand

Während BODO VON BORRIES und ERNST RUSKA bei Siemens & Halske das erste kommerzielle Durchstrahlungs-Elektronenmikroskop entwickelten, arbeitete MANFRED VON ARDENNE an einem völlig anderen Mikroskoptyp mit Elektronen. Am 25. Dezember 1937 reichte er bei der „Zeitschrift für Physik" eine Arbeit mit dem Titel „Das Elektronen-Rastermikroskop. Theoretische Grundlagen" ein. Weil die Funktionsweise dieses Mikroskoptyps vermutlich vielen Lesern nicht geläufig ist, soll es zunächst erklärt werden, bevor wir uns seiner historischen Entwicklung zuwenden.

Das Elektronen-Rastermikroskop – im deutschen Sprachraum wird es heute Raster-Elektronenmikroskop (REM) genannt, in englischsprachigen Ländern heißt es Scanning Electron Microscope (SEM) – unterscheidet sich in seiner Funktionsweise grundlegend von allen bisher beschriebenen Mikroskoparten. Ein Bild des Untersuchungsobjekts wird damit nicht wie im Lichtmikroskop oder im Durchstrahlungs-Elektronenmikroskop durch Linsen unmittelbar als Ganzes erzeugt, sondern in Anlehnung an die Fernsehtechnik nacheinander Zeile für Zeile zusammengesetzt. Unsere Zeichnung auf S. 201 soll das Prinzip des Raster-Elektronenmikroskops verdeutlichen helfen.

In der evakuierten Mikroskopsäule tastet ein hauchfeiner Elektronenstrahl die Präparatoberfläche in einem bestimmten Rastermaß ab. Synchron dazu zeichnet ein zweiter Elektronenstrahl in der Wiedergaberöhre (Braunsche Röhre) das Bild dieser Oberfläche vergrößert auf. Die Mikroskopsäule ist der des Durchstrahlungs-Elektronenmikroskops äußerlich sehr ähnlich. Wir können sie, um bei der Analogie zum Fernsehen zu bleiben, als „Kamera" betrachten. In ihrem Inneren enthält sie wie jene magnetische Linsen, die hier allerdings nicht der Vergrößerung von Objekteinzelheiten dienen, sondern zum Verkleinern des Querschnitts eines Elektronenstrahls genutzt werden, der aus dem Katodensystem austritt. Vor ihrem Eintritt in die Linsen beschleunigt man die Elektronen in einem elektrischen Feld mit Spannung von einigen 10 000 Volt.

Moderne Rastermikroskope sind zumeist mit zwei Linsen ausgestattet, wobei die dem Katodensystem zugewandte „Kondensor" genannt wird und die vor dem Untersuchungsobjekt befindliche „Objektiv". Mit Hilfe der beiden Linsen kann der Elektronenstrahlquerschnitt auf wenige nm verringert werden. Ein menschliches Haar ist 20 000mal dicker! Die Elektronensonde wird mit dem Objektiv auf das Präparat fokussiert und so gewissermaßen „angespitzt". Das ist die Scharfstelleinrichtung dieses Mikroskops. Je feiner die Elektronensonde, desto besser die Auflösung des Geräts. In erster Näherung gilt: Auflösung = Sondendurchmesser. Bei der Oberflächenabbildung massiver Proben können die besten Instrumente heute rund 5 nm auflösen. Mit dieser Leistung übertrifft das Raster-Elektronenmikroskop das Lichtmikroskop um das 30- bis 50fache. Dieser Wert stellt aber auch gleichzeitig die physikalische Grenze für massive Proben dar. Der Sondendurchmesser wird der jeweils geforderten Auflösung (Vergrößerung) angepaßt und so klein wie nötig, aber nicht so klein wie möglich gemacht. Je größer der Sondendurchmesser ist, desto höher wird der Sondenstrom, und je höher der Sondenstrom, desto einfacher die Bilderzeugung.

Außer den Linsen ist in der Mikroskopsäule oberhalb des Objektivs ein System von senkrecht zueinander wirkenden Ablenkspulen angeordnet, mit deren Hilfe die feine Sonde so über die Probenoberfläche geführt wird, daß sie ein rechteckiges Gebiet abrastert. Dieses Rasterfeld läßt sich leicht in seiner Größe verändern – und zwar durch den Strom in den Ablenkspulen. Bei hohen Strömen ist die abgerasterte Fläche größer als bei niedrigen. In der Bildröhre wird der Elektronenstrahl synchron mit dem Strahl in der Mikroskopsäule ebenfalls durch Ablenkspulen über den Leuchtschirm geführt. Auf diesem Schirm ist die Größe des Rasterfeldes konstant. Der Abbildungsmaßstab des Rastermikroskops ergibt sich einfach aus dem Größenverhältnis von Leuchtschirmbild zu abgerasterter Probenfläche. Je kleiner das Rasterfeld auf dem Präparat, desto größer der Abbildungsmaßstab. An einem guten Gerät lassen sich Werte zwischen etwa 5:1 bis 100 000:1 einstellen. Das abgerasterte Gebiet auf der Probe ist dann nur noch 2 bis 3 μm lang.

Damit auf dem Leuchtschirm ein Bild des Objekts erscheinen kann, müssen die Eigenschaften der Probenoberfläche durch geeignete Signale auf den Elektronenstrahl der Bildröhre übertragen werden. Diese Signale werden auf folgende Weise gewonnen: Die Elektronensonde in der Mikroskopsäule schlägt aus der Oberfläche des Präparats Sekundärelektronen heraus, die man mit einem Detektor auffangen kann. Über einen elektronischen Verstärker läßt sich mit dem Sekundärelektronenstrom die Helligkeit auf dem Leuchtschirm der Wiedergaberöhre steuern. Die Zahl der Sekundärelektronen, die an einer bestimmten Stelle aus der Probenoberfläche austreten, hängt in erster Linie von dem Winkel ab, unter dem die Sonde im Mikrobereich auf die Oberfläche trifft. Je spitzer dieser Winkel ist, desto mehr werden ausgelöst. Alle Böschungen von Vertiefungen oder Erhebungen auf der Probe erscheinen deshalb im allgemeinen heller als waagerechte Flächen. Durch die Stellung des Detektors im Mikroskop werden die Bildkontraste zusätzlich beeinflußt.

Auf dem Leuchtschirm erscheint nur dann ein stehendes Bild des Untersuchungsobjekts, wenn mit der Fernsehnorm oder noch schneller abgetastet wird, so daß unsere Augen die Bildwechsel nicht mehr wahrnehmen können. Bei hohen Vergrößerungen ist dieses Bild jedoch „verrauscht", weil die Sekundärelektronensignale wegen des geringen Stroms der dann nur noch hauchfeinen Elektronensonde sehr schwach sind. Man arbeitet deshalb im allgemeinen zur direkten Beobachtung mit wesentlich geringerer Abtastgeschwindigkeit, weil auf diese Weise das Rauschen „ausgefiltert" werden kann. Die „schreibende" Zeile bewegt sich in dieser Betriebsart in etwa einer Sekunde von oben nach unten über das Bild. Hat der Schirm eine genügend hohe Nachleuchtzeit, kann man die Bilder trotz der periodisch durchlaufenden Zeile recht gut betrachten.

Das Schirmbild läßt sich mit einer Kamera fotografieren. Dazu muß deren Verschluß aber so lange geöffnet bleiben, bis die Zeile das gesamte Foto aufgezeichnet hat. Dieser Vorgang dauert in der Regel auch bei modernen Geräten noch rund eine Minute, weil die schwachen Sekundärelektronensignale zur Erzeugung einer „rauscharmen" Aufnahme über eine gewisse Zeit elektronisch aufsummiert werden müssen. Grundsätzlich sind auf dem langsamer registrierten Foto mehr Einzelheiten zu erkennen als bei direkter Beobachtung am Bildschirm.

Der verblüffende räumliche Eindruck rastermikroskopischer Bilder ist unter anderem auf die extreme Schärfentiefe dieses Verfahrens zurückzuführen. Sie übertrifft die des Lichtmikroskops um das 1000fache. Die Ursache dafür ist in der „Schlankheit" des abtastenden Elektronenstrahls zu suchen. Noch bei 1000facher Vergrößerung werden Probenunebenheiten mit 100 μm Höhenunterschied scharf abgebildet, während es beim Lichtmikroskop nur Zehntel μm sind. Große Bedeutung für den plastischen Eindruck der Bilder haben aber auch die besonderen „Lichtverhältnisse" im Rastermikroskop. Auf den Fotos sieht es so aus, als würde das Objekt aus einer bestimmten Richtung beleuchtet. Dieser Eindruck wird durch die Anordnung des Sekundärelektronendetektors in der Probenkammer hervorgerufen, der ihm zugewandte Flächen heller „sieht" als von ihm abgewandte, weil ihn von den ersteren mehr Sekundärelektronen erreichen als von letzteren. Uns erscheint das Bild deshalb so, als würden wir in Richtung Elektronenstrahl auf eine vom Detektor her beleuchtete Oberfläche blicken. Einige Aufnahmen auf den Seiten 187, 188 und 189 sollen diesen Vorzug des Raster-Elektronenmikroskops verdeutlichen.

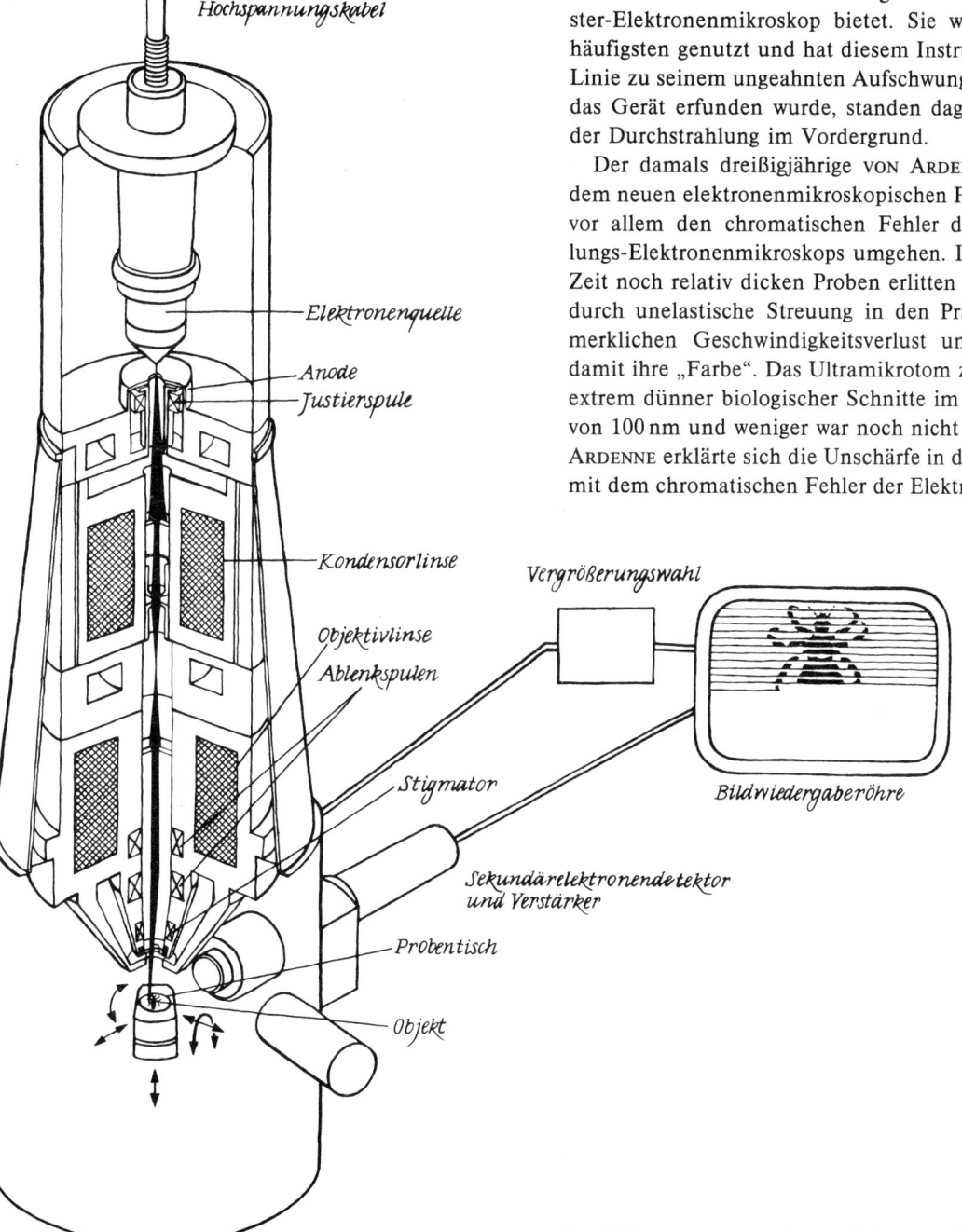

Hochspannungskabel

Elektronenquelle

Anode
Justierspule

Kondensorlinse

Objektivlinse
Ablenkspulen

Stigmator

Sekundärelektronendetektor
und Verstärker

Probentisch

Objekt

Vergrößerungswahl

Bildwiedergaberöhre

Zur Wirkungsweise eines Raster-Elektronenmikroskops

Die Oberflächenabbildung mit Sekundärelektronen ist aber nur eine der vielen Möglichkeiten, die das Raster-Elektronenmikroskop bietet. Sie wird jedoch am häufigsten genutzt und hat diesem Instrument in erster Linie zu seinem ungeahnten Aufschwung verholfen. Als das Gerät erfunden wurde, standen dagegen Probleme der Durchstrahlung im Vordergrund.

Der damals dreißigjährige VON ARDENNE wollte mit dem neuen elektronenmikroskopischen Prinzip nämlich vor allem den chromatischen Fehler des Durchstrahlungs-Elektronenmikroskops umgehen. In den zu jener Zeit noch relativ dicken Proben erlitten die Elektronen durch unelastische Streuung in den Präparaten einen merklichen Geschwindigkeitsverlust und veränderten damit ihre „Farbe". Das Ultramikrotom zur Herstellung extrem dünner biologischer Schnitte im Dickenbereich von 100 nm und weniger war noch nicht erfunden. VON ARDENNE erklärte sich die Unschärfe in den Aufnahmen mit dem chromatischen Fehler der Elektronenlinsen. Er schrieb dazu in dem eingangs genannten Artikel: „Auf Grund der quantitativen Untersuchung dieser Zusammenhänge gelangte der Verfasser im Februar 1937 zu einem neuen Prinzip elektronenmikroskopischer Abbildung, bei dem neben anderen grundsätzlichen Vorteilen der chromatische Fehler durch Geschwindigkeitsstreuung der Elektronen in Fortfall kommt."

MANFRED VON ARDENNE hat für das Raster-Elektronenmikroskop mehrere „Beleuchtungsarten" angegeben. Ich habe seine Prinzipskizze dafür übernommen. In Durchstrahlung sind sowohl Hellfeld- als auch Dunkelfelduntersuchungen möglich. Beides spielt neuerdings in den Raster-Transmissions-Elektronenmikroskopen (engl. scanning transmission electron microscope, Abkürzung STEM) eine bedeutende Rolle. Das rechte Schema gibt die Anordnung für Oberflächenabbildung wieder. Sie wird heute im Prinzip in allen Raster-Elektronenmikroskopen genutzt.

Nur in Ausnahmefällen haben Erfindungen keine Vorläufer. Auch MANFRED VON ARDENNE konnte 1937 für sein Elektronen-Rastermikroskop auf Arbeiten anderer Forscher zurückgreifen. Bereits zehn Jahre früher hatte der Gießener Wissenschaftler Dr. HUGO STINTZING den Gedanken, sublichtmikroskopische Einzelheiten eines Objekts durch zeilenweises Abtasten mit Strahlensonden zu erfassen, deren Durchmesser ebenfalls submikroskopisch klein sein sollte. Er schlug vor, dafür Licht-, Röntgen- oder Korpuskularstrahlen zu verwenden. Bei Licht- und Röntgenstrahlen sollte das Untersuchungsobjekt selbst quer zum Strahl verschoben werden; Strahlung geladener Teilchen wollte STINTZING mit Hilfe von elektrischen oder magnetischen Feldern über das feststehende Objekt führen, was er allerdings nur beiläufig erwähnte. Die auf der Probe ausgelösten Signale sollten fotografisch registriert werden, um Zahl und Durchmesser der Teilchen ermitteln zu können. An eine vergrößerte Abbildung – also an ein Mikroskop – hatte STINTZING, der seine Vorstellungen in zwei Patentschriften niederlegte, jedoch nicht gedacht.

1935 veröffentlichte MAX KNOLL, dessen Name, wie wir wissen, eng mit der Entwicklung des magnetischen Elektronenmikroskops verknüpft ist, als Mitarbeiter bei Telefunken in Berlin einen für die Geschichte des Raster-Elektronenmikroskops außerordentlich wichtigen Beitrag mit dem unauffälligen Titel „Aufladepotential

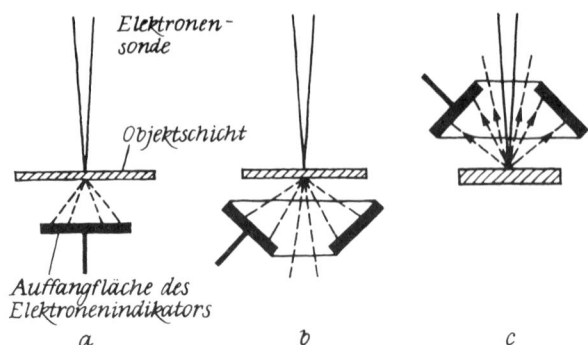

Möglichkeiten der „Beleuchtung" für die Abbildung mit einem Raster-Elektronenmikroskop nach M.v.ARDENNE (1938)

a Durchlicht-Hellfeld;
b Durchlicht-Dunkelfeld;
c Auflicht

und Sekundäremission elektronenbestrahlter Körper". Die darin beschriebenen Versuche dienten nach KNOLLS eigenen Angaben in erster Linie dazu, störende Aufladungserscheinungen in Oszillografenröhren zu studieren. KNOLL verwendete für seine Experimente eine speziell hergerichtete Braunsche Röhre als Aufnahmegerät und eine Fernsehbildröhre für die Wiedergabe. In der Aufnahmeröhre wurden die Untersuchungsobjekte im Vakuum zeilenweise von einem Elektronenstrahl mit einigen Zehnteln Millimeter Durchmesser abgerastert; die zweite Röhre diente – wie in den heutigen Rastermikroskopen – zur Bildwiedergabe. Seine Schaltung für die Versuchsanordnung verblüfft durch ihre Ähnlichkeit mit dem elektrischen Prinzipschema eines modernen Rastermikroskops. Sowohl in x- als auch in y-Richtung wurde der Elektronenstrahl durch Magnetspulen abgelenkt, und zwar synchron in beiden Röhren. Zur Hell-Dunkel-Steuerung der Bildröhre nutzte KNOLL Sekundärelektronen, wobei er wegen des großen Durchmessers seiner Abtastsonde ein ausreichend kräftiges Sekundärelektronensignal erhielt und mit einer Bildfrequenz von 50 Hertz ein stehendes Bild auf dem Leuchtschirm erzeugen konnte. Sein Versuchsaufbau war allerdings noch kein Mikroskop und wurde von ihm in seiner Veröffentlichung auch nicht als solches bezeichnet. KNOLL war hier ähnlich zurückhaltend wie vier Jahre zuvor bei den gemeinsamen Arbeiten mit RUSKA. Alle

Bilder in der Veröffentlichung zeigen die Objektoberflächen im Maßstab von ungefähr 1:1.

KNOLL untersuchte mit seiner Anordnung auch die Abhängigkeit der Sekundärelektronenausbeute von der Materialzusammensetzung und, was aus heutiger Sicht besonders wichtig ist, vom Einfallswinkel der Primärelektronen. Er entdeckte dabei die Gesetzmäßigkeit, daß um so mehr Sekundärelektronen aus der Probenoberfläche austreten, je spitzer der Winkel zwischen Elektronensonde und Oberfläche ist. KNOLL zeigte in seiner Arbeit von 1935 als Beispiel dafür die Rasteraufnahme einer gerillten Nickelplatte, in der die Flanken der Rillen hell erscheinen.

Von Bedeutung für die moderne Raster-Elektronenmikroskopie sind auch KNOLLS Untersuchungen zur Abhängigkeit der Sekundärelektronenbilder von elektrischen Spannungen am Objekt. Er stellte unter anderem fest, daß kein Bild mehr entstand, wenn die Probe auf 50 Volt positiv aufgeladen wurde – die langsamen Sekundärelektronen konnten die elektrische Anziehungskraft des Präparats dann nicht mehr überwinden und gelangten so nicht zur Auffangelektrode. Mit negativen Vorspannungen ließ sich das Objekt dagegen aufhellen. Die Abhängigkeit der Sekundärelektronenausbeute von dem elektrischen Potential, wie man auch sagt, wird heute für die Fehlersuche an mikroelektronischen Schaltkreisen intensiv genutzt. Man kann damit Schaltzustände dieser Bauelemente und nach dem stroboskopischen Prinzip sogar schnelle Schaltvorgänge im Raster-Elektronenmikroskop unmittelbar sichtbar machen.

MANFRED VON ARDENNE, der aus KNOLLS Abtastvorrichtung ein Mikroskopprinzip entwickelte, konnte zur Erzeugung der dafür notwendigen hauchfeinen Elektronensonde auf die 1932 von ERNST RUSKA und BODO VON BORRIES erfundene magnetische Polschuhlinse zurückgreifen, wie er 1938 in der Zeitschrift für technische Physik unter der Überschrift „Das Elektronen-Rastermikroskop. Praktische Ausführung" schrieb. Der Erfinder stellte in dem zehn Seiten umfassenden Artikel eine praktische Ausführung seines Elektronen-Rastermikroskops vor. Von besonderer Bedeutung für den Schreiber einer Geschichte dieses Geräts ist dabei der letzte Satz seiner Einleitung: „Es sei an dieser Stelle jedoch darauf hingewiesen, daß die im folgenden besprochene Anlage nur eine der verschiedenen Ausführungsformen darstellt, die im Verlauf der mit Unterstützung der Firma Siemens & Halske AG durchgeführten Entwicklungsarbeiten praktisch hergestellt worden sind bzw. die sich aus dem Inhalt der zitierten Arbeit (gemeint ist der eingangs zitierte Artikel zu den theoretischen Grundlagen

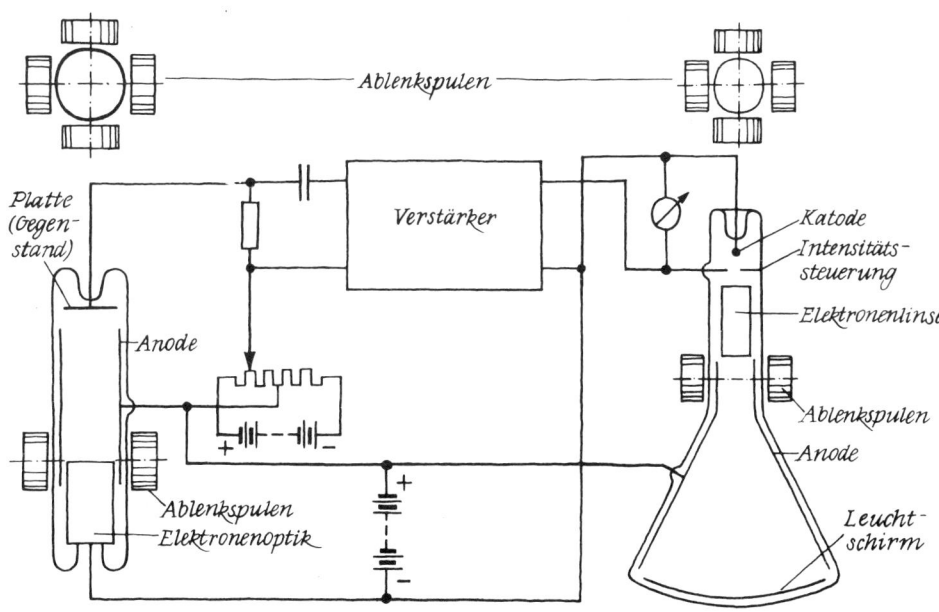

Schaltbild des Elektronenabtasters von M. KNOLL (1935)

des Rastermikroskops, d. Verf.) ergeben." Bedeutsam ist hierin die Passage „… nur eine der verschiedenen Ausführungsformen …", VON ARDENNE beschrieb nämlich 1938 nur ein Instrument, bei dem die (dünnen) Proben durchstrahlt wurden. Auf einer mit Fotomaterial bezogenen rotierenden Trommel erzeugten durchgelassene Elektronen Zeile für Zeile das Bild – die Trommeldrehung war mit dem abtastenden Elektronenstrahl gekoppelt. Eine vergrößerte Abbildung kam dadurch zustande, daß die Papiergeschwindigkeit etwa 2500mal so groß war wie die Rastergeschwindigkeit.

Das Abbilden von Oberflächen mit Sekundärelektronen wird in dem Artikel nicht ausdrücklich erwähnt, und Bilder zu diesem Mikroskopierverfahren fehlen. Auch in seinem Buch „Elektronen-Übermikroskopie", das 1940 bei Springer in Berlin erschien, zeigte VON ARDENNE keine Bilder von Oberflächen. Er empfahl aber, beim Elektronen-Rastermikroskop für die Aufsichtbeobachtung die Bildschreibeinrichtung eines gewöhnlichen Bildtelegrafen zu benutzen. Interessant ist jedoch, daß er die mögliche Auflösung für die Oberflächenabbildung auf etwa 10 nm schätzte – ein Wert, der mit modernen Geräten tatsächlich erreicht oder sogar unterboten wird, damals jedoch jenseits aller technischen Möglichkeiten lag. Zwar waren die Elektronensonden schon sehr fein – VON ARDENNE hatte den kleinsten Durchmesser des Elektronenstrahls in seinem Durchstrahlungs-Rastermikroskop zu 10 nm abgeschätzt –, wegen der noch fehlenden empfindlichen Sekundärelektronendetektoren konnten die äußerst schwachen Signale als Folge des dann extrem niedrigen Sondenstroms zur Oberflächenabbildung jedoch nicht genutzt werden.

Es ist deshalb nicht verwunderlich, daß in den meisten historischen Darstellungen nur über VON ARDENNES Durchstrahlungs-Rastermikroskop berichtet wird, denn in der Originalliteratur jener Zeit fehlen Angaben über ein praktisch ausgeführtes Gerät zur Abbildung von Oberflächen mit Sekundärelektronen ebenso wie Fotos von Untersuchungsobjekten. MANFRED VON ARDENNE hat erst später bei verschiedenen Gelegenheiten darauf hingewiesen, daß er bereits 1937 eine Version des Rastermikroskops für die Oberflächenabbildung aufgebaut hatte, meines Wissens erstmals in seiner 1972 herausgekommenen Autobiographie.

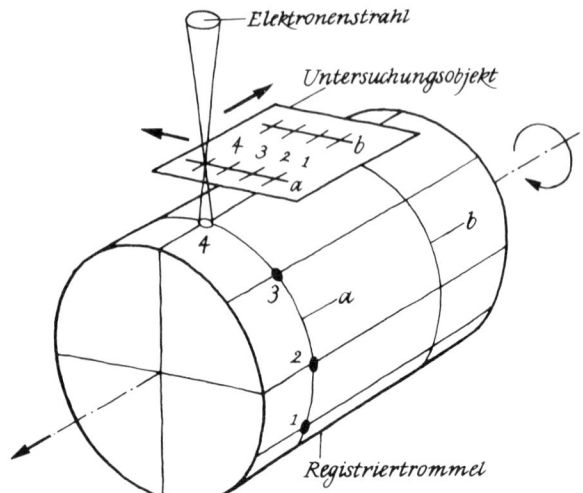

Fotografische Registriereinrichtung von M. v. ARDENNES Raster-Elektronenmikroskop für Durchstrahlung (1938)

Eine aufschlußreiche Passage hierzu enthält auch ein Vortrag, den der vielseitige Erfinder am 12. Oktober 1977 in Jena hielt. Dort heißt es unter anderem: „… Das Bildsignal ergab sich durch ein hochgezüchtetes, sehr kapazitätsarm gestaltetes Auffangsystem für die am Objekt ausgelösten Sekundärelektronen. Es wurde in einem Breitband-Fernsehverstärker weiter verstärkt. Die Bildwiedergabe erfolgte auf dem links sichtbaren Fernsehrohr mit Nachleuchtschirm zum Teil mit fernsehmäßigen Rasterdaten (geringere Auflösung) und zum Teil mit sehr stark reduzierter Zeilen- und Bildfrequenz (höhere Auflösung). Durch entsprechende Abblendung der zweiten Verkleinerungslinse war ihr Öffnungsfehler dem angestrebten kleinen Sondendurchmesser angepaßt, so daß am Objekt jene sehr kleine Strahlapertur bestand, welche die Elektronenmikroskopie von der Lichtmikroskopie unterscheidet. Es imponierte daher schon bei unseren ersten Versuchen, bei denen wir absichtlich wegen der großen axialen Ausdehnung Diatomeen als Objekte wählten, die extreme und ungewohnte Tiefenschärfe dieser Abbildungsart. Leider konnten die Versuche mit der Variante für Oberflächenabbildung nicht lange fortgesetzt werden, weil es in Erfüllung vertraglicher Verpflichtungen darum ging, mit Hilfe der gleichen Laboreinrichtung auch die Variante für Durchstrahlungsabbildung experimentell zu realisieren.

So entstand Anfang 1938 das ... erste Rasterelektronenmikroskop zur Durchstrahlabbildung von Objekten. Diese Variante stand damals deswegen stark im Vordergrund, weil sichere Aussicht bestand, auch bei Durchstrahlung relativ dicker Objektschichten (z. B. Mikrotomschnitte) den chromatischen Bildfehler sehr klein zu halten. Bei den ersten Versuchen mit dem Raster-Elektronenmikroskop für Durchstrahlung erfolgte die Registrierung der Elektronen hinter dem Objekt fotografisch."

Während eines Gesprächs am 28. Februar 1983 in seinem Forschungsinstitut in Dresden hat Prof. VON ARDENNE diese Darstellung noch einmal ausdrücklich bekräftigt und mir für das vorliegende Buch freundlicherweise ein Foto des Versuchsmikroskops zur Oberflächenabbildung aus dem Jahre 1937 überlassen. Es ist auf S. 190 wiedergegeben.

Die weitere Entwicklung des Raster-Elektronenmikroskops verlief dann sehr schleppend, weil offenbar die Erfolgsaussichten sowohl für die hochauflösende Abbildung durchstrahlbarer Proben – hier zeigte sich das Durchstrahlungsmikroskop von RUSKA und VON BORRIES noch weit überlegen – als auch von Oberflächen nicht günstig beurteilt wurden.

An verschiedenen Stellen der Welt wurde jedoch trotzdem weiter mit Rastermikroskopen experimentiert, unter anderem auch von MAX KNOLL. MANFRED VON ARDENNE hat sich an diesen Arbeiten aber nicht mehr mit Veröffentlichungen beteiligt. Er wandte sich der Durchstrahlungs-Elektronenmikroskopie zu und baute sein leistungsfähiges Universalmikroskop auf, über das bereits berichtet wurde. Seine Elektronenmikroskop-Anlagen wurden am 25. März 1944 bei einem Luftangriff auf Berlin zerstört. Dieses Ereignis und andere Kriegsfolgen beendeten VON ARDENNES Entwicklungsarbeiten zur Elektronenmikroskopie.

1942 gelang es VLADIMIR K. ZWORYKIN und seinen Mitarbeitern JAMES HILLIER und R. L. SNYDER in den Laboratorien der Radio Corporation of America, mit einem selbstentwickelten Raster-Elektronenmikroskop für die Oberflächenabbildung die Auflösung des Lichtmikroskops deutlich zu unterbieten. Sie erreichten 50 nm, wobei das Bild jedoch noch mit einem Bildtelegrafen aufgenommen wurde (10 Minuten Aufnahmezeit) und sehr verrauscht war. ZWORYKIN benutzte für die visuelle Beobachtung wie KNOLL eine Bildröhre und erzeugte sich dazu ein stehendes Bild mit Fernsehabtastgeschwindigkeit (30 Bildwechsel je Sekunde). Nach seiner Berechnung konnte die Auflösung in dieser Betriebsart aber nicht besser als 1μm sein, also erheblich schlechter als im Lichtmikroskop. Die Idee, das Bild langsam auf einen nachleuchtenden Schirm zu schreiben und dort zu beobachten oder zu fotografieren, kam dem Wissenschaftlerteam ganz offensichtlich noch nicht.

Die Gruppe hat aber den Detektor für die Sekundärelektronen wesentlich empfindlicher gemacht und zusätzlich das störende Rauschen bei schwachen Signalen elektronisch bekämpft. Die Sekundärelektronen wurden durch die Objektivlinse hindurch abgesaugt, mit einer Hochspannung von 10 kV beschleunigt und dann auf einen Leuchtschirm gelenkt, wo sie Lichtblitze auslösten. Diese Lichtblitze erzeugten in der Photokatode eines Sekundärelektronenvervielfachers (SEV) Elektronenströme, die durch das Vervielfacherprinzip extrem verstärkt wurden. – Übrigens hat ZWORYKIN sowohl für den Kondensor als auch für das Objektiv elektrostatische Linsen benutzt.

In der Nachkriegszeit ist zunächst in Europa, und zwar besonders in Frankreich und England, weiter an der Entwicklung des Raster-Elektronenmikroskops gearbeitet worden. Der durchschlagende Erfolg blieb aber lange Zeit aus – die Detektoren waren noch nicht leistungsfähig genug, und die schwachen Signale führten zu verrauschten Bildern.

So kam es, daß zunächst nur Geräte für die Mikroanalyse mit gerastertem Elektronenstrahl kommerziell gebaut wurden und keine Mikroskope. Die schnellen Elektronen lösen an einem Festkörper nämlich nicht nur Sekundärelektronen aus, sondern beispielsweise auch Röntgenstrahlung. Diese Röntgenstrahlung ist charakteristisch für die in der Probe enthaltenen chemischen Elemente. Zerlegt man sie mit einem Spektrometer, dann kann man damit auch das Untersuchungsobjekt auf physikalischem Wege chemisch analysieren – und das im μm-Bereich mit hoher Empfindlichkeit. Auf die Entwicklung solcher Elektronenstrahl-Mikroanalysatoren (ESMA) können wir im Rahmen dieses Buches nicht eingehen. Es soll nur noch erwähnt werden, daß sich der Amerikaner JAMES HILLIER 1947 das Prinzip dieses heute aus der Mikroanalytik nicht mehr wegzudenkenden Instruments patentieren ließ.

An der Verbesserung des Raster-Elektronenmikroskops wurde danach vor allem in England und später auch in Japan mit großer Energie weitergearbeitet. An erster Stelle ist die Gruppe von Prof. CHARLES WILLIAM OATLEY zu nennen, die 1946 an der Universität Cambridge in England mit der Arbeit auf diesem Gebiet begann. 1959 übernahm W. C. NIXON die Leitung. Durch das Hinüberwechseln des Wissenschaftlers A. D. G. STEWART im Jahre 1961 zur Cambridge Instruments Company flossen die Ergebnisse der Gruppe in die Entwicklung des ersten kommerziellen Raster-Elektronenmikroskops bei dieser Firma ein. Dort wurden zu jener Zeit bereits seit mehreren Jahren die erwähnten Röntgen-Mikroanalysatoren gebaut, so daß es Produktionserfahrungen mit Rastergeräten gab. Das entscheidende Ergebnis, welches STEWART von der Universität mitbrachte, war ein neuer Sekundärelektronendetektor von T. E. EVERHART und R. F. M. THORNLEY, mit dem das Problem der schwachen Signale bei hohen Vergrößerungen endlich und endgültig gelöst worden ist. Die beiden Wissenschaftler berichteten 1960 im „Journal of Scientific Instruments" über ihren Detektor. Er wurde zwischen Objektivlinse und Untersuchungsobjekt in der Probenkammer des Mikroskops angebracht. Durch ein positiv gespanntes Metallnetz saugte er die Elektronen weiträumig auf. Hinter dem Netz befand sich ein Szintillatorkristall auf einer Spannung von plus 10 000 Volt. Die derart beschleunigten Elektronen lösten in diesem Szintillatorkristall Lichtblitze aus, die mit einem Lichtleiter aus Glasfasern auf die Photokatode eines Sekundärelektronenvervielfachers geleitet wurden. Diese Anordnung verstärkte das schwache Signal um den Faktor 10^6. Die Auflösung konnte nun bei Laborversuchen auf Werte von besser als 10 nm gesteigert werden. Heute arbeiten alle Raster-Elektronenmikroskope mit Detektoren dieses Typs.

1965 war es dann soweit. Die Firma Cambridge Scientific Instruments brachte das erste kommerzielle Raster-Elektronenmikroskop mit dem Namen „Steroscan" – entwickelt unter der Leitung von A. D. G. STEWART – auf den Markt. 20 bis 50 nm Auflösung wurden dem Käufer garantiert (s. S. 190 unten).

Wenig später bot die japanische Firma Japan Electron Optics Laboratory Company (JEOL) ebenfalls ein kommerzielles Gerät unter der Bezeichnung „JSM Scanning Type Electron Microscope" an, das eine Wissenschaftlergruppe unter S. KIMOTO entwickelt hatte.

Achtundzwanzig Jahre waren von der Idee bis zur Produktionsreife des Rastermikroskops vergangen. Doch dann verlief die weitere Entwicklung dieses Instruments außerordentlich stürmisch. Es ist in wenigen Jahren zu einem unentbehrlichen Hilfsmittel für die hochauflösende Oberflächenabbildung geworden und hat, wie wir wissen, das Emissionsmikroskop auf diesem Gebiet glatt aus dem Felde geschlagen. Nur mit der aufwendigeren Abdrucktechnik kann heute transmissionselektronenmikroskopisch eine etwas bessere Auflösung erzielt werden. Wegen der enormen Schärfentiefe macht das Rastermikroskop aber auch dem Lichtmikroskop bei niedrigen Vergrößerungen Konkurrenz, zumal sich seine Vergrößerung zwischen der einer schwachen Lupe und mehr als 100 000fach in Sekundenschnelle problemlos einstellen läßt. Die Präparation ist sehr einfach – das Objekt muß nur mit einer hauchdünnen Metallschicht leitend gemacht werden –, und alles, was einen Vakuumprozeß übersteht, kann untersucht werden. Trotzdem wird das Lichtmikroskop natürlich auch durch dieses Instrument nicht überflüssig: Es ist wesentlich billiger (etwa um den Faktor 10 bis 100), bietet ein Farbbild und läßt Untersuchungen zu, die mit Elektronen nicht möglich sind. Zu nennen wären Beobachtungen an lebenden Objekten, Untersuchungen mit polarisiertem Licht, Interferenzkontrastabbildungen, die Fluoreszenzmikroskopie und anderes mehr. Schließlich können wir mit dem Lichtmikroskop in das Innere durchsichtiger Proben schauen, während uns das Raster-Elektronenmikroskop beim Abbilden mit Sekundärelektronen nur das Oberflächenrelief bietet.

Einzigartige Möglichkeiten haben sich in der Mikroelektronik für das Rastermikroskop ergeben. Hier sind einerseits die einzelnen Bauelemente in den Schaltkreisen inzwischen so klein, daß sie nur noch elektronenoptisch untersucht werden können, zum anderen lassen sich mit diesem Mikroskop elektrische Schaltzustände und auch elektrische Fehler durch den sogenannten Potentialkontrast direkt sichtbar machen, die sonst mit keinem anderen Mittel nachweisbar sind. Für derartige

Untersuchungen hat KNOLL, ohne es allerdings selbst zu wissen, mit seiner erwähnten Arbeit aus dem Jahre 1935 die Grundlagen geschaffen. Auf S. 189 sind zwei Bilder von „elektrischen" Untersuchungen mit dem REM wiedergegeben.

Die Mikroelektronik liefert aber nicht nur interessante Untersuchungsobjekte für das Rastermikroskop – sie hat das Gerät auch erst zu dem werden lassen, was es heute ist. Eine Vielzahl von Funktionen, von der automatischen Vakuumerzeugung über die Stabilisierung der Linsenströme bis zur fotografischen oder elektronischen Registrierung in Bildspeichern, werden durch Festkörperschaltkreise überwacht oder ausgeführt. Die elektronische Verarbeitung der Detektorsignale ermöglicht die raffiniertesten Bilddarstellungen, für deren Deutung zum Teil sogar erst die entsprechenden Theorien geschaffen werden mußten oder noch geschaffen werden müssen. Jedenfalls ist das Raster-Elektronenmikroskop – nicht zuletzt dank der Mikroelektronik – heute ein hochleistungsfähiges Forschungsinstrument, mit dem sich in Minutenschnelle auch komplizierte Objekte mit hoher Auflösung abbilden lassen. Die Bedienung wurde derart vereinfacht, daß auch von weniger qualifizierten Personen Routineuntersuchungen – etwa zur Qualitätskontrolle in Industrielaboratorien – ausgeführt werden können. Zu diesem Zweck bieten die fortgeschrittensten Herstellerfirmen Tisch- oder Kleinrastermikroskope an, die nur eine geringe Zahl von Einstellknöpfen haben und trotzdem eine hohe Auflösung zulassen.

Seit Ende der sechziger Jahre erlebt das Raster-Elektronenmikroskop für den Durchstrahlungsbetrieb eine Renaissance. Man erinnerte sich wieder daran, daß mit diesem Verfahren auch relativ dicke Proben ohne chromatischen Abbildungsfehler untersucht werden können. Da bei der Durchstrahlung aus physikalischen Gründen eine wesentlich höhere Auflösung zu erwarten war als für die Oberflächenabbildung mit dem Rastermikroskop – sie kommt in die Nähe dessen, was mit den heute als konventionell bezeichneten Transmissions-Elektronenmikroskopen zu erreichen ist –, wurden zunächst im Labor und dann auch kommerziell Raster-Transmissions-Elektronenmikroskope hergestellt. Der Sondendurchmesser wurde dafür auf etwa 0,2 nm verringert. Der Amerikaner ALBERT V. CREWE vertrat die Meinung, daß aus Kontrastgründen überhaupt nur mit einem solchen Instrument die Abbildung einzelner Atome möglich sein sollte. Er konnte 1970 in einem STEM-Bild tatsächlich kettenförmig angeordnete Thoriumatome in einer organischen Verbindung nachweisen. Bereits ein Jahr später zeigte der berühmte japanische Elektronenmikroskopiker HATSUJIRO HASHIMOTO jedoch, daß auch mit dem konventionellen Elektronenmikroskop einzelne schwere Atome abgebildet werden können.

Die Möglichkeiten zur elektronischen Signalverarbeitung unter gleichzeitiger Nutzung verschiedener Detektoren machen das Raster-Transmissions-Elektronenmikroskop für viele Anwendungen interessant. So kann man beispielsweise bei biologischen Objekten auf die oft schädigende „Färbung" mit Osmium oder anderen Schwermetallen verzichten und trotzdem sehr kontrastreiche Bilder erhalten. Ansonsten sind mit einem solchen Gerät sämtliche Betriebsarten des konventionellen Elektronenmikroskops möglich.

Die führenden Mikroskophersteller, insbesondere die Firmen Philips in Eindhoven und JEOL in Japan, rüsteten ihre konventionellen Elektronenmikroskope mit Rasterzusätzen aus. Solche Instrumente wurden außerdem mit verschiedenen Detektoren zur Mikroanalyse versehen. Sie haben neuerdings als sogenannte analytische Elektronenmikroskope eine große Bedeutung in der Materialforschung erlangt.

(5.)

E. W. Müllers Feldemissionsmikroskope – höchste Auflösung ohne Linsen

Am Mittwoch, dem 18. Mai 1977, erschien in der „New York Times" ein Nachruf auf den deutsch-amerikanischen Physiker Prof. ERWIN WILHELM MÜLLER (1911–1977), der tags zuvor im George Washington University Hospital in Washington verstorben war. Die Überschrift der Notiz lautete: „Prof. Erwin Müller, 65, Physiker, war der erste Mensch, der ein Atom sah." Diese Mitteilung läßt uns aufhorchen und zunächst an journalistische Übertreibung oder auch Unkenntnis glauben. Aber neben Angaben zur beruflichen Entwicklung und zur Familie des verstorbenen Wissenschaftlers hat der Autor des Nachrufs auch einen Ausspruch E. W. MÜLLERS aus dem Jahre 1955 wörtlich zitiert, mit dem die Aussage der Überschrift bekräftigt wird: „Es war ein stickiger Tag im August, als ich als erster Mensch ein Atom sah. An jenem Tage wurde die reguläre Anordnung von Atomen in einem Kristallgitter deutlich sichtbar durch das Feldionenmikroskop, das ich entwickelt hatte." Wenige Jahre später hat MÜLLER es als letztes Ziel der Mikroskopie bezeichnet, die Atome als Bausteine der Materie abzubilden. Das Feldionenmikroskop sei diesem Ziel bisher am nächsten gekommen. Seine eigenen „Atombilder" befriedigten ihn demnach selbst noch nicht völlig.

Was hatte es nun mit diesem „Feldionenmikroskop" auf sich, dessen Auflösungsvermögen bereits Anfang der 50er Jahre um mehr als das Zehnfache höher lag als das der besten Durchstrahlungs-Elektronenmikroskope jener Zeit und das schon damals ein direktes Sichtbarmachen einzelner Atome zuließ? Wir müssen uns zur Klärung dieser Frage wiederum in die 30er Jahre, genauer in das Jahr 1936 und auch wieder nach Berlin zu-

rückversetzen. Bereits zu dieser Zeit hatte der damals 25jährige MÜLLER das Feldelektronenmikroskop als Vorläufer des Feldionenmikroskops erfunden. Das Gerät war gewissermaßen ein Abfallprodukt aus Untersuchungen zur Feldemission von Metallen, die der junge Wissenschaftler unter der Leitung des Nobelpreisträgers GUSTAV HERTZ im Forschungslaboratorium II der Siemens AG. am Rohrdamm in Berlin-Siemensstadt durchgeführt hatte. MÜLLER war dem berühmten Gelehrten von der Technischen Hochschule in Berlin-Charlottenburg, wo er 1935 sein Physikstudium abschloß, in das Industrieunternehmen gefolgt. Die Nazis hatten den Nobelpreisträger als sogenannten Vierteljuden aus der Hochschule gedrängt. Vorlesungen sollte er noch halten dürfen, aber das Prüfen war ihm untersagt. Möge die Empörung über derartige Ungeheuerlichkeiten niemals vergehen!

Bei Siemens befaßte sich HERTZ unter anderem mit der Entwicklung von Hochspannungsgleichrichtern und beauftragte in diesem Zusammenhang ERWIN MÜLLER mit der Erforschung der Feldemission, über die zu jener Zeit noch sehr wenig bekannt war. Außerdem sollte er prüfen, ob sich möglicherweise aus einer Metallspitze stabile Ströme „ziehen" ließen, die technisch verwendbar sein könnten. MÜLLER schrieb dazu 1967: „Als Prof. Hertz 1935 die Leitung des neugeschaffenen Siemens-Forschungslabors II übernahm, …, schlug er mir vor, mich mit der Feldemission zu beschäftigen. Er meinte, es wäre doch schön, wenn man die Elektronen überlisten könnte, ohne Arbeitsaufwand aus dem Metall herauszukommen. Ich kannte seinen leicht ironisierenden Humor schon gut genug, um zu wissen, daß er nicht

Erstes Elektronenmikroskop
(E. Ruska) aus dem Jahre
1933, mit dem eine bessere
Auflösung erreicht wurde als
mit dem Lichtmikroskop
(Nachbildung 1982)

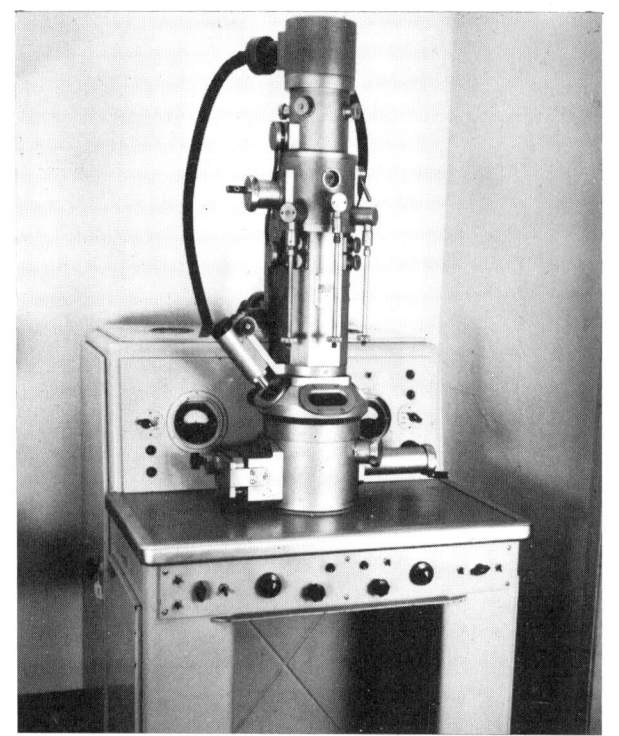

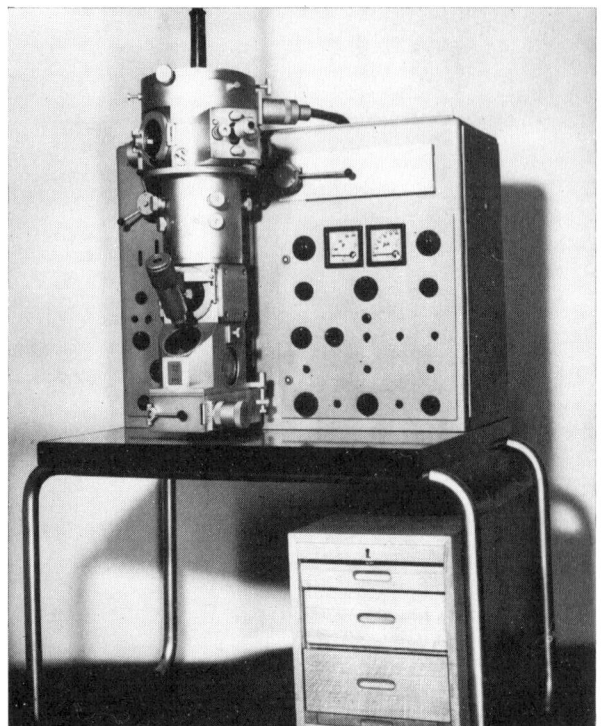

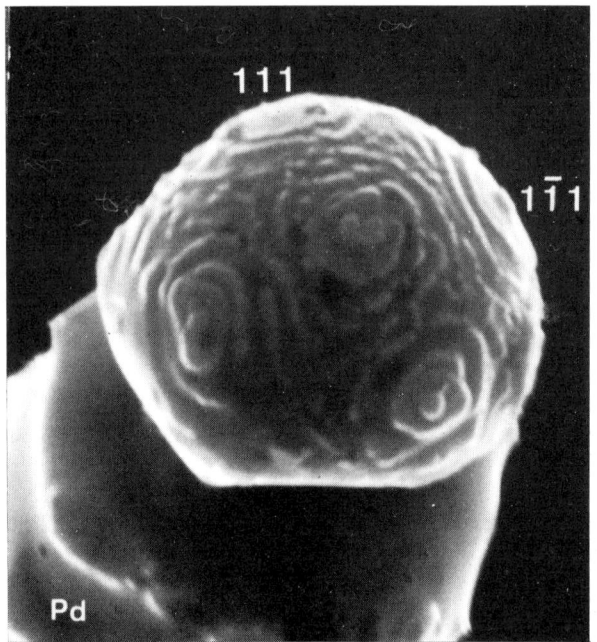

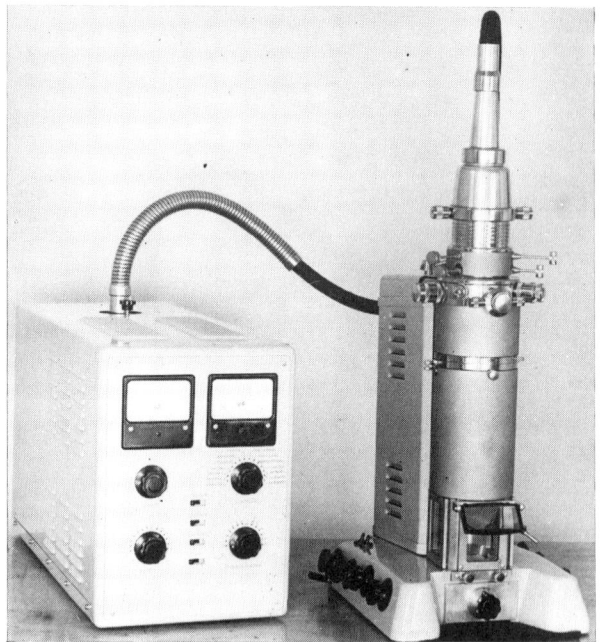

Speziell ausgerüstetes 100-kV-Hochauflösungs-Elektronenmikroskop von H. Hashimoto, Japan

Abbildung eines sehr dünnen Goldkristalls mit einer Gitterversetzung in atomarer Auflösung

Das Bild wurde mit dem obigen Elektronenmikroskop aufgenommen.

Hochauflösungsaufnahme der Grenzregion von einem Germaniumeinkristall und dem durch eine Festkörperreaktion aufgewachsenen Germaniumdioxid

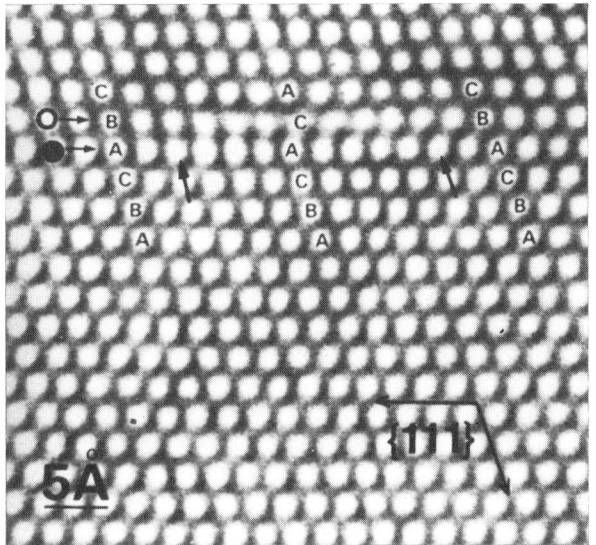

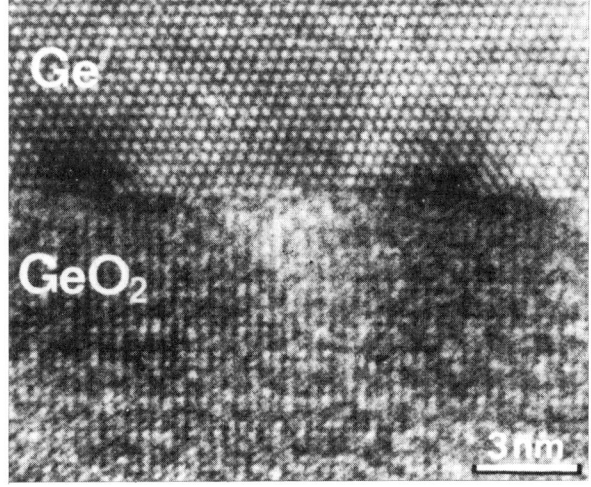

linke Seite:

ELMI D – das beste elektrostatische Mikroskop, das je gefertigt wurde (VEB Carl Zeiss JENA, 1954)

Die elektronenoptische Anlage EF des VEB Carl Zeiss JENA, hier als Emissionsmikroskop EF 6

Raster-elektronenmikroskopische Aufnahme einer Palladiumspitze nach Einwirkung hoher Feldstärken bei 750 °C

Durch die Feldverdampfung hat ein erheblicher Materialabtrag stattgefunden.

Klein- oder Tisch-Elektronenmikroskop BS 242 von Tesla

Blick auf Bedienpult und elektronenoptische Säule eines modernen Raster-Elektronenmikroskops der Fa. Philips

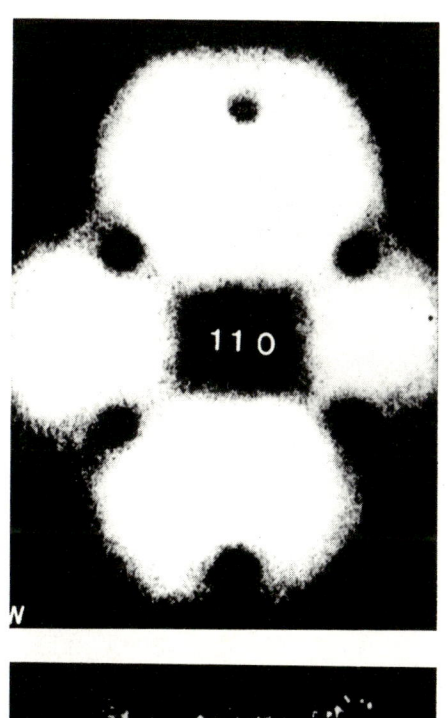

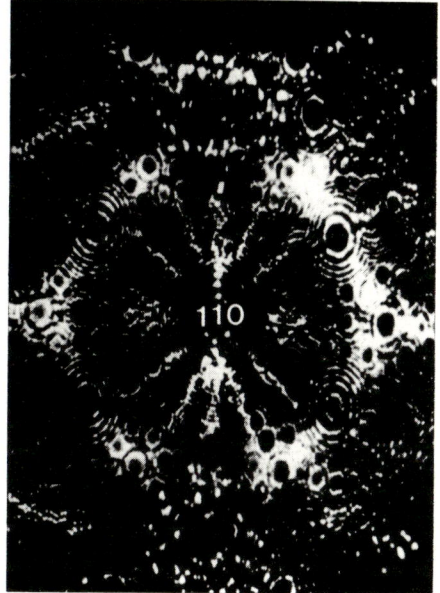

Abbildung einer Wolframspitze mit dem
Feldelektronenmikroskop (oben)
und dem Feldionenmikroskop (unten)

Deutlich ist die bessere Auflösung des
Feldionenmikroskops erkennbar.

Feldionenmikroskopische Aufnahme einer Wolframspitze
(E. W. MÜLLER)

Feldionenmikroskopische Aufnahme einer Iridiumspitze

Jeder leuchtende Punkt repräsentiert ein Atom.

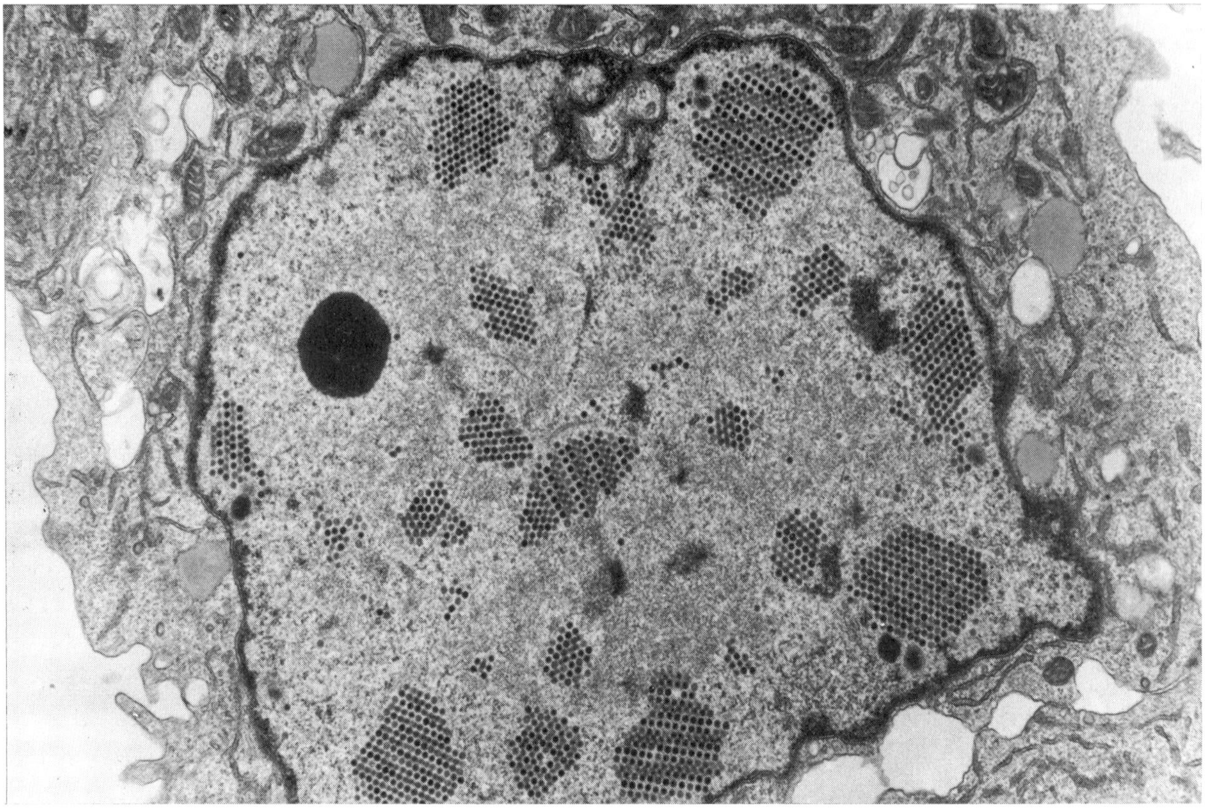

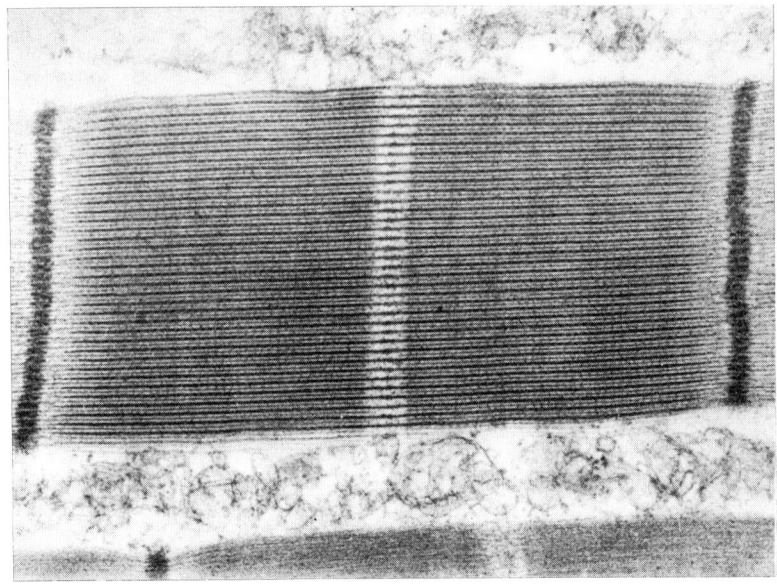

Adenoviren im Kern einer infizierten Zelle
(Dünnschnitt)

Elektronenmikroskopische Aufnahme des
Brustmuskels einer Fliege, aufgenommen
mit einem 1-MV-Mikroskop

Das 120-kV-Forschungsmikroskop EM 420
der Fa. Philips (1982)

Dieses Hochleistungs-Elektronenmikroskop
bietet alle modernen elektronenmikroskopischen Verfahren zur Abbildung und zur
Analyse.

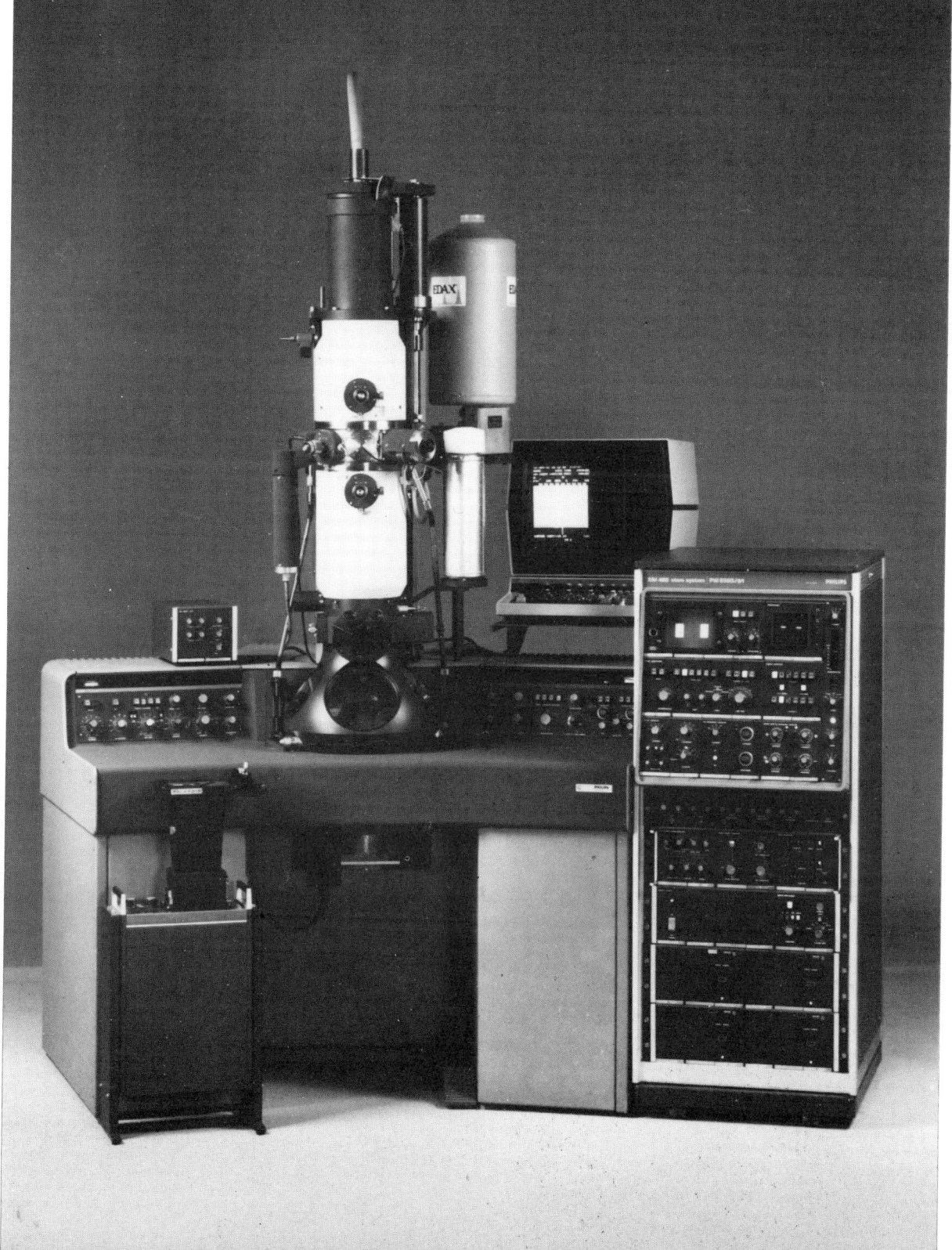

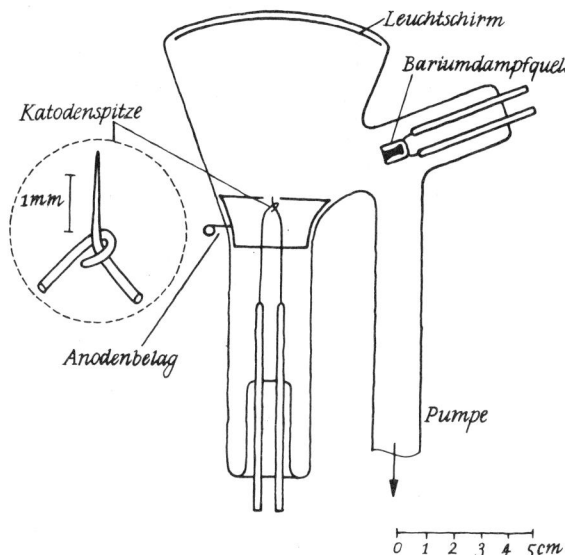

Katodenspitze

Leuchtschirm

Bariumdampfquelle

1mm

Anodenbelag

Pumpe

0 1 2 3 4 5cm

Prinzipskizze des Feldelektronenmikroskops von E.W.MÜLLER (1936)

nur an die Umgehung der Austrittsarbeit durch den Tunneleffekt dachte, sondern mir auch klarmachen wollte, daß es sicher nicht ohne Arbeitsaufwand von seiten des Experimentators gehen würde."

Wir haben in diesem Buch bereits die Emission von Elektronen durch Erhitzen (thermische Emission) und durch Bestrahlung (Photoemission) und deren Anwendung im Elektronenmikroskop kennengelernt. Nun kommt die Feldemission hinzu, bei der die Elektronen durch ein starkes elektrisches Feld sozusagen aus der Metalloberfläche „herausgezogen" werden. Etwa 40 Millionen Volt je Zentimeter sind dafür erforderlich, wie MÜLLER bei seinen Versuchen ermittelte. Derart hohe Feldstärken können aber schon mit relativ niedrigen Spannungen von wenigen Tausend Volt zwischen zwei Elektroden erzeugt werden, wenn eine von beiden als feine Spitze ausgebildet ist. Solche Metallspitzen stellte sich der junge Physiker nach Rezepten aus einem Chemielehrbuch her. Wolframdraht, der besonders gut für

Atomic Resolution Microscope der Universität Kalifornien (1984)

Dieses Gerät mit 1 Million Volt Beschleunigungsspannung hält derzeit den Auflösungsrekord mit 0,16...0,18 nm.

seine Experimente geeignet war, hat er in schmelzflüssigem Natriumnitrid „angespitzt" und anschließend durch Glühen im Vakuum vollständig geglättet. Bei hohen Temperaturen werden durch Wanderung der Wolframatome an der Oberfläche alle Unebenheiten bis auf atomare Kristallstufen „wegpoliert" – es entsteht eine Kugelkalotte. MÜLLER hat auf diese Weise 13 Metalle präparieren können, darunter Nickel, Eisen und Kupfer.

1936 hatte er nun die geniale Idee, die Feldemission von Elektronen aus einer derartigen Spitze auf einem Leuchtschirm direkt, aber ohne Zwischenschaltung von Elektronenlinsen, sichtbar zu machen. Er wollte prüfen, ob es dort Zentren unterschiedlich starker Emission gibt. Seine experimentelle Anordnung dafür war ebenso sinnreich wie einfach. Ich habe die Skizze des „Feldelektronenmikroskops", wie der Versuchsaufbau bald darauf von ihm genannt wurde, einer Arbeit MÜLLERS aus dem Jahre 1938 entnommen. – Die extrem feine Spitze aus Wolframdraht – der Kalottenradius liegt bei etwa 200 nm (!) und damit an der Auflösungsgrenze des Lichtmikroskops – ist als Katode geschaltet und in dem evakuierten Glaskolben gegenüber einem Leuchtschirm angebracht. Am Ende des Kolbenhalses erkennen wir eine weitere Elektrode (Anode), an die etwa +4000 Volt gelegt wurden. Bei diesen Spannungen traten an der Spitze die erforderlichen hohen Feldstärken auf, so daß Elektronen in das Vakuum emittiert wurden. Im elektrischen Feld zwischen Katode und Anode flogen diese Elektronen dann geradlinig zum Fluoreszenzschirm und lösten dort Leuchterscheinungen aus. Die geradlinige Ausbreitung führte dazu, daß die winzige halbkugelige Oberfläche der Wolframspitze stark vergrößert auf dem Leuchtschirm abgebildet wurde, und zwar im Verhältnis des Abstandes Spitze–Schirm (10 cm) zum Spitzenradius $(2 \cdot 10^{-5}$ cm) – also 500000:1! Dort zeigten sich dem Physiker nun tatsächlich Helligkeitsunterschiede als regelmäßige geometrische Figuren. Wie MÜLLER schnell herausfand, rührten diese Muster nicht von Unregelmäßigkeiten in der Form der Spitzenkalotte her, sondern mußten verschieden orientierten Kristallbereichen der Spitze zugeordnet werden, die unterschiedlich stark emittierten. Er sah ein „Bild des Kristallgitters". Die Auflösung betrug etwa 2 bis 3 nm und übertraf damit die Möglichkeiten der damaligen Durchstrahlungs-Elektronenmikroskope um ein Vielfaches.

MÜLLER und seine Kollegen sahen mit Begeisterung die leuchtstarken und kontrastreichen Bilder auf dem Schirm, wie mir sein Freund Prof. WERNER HARTMANN, der spätere „Vater der Mikroelektronik" in der DDR, vor einiger Zeit erzählte. Die beiden Physiker saßen damals zusammen in einem Zimmer und waren deshalb gegenseitig bestens über ihre Arbeitsergebnisse informiert. Prof. HARTMANN schätzte MÜLLER vor allem als exzellenten Experimentator, der jeden Montag Glasbläser und Mechaniker mit immer neuen Ideen in Aufruhr versetzte und bei seinen Versuchen brillante Ergebnisse erzielte.

Die Emissionsbilder der Metallspitzen ließen sich auch fotografieren, und MÜLLER hat eine große Zahl derartiger Aufnahmen veröffentlicht. Wie er selbst schrieb, waren die Schirmbilder sogar für Filmaufnahmen genügend lichtstark. Solche Aufzeichnungen hatten auch durchaus ihren Sinn, denn an der Spitze, und damit auf dem Bildschirm, vollzogen sich unter bestimmten Bedingungen laufend interessante Veränderungen. Die Elektronenemission erwies sich nicht nur als vom Spitzenmaterial und seiner kristallographischen Orientierung abhängig, sondern auch und vor allem von angelagerten (adsorbierten) Schichten, deren Bausteine auf der Oberfläche wanderten oder auch abdampften. Das konnten Moleküle aus dem Restgas, aber auch beispielsweise Bariumatome sein, die MÜLLER aus einer ebenfalls im Glaskolben befindlichen Quelle auf die Spitze aufdampfte. Er erkannte bei diesen Versuchen die Notwendigkeit eines ultrahohen Vakuums (etwa 10^{-8} Pa) zur Erzielung vollkommen reiner Oberflächen, fand jedoch mit seinen Ansichten auf der Physikertagung 1936 im damals schlesischen Bad Salzbrunn noch keine große Resonanz. Inzwischen spielt die Ultrahochvakuumtechnik beim Abbilden und Analysieren von Oberflächen mit Elektronenstrahlgeräten eine große Rolle. – Ein wichtiges praktisches Anwendungsbeispiel seiner Forschungsergebnisse ist heute die Feldemissionskatode in den verschiedensten Elektronenmikroskopen höchster Leistung. Mit einer derartigen Elektronenquelle lassen sich besonders feine Elektronensonden hoher Intensität erzeugen.

Sechs Jahre nach Kriegsende verhalf der Zufall, der treue Verbündete aller Tüchtigen, E. W. MÜLLER zu einem entscheidenden Fortschritt für sein Feldemissions-mikroskop. Der Wissenschaftler hatte versehentlich die elektrischen Anschlüsse falsch gepolt, so daß die feine Spitze zur Anode und die Elektrode im Kolbenhals zur Katode wurde. Zu seiner Überraschung sah MÜLLER bei schlechtem Vakuum in der Apparatur trotzdem ein Bild der Metallspitze auf dem Leuchtschirm, obwohl keine Elektronen emittiert wurden. Dieses Bild war zwar relativ lichtschwach, dafür aber wesentlich schärfer als alle zuvor mit Feldelektronen aufgenommenen. Nun brauchte er in seiner Apparatur während der Aufnahmen kein Ultrahochvakuum mehr, sondern ließ im Gegenteil über ein Dosierventil ununterbrochen geringe Edelgasmengen einströmen, so daß sich ein Druck von etwa 10^{-2} Pa einstellte.

Bald darauf konnte MÜLLER die experimentellen Befunde auch theoretisch deuten. Anstelle der Feldelektronen bildeten Ionen die Spitze ab. Aufprallende Gasmolekühle oder -atome – MÜLLER erzielte die besten Erfolge mit Helium – müssen im starken elektrischen Feld der Spitze Elektronen abgeben. Sie werden zu positiven Ionen, die, durch das Feld beschleunigt, geradlinig zum Leuchtschirm fliegen. Dabei nehmen sie „Informationen" über die Metalloberfläche mit – das heißt, die Spitze emittiert nicht von allen Stellen gleich viele Ionen pro Zeiteinheit, sondern wiederum in Abhängigkeit vom kristallinen Aufbau des Metalls örtlich unterschiedlich. Auf dem Leuchtschirm ist deshalb ein hochaufgelöstes Bild der Spitze zu sehen. MÜLLER konnte die atomare Oberflächenrauhigkeit erkennen, oder, wie er selbst es ausgedrückt hat, sogar Atome sehen.

0,23 nm betrug das Rekordauflösungsvermögen dieses Instruments, das MÜLLER „Feldionenmikroskop" nannte. Die theoretische Grenze hat er selbst mit 0,15 nm angegeben, ein Wert, der heute erst von einem speziell für die Hochauflösung gebauten Durchstrahlungs-Elektronenmikroskop (s. S. 216) erreicht wird. Der Abbildungsmaßstab betrug etwa 1000000:1.

MÜLLER sah mit seinem Mikroskop nicht nur als erster die Atome eines Metallgitters, sondern auch Kristallfehler wie Versetzungen, Stapelfehler und Korngrenzen und sogar atomare Defekte wie Leerstellen und Zwischengitteratome. Er war der Durchstrahlungs-Elektronenmikroskopie damit um mehr als zwanzig Jahre voraus (s. S. 213).

Für höchste Auflösung muß die Spitze stark gekühlt werden – möglichst mit flüssigem Wasserstoff oder flüssigem Helium. Die erforderlichen Feldstärken liegen bei 400 bis 500 Millionen Volt je Zentimeter, sind also rund zehnmal so hoch wie im Feldelektronenmikroskop.

Für die beträchtlich höhere Auflösung des Feldionenmikroskops gegenüber der des Feldelektronenmikroskops hat MÜLLER folgende Erklärung gegeben: Die Feldelektronen verlassen die Metalloberfläche nicht genau senkrecht, sondern mehr oder weniger schräg – sie haben eine tangentiale Geschwindigkeitskomponente. Deshalb treffen sich auch nicht alle, die aus einem Punkt der Spitze treten, auf dem Schirm wieder in einem Punkt, sondern füllen eine kleine Kreisfläche aus. Der Durchmesser dieses kleinen Kreisscheibchens bestimmt die Auflösung. Anders beim Feldionenmikroskop. Die Ionen starten exakt senkrecht, weil sie vorher auf der Oberfläche nach dem Aufprall erst zur Ruhe gekommen sind, wenn man einmal von den Wärmeschwingungen absieht, die MÜLLER mit der erwähnten Kühlung stark reduziert hat. Damit treffen die Ionen, die von einem Punkt der Spitze ausgehen, auch wieder in einem viel kleineren Kreisfleck des Leuchtschirms auf, als es die Elektronen tun. So erklärt sich das erheblich verbesserte Auflösungsvermögen des Feldionenmikroskops.

MÜLLER ging 1952 von Westberlin aus in die USA und wurde dort „Research-Professor" an der Pennsylvania State University; das heißt, er hatte keine festen Lehraufgaben, sondern konnte forschen und reisen, wie es ihm beliebte. Nach dem Feldionenmikroskop hat er noch eine Atomsonde erfunden, mit der er einzelne Atome von einer Spitze auswählen und ablösen konnte, um sie mit einem Massenspektrometer chemisch zu analysieren. In Anerkennung seiner Verdienste wählte ihn 1975 die Akademie der Wissenschaften der USA zu ihrem Mitglied. Größere Auszeichnungen hat er für seine Entdeckungen und Erfindungen nicht erhalten.

Die Feldemissionsmikroskope ERWIN MÜLLERS haben nicht die breite Anwendung gefunden wie etwa die Durchstrahlungs-Elektronenmikroskope oder das Rastermikroskop. Es wurden auch keine kommerziellen Geräte entwickelt. Die Untersuchungsergebnisse haben dafür einen zu speziellen Charakter, und das Probenmaterial muß in jedem Fall in die Form einer hauchfeinen Spitze gebracht werden, was nur für relativ wenige Materialien (überwiegend hochschmelzende Metalle) möglich ist. Weiterhin kann die Vergrößerung nicht geändert, ja nicht einmal genau bestimmt werden, weil der dafür notwendige Radius der Spitzenkalotte einen fast sublichtmikroskopischen Wert hat, der schwer zu ermitteln ist. Mit einem Satz: Feldemissionsmikroskope sind keine universell einsetzbaren Instrumente zur vergrößerten Abbildung von sublichtmikroskopischen Strukturen.

Trotzdem wird noch in mehreren Labors auf der Welt mit Feldionenmikroskopen gearbeitet, weil sich damit eine Reihe von Prozessen an Metalloberflächen bei atomarer Auflösung untersuchen lassen. Jährlich findet ein internationales Feldemissions-Symposium statt. Da es inzwischen gelungen ist, mit sogenannten Kanal-Sekundärelektronen-Bildverstärkern die Helligkeit der Bilder um den Faktor 1000 zu steigern, lassen sich auch problemlos dynamische Vorgänge an Metalloberflächen filmen.

Kristallfehler – etwa Versetzungen – können bis in das Volumen hinein untersucht werden. Man nutzt dafür die „Feldverdampfung" des Metalls, mit deren Hilfe es möglich ist, Atom für Atom von der Spitze abzutragen und so schrittweise den Verlauf eines Kristallfehlers in das Material hinein zu verfolgen. „Feldverdampfung" setzt ein, wenn die angelegte Spannung so weit gesteigert wird, daß die Feldstärke ausreicht, um Atome von der Oberfläche „abzureißen". MÜLLER hat diesen Effekt bereits 1941 entdeckt und auch genutzt – beispielsweise in der erwähnten Atomsonde zum Ablösen einzelner Atome für die Analyse.

(6.)
Von Problemen und Fortschritten der Elektronenmikroskopie in den letzten 40 Jahren

Mit dem Erscheinen kommerzieller Elektronenmikroskope auf dem Markt mußte nicht mehr jedes Industrieunternehmen oder jede wissenschaftliche Einrichtung, die auf dem neuen Forschungsgebiet arbeiten wollte, das komplizierte Instrument selbst bauen. Seit den vierziger Jahren entwarfen Ingenieure und Konstrukteure in verschiedenen Industrieunternehmen immer leistungsfähigere Mikroskope, wobei in erster Linie das Streben nach höherer Auflösung den Fortschritt bestimmte. Biologen, Mediziner, Physiker und Werkstoffwissenschaftler konnten sich mehr und mehr auf ihre Untersuchungsobjekte konzentrieren und mußten sich weniger um technische Probleme ihrer Geräte kümmern. Die Arbeitsteilung war sowohl für die technische Weiterentwicklung des Elektronenmikroskops als auch für die Forschungsarbeiten mit diesem Instrument vorteilhaft. Es wurden teilweise spektakuläre Ergebnisse in Biologie und Medizin, aber auch in der Metallkunde, der Kolloidchemie, bei der Erforschung von Stäuben, Rauchen oder Farbpigmenten erzielt. Das Interesse an der Durchstrahlungs-Elektronenmikroskopie nahm deshalb schon während des Zweiten Weltkrieges und erst recht danach weltweit rasch zu. In nahezu allen Industrieländern wurden zu jener Zeit Elektronenmikroskope konstruiert und auch gefertigt.

Kurz nach Ende des Krieges schätzte man das theoretisch mögliche Auflösungsvermögen des Elektronenmikroskops auf 0,8 nm. Dabei waren alle damals bekannten Einflußfaktoren berücksichtigt worden. Praktisch konnten jedoch etwa 2 bis 3 nm auch mit den besten Geräten nicht unterschritten werden. Da gelang den beiden Amerikanern J. HILLIER und E. G. RAMBERG 1947 eine bedeutende Entdeckung. Sie fanden in dem axialen Astigmatismus der Elektronenlinsen die Ursache für das Zurückbleiben der Auflösung hinter den theoretischen Erwartungen. Der axiale Astigmatismus ist in der Lichtoptik zu vernachlässigen, weil es kein Problem ist, Glaslinsen exakt rotationssymmetrisch zu schleifen. Nur achsenferne Punkte zeigen Astigmatismus, der aber korrigiert werden kann. Dagegen lassen sich die Felder sowohl magnetischer als auch elektrostatischer Elektronenlinsen grundsätzlich nicht exakt „rund" herstellen. Unvermeidbare Fertigungstoleranzen, örtliche Schwankungen der Materialeigenschaften, Staubpartikel und Kontaminationen verzerren das Linsenfeld. Als Folge davon sind die Brennweiten dieser Linien in verschiedenen Schnittebenen nicht genau gleich – kreisrunde Gebilde im Präparat erscheinen im Bild, auch auf der optischen Achse, elliptisch deformiert.

HILLIER und RAMBERG hatten nun die Idee, dem Linsenfeld ein zusätzliches, willkürlich in Richtung und Stärke einstellbares Feld zu überlagern und es damit exakt rotationssymmetrisch zu machen. Sie entwickelten dafür einen Stigmator, der aus mehreren verstellbaren Eisenschrauben im Polschuh bestand. ERNST RUSKA benutzte für den gleichen Zweck 1954/55 einen magnetischen Doppelring. Gegenwärtig beseitigt man den Astigmatismus mit 8 jeweils um 45° gegeneinander versetzten Spulen, die um die Strahlachse des Objektivs angeordnet sind. Durch die Entdeckung der beiden Amerikaner konnte die Auflösung des Elektronenmikroskops um den Faktor 2 verbessert werden. – Übrigens muß man auch in Raster-Elektronenmikroskope Stigmatoren einbauen.

In Japan begannen die Arbeiten an Elektronenmikroskopen 1939 bei der Firma Hitachi. 1942 wurden die ersten Seriengeräte verkauft. Ab 1945 entwickelte auch die Japan Electron Optics Laboratory Co. Elektronenmikroskope. Eines ihrer ersten Geräte ist auf S. 191 abgebildet. Beide Unternehmen liefern heute ein breites Spektrum ausgezeichneter Elektronenmikroskope, darunter Durchstrahlungsinstrumente mit Beschleunigungsspannungen bis 1250 kV (s. S. 192).

Sowjetische Wissenschaftler befaßten sich seit 1940 in Leningrad mit der Konstruktion von Elektronenmikroskopen. Verzögert durch den Krieg, erschienen kommerzielle Geräte erst 1946 im Handel. In der Stadt Sumy werden verschiedene Mikroskoptypen in größeren Stückzahlen gefertigt.

Weitere Länder, die bereits sehr frühzeitig mit der Herstellung von Elektronenmikroskopen begannen, sind Frankreich, die Schweiz, China und Indien. In den Niederlanden startete der Philips-Konzern bereits 1932 erste tastende Versuche mit Elektronenlinsen. Dr. A. C. van Dorsten baute zu jener Zeit ein Emissionsgerät mit einer magnetischen Linse. Bis 1941 wurden jedoch kaum Fortschritte erzielt. 1939 konstruierte J. B. Le Poole an der Technischen Hochschule Delft ein Mikroskop, das 1941 fertiggestellt wurde. Er nannte es Mark I (s. S. 191). Das Instrument enthielt als zusätzliches optisches Element nicht nur die schon erwähnte Beugungslinse, sondern außerdem eine Zwischenlinse, mit deren Hilfe die Vergrößerung des Mikroskops in einem weiten Bereich geändert werden konnte. Le Poole hat diese Linse unabhängig von Marton erfunden, der sie als erster bei der RCA in sein Mikroskop Typ A einbaute. Aus Le Pooles Mark I ist 1946 das erste kommerzielle Mikroskop EM 100 der Firma Philips hervorgegangen (s. S. 191). Ab 1949 wurden Seriengeräte dieses Typs verkauft.

In der Tschechoslowakei arbeitete seit Ende der vierziger Jahre eine Gruppe junger Wissenschaftler unter Prof. Aleš Bláha an der Entwicklung eines Elektronenmikroskops. Sie hatte einen schweren Start. Alle Technischen Hochschulen und Universitäten des Landes waren 1939 von den Nazis geschlossen worden und konnten erst nach der Befreiung vom Faschismus den Lehrbetrieb wieder aufnehmen. Prof. Armin Delong, der in Bláhas Gruppe an der Technischen Hochschule in Brno schon als Student mitarbeitete, hat vor wenigen Jahren die frühe Geschichte der Elektronenmikroskopie in der Tschechoslowakei niedergeschrieben. Danach wurde das erste eigene Elektronenmikroskop dort 1950 in Betrieb genommen. Inzwischen gehört die Firma Tesla in Brno zu den bedeutendsten Herstellern von Elektronenmikroskopen in der Welt.

Auch in der damaligen sowjetischen Besatzungszone Deutschlands wurden ebenso wie in den Westzonen und Westberlin bald nach dem Kriege wieder Elektronenmikroskope entwickelt und gefertigt. Bei der Fa. Carl Zeiss in Jena berechnete und konstruierte Dr. Alfred Recknagel von 1945 bis 1948 ein dreistufiges elektrostatisches Mikroskop, das 1950 fertiggestellt wurde und die Typenbezeichnung „ELMI A" erhielt. Recknagel war nicht mit den anderen Mitgliedern der AEG-Gruppe unter Ernst Brüche nach Mosbach in Westdeutschland gegangen, sondern hatte bei der bekannten optischen Firma in Thüringen den Auftrag zur Entwicklung eines Elektronenmikroskops angenommen. Er konnte den Forschungsleiter Dr. Hans Harting (1868–1951) jedoch nicht für den Bau eines magnetischen Geräts gewinnen, von dessen prinzipieller Überlegenheit er überzeugt war. Die Patentlage ließ dies nicht zu. Für ein elektrostatisches Mikroskop sah die Situation dagegen günstig aus. Zeiss hatte während des Krieges elektrostatische Linsen für die AEG hergestellt und konnte durch Verträge mit diesem Unternehmen dessen Patente nutzen. Als Recknagel 1948 an die Technische Hochschule nach Dresden berufen wurde, blieb er trotzdem weiterhin noch für mehrere Jahre wissenschaftlicher Leiter der Jenaer Elektronenmikroskopie-Gruppe. Dr. Ernst Guyenot unterstützte ihn bei seiner Arbeit und übernahm später die Leitung der Entwicklung bis zum kommerziellen Gerät. Recknagels Mikroskop lieferte 1951 die ersten Aufnahmen. Es arbeitete mit einer Hochspannung von 40 kV. Der Abbildungsmaßstab ließ sich zwischen 300:1 und 20 000:1 einstellen. Die Auflösung war besser als 5 nm.

Dem ELMI A, wie das erste Mikroskop genannt wurde, folgten die Typen B, C und D. Das ELMI D (s. S. 210), an dessen Entwicklung Recknagel nicht mehr beteiligt war, wurde mit 5 elektrostatischen Linsen ausgerüstet und erreichte eine Auflösung von 1,5 nm. Zwischen 1954 und 1961 verkaufte der VEB Carl Zeiss

JENA davon etwa 100 Exemplare. Es war das beste elektrostatische Mikroskop, das je auf der Welt gefertigt worden ist.

Ende der fünfziger Jahre begann der Jenaer Betrieb schließlich doch mit der Entwicklung eines magnetischen Mikroskops. Prof. HANS BETHGE (geb. 1919) lieferte dafür die Konzeption. Das Instrument arbeitete mit einer Hochspannung von maximal 65 kV und war als leicht zu bedienendes und robustes Routinegerät gedacht, mit dem nicht unbedingt höchste Auflösung angestrebt werden sollte. Das Durchstrahlungsgerät wurde EF 4 genannt (s. S. 210). Weiterhin konnte Zeiss 120 Emissionsinstrumente unter der Bezeichnung EF 6 verkaufen. Auch das Emissionsmikroskop der Jenaer Optikfirma war das beste seiner Art zu jener Zeit auf der Welt. Es verlor jedoch an Bedeutung, als sich das Rastermikroskop für die Oberflächenabbildung durchsetzte.

Elektromagnetische Elektronenmikroskope wurden in der DDR außerdem im VEB Werk für Fernsehelektronik, Berlin, gefertigt. Dieser Betrieb hatte unmittelbar nach dem Krieg mit dem Bau von Elektronenmikroskopen begonnen – zunächst aus vorhandenen „Siemens-Teilen" als Reparationsleistung für die Sowjetunion, später selbstentwickelte Geräte.

In den Westzonen und später in der BRD war die Firma Siemens noch lange Zeit führend beim Bau von Elektronenmikroskopen. Hervorragende Geräte waren beispielsweise das ELMISKOP I (1954) und das ELMISKOP 101 (1968), das nebenstehend im Schnitt abgebildet ist. Inzwischen hat das Unternehmen aber die Produktion von Elektronenmikroskopen eingestellt.

Unter ERNST BRÜCHE ist in den Süddeutschen Laboratorien der AEG in Mosbach das elektrostatische Mikroskop von HANS MAHL aus dem Jahre 1939 weiterentwickelt worden. 1947 brachte die Gruppe ein Gerät mit der Bezeichnung EM 7 auf den Markt, dessen Grenzauflösung bei dem damaligen Rekordwert von 2 nm lag.

Auf weitere Mikroskophersteller wollen wir hier nicht eingehen. Es soll nur noch erwähnt werden, daß man vielerorts billige Kleingeräte mit eingeschränkter Auflösung, relativ niedriger Spannung und für einfache Be-

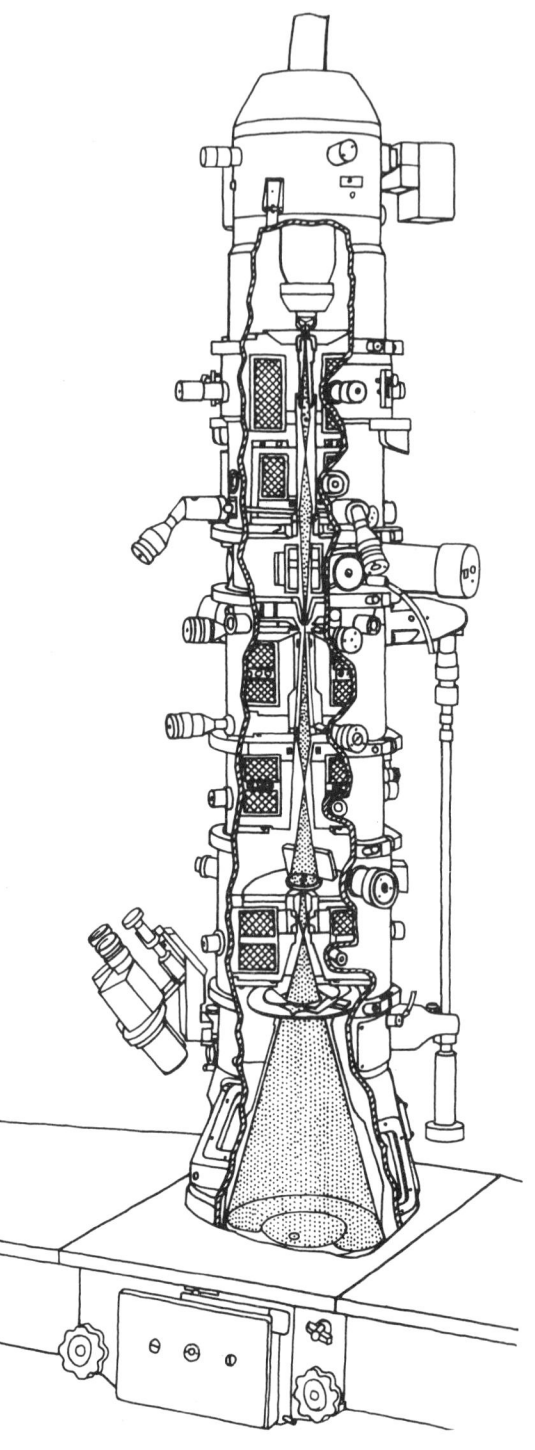

Schnitt durch das ELMISKOP 101 (Siemens, 1968)

Man vergleiche diese Zeichnung mit der auf S. 197!

dienung konstruierte. BODO VON BORRIES zum Beispiel entwarf und baute ab 1948 ein magnetostatisches Mikroskop mit Linsen aus Permanentmagneten und erreichte eine Auflösung von 7 nm. Wie mehrere andere Firmen brachte auch Tesla später ein Tischmikroskop heraus (s. S. 210). Aber dieser Gerätetyp hat sich nicht bewährt. Einer der ganz großen unter den Elektronenmikroskopikern, Prof. GOTTFRIED MÖLLENSTEDT (geb. 1912) von der Universität Tübingen, schrieb dazu 1984 in einem Brief: „Die meisten Elektronenmikroskopiker kommen auf die Idee, ein besonders einfaches und billiges Elektronenmikroskop zu bauen. Von dieser ‚Krankheit' war auch ich befallen. Bis jetzt hat sich industriell noch kein sogenanntes Kleinmikroskop durchgesetzt."

International wurden die Bemühungen um bessere Auflösung intensiv fortgesetzt. Ende der fünfziger Jahre erreichte man mit herkömmlichen runden Linsen 0,7 nm. DENNIS GÁBOR hielt 1957 eine Auflösung von 0,15 nm grundsätzlich für möglich, setzte dabei aber bereits „unrunde" Systeme voraus. Wegen der starken Strahlbelastung bei den notwendigen hohen Vergrößerungen sollten 0,15 nm jedoch die äußerste Grenze für die Untersuchung organischer Substanzen sein, weil das Objekt sonst unweigerlich zerstört würde. Anorganische Präparate können jedoch stärker belastet werden und „vertragen" deshalb die größeren Strahlstromdichten bei noch höheren Vergrößerungen. Für diese Substanzen lohnt es sich, das Auflösungsvermögen der Elektronenmikroskope weiter zu verbessern.

Die Objektivlinsensysteme konnten inzwischen mit beträchtlichem Aufwand so weit optimiert werden, daß die theoretische Grenze für die Punktauflösung eines 100-kV-Gerätes – solche Instrumente werden heute als konventionell bezeichnet – bei 0,3 nm liegt. Dieser Wert wird mit den besten Mikroskopen auch praktisch erreicht. Damit können schon verschiedene Kristallgitter aufgelöst werden, wobei für die Abbildung der Phasenkontrast maßgebend ist. Eine weitere Steigerung des Auflösungsvermögens der Elektronenmikroskope ist nur durch eine Korrektur der Linsenfehler oder durch ein Vermindern der Elektronenwellenlänge möglich. Bei rotationssymmetrischen Linsen sind der Öffnungs- und der Farbenfehler um so kleiner, je kürzer die Brennweite ist. Derartige Systeme sind beispielsweise die Kondensor-Objektiv-Einfeldlinse, die auf einen Vor-

schlag von E. RUSKA aus dem Jahre 1942 zurückgeht, und supraleitende Linsen. Eine grundsätzliche Korrektur ist jedoch wahrscheinlich nur mit nichtrotationssymmetrischen Systemen aus Quadrupolen und Oktopolen möglich. Hier steckt die Entwicklung aber noch in den Kinderschuhen. Will man die Wellenlänge herabsetzen, dann muß man die Hochspannung erhöhen. Beträgt nämlich die Wellenlänge bei 100 kV 0,00370 nm, so sind es bei 1000 kV nur noch 0,00087 nm. Geräte, die mit 300 bis 400 kV arbeiten, lösen bereits 0,2 nm auf, und 1000-kV-Mikroskope sind noch leistungsfähiger, wenn es gelingt, die elektrischen und mechanischen Stabilitätsprobleme dieser gigantischen Maschinen zu lösen. Im Labor ist das bereits gelungen. Ein speziell ausgerüstetes japanisches 1-MV-Mikroskop, das Prof. GARETH THOMAS im nationalen Zentrum für Elektronenmikroskopie der USA in Berkeley betreibt, hält den Weltrekord in der Auflösung mit 0,16...0,17 nm (s. S. 216). Elektronenmikroskope, durch die Kristallgitter mit atomarer Auflösung abgebildet werden können, bezeichnet man als hochauflösende Instrumente. Hochauflösende Elektronenmikroskopie wird mit speziell ausgerüsteten konventionellen Mikroskopen in vielen Labors der Welt betrieben, so auch im Institut für Festkörperphysik und Elektronenmikroskopie in Halle. Ein Bildbeispiel aus diesem Institut auf Seite 211 zeigt die Phasengrenze Germanium–Germaniumoxid in Hochauflösung.

Ein führender Fachmann auf dem Gebiet der Hochauflösungs-Mikroskopie ist Prof. HATSUJIRO HASHIMOTO von der Universität Osaka, Japan. Er hat für dieses Buch ein Foto seines „Analytical Atom Resolution Electron Microscope" (analytisches Elektronenmikroskop mit atomarer Auflösung) und die damit gewonnene Aufnahme eines Gold-Kristallgitters, das eine Versetzung als Gitterfehler enthält, zur Verfügung gestellt (s. S. 211).

Der relativ lange Name von HASHIMOTOS Mikroskop enthält das Stichwort „analytisch". Das kommt nicht von ungefähr. In den siebziger Jahren haben die führenden Hersteller begonnen, ihre Durchstrahlungs-Elektronenmikroskope mit Zusatzgeräten für die Element-Analyse zu versehen. Das wurde möglich, weil man inzwischen die Mikroskope für den Rasterbetrieb erweitert hatte. Elektronensonden mit Durchmessern bis herunter zu wenigen Zehntel nm lassen sich exakt auf der

Probe positionieren. Man kann deshalb identische Probenstellen abbilden und analysieren. Drei Analysenmethoden werden bevorzugt eingesetzt. Als erstes sei die Elektronenbeugung genannt, mit der man den Kristallaufbau und indirekt auch die chemische Zusammensetzung in Gebieten von 1 nm Durchmesser untersuchen kann. Die Röntgenmikroanalyse, als zweites, läßt eine Stoffanalyse in Bereichen von 10 bis 100 nm Durchmesser zu. Dabei wird die charakteristische Röntgenstrahlung, die beim Aufprall der Elektronen auf das Präparat entsteht, spektrometrisch untersucht. Eine außerordentlich empfindliche Analysenmethode ist, drittens, aus der Messung des Energieverlustes der Elektronen entwickelt worden, die das Präparat durchdringen. Unter günstigen Bedingungen lassen sich mit dieser Elektronen-Energieverlust-Spektrometrie chemische Analysen in Bereichen von einigen nm Durchmesser ausführen.

Der Ausbau der Elektronenmikroskope zu Analysensystemen ist erst durch die Mikroelektronik möglich geworden. Mikrorechner steuern das Mikroskop und werten die Analysenergebnisse aus. Kontraste bei Hochauflösungsuntersuchungen werden mit dem Computer berechnet, um die Bilder interpretieren zu können.

Wir haben eben vom Einfluß der Hochspannung auf das Auflösungsvermögen gelesen. In der Anfangsphase der Entwicklung von Elektronenmikroskopen mit Spannungen über 100 kV wollte man aber nicht die Auflösung verbessern, sondern in erster Linie dickere Präparate durchstrahlen. Bei 100 kV dürfen die Objekte, wie wir wissen, nur einige Zehntel μm dick sein, bei 1 MV dagegen einige μm. Erste Versuche, die Spannung zu erhöhen, unternahmen E. RUSKA und H. O. MÜLLER 1941. Es folgte M. VON ARDENNE, ebenfalls 1941, der mit seinem Universal-Mikroskop knapp 300 kV erreichte. Weiter sind zu nennen ZWORYKIN in den USA sowie LE POOLE und VAN DORSTEN bei der Firma Philips, die 1947 ein 400-kV-Instrument (s. S. 191) aufbauten. LE POOLE hatte schon damals ein 1000-kV-Gerät vorgeschlagen, was aber wegen des zu erwartenden enormen Aufwandes abgelehnt worden war.

Als es in den fünfziger Jahren gelang, die Präparationstechniken entscheidend zu verbessern, trat die Höchstspannungs-Elektronenmikroskopie wieder etwas in den Hintergrund. Mit den neuentwickelten Ultramikrotomen konnten Dünnschnitte biologischer Objekte im Bereich von einigen 10 nm reproduzierbar hergestellt werden. Auch in der Metallkunde wurde es möglich, durch elektrolytisches Polieren und mit rein chemischen Verfahren Proben derart abzudünnen, daß sie mit 100-kV-Elektronen durchstrahlt werden konnten. 1956 haben J. W. MENTER und R. NEIDER mit dem ELMISKOP I an solchen Präparaten erstmals Netzebenen von Kristallen mit 1 nm Abstand abgebildet. An Versetzungen im Gitter konnten sie sogar eine Auflösung von 0,5 nm nachweisen.

Doch die Entwicklung von Höchstspannungsmikroskopen ging trotz der fundamentalen Erfolge in der Präparationstechnik weiter. Das erste 1-MV-Gerät baute Prof. GASTON-LÉOPOLD DUPOY 1960 in Frankreich. Der Engländer VERNON ELLIS COSSLETT hat 1966 ein 750-kV-Instrument in Betrieb genommen. Mitte der sechziger Jahre brachten japanische Firmen dann kommerzielle 1-MV-Mikroskope (s. S. 214) auf den Markt, von denen auch ein Exemplar an das Hallenser Akademie-Institut geliefert wurde. Heute gibt es auf der Welt zwischen 50 und 60 Geräte für Spannungen über 500 kV. In Toulouse und Osaka steht sogar je ein Instrument für 3 Millionen Volt. An die Höchstspannungs-Elektronenmikroskopie hatte man große Erwartungen

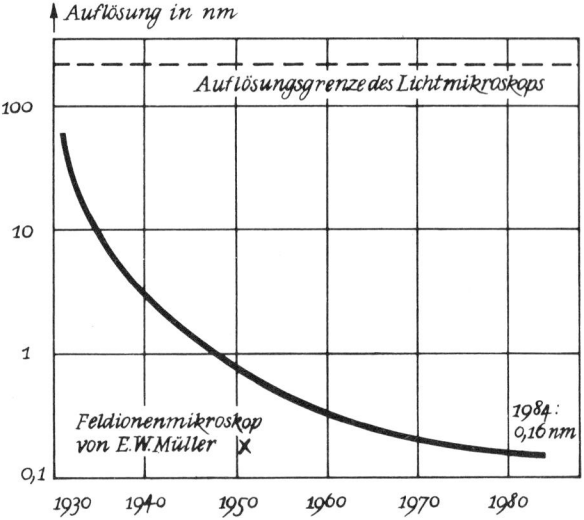

Die Verbesserung der Auflösung des Elektronenmikroskops seit dessen Erfindung im Jahre 1931

geknüpft: Der chromatische Fehler ist geringer, je höher die Spannung wird. Weiterhin kann man dickere Proben durchstrahlen und so die räumliche Verteilung von interessanten Objekteinzelheiten besser untersuchen. Lebende Substanzen sollten, vakuumdicht in Folien verpackt, mit solchen Instrumenten untersucht werden können, so glaubte man. Aber nicht alle Hoffnungen haben sich erfüllt. Trotzdem gibt es für die Höchstspannungsgeräte ein weites Anwendungsfeld.

Wir wollen hiermit zum Schluß des Buches kommen. Das Elektronenmikroskop übertrifft nach rund fünfzigjähriger Entwicklungszeit das Lichtmikroskop in der Auflösung um den Faktor Tausend. Atomgitter von Metallen und anderen Stoffen werden aufgelöst und Atome sichtbar gemacht. Biologen analysieren die molekularen Grundstrukturen des Lebens mit dem Elektronenmikroskop. Die Fülle neuer Erkenntnisse, gewonnen mit diesem Forschungsinstrument, hat unter anderem die Gentechnologie hervorgebracht, mit deren Hilfe sich Erbanlagen einer Zelle verändern lassen. Dabei werden künstlich Bruchstücke von Nukleinsäuren ausgetauscht. Auch diese Veränderungen sind dann wiederum im Elektronenmikroskop sichtbar. Ein Ende für die Verbesserung der Auflösung ist noch nicht zu erkennen. So war am 19. 2. 1983 in einer ADN-Meldung zu lesen, daß der Amerikaner Prof. ALBERT V. CREWE ein Elektronenmikroskop aufbaut, das weniger als 0,1 nm auflösen soll. Er will damit nicht nur einzelne Atome unterscheiden, sondern auch die „Zwischenräume" sichtbar machen. In einer ähnlichen Meldung vom 7. 7. 1984 kündigte die japanische Firma Hitachi ein „Supermikroskop" mit einer Auflösung von 0,072 nm an. Es wird künftig bei der Entwicklung neuer Halbleitermaterialien, amorpher Metalle und Keramiken eingesetzt. Steckt hinter derartigen Meldungen auch stets eine gehörige Portion Reklame, so ist doch durchaus damit zu rechnen, daß die Auflösung der besten Elektronenmikroskope in wenigen Jahren bei 0,1 nm oder gar noch darunter liegen wird. Was man mit derartigen Instrumenten entdecken wird, kann heute noch niemand sagen. Die mehr als 350jährige Geschichte des Mikroskops lehrt aber, daß jede Verbesserung des Auflösungsvermögens und jedes neue mikroskopische Verfahren schließlich auch nutzbringend ausgeschöpft wird.

Anhang

Aufbau, optische Grundlagen und Leistungsgrenzen des Lichtmikroskops

Das Mikroskop ist ein optisches Instrument, mit dem sich sehr kleine Dinge betrachten lassen, die mit bloßem Auge nur unvollkommen oder gar nicht wahrgenommen werden können. Sein Name leitet sich aus den beiden griechischen Wörtern mikros (= klein) und skopein (= betrachten) ab und spiegelt den Verwendungszweck also deutlich wider. Ferne Gegenstände beobachten wir mit dem Teleskop (telos ist das griechische Wort für fern). Beide Instrumente ähneln sich im optischen Aufbau und sind etwa gleichzeitig erfunden worden.

Bei beiden Instrumenten ist das Zusammenspiel mit dem Auge wichtig. Wir müssen uns deshalb zunächst kurz mit diesem Sinnesorgan befassen. Wollen wir, ohne über optische Hilfsmittel zu verfügen, Einzelheiten eines Gegenstandes genauer erkennen, dann bringen wir ihn möglichst nahe vor unsere Augen. Dadurch erweitert sich der Sehwinkel – das Bild auf der Netzhaut wird größer, und mehr Details sind aufgelöst. Diese Annäherung hat im sogenannten Nahpunkt ihre Grenzen. Alles, was näher am Auge liegt, sehen wir unscharf. Die Kristallinse muß nämlich für eine scharfe Abbildung auf der Netzhaut um so stärker gekrümmt

werden, je geringer die Distanz Auge – Gegenstand ist, und diese Krümmung läßt sich nicht beliebig weit treiben. Das Scharfstellen durch die Augenlinse wird Akkomodation genannt. Bei Kindern ist der Spielraum größer als bei Erwachsenen, und Kurzsichtige müssen ohnehin alles, was sie ohne Brille scharf sehen wollen, sehr nahe vor die Augen halten – sie können im Rahmen des Auflösungsvermögens der Netzhaut deshalb natürlich auch wesentlich feinere Einzelheiten unterscheiden als Normalsichtige. Für alle Berechnungen hat man sich auf eine sogenannte deutliche Sehweite von 250 mm (auch Bezugssehweite oder konventionelle Sehweite genannt) geeinigt.

Der Winkel zwischen den Lichtstrahlen zweier Objekteinzelheiten, die in unser Auge eintreten, darf nicht kleiner als eine Winkelminute (0,0167°) sein, wenn sie noch getrennt wahrgenommen werden sollen. Rechnet man diesen Sehwinkel auf den Abstand zwischen zwei Objektpunkten in der deutlichen Sehweite von 250 mm um, dann ergeben sich 73 μm. Näher beieinanderliegende Einzelheiten verschmelzen für uns zu einem einzigen Gebilde und können nicht mehr voneinander ge-

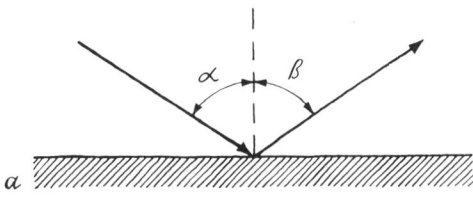
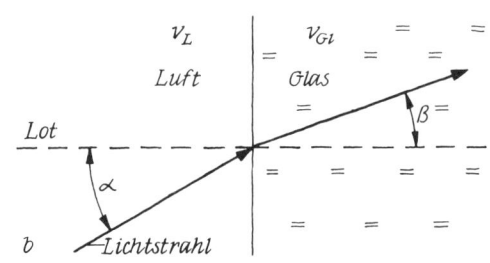

Spiegelung (a) und Brechung (b) des Lichts

trennt werden. Das Mikroskop übernimmt die Aufgabe, diesen Sehwinkel für das Auge zu vergrößern. Es läßt damit winzige Einzelheiten sichtbar werden, die dem unbewaffneten Auge grundsätzlich verborgen bleiben.

Der wichtigste Baustein des Mikroskops ist die Linse aus Glas. Ihre Wirkung beruht auf der Brechung (Refraktion) von Lichtstrahlen beim Übergang aus dem optischen Medium Luft in das optische Medium Glas oder umgekehrt. Die Brechung kommt dadurch zustande, daß sich das Licht in beiden Stoffen mit unterschiedlicher Geschwindigkeit ausbreitet – im Glas langsamer als in Luft. Das Gesetz für die Brechung lautet

$$\frac{\sin\alpha}{\sin\beta} = \frac{n_2}{n_1} = \frac{v_1}{v_2}$$

(α Winkel zwischen dem einfallenden Lichtstrahl und dem Lot auf der brechenden Fläche; β Winkel zwischen dem gebrochenen Strahl und dem Lot; n_1, n_2 Brechzahlen von Luft bzw. Glas; v_1, v_2 Lichtgeschwindigkeiten in Luft bzw. Glas). Dieses Brechungsgesetz ist die Grundlage für die Berechnung optischer Instrumente.

Wir kennen die Sammellinse (Konvexlinse) – sie vereinigt parallele Lichtstrahlen in einem Brennpunkt – und die Zerstreuungslinse (Konkavlinse), die parallele Lichtstrahlen zerstreut. Beide werden meist durch Kugelflächen (sphärische Flächen) begrenzt. Eine wichtige Kenngröße der Linsen ist ihre Brennweite. In vielen Fällen, zum Beispiel in der Augenoptik, benutzt man jedoch an deren Stelle den Begriff der Brechkraft zur Charakterisierung der „Stärke" einer Linse. Sie wird in Dioptrien gemessen und ist einfach der Kehrwert der Brennweite, die dann in Metern anzugeben ist.

Linsen finden sich einzeln oder zu Sätzen kombiniert in fast allen optischen Instrumenten wieder. Kennt man die Krümmungsradien der Linsenflächen und die

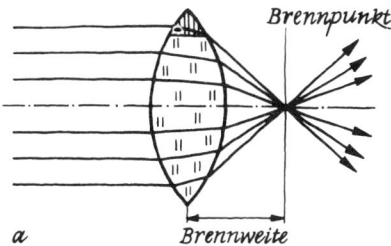

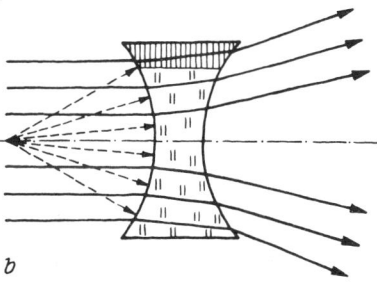

Zur Wirkungsweise von Sammellinse (a) und Zerstreuungslinse (b) auf parallele Lichtbündel

Brechzahl des Glases, dann lassen sich die Brennweiten bestimmen und Bilder von Gegenständen konstruieren, die man vor die Linse bringt. Die mathematische Beschreibung dafür ist die Abbildungs- oder Linsengleichung

$$\frac{1}{f} = \frac{1}{g} + \frac{1}{b}$$

(f Brennweite der Linse; g Abstand des Gegenstandes; b Abstand des Bildes von der Linse). Der Quotient b/g gibt den Abbildungsmaßstab an. Können solche Bilder mit einem Schirm aufgefangen werden, nennt man sie reell. Wird eine zusätzliche Sammellinse, meistens ist

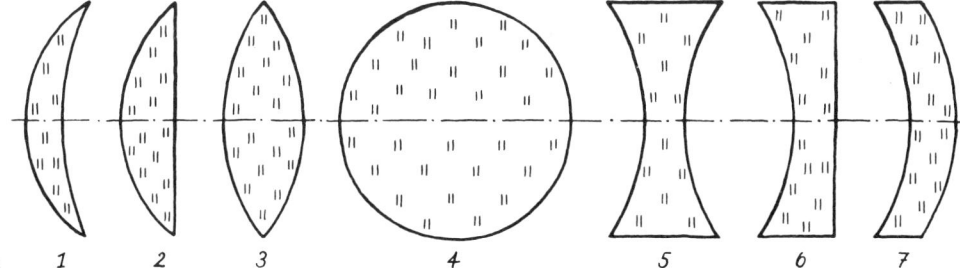

Verschiedene Linsenformen
1...4 Sammellinsen;
5...7 Zerstreuungslinsen

1   2   3   4   5   6   7

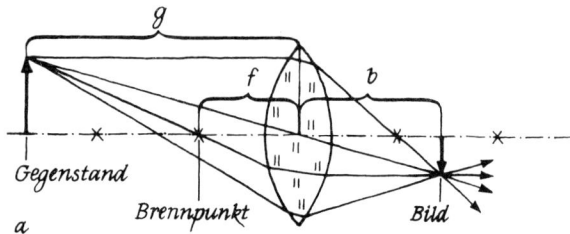

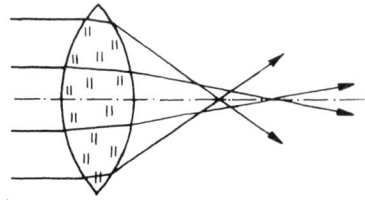

Öffnungsfehler
einer Sammellinse

Bildkonstruktion an der Sammellinse

a Das Bild ist verkleinert, umgekehrt und reell, wenn der Gegenstand außerhalb der doppelten Brennweite liegt.

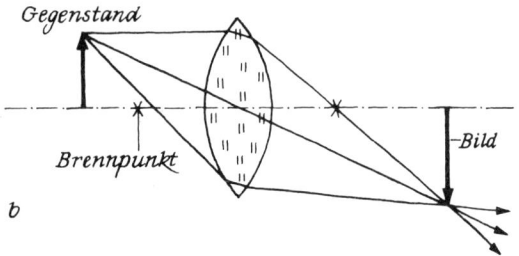

b Zwischen einfacher und doppelter Brennweite wird der Gegenstand vergrößert abgebildet.

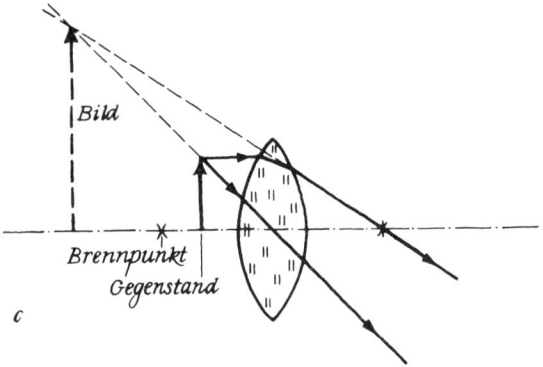

c Befindet sich der Gegenstand innerhalb der einfachen Brennweite, ist das Bild vergrößert, aufrecht, aber virtuell.

das die Kristallinse unseres Auges, benötigt, um die Strahlen hinter der Linse wieder zu einem Bild zu vereinigen, so ist ein virtuelles Bild entstanden. Das ist beispielsweise bei Lupe und Mikroskop der Fall. Während sich mit Sammellinsen sowohl reelle als auch virtuelle

Bilder erzeugen lassen, liefert eine Zerstreuungslinse ausschließlich virtuelle Bilder. Virtuelle Bilder eignen sich nur zum visuellen Beobachten; beim Fotografieren und Projizieren entstehen reelle Bilder.

Alle Linsen haben grundsätzlich Abbildungsfehler, auch wenn sie noch so sorgfältig geschliffen und poliert wurden. Herstellungsmängel verschlechtern die Bildqualität zusätzlich. Von besonderer Bedeutung für das Mikroskop ist der Öffnungsfehler, wegen der kugelförmigen Begrenzungsflächen der meisten Linsen auch sphärische Aberration (Abweichung) genannt. In den äußeren Zonen einer Sammellinse werden die Lichtstrahlen stärker gebrochen als in den achsennahen. Anders betrachtet heißt das, die Linse hat in radialer Richtung eine von innen nach außen abnehmende Brennweite. Sie entwirft also in derselben Abbildung von ein und demselben Objekt verschieden große Bilder, was sich natürlich als Unschärfe im Mikroskop bemerkbar macht. Durch Abblenden der Randstrahlen läßt sich dem Übel zu Leibe rücken – und das hat man auch lange Zeit getan. Allerdings nimmt dann die Bildhelligkeit drastisch ab; außerdem verschlechtert sich das Auflösungsvermögen, wie wir weiter unten sehen werden. Die Lösung des Problems liegt in der geeigneten Kombination verschiedener Linsen. Weitere Abbildungsfehler sind der Astigmatismus, die Koma, die Verzeichnung und der Farbenfehler (chromatische Aberration). Besonders die Beseitigung der chromatischen Aberration bereitete Generationen von Optikern großes Kopfzerbrechen. Ich komme gleich auf deren physikalische Ursachen zurück.

In der historischen Darstellung muß zwischen dem einfachen und dem zusammengesetzten Instrument unterschieden werden. Das einfache Mikroskop ist optisch gesehen nichts weiter als eine Lupe, bei der sich das Untersuchungsobjekt annähernd in der objektseitigen Linsenbrennebene befinden muß. Nach moderner Auf-

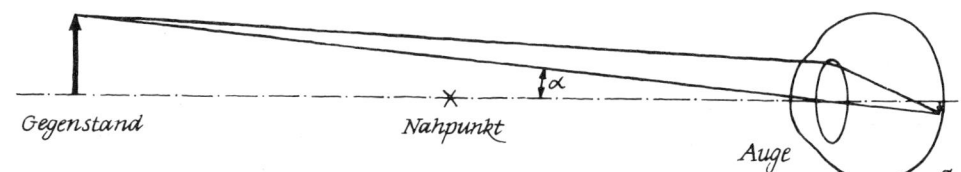

Gegenstand   Nahpunkt   Auge

a Der Gegenstand ist weit vom Auge entfernt. Der Sehwinkel und damit das Bild auf der Netzhaut ist klein.

Nahpunkt

b Der Gegenstand befindet sich im Nahpunkt. Der Sehwinkel ist größer.

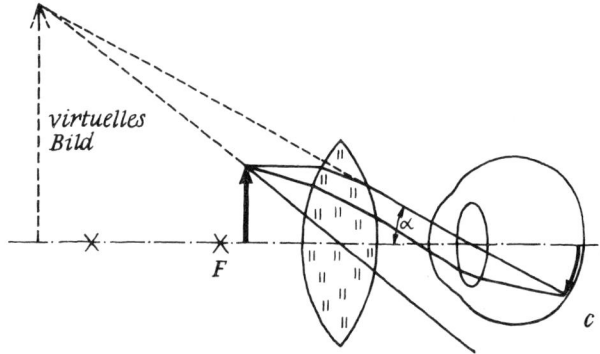

virtuelles Bild

F

c Der Gegenstand liegt innerhalb der einfachen Brennweite einer Lupe vor dem Auge. Der Sehwinkel ist stark vergrößert.

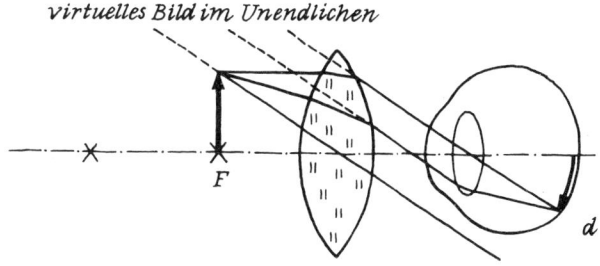

virtuelles Bild im Unendlichen

F

d Der Gegenstand befindet sich in der Brennebene der Lupe. So läßt sich mit entspanntem Auge beobachten, weil die Lichtstrahlen aus dem Unendlichen zu kommen scheinen.

fassung sprechen wir jedoch erst dann von einem einfachen Mikroskop, wenn der Lupendurchmesser kleiner als der Durchmesser der Augenpupille ist und die Linsenfassung damit strahlenbegrenzend wirkt. In unserer Mikroskopgeschichte haben wir diesen Begriff nicht so streng gefaßt und eine Lupe mit geringer Vergrößerung ebenfalls einfaches Mikroskop genannt. Für hohe Vergrößerungen müssen die Linsen einen sehr kleinen Krümmungsradius haben. Ihr Durchmesser beträgt oft weniger als 1 Millimeter, und der Abstand zwischen Präparat und Linsenvorderfläche liegt im Zehntelmillimeterbereich. Das erschwert sowohl die Handhabung als auch die Beleuchtung, insbesondere bei undurchsichtigen Objekten. Um einen möglichst großen Probenbereich (großes Sehfeld) überblicken zu können, muß man das Auge sehr nahe an die Linse heranbringen. Das Objekt wird durch die kleine Öffnung etwa so wie durch ein Schlüsselloch beobachtet, wobei das Auge zum Absuchen kreisförmig bewegt werden kann. Da die strahlenbegrenzende Blende (Linsenfassung oder separate Blende vor der Linse) sehr nahe vor der Augenlinse liegt, ist auch das Sehfeld nicht scharf begrenzt.

Die Vergrößerung V eines derartigen Lupenmikroskops hängt nur von der Brennweite f (in mm) der Sammellinse ab und berechnet sich aus $V = 250/f$, wobei die Zahl 250 die oben eingeführte deutliche Sehweite in Millimetern ist. Die Strahlen treten bei sachgemäßer Benutzung parallel in das Auge des Mikroskopikers ein, so daß nicht akkomodiert werden muß.

Das zusammengesetzte Mikroskop besteht im einfachsten Fall aus zwei auf einer gemeinsamen optischen Achse angeordneten Sammellinse. Eine davon ist dem Objekt zugewandt und wird deshalb Objektiv genannt. Sie entwirft ein reelles und vergrößertes, aber umgekehrtes Bild des Untersuchungsobjektes in den Tubus, der beide Linsen miteinander verbindet. Dieses Bild kann um so größer sein, je länger der Tubus gemacht wird. Früher sind Mikroskope deshalb zur Variation der

Vergrößerung mit einem Auszugstubus versehen worden. Durch die zweite Linse, das Okular, betrachtet der Mikroskopiker dieses Bild wie einen realen Gegenstand mit einer Lupe. Er sieht es also nochmals vergrößert, aber nach wie vor umgekehrt. Die Gesamtvergrößerung des Mikroskops setzt sich demnach aus dem Abbildungsmaßstab des Objektivs multipliziert mit der Lupenvergrößerung des Okulars zusammen:

$$V_{\text{Mikroskop}} = M_{\text{Objektiv}} V_{\text{Okular}} \text{ mit}$$

$$M_{\text{Objektiv}} = \frac{t_{\text{opt}}}{f_{\text{Objektiv}}}$$

(t_{opt} optische Tubuslänge; f_{Objektiv} Brennweite des Objektivs). Da die Abbildung zeitstufig ist, darf die Objektivlinse bei gleicher Gesamtvergrößerung eine erheblich längere Brennweite haben als die Lupe eines einfachen Mikroskops. Damit wird auch der Arbeitsabstand – die Distanz zwischen Präparat und Objektivlinse – entsprechend größer und das Scharfstellen erleichtert. Aus dem gleichen Grunde vereinfacht sich die Beleuchtung undurchsichtiger Präparate.

Das Scharfstellen, auch Fokussieren genannt, erfordert einen hochpräzisen Bewegungsmechanismus, mit

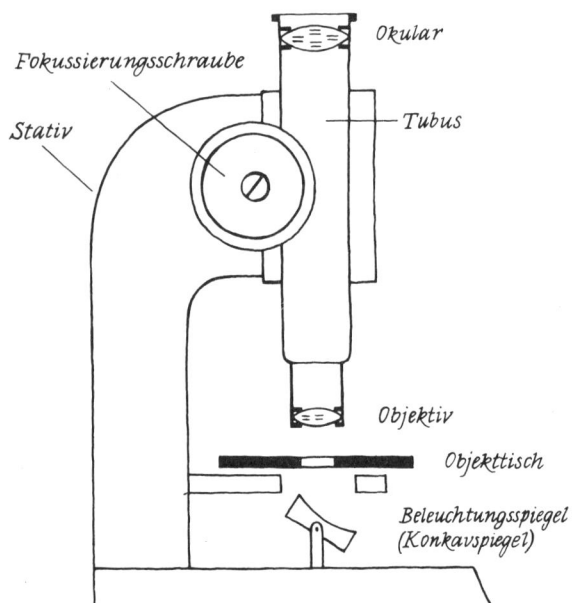

Die wichtigsten Elemente des zusammengesetzten Mikroskops

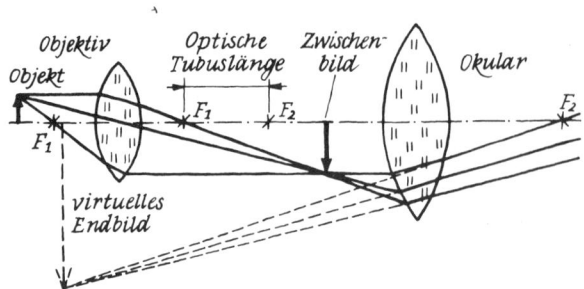

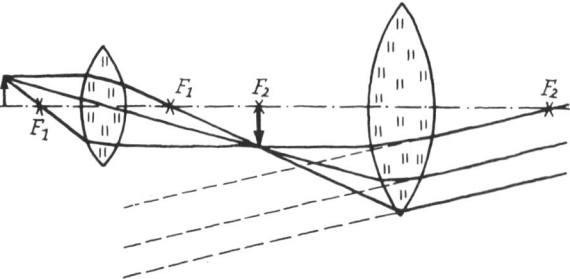

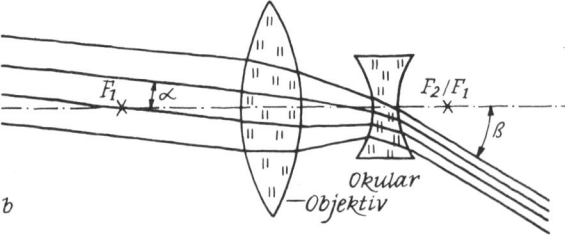

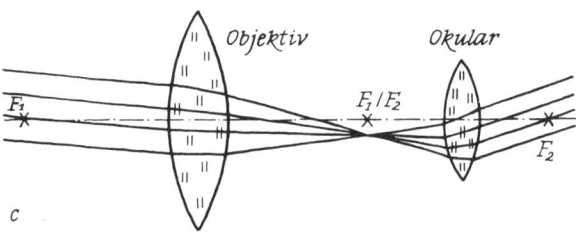

Strahlengänge im Mikroskop und in Fernrohren
a zusammengesetztes Mikroskop;
b Galileisches Fernrohr;
c astronomisches Fernrohr;

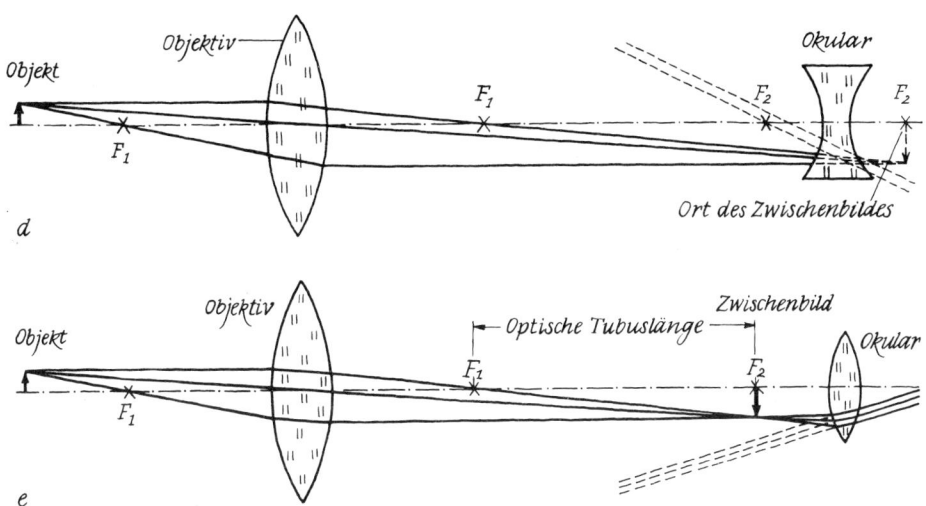

d Galileisches Fernrohr als Mikroskop;
e astronomisches Fernrohr als Mikroskop

d und e werden als Teleskop-Mikroskope
oder Megaloskope bezeichnet.

dem der Abstand zwischen Objektiv und Präparat feinfühlig geändert werden kann. Dabei bewegt sich entweder der Tubus oder aber der Präparathalter längs der optischen Achse hin und her (auf und nieder). Jeder, der schon einmal durch ein Mikroskop – besonders bei hohen Vergrößerungen – geschaut hat, weiß, daß der Schärfenbereich sehr schmal ist. So lassen sich bei „gebirgigen" Proben die „Bergspitzen" und die „Talsohlen" nicht gleichzeitig scharf sehen; es muß ständig nachfokussiert werden, je nachdem, ob man in die „Täler" oder auf die „Höhen" blicken will. Der Schärfebereich, auch Schärfentiefe genannt, beträgt bei 1000facher Ver-

größerung nur noch etwa 0,3 μm. Mindestens mit dieser Genauigkeit muß sich der Feintrieb des Mikroskops einstellen lassen. – Präzisionsoptik und Präzisionsmechanik gehören deshalb im Mikroskopbau untrennbar zusammen.

Bereits Mitte des 17. Jahrhunderts wurde eine dritte Linse in den Strahlengang des Mikroskops eingebaut, mit der aber weder eine zusätzliche Vergrößerung noch eine Bildumkehr angestrebt worden ist. Zweck dieser Neuerung war es vielmehr, das Sehfeld zu erweitern, scharf zu begrenzen und besser auszuleuchten. Man nannte sie deshalb auch treffend Feldlinse oder Kollek-

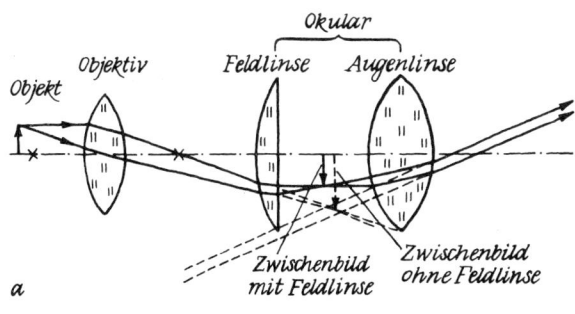

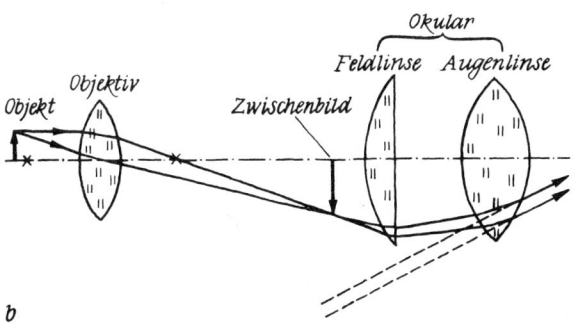

Mikroskop mit Feldlinse
a HUYGENS-Okular;

b RAMSDEN-Okular

tivglas. Dieses zusätzliche optische Element ist inzwischen längst fester Bestandteil des Okulars geworden. Auf Seite 233 sind zwei Varianten abgebildet – das HUYGENS-Okular, bei dem die Feldlinse von der Objektivseite her gesehen dicht vor dem reellen Bild angebracht ist, und das RAMSDEN-Okular, in dem die Feldlinse näher an die eigentliche Okularlinse herangerückt wurde. Beim HUYGENS-Okular wird beispielsweise gleichzeitig auch eine Korrektur des Öffnungsfehlers erreicht, weil sich die Strahlen zwischen beiden Linsen schneiden und damit die in der Feldlinse stärker gebrochenen Randstrahlen auf den achsennäheren Bereich der Okularlinse gelangen, wo sie weniger als am Rande

abgelenkt werden. Die achsennahen Strahlen der Feldlinse treffen dagegen auf den Randbereich der Okularlinse.

Mehrere Objektive verschiedener Stärke werden häufig auf einem sogenannten Revolver angeordnet und lassen sich leicht durch eine Drehbewegung untereinander austauschen. Dagegen ist es nicht üblich, Okulare mit einem Revolver zu wechseln. Bei einem modernen Mikroskop sind Objektiv- und Okularwechsel ohne ein Nachfokussieren möglich.

Von größter Bedeutung für die Mikroskopie ist die ausreichende und richtige Beleuchtung der Objekte. Wir können nur solche Gegenstände sehen, die entweder selbst leuchten oder Licht reflektieren bzw. streuen. Grundsätzlich unterscheiden wir in der Mikroskopie das Auflichtverfahren für undurchsichtige Präparate und das Durchlichtverfahren für durchsichtige. In beiden Fällen kann man nun entweder so beleuchten, daß das Licht des Beleuchtungsapparates direkt bzw. reflektiert in das Mikroskop gelangt, oder so, daß nur von den Objekteinzelheiten gestreute Strahlung vom Objektiv aufgenommen wird. Im ersten Fall sehen wir die Präparatdetails dunkel auf hellem Untergrund und sprechen – weil das gesamte Sehfeld beleuchtet erscheint – von Hellfeldbeleuchtung; im zweiten Fall leuchten die Objekteinzelheiten auf dunklem Untergrund auf – die Dunkelfeldbeleuchtung ist verwirklicht. Die Fortschritte der Mikroskopie sind eng mit der Entwicklung leistungsfähiger Beleuchtungseinrichtungen verknüpft.

In der optischen Praxis ist es häufig ausreichend, den Wellencharakter des Lichts zu vernachlässigen und Lichtstrahlen als Linien anzusehen, die mit dem Lineal gezogen werden können. Wir haben das bisher ebenfalls getan. Die dieser Verfahrensweise zugrunde liegende geometrische oder Strahlenoptik versagt jedoch, wenn es beispielsweise gilt, die Auflösungsgrenze des Mikroskops abzuschätzen oder seine Farbenfehler zu verstehen. Nach der geometrischen Optik dürfte es nämlich überhaupt keine physikalische Begrenzung für die Auflösung geben, und lange Zeit hat man das auch geglaubt und die Ursachen für das beschränkte beobachtete Auflösungsvermögen allein in der technischen Unvollkommenheit der Mikroskope gesucht. Wegen der Wellennatur des Lichts ist jedoch dessen unvermeidliche Beugung zu berücksichtigen. Im Mikroskop ist sie gleich

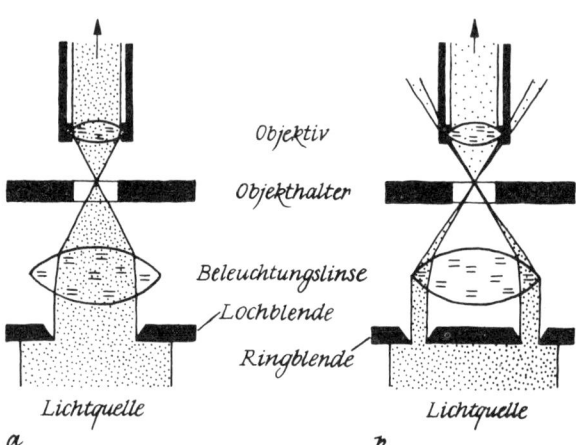

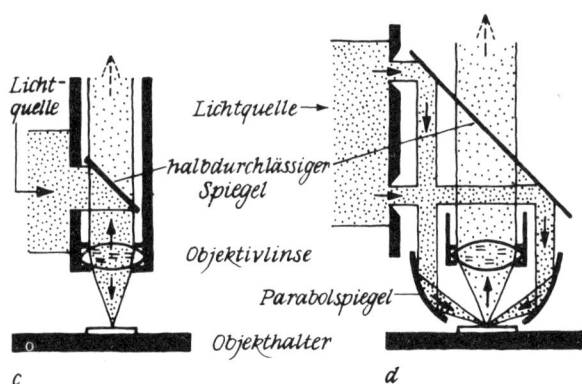

Beleuchtungsarten im Mikroskop

a Durchlicht-Hellfeld   b Durchlicht-Dunkelfeld
c Auflicht-Hellfeld   d Auflicht-Dunkelfeld

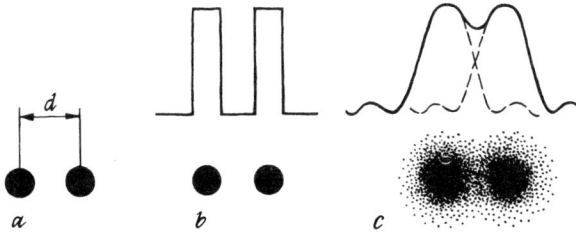

Auflösung und Beugung

a Gebilde im Objekt
b fehlerfreie Abbildung ohne Beugung
c Abbildung mit Beugung

ten demonstriert das Bild auf Seite 236. Es ist jedoch zu beachten, daß die Auflösung nur in einer Richtung verbessert werden kann, in der anderen aber unverändert bleibt.

Die Auflösungsformel des Mikroskops läßt die überragende Bedeutung des Objektivs für dieses Instrument erkennen. Einzig über die numerische Apertur und die Wellenlänge kann seine Leistung gesteigert werden – vom Okular ist keine Rede. Letzteres muß allerdings so gut in seinen optischen Eigenschaften sein, daß es auch alle vom Objektiv aufgelösten Feinheiten erkennen läßt.

Rechnet man mit grüngelbem Licht ($\lambda = 550\,\text{nm}$) und $\sin \alpha = 0,95$ – das ist der praktisch maximal erreichbare Wert –, dann ergibt sich für $n = 1$ (also Luft zwischen Objekt und Objektivlinse) bei ansonsten völlig fehlerfreier Abbildung eine theoretische Auflösung von 350 nm. Sie läßt sich noch etwas steigern (der Wert also verkleinern), wenn die Luft zwischen Objekt und Objektivlinse durch eine sogenannte Immersionsflüssigkeit – Wasser oder ein klares Öl mit hoher Brechzahl – ersetzt wird. Mit Zedernholzöl ($n \approx 1,5$), das man lange Zeit verwendet hat, ist praktisch eine numerische Apertur um 1,40 zu erreichen. Die Grenzauflösung liegt dann bei 240 nm. Dieser Wert wurde bereits 1890 auch praktisch erreicht. Damit ist man für sichtbares Licht an einer unüberwindlichen Schranke angelangt. Der einzige Weg zur Steigerung der Leistungsfähigkeit des Mikroskops besteht noch in der Reduzierung der Wellenlänge des zur Abbildung benutzten Lichts. Dafür bietet sich ultraviolette Strahlung (UV) an. Abgesehen davon, daß die Linsen dann nicht mehr aus gewöhnlichem optischem Glas, sondern aus Quarz gefertigt sein müssen, kann der Mikroskopiker seine Präparate natürlich auch

zweifach wirksam. Zum einen wird das Licht der Beleuchtungseinrichtung an den feinen Strukturen des Objekts gebeugt, und zum anderen wirkt die Objektivlinsenfassung als beugende Öffnung für die Lichtquellen, die von den einzelnen Objektpunkten ausgehen. Nach der wellenoptischen Theorie des Mikroskops wird durch die Beugung des Lichts an der Objektivlinsenfassung – oder an einer hinter der Objektivlinse befindlichen Blende – aus jedem punktförmigen Gebilde im Objekt ein leuchtendes Beugungsscheibchen im Bild. Der Abstand d, den zwei solcher Punkte dann im Objekt gerade noch haben dürfen, damit die Beugungsscheibchen im Bild getrennt zu sehen sind, ist

$$d = \frac{0,61\,\lambda}{n \sin \alpha} = \frac{0,61\,\lambda}{A}$$

(λ Wellenlänge des benutzten Lichts; n Brechzahl im Raum zwischen Objekt und Objektiv; α halber Öffnungswinkel des Lichtkegels, der von einem Objektpunkt in das Objektiv eintritt; $A = n \sin\alpha$ wird nach ABBE numerische Apertur genannt). Der Wert von d hängt in der Praxis aber noch von der Art der Beleuchtung ab.

In älteren Arbeiten über historische Mikroskope und deren Auflösung fehlen häufig exakte Angaben zur Beleuchtung, so daß die angegebenen Werte mit Vorsicht zu betrachten sind. Moderne Untersuchungen alter Instrumente zeigen, daß deren Auflösung durch Verwendung eines Beleuchtungskondensors beträchtlich gesteigert werden kann. Das unterstreicht die Bedeutung der Beleuchtung. Die Wirkung von Schräglicht zur Steigerung der Auflösung an periodisch strukturierten Objek-

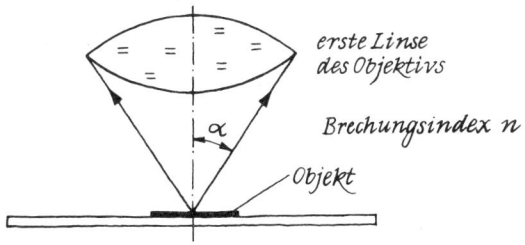

Zur Erläuterung des Begriffs „numerische Apertur"

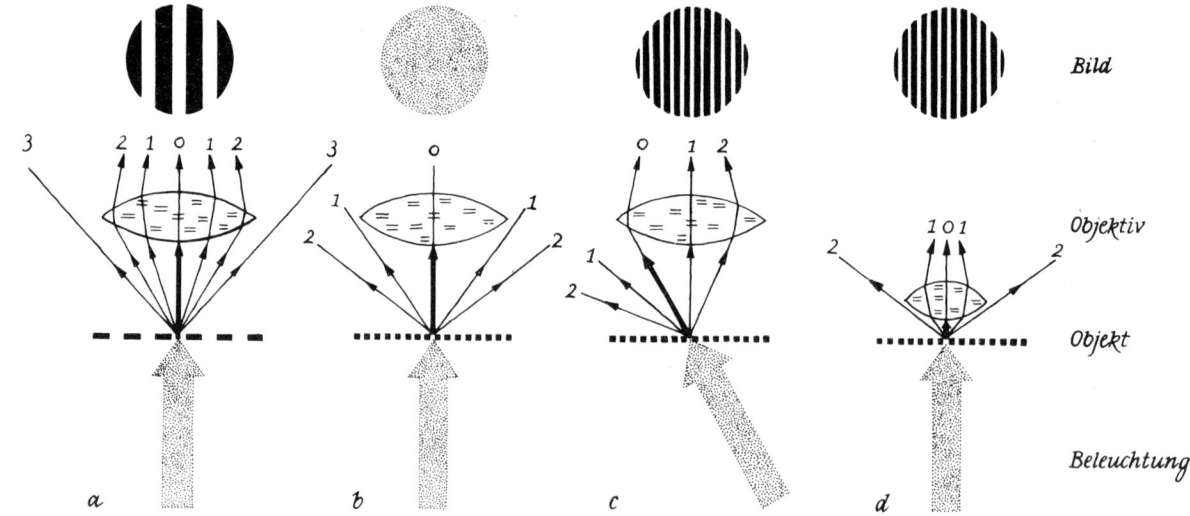

Schräglichtbeleuchtung und Auflösung

a Es gelangt neben dem ungebeugten (0) auch gebeugtes Licht (1, 2) in das Objektiv. Das Gitter wird aufgelöst.

b Bei einem engeren Gitter wird der Beugungswinkel größer. Es gelangt nur ungebeugtes Licht in das Objektiv. Das Gitter wird nicht aufgelöst.

c Dieselbe Anordnung von Objekt und Objektiv liefert ein Bild des Gitters, wenn schräg beleuchtet wird.

d Durch Erhöhung der numerischen Apertur kann die Auflösung gesteigert werden.

nicht mehr direkt mit dem Mikroskop beobachten. Auf dem Umweg über die Fotoplatte oder einen Bildwandler läßt sich dieser Mangel zumindest teilweise beheben. Die Auflösungsgrenze wurde so bis zu etwa 150 nm verschoben. Dieser Wert kann grundsätzlich durch kein lichtoptisches Mikroskop unterboten werden. Zur Steigerung der Auflösung hat sich das ultraviolette Licht jedoch nicht durchsetzen können, wohl aber als Hilfsmittel in der Fluoreszenzmikroskopie und der Mikroskop-Spektralfotometrie.

Das begrenzte Auflösungsvermögen des Mikroskops setzt auch der sinnvollen – besser förderlichen – Vergrößerung dieses Instruments Grenzen. Berücksichtigen wir, daß unser Auge in der deutlichen Sehweite nur $73\,\mu$m auflösen kann, so müssen die Objekteinzelheiten mindestens auf diesen Wert vergrößert werden, damit sie überhaupt wahrnehmbar sind. Es muß also

$$Vd = V\frac{0,61\,\lambda}{A}$$ mindestens gleich $73\,\mu$m sein. Setzen wir die obigen Zahlenwerte für λ und d ein, so sollte die minimal erforderliche Vergrößerung $V_{min} = 220\,A$ sein. In der Praxis setzt man für ein bequemes Arbeiten das Zwei- bis Vierfache dieses Wertes an. Die förderliche Vergrößerung $V_{förderlich}$ wird demnach zwischen $500\,A$ und $1000\,A$ liegen. Jede darüber hinausgehende Vergrößerung ist leer und fördert keine neuen Einzelheiten zutage, sie kann sogar unvorteilhaft sein.

Zum Abschluß der Betrachtungen über die Auflösung des Mikroskops soll noch auf den Unterschied zwischen Auflösung und Erkennbarkeit hingewiesen werden. Aufgelöst sind Objekteinzelheiten nach den obigen Erläuterungen dann, wenn sie im Mikroskop getrennt wahrgenommen werden. Die untere Grenze dafür haben wir soeben kennengelernt. Etwas ganz anderes ist die Erkennbarkeit sehr kleiner Gebilde. Helle Einzelheiten auf dunklem Untergrund können nämlich fast beliebig klein sein, sie werden trotzdem erkannt, wenn sie nur genügend intensiv leuchten. Auch dunkle Pünktchen auf hellem Grund sind bei gutem Kontrast auch dann noch sichtbar, wenn ihr Durchmesser weit unter der mikroskopischen Auflösungsgrenze liegt. In beiden Fällen kann jedoch nur die Anwesenheit der winzigen Gebilde

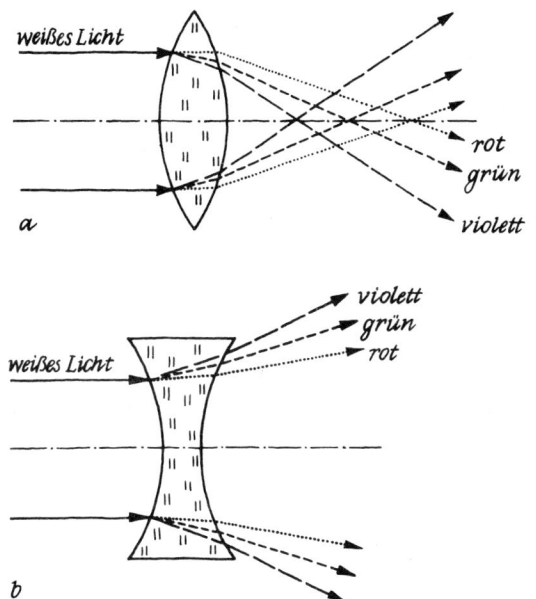

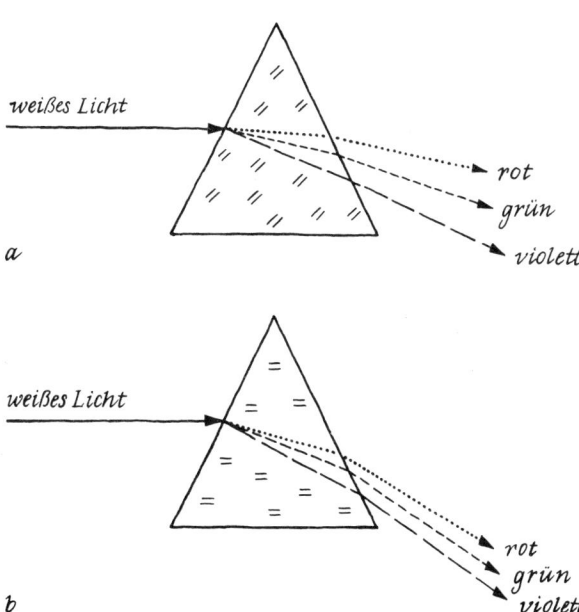

Die Zerlegung (Dispersion) des weißen Lichts in die Farbanteile durch Sammellinse (a) und Zerstreuungslinse (b)

Die Dispersion an einem Prisma aus Flintglas (a) und Kronglas (b)

festgestellt werden; Aussagen über deren Form und Größe sind nicht möglich.

Die theoretische Auflösungsgrenze des Mikroskops wurde bereits im vergangenen Jahrhundert auch praktisch erreicht. Voraussetzung dafür war die Korrektur der Abbildungsfehler, insbesondere der chromatischen Aberration.

So wie die Auflösung des Mikroskops sind auch seine Farbenfehler nur auf wellenoptischer Grundlage zu verstehen. Die für uns verschiedenfarbigen elektromagnetischen Lichtwellen unterscheiden sich nur durch ihre Wellenlänge voneinander. Im gesamten elektromagnetischen Spektrum, das einen Wellenlängenbereich von einigen 10^4 m bis 10^{-16} m umfaßt, kann das menschliche Auge den winzigen Bereich von 400 nm bis 700 nm wahrnehmen. Röntgenstrahlen oder Rundfunkwellen sind nur mittels „künstlicher Sinnesorgane" nachweisbar. Die Vielfarbigkeit des Lichts hat den Optikern jahrhundertelang Kopfzerbrechen bereitet. Sind einerseits aus einem Farbbild ungleich mehr Informationen zu entnehmen als aus einem schwarzweißen, so treten andererseits in unkorrigierten Mikroskopen unübersehbare Farbenfehler auf, die den Bildinhalt verfälschen und die Auflösung drastisch verschlechtern. Die Ursache dafür liegt in der Farbenzerstreuung (Dispersion) bei der Brechung. Weißes Licht wird in einer Linse nicht nur gebrochen, sondern auch noch zerlegt, und zwar so, daß die kurzwelligen Anteile (violett) stärker abgelenkt werden als die langwelligen (rot). Die Linse hat für die verschiedenen Farben unterschiedliche Brennweiten – für violett kürzere als für rot. Durch diese Zerlegung des weißen Lichts in der Linse erhalten alle Bildeinzelheiten farbige Säume. Je höher die Vergrößerung, desto breiter die Farbränder. Erst nach Beseitigung dieses Fehlers, der chromatischen Aberration, hat das zusammengesetzte Mikroskop seinen unangefochtenen Siegeszug als wissenschaftliches Instrument antreten können – und zwar vor wenig mehr als 150 Jahren.

Die Dispersion ist eine Eigenschaft des Glases und grundsätzlich nicht vermeidbar. Glücklicherweise gibt es Gläser, die eine starke Brechkraft und eine geringe Farbenzerstreuung aufweisen (z. B. Kronglas), und andere, die bei relativ geringer Brechung das Farbenspektrum weiter auseinanderziehen. Der Weg zur Achroma-

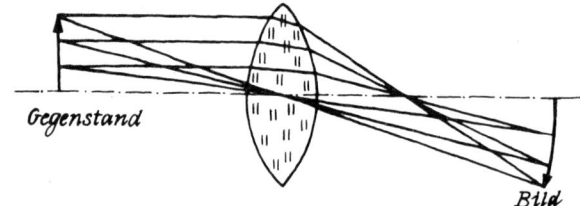

Die Bildfeldwölbung bei einer Einzellinse

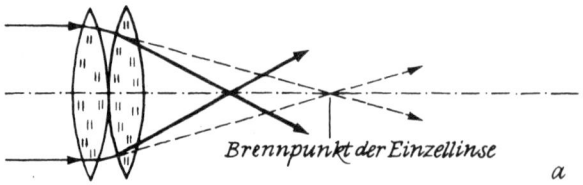

Linsenkombinationen

a Kombination zweier Sammellinsen. Die Brechkraft des Dubletts ist größer als die jeder Einzellinse.

tisierung, also der Verminderung oder Beseitigung des Farbenfehlers, ist damit gewiesen: Eine Sammellinse aus Kronglas muß mit einer schwächeren Zerstreuungslinse aus Flintglas zusammengekittet werden. Das Dublett wirkt dann immer noch als Sammellinse, wenn auch durch die Zerstreuungslinse abgeschwächt. Die zerstreuten Farben lassen sich aber ganz brauchbar vereinigen, weil die Konkavlinse die Wellenlängen umgekehrt zerstreut wie die Sammelinse. Da so aber nicht alle Farben zusammengeführt werden können, bleibt noch ein Farbenfehlerrest zurück, der jedoch nur bei höchsten Ansprüchen stört. ERNST ABBE (1840–1905) gelang es, mit seinen sogenannten Apochromaten 1886 die Objektive „farbspurenfrei" zu machen. Die „schwere Geburt" des achromatischen Mikroskops und die Beseitigung auch der letzten Farbenfehler spielen in der Geschichte des Mikroskops eine bedeutende Rolle.

Der Erfolg mikroskopischer Untersuchungen hängt von vielen Faktoren ab. An erster Stelle steht natürlich die Leistungsfähigkeit des Mikroskops selbst, d. h. die Qualität seines optischen Systems und die mechanische Präzision. Kaum weniger wichtig ist aber der Zustand des Präparats. Häufig muß erst aufwendig präpariert werden, um das Untersuchungsobjekt so aufzubereiten, daß die gesuchten Einzelheiten im Mikroskop auch bestmöglich sichtbar sind. Von außerordentlicher Bedeutung ist – wie wir sahen – die richtige Beleuchtung. Kontrast und Auflösung werden entscheidend durch die

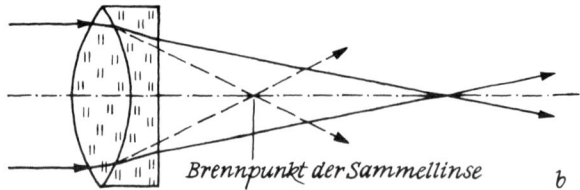

b Kombination einer Sammellinse mit einer Zerstreuungslinse. Das Dublett wirkt als Sammellinse, wenn die Brechkraft der Sammellinse größer ist als die der Zerstreuungslinse.

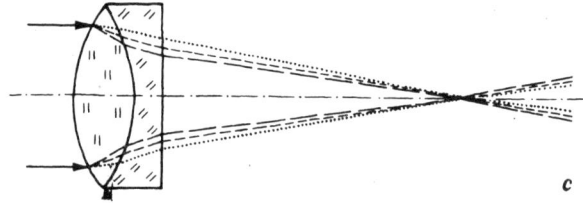

c Durch Kombination einer Sammellinse aus Kronglas mit einer Zerstreuungslinse aus Flintglas läßt sich der Farbenfehler korrigieren.

Wahl der günstigsten „Lichtverhältnisse" bestimmt. Schließlich dürfen wir den Beobachter selbst nicht vergessen. Das mikroskopische Bild entsteht ja erst auf der Netzhaut seines Auges. Seine Kenntnisse, sein Geschick und seine Erfahrungen bestimmen letztlich den Erfolg des mikroskopischen Experiments.

Zeittafel zur Geschichte des Mikroskops

I. Das Lichtmikroskop

um 500 v.u.Z. Griechen und Römer benutzen Linsen als Brenngläser, aber nicht als Lupen.

um 140 u.Z. Der Alexandriner CLAUDIUS PTOLEMÄUS untersucht das Phänomen der Lichtbrechung, findet aber nicht das Brechungsgesetz.

um 1000 Der Araber ALHAZEN schreibt sein berühmtes „Thesaurus opticus" und erfindet den Lesestein.

um 1285 In Italien wird die Brille mit Sammellinsen erfunden.

um 1520 Brillen mit Konkavlinsen für Kurzsichtige kommen in Gebrauch.

1590 HANS MARTENS und ZACHARIAS JANSEN, bekannt als Vater und Sohn JANSEN, erfinden angeblich das zusammengesetzte Mikroskop. Diese Legende wurde inzwischen widerlegt.

um 1600 THOMAS MOUFET untersucht Insekten mit Lupen bei 10...20facher Vergrößerung.

1608 HANS LIPPERHEY meldet ein Fernrohr mit einer Sammel- und einer Zerstreuungslinse zum Patent an, das später als holländisches oder GALILEISCHES Fernrohr bekannt wird.

1611 JOHANNES KEPLER erfindet das astronomische Fernrohr, das zwei Sammellinsen enthält.

1618 WILLIBRORD SNELL VAN ROYEN, auch SNELLIUS genannt, findet das Brechungsgesetz. Der Fachwelt bekannt wird es aber erst durch RENÉ DESCARTES' Werk „Dioptrique" im Jahre 1637.

um 1620 Erste verbürgte Nachrichten über zusammengesetzte Mikroskope, die CORNELIUS DREBBEL in London besitzt. Das Instrument wurde vermutlich etwa 10 Jahre früher erfunden. Der Erfinder ist bis heute unbekannt.

1622/23 DREBBELSche Mikroskope gelangen nach Rom.

1624 GALILEI baut DREBBELSche Mikroskope nach.

1624/25 Der Begriff Mikroskop wird geprägt.

1625 Das „Apiarium", ein Buch über mikroskopische Untersuchungen an der Honigbiene von FRANCESCO STELLUTI und FREDERICO CESI wird in Rom verlegt. Erstmals erscheint das Wort Mikroskop gedruckt, und zwar auf dem Titelkupferstich.

1631 Der Schulmeister ISAAC BEECKMANN skizziert in seinem Tagebuch das DREBBELSche Mikroskop. Es ist die älteste bekannte Darstellung eines zusammengesetzten Mikroskops.

1637 RENÉ DESCARTES beschreibt einen Spiegel für die Beleuchtung undurchsichtiger Objekte, der später als „LIEBERKÜHN-Spiegel" große Bedeutung erlangt.

um 1645 Der Italiener EUSTACHIO DIVINI erfindet das Schiebetubus-Mikroskop.

1646 Der Jesuitenpater ATHANASIUS KIRCHER sieht als erster Mikroorganismen mit dem einfachen Mikroskop. Er empfiehlt, kleine Glaskügelchen als Linsen zu benutzen.

1654 JOHANN WIESEL aus Augsburg führt die im Fernrohr bereits bekannte Feldlinse in das Mikroskop ein.

1655 PIERRE BOREL, ein Leibarzt LUDWIGS XIV., veröffentlicht ein Buch, in dem er fälschlicherweise Vater und Sohn JANSEN die Erfindung von Fernrohr und Mikroskop zuschreibt.

1664 HENRY POWER stellt wahrscheinlich als erster mit dem zusammengesetzten Mikroskop Durchlichtbeobachtungen an, indem er sein Mikroskop auf eine Glasplatte über einer Lampe stellt.

1665 In London erscheint die „Micrographia" von ROBERT HOOKE. Sie enthält die älteste veröffentlichte Abbildung eines zusammengesetzten Mikroskops. Das Instrument hatte ein Säulenstativ.

1666 ISAAC NEWTON untersucht mit dem Prisma die Zerlegung des Lichts. Sein „Glas-Wasser-Versuch" führt ihn zu der falschen Ansicht, daß die Achromatisierung von Linsen unmöglich ist.

1668 E. DIVINI baut ein verbessertes Okular mit zwei Plankonvexlinsen.

1669 I. NEWTON stellt die Teilchenlehre (Emanationstheorie) des Lichts auf.

1672 CHRISTIAAN HUYGENS erarbeitet die Wellenlehre (Undulationstheorie) des Lichts.

I. NEWTON schlägt vor, Mikroskope mit Spiegeln statt mit Linsen zu bauen.

JOHANN CHRISTOPH STURM beschreibt zweilinsige Mikroskopobjektive.

1673 ANTONI VAN LEEUWENHOEK berichtet erstmals in einem Brief an die Royal Society in London über mikroskopische Beobachtungen.

Der Danziger Astronom JOHANNES HEVELIUS erfindet einen Fokussierungsmechanismus mit Schrauben, den später MARSHALL übernimmt und verbessert.

1677 CHERUBIN D'ORLEANS baut ein binokulares Mikroskop.

um 1678 SAMUEL MUSSCHENBROEK versieht seine einfachen Mikroskope mit einem Blendenapparat zur Regulierung der Beleuchtung transparenter Objekte.

um 1680 GUISEPPE CAMPANI erfindet das Gewindetubus-Mikroskop, für das 1685 TORTONA die Durchlichtbeleuchtung einführt.

1691 FILIPPO BONANNI beschreibt ein waagerechtes zusammengesetztes Mikroskop mit zweilinsigem Kollektor für Durchlichtbeleuchtung.

1694 NICOLAAS HARTSOEKER überträgt das Gewindetubus-Prinzip auf das einfache Mikroskop. Das Instrument wird ab 1720 durch WILSON unter der Bezeichnung screw barrel microscope bekannt.

1704 JOHN MARSHALL veröffentlicht eine Mikroskopkonstruktion mit Säulenstativ, bei der Durchlichtbeleuchtung möglich ist. Die Feinfokussierung wird mit einem verbesserten Mechanismus nach HEVELIUS bewerkstelligt.

1712 CHRISTIAN GOTTLIEB HERTEL benutzt einen Planspiegel für die Durchlichtbeleuchtung. Sein Mikroskop ist als erstes mit einem Kreuztisch versehen. HERTEL bringt auch als erster ein Mikrometer in der Brennebene des Okulars an.

1725–1730 EDMUND CULPEPER entwickelt sein Dreibein-Stativ. Als erster verwendet er einen konkaven Beleuchtungsspiegel.

1733 CHESTER MOOR HALL baut das erste achromatische Fernrohrobjektiv.

um 1740 JOHANN NATHANAEL LIEBERKÜHN konstruiert Sonnenmikroskope. Vor ihm hat jedoch bereits DANIEL GABRIEL FAHRENHEIT derartige Instrumente gebaut.

1743 JOHN CUFF erfindet ein neues Mikroskopstativ, bei dem das Objekt frei zugänglich ist.

1746 GEORG ADAMS D. Ä. konstruiert die erste Ausführungsform eines Objektivrevolvers.

1757 JOHN DOLLOND wiederholt NEWTONS „Glas-Wasser-Versuch" und findet, daß die Achromatisierung im Gegensatz zu NEWTONS Meinung doch möglich ist. SAMUEL KLINGENSTIERNA hatte ihn 1755 auf NEWTONS Irrtum hingewiesen.

1762 Vater und Sohn VAN DEYL fertigen nach eigenen Angaben das erste achromatische Mikroskopobjektiv. Erst vierzig Jahre später baut der Sohn achromatische Mikroskopobjektive für den Verkauf.

1767 GEORG FRIEDRICH BRANDER erfindet den ersten mikroskopischen Zeichenapparat.

1774 BENJAMIN MARTIN baut ein Sonnenmikroskop für undurchsichtige Objekte.

1783 FRANZ AEPINUS konstruiert ein achromatisches Teleskop-Mikroskop.

1791 FRANÇOIS BEELDSNYDER berechnet und fertigt das erste praktisch brauchbare achromatische Mikroskopobjektiv.

1823/24 M. SELLIGUE regt CHEVALIER an, mehrere langbrennweitige achromatische Linsen zu einem Satzobjektiv zusammenzustellen.

ab 1830 Das zusammengesetzte Mikroskop mit achromatischen Satzobjektiven übertrifft in seiner Leistung eindeutig das einfache Instrument und löst es damit ab.

ab 1845 FRIEDRICH ADOLPH NOBERT beginnt mit der Herstellung von Testplatten für das Mikroskop.

1847 GIOVANNI BATTISTA AMICI erfindet die Wasserimmersion.

1848 GEORGES OBERHAEUSER konstruiert das Hufeisenstativ.

1869 ERNST ABBE entwickelt den später nach ihm benannten Beleuchtungsapparat für das Mikroskop.

1873 E. ABBE arbeitet die Theorie der mikroskopischen Abbildung aus. Unabhängig von ihm kommt HERMANN VON HELMHOLTZ zum selben Ergebnis.

1876 E. ABBE baut ein Mikroskop mit homogener Immersion.

1886 Es gelingt E. ABBE, mit seinen Apochromaten den Farbenfehler vollständig zu beseitigen.

1893 AUGUST KÖHLER entwickelt bei Zeiss das nach ihm benannte Beleuchtungsverfahren.

1902 HENRY SIEDENTOPF und RICHARD ZSIGMONDY bauen ihr Ultramikroskop (Nobelpreis 1926).

1904 A. KÖHLER nutzt nach einem älteren Vorschlag ABBES ultraviolettes Licht für die Mikroskopie.

1932 FRITS ZERNIKE entdeckt den Phasenkontrast. 1941 erscheint das erste kommerzielle Gerät auf dem Markt (Nobelpreis 1953).

1938 HANS BOEGEHOLD berechnet bei Zeiss Planachromate und Planapochromate. BRUNO GERSTENBERGER entwickelt bei Zeiss das berühmte Stativ L.

II. Das Elektronenmikroskop

1858   JULIUS PLÜCKER beobachtet die Ablenkung von Katodenstrahlen (Elektronenstrahlen) durch ein Magnetfeld.

1896   KRISTIAN BIRKELAND bündelt Elektronen mit einer Magnetspule.

1897   KARL FERDINAND BRAUN erfindet die Katodenstrahlröhre (Braunsche Röhre).

1905   ROBERT RANKIN verwendet eine kurze Spule zur Fokussierung der Elektronenstrahlen in der Braunschen Röhre.

       ALBERT EINSTEIN begründet die Teilchenhypothese des Lichts und zeigt, daß Licht sowohl Teilchen als auch Welle sein kann. Er erklärt damit den lichtelektrischen Effekt (Nobelpreis 1922).

1924   LOUIS VICTOR DUC DE BROGLIE stellt die Hypothese der Materiewellen für bewegte Teilchen und somit auch für Elektronen auf (Nobelpreis 1929).

1926   DENNIS GÁBOR verwendet erstmals eine eisengekapselte Spule zur Fokussierung der Elektronen in einem Hochspannungsoszillographen.

       HANS BUSCH findet heraus, daß eine stromdurchflossene Spule auf Elektronenstrahlen in gleicher Weise wirkt wie eine Sammellinse auf Licht. Die Linsengleichung der Lichtoptik läßt sich auch auf Elektronen anwenden. H. BUSCH wird zum Begründer der Elektronenoptik.

1927   HUGO STINTZING läßt sich eine Vorrichtung für den Nachweis submikroskopischer Teilchen patentieren, in der u.a. das Abrastern des Untersuchungsobjekts mit einem feinen Elektronenstrahl vorgeschlagen wird. Er leistet damit Vorarbeit für die Erfindung des Raster-Elektronenmikroskops.

       CLINTON JOSEPH DAVISSON und LESTER HALBERT GERMER in den USA sowie GEORGE PAGED THOMSON in England weisen durch Beugungsexperimente die Welleneigenschaften von Elektronenstrahlen nach (Nobelpreis 1937 für DAVISSON und THOMSON).

1928   ADOLF MATTHIAS gründet an der TH Berlin-Charlottenburg eine Arbeitsgruppe für die Entwicklung von Hochspannungsoszillographen. Von einem Mitglied dieser Gruppe, dem Elektrotechniker ERNST RUSKA, wird später das Durchstrahlungs-Elektronenmikroskop erfunden.

1928/29 MAX KNOLL und E. RUSKA überprüfen die Linsenformel von H. BUSCH und verwirklichen ein einstufiges magnetisches Elektronen„mikroskop".

1929   M. KNOLL meldet eine elektrostatische Linse zum Patent an.

1931   E. RUSKA baut das erste zweistufige magnetische Durchstrahlungs-Elektronenmikroskop.

       E. RUSKA und M. KNOLL prägen den Begriff Elektronenmikroskop.

       REINHOLD RÜDENBERG meldet umfassende Patente zur Elektronenmikroskopie an.

       ERNST BRÜCHE und HELMUT JOHANNSON experimentieren erfolgreich mit einem einlinsigen elektrostatischen Emissionsmikroskop.

1932   BODO VON BORRIES und E. RUSKA melden die magnetische Polschuhlinse zum Patent an.

       M. KNOLL, FRITZ GEORG HOUTERMANS und W. SCHULZE entwickeln ein zweistufiges magnetisches Emissionsmikroskop.

1933   E. RUSKA baut ein zweistufiges magnetisches Durchstrahlungs-Elektronenmikroskop, mit dem 1934 die Auflösung des Lichtmikroskops übertroffen wird. Er entdeckt, daß die Bildkontraste nicht, wie ursprünglich vermutet, durch die Absorption der Elektronen im Präparat entstehen, sondern durch Streuung zustande kommen.

1934   LADISLAUS MARTON gelingt mit einem selbstgebauten Elektronenmikroskop die erste Aufnahme eines biologischen Objekts.

1935   M. KNOLL beschreibt einen Elektronenabtaster, mit dem er Oberflächen verschiedener Gegenstände mit Sekundärelektronen bei Vergrößerungen nahe 1 abbildet. Das Gerät ist der Vorläufer des Raster-Elektronenmikroskops.

1935/36 FRIEDRICH KRAUSE führt die Kontrastblende in das Elektronenmikroskop ein und steigert damit dessen Leistung erheblich.

1936   HANS BOERSCH zeigt, daß ERNST ABBES Theorie der Bildentstehung im Lichtmikroskop auch für das Elektronenmikroskop gilt.

       Die Firma Siemens in Berlin entschließt sich, ein kommerzielles Elektronenmikroskop zu entwickeln.

       ERWIN WILHELM MÜLLER erfindet das Feldelektronenmikroskop.

       LOUIS CLAUDE MARTIN läßt in England das erste Elektronenmikroskop von einem Industrieunternehmen fertigen.

1937   B. V. BORRIES und E. RUSKA beginnen bei Siemens mit der Entwicklung eines kommerziellen Elektronenmikroskops.

       L. MARTON bildet als erster Bakterien mit dem Elektronenmikroskop ab.

       MANFRED VON ARDENNE erfindet das Raster-Elektronenmikroskop.

1938   M. V. ARDENNE konstruiert ein Keilschnittmikrotom, mit dem durchstrahlbare Dünnschnitte biologischer Objekte hergestellt werden können.

       B. V. BORRIES und E. RUSKA stellen das erste Labormuster für ein kommerzielles Elektronenmikroskop fertig (Auflösung 13 nm, wenig später 7 nm).

1939   Siemens beginnt mit der Serienproduktion von Elektronenmikroskopen.

       H. BOERSCH erfindet das Elektronenschattenmikroskop.

Hans Mahl entwickelt ein zweistufiges elektrostatisches Mikroskop, das Vorläufer für eine kleine Serie bei der AEG wird.

H. Mahl entdeckt die Abdrucktechnik, bis heute eines der wichtigsten Präparationsverfahren für die Elektronenmikroskopie.

1940 M. v. Ardenne stellt sein Universal-Elektronenmikroskop fertig und erreicht damit eine Auflösung von 3 nm.

Helmut Ruska fotografiert als erster Bakteriophagen mit dem Elektronenmikroskop.

L. Marton baut eine Zwischenlinse in sein Mikroskop Typ A ein und kann damit die Vergrößerung in einem weiten Bereich kontinuierlich ändern.

1941 Jan Bart Le Poole führt eine Beugungslinse in das Elektronenmikroskop ein. Damit werden Beugungsuntersuchungen in Mikrobereichen möglich.

Alfred Recknagel arbeitet die Theorie des Emissionsmikroskops aus. Daraufhin kann dessen Auflösung wesentlich verbessert werden.

1942 Eine Gruppe von Wissenschaftlern unter Vladimir Kosma Zworykin entwickelt in den USA ein Raster-Elektronenmikroskop für die Oberflächenabbildung mit Sekundärelektronen (Auflösung 50 nm).

1946 James Hillier und E. G. Ramberg erfinden den Stigmator für das Elektronenmikroskop.

1947 J. B. Le Poole und A. C. van Dorsten bauen ein Elektronenmikroskop mit 400 kV Beschleunigungsspannung.

1951 E. W. Müller erfindet das Feldionenmikroskop.

1955 E. W. Müller erreicht mit dem Feldionenmikroskop den Bereich atomarer Auflösung.

1956 James Woodham Menter und R. Neider bilden mit dem Durchstrahlungs-Elektronenmikroskop erstmals Netzebenen von Kristallen ab.

1960 Gaston-Léopold Dupoy in Frankreich baut ein Elektronenmikroskop mit 1 Million Volt Beschleunigungsspannung.

T. E. Everhart und R. F. M. Thornley berichten über einen neuen Sekundärelektronendetektor hoher Leistung. Durch diese Erfindung wird es möglich, kommerzielle Raster-Elektronenmikroskope für die Oberflächenabbildung zu entwickeln.

1965 Die Firma Cambridge Scientific Instruments bringt das erste kommerzielle Raster-Elektronenmikroskop unter dem Namen Stereoscan auf den Markt. Ein Jahr später folgt die japanische Firma JEOL mit einem eigenen Gerät.

1966 Die japanische Firma JEOL produziert kommerzielle Durchstrahlungs-Elektronenmikroskope mit einer Million Volt Beschleunigungsspannung.

1970 Albert V. Crewe gelingt es, mit einem Raster-Transmissions-Elektronenmikroskop einzelne schwere Atome nachzuweisen.

1971 Hatsujiro Hashimoto macht Atome mit dem konventionellen Durchstrahlungs-Elektronenmikroskop sichtbar.

Register

Moufet, Th.: Insectorum sive minimorum animalium theatrum. London: Benjamin Allen 1634. 14

Müller, E. W.: Elektronenmikroskopische Beobachtungen von Feldkatoden. Zeitschrift für Physik 106 (1937). 217

Otto, L., Bergholz-Rehbrücke. 49, 55, 110

Petri, R. J.: Das Mikroskop. Von seinen Anfängen bis zur jetzigen Vervollkommnung. Berlin: Richard Schoetz 1896. 52, 84, 85, 109, 115, 119 u.

Ruska, E.: Die frühe Entwicklung der Elektronenlinsen und der Elektronenmikroskopie (1930–1939). Leipzig: Acta Historica Leopoldina (1979), H. 12. 170, 174, 175, 180, 197

Schott, G.: Magia universalis naturae et artis. Herbipoli (Würzburg): Joannis Godefridi Schönwetter 1657. 35 o.

Siemens-Katalog: Hochleistung-Elektronenmikroskop ELMISKOP 101 (Nr. 2-7601-251). 222

Zahn, J.: Oculus artificialis teledioptricus sive telescopium ... Herbipoli (Würzburg): Quirinus Heyl 1685. 36, 68

Zuylen, J. van: The Microscopes of Antoni van Leeuwenhoek. Journal of Microscopy 121 (1981). 37

Namenverzeichnis

245

Sachwörterverzeichnis